高等院校
计算机技术系列教材

计算机网络

■ 主编 崔建群 吴黎兵
■ 编委 彭红梅 王 坤 彭 琪 乐 俊 庄 欣

WUHAN UNIVERSITY PRESS
武汉大学出版社

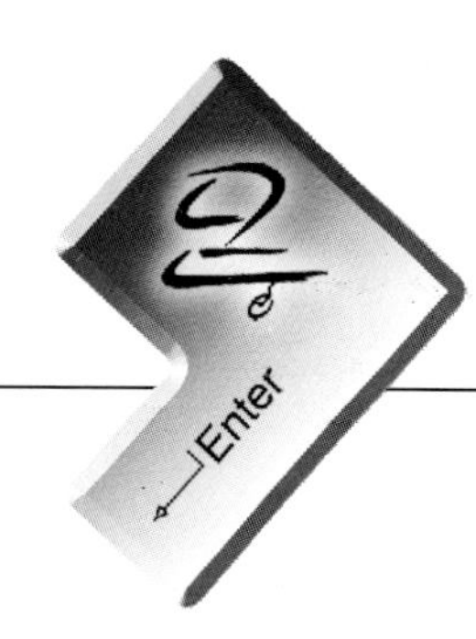

高等院校计算机技术系列教材
编委会

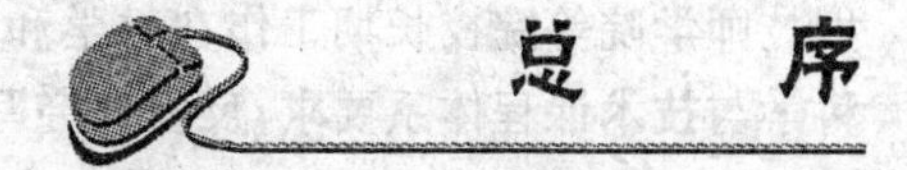

总　序

进入21世纪以来，人类已步入了知识经济的时代。作为知识经济重要组成部分的信息产业已经成为全球经济的主导产业。计算机科学与技术在信息产业中占据了极其重要的地位，计算机技术的进步直接促进了信息产业的发展。在国内，随着社会主义市场经济的高速发展，国民生活水平的不断提高，尤其IT行业在国民经济中的迅猛渗透和延伸，越来越需要大量从事计算机技术方面工作的高级人才加盟充实。

另一方面，随着我国教育改革的不断深入，高等教育已经完成了从精英教育向大众化教育的转变，在校大学本科和专科计算机专业学生的人数大量增加，接受计算机科学与技术教育的对象发生了变化。我国的高等教育进入了前所未有的大发展时期，时代的进步与发展对高等教育提出了更高、更新的要求。早在2001年8月，教育部就颁发了《关于加强高等学校本科教学工作，提高教学质量的若干意见》。文件明确指出，本科教育是高等教育的主体和基础，抓好本科教学是提高整个高等教育质量的重点和关键。2007年元月，国家教育部和财政部又联合启动了"高等学校本科教学质量与教学改革工程"（以下简称"质量工程"）。"质量工程"以提高高等学校本科教学质量为目标，以推进改革和实现优质资源共享为手段，按照"分类指导、鼓励特色、重在改革"的原则，加强内涵建设，提升我国高等教育的质量和整体实力。

本科教学质量工程的启动对高等院校的从事计算机科学与技术教学的教师提出了一个新的课题：如何在新形势下培养高素质创新型的计算机专业人才，以适应于社会进步的需要，适应于国民经济的发展，增强高新技术领域在国际上的竞争力。

毋需质疑，教材建设是"本科教学质量工程"的重要内容之一。新时期计算机专业教材应做到以培养学生会思考问题、发现问题、分析问题和解决问题的实际能力为干线，以理论教学与实际操作相结合，"案例、实训"与应用问题相结合，课程学习与就业相结合为理念，设计学生的知识结构、能力结构、素质结构的人才培养方案。为了适应新形势对人才培养提出的要求，在教材的建设上，应该体现内容的科学性、先进性、思维性、启发性和实用性，突出中国学生学习计算机专业的特点和优势，做到"够用、能用、实用、活用"。这就需要从总体上优化课程结构，构造脉络清晰的课程群；精练教学内容，设计实用能用的知识点；夯实专业基础，增强灵活应用的支撑力；加强实践教学，体现理论实践的连接度，力求形成"基础课程厚实，专业课程宽新，实验课程创新"的教材格局。

提高计算机科学与技术课程的教学质量，关键是要不断地进行教学改革，不断地进行教材更新，在保证教材知识正确性、严谨性、结构性和完整性的条件下，使之能充分反映当代科学技术发展的现状和动态，使之能为学生提供接触最新计算机科学理论和技术的机会；教材内容应提倡学生进行创新性的学习和思维，鼓励学生动手能力的培养和锻炼。在这个问题上，计算机科学与技术这个领域表现得尤为突出。

正是在这种编写思想指导下，在武汉大学出版社的大力支持下，我们组织中南地区的华中科技大学、武汉大学、华中师范大学、武汉理工大学、武汉科技学院、湖北经济学院、武汉生物工程学院、信阳师范学院、咸宁职业技术学院、江门职业技术学院、广东警官干部学院、深圳技师学院等院校长期工作在教学和科研第一线的骨干教师，按照21世纪大学本科计算机科学与技术课程体系要求，反复研究写作大纲，广泛猎取相关资料，精心设计教材内容，认真勘正知识谬误。经过大家努力的工作，辛勤的劳动，这套高等院校计算机技术系列教材终于与读者见面了。我相信通过这套教材的编写和出版，能够为我国计算机科学与技术教材的建设有所贡献，能够为我国高等院校计算机专业本科教学质量的提高有所帮助，能够为更多具有高素质的、创新型的计算机专业人才的培养有所作为。

魏长华

2007年7月于武昌

前言

计算机网络是计算机技术与通信技术相结合的产物，是信息化社会发展的主要基础设施。在信息化社会中，信息已成为改造世界、推动社会发展的直接媒体与动力。今天 Internet 已成为人们生活与工作的主要信息平台，成为知识经济载体的支撑环境，成为国家进步和社会发展的主要支柱。学习与研究计算机网络理论知识及其应用技术，既是计算机专业学生与相关工程技术人员进一步提高专业水平所必需的，也是高校教育培养一批掌握网络基础理论与应用技术人才的主要任务。基于这两个方面的要求，作者在多年教学实践的基础上，编写了《计算机网络》一书。

本书内容以较成熟的网络技术为主，侧重计算机网络的基本原理和实用技术。采用以 Internet 的 TCP/IP 体系结构为主讲解计算机网络的基本原理，并通过实际案例将网络的理论知识与应用技术相结合。全书共有 12 章，首先在第 1、2 章中对计算机网络的发展、分类、主要性能指标、相关应用及体系结构进行了概要介绍；在第 3 章中有选择性地介绍与计算机网络相关的数据通信基础知识；对物理层的讨论则通过第 4 章的网络综合布线技术进行理论与实践的结合；在接下来的 4 个章节中详细讨论了网络中最重要的层次和技术，包括局域网技术、网络互连技术、传输层和应用层协议以及广域网技术；第 10 章讨论了网络安全和防火墙技术；第 11 章以典型服务器软、硬件为例，介绍了 WWW、FTP、E-mail、DNS、DHCP 服务器以及宽带路由器的配置方法，具有很强的实践指导意义；最后第 12 章的实训环节则给出了 6 个典型网络实验的实验指导，包括网线制作、简单局域网组建、虚拟局域网配置、基本路由配置、网络互连、Web 和 FTP 服务器的配置等内容，在结构上设计了实验目的、实验内容、实验原理、实验环境与设备、实验步骤和思考题等环节，可作为网络实验的指导书。

本书层次清晰，概念准确，内容丰富，图文并茂，注重理论与实践的结合，适合学生循序渐进地学习。每章之前有学习重点，每章结束有主要内容小结和习题，既考虑到教材中所介绍的技术应相对成熟，又保持其具有一定的先进性，最后通过实训章节为计算机网络的实验教学提供很好的参考。本书可作为高等院校“计算机网络”课程的教材，也可供从事计算机网络及相关专业研究或应用的科研工作者、工程技术人员学习参考。

本书由崔建群、吴黎兵拟订大纲和主编，并负责全书的统稿。各章节的具体编写分工是：第 1、2、12 章由崔建群编写，第 3 章由彭琪编写，第 4、9 章由彭红梅编写，第 5 章由庄欣编写，第 6 章由王坤编写，第 7 章由彭琪和乐俊编写，第 8 章由王坤和吴黎兵编写，第 10 章由吴黎兵编写，第 11 章由庄欣和乐俊编写。

本书编写过程中得到了武汉大学计算机学院吴产乐教授，华中师范大学魏长华教授、郑世珏教授的大力支持，另外武汉大学出版社对本书的顺利出版做了许多卓有成效的工作，在此一并表示衷心的感谢。

限于时间和水平，书中难免有不足与疏漏之处，敬请专家、同行及广大读者批评指正！

作　者
于武昌桂子山
2007 年 7 月 6 日

目　录

第1章 概 述

计算机网络是计算机技术和通信技术二者高度发展和密切结合而形成的，它经历了一个从简单到复杂，从低级到高级的演变过程。近十年来，计算机网络得到异常迅猛的发展。本章将简要介绍计算机网络的产生和发展，并对计算机网络的概念、分类、主要性能指标及功能和应用进行较详细的描述。

本章学习重点

- 了解计算机网络的产生和发展历程；
- 掌握计算机网络的概念和分类；
- 掌握衡量计算机网络性能的主要指标及其计算方法；
- 了解计算机网络的功能及应用。

1.1 计算机网络的发展

1.1.1 计算机网络的产生

在第一台计算机诞生后的很长一段时间里，人们使用计算机的方式是将一台巨大的计算机放在一个大机房里，需要使用它的人带着计算任务到机房来。这种巨大的机器一般只有大型的商业企业或公共事业机构才能拥有，所以数量极为有限。在这种情况下，使用计算机非常不方便。到了20世纪50年代，人们开始尝试通过电话线将计算机和自己身边的一台能输入和输出字符信息的终端设备（如电传打字机）连接起来，通过电话网络远程地操作计算机。在这一时期，美国军方所研制的半自动地面防空系统（Semi-Automatic Ground Environment，SAGE）试图把各雷达站测得的数据传送到计算机里进行处理，在1958年首先建成了纽约防区，到1963年共建成了17个防区，该项工程投入了80亿美元，推动了当时计算机产业的技术进步。几乎同时，由IBM公司研制了全美航空订票系统（SABRAI），到1964年，美国各地的旅行社就都能用它来预订航班的机票了。严格地说，上述系统都只是将远程终端和主机联机的系统，并不是真正的计算机网络，因为在这个系统里不存在计算机之间的互连。但是，这种将计算机和通信网络结合的做法在技术上为今后的计算机网络的出现做好了准备。

另外，计算机技术在这一时期正处于第一代电子管计算机向第二代晶体管计算机过渡的时期。第一代计算机的特点是操作指令是为特定任务而编制的，每种机器有各自不同的机器语言，功能受到限制，速度也慢。另一个明显特征是使用真空电子管和磁鼓储存数据。第二代计算机用晶体管代替电子管，并使用了现代计算机的一些部件如打印机、磁带、磁盘、内存、操作系统等。计算机中存储的程序使得计算机有很好的适应性，可以更有效地用于商业用途。同时，出现了更高级的 COBOL（Common Business-Oriented Language）和 FORTRAN（Formula Translator）等语言，以单词、语句和数学公式代替了二进制机器码，使计算机编程更容易。此时的通信技术经过几十年的发展已经粗具雏形了，奠定了今后网络发展的基础，为网络的出现做好了前期的准备。

20 世纪 60 年代，在数据通讯领域提出分组交换的概念，这是人们着手研究计算机间通信技术的开端。当时正值冷战时期，美国为了防止其军事指挥中心一旦被苏联摧毁，军事指挥出现瘫痪，于是开始设计一个由许多指挥点组成的分散指挥系统，以保证当其中一个指挥点被摧毁后，不至于出现全面瘫痪的现象。1969 年 12 月，美国国防部高级研究计划署（Advanced Research Projects Agency，ARPA）在美国西海岸建成有 4 个通信结点的分组交换网，把四台军事及研究用计算机主机连接起来，于是 ARPAnet 网络诞生了，ARPAnet 是计算机网络发展的一个里程碑，是 Internet 出现的基础，也是世界上公认的、最成功的第一个远程计算机网络。随后，ARPAnet 的规模不断扩大，在短短的几年时间内其结点就遍布在美国的西海岸和东海岸之间，如图 1-1 所示。

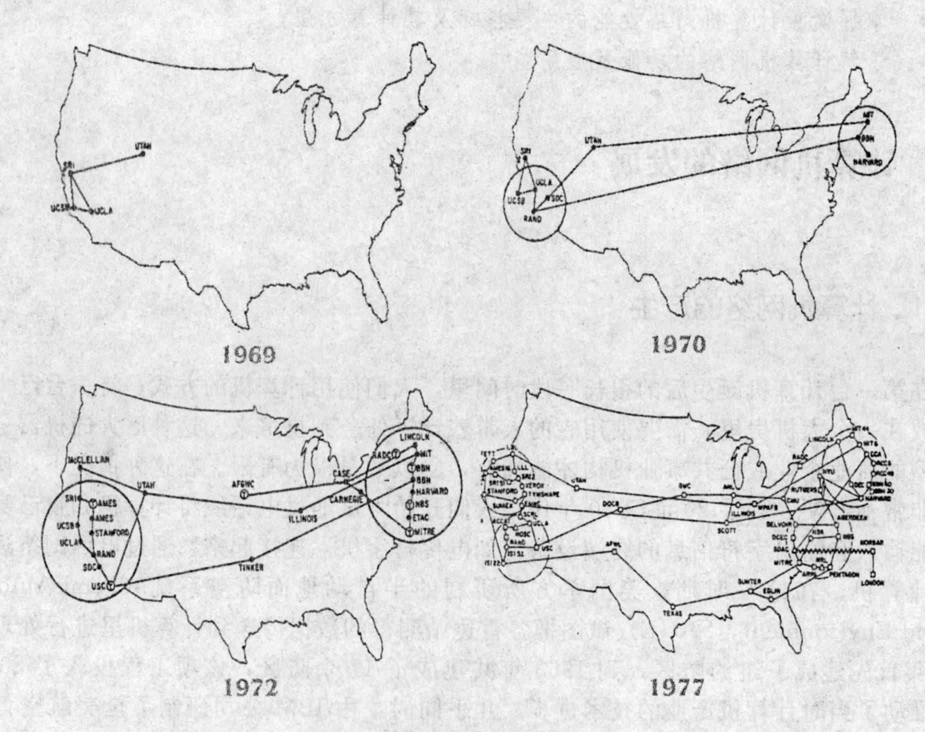

图 1-1　ARPAnet 的发展

1.1.2　计算机网络的发展阶段

计算机网络从产生到发展，总体来说可以分成 4 个阶段。

1. 第一阶段

早期的计算机系统是高度集中的，所有的设备都安装在单独的大房间中，后来出现了批处理和分时系统，分时系统所连接的多个终端必须紧接着主计算机。20 世纪 50 年代中后期，许多系统都将地理上分散的多个终端通过通信线路连接到一台中心计算机上，这样就出现了第一阶段的计算机网络。

第一阶段的计算机网络是以单个计算机为中心的远程联机系统，所以它并不是严格意义上的计算机网络。自 20 世纪 50 年代以来，各种组织机构逐渐开始使用计算机来管理信息资源。限于当时的计算机都非常庞大和昂贵，任何机构都不可能单独为每个职员提供一台计算机，主机一定是共享的，它用来存储和组织数据，集中控制和管理整个系统。所有用户都有连接系统的终端设备，将数据库录入到主机中处理，或者是将主机中的处理结果，通过集中控制的输出设备取出来。通过专用的通信服务器，系统也可以构成一个集中式的网络环境，使用单个主机可以为多个配有 I/O 设备的终端用户（包括远程用户）服务。这就是早期的集中式计算机网络，一般也称为集中式计算机模式。它最典型的特征是：通过主机系统形成大部分的通信流程，构成系统的所有通信协议都是系统专有的，大型主机在系统中占据着绝对的支配作用，所有的控制和管理功能都是由主机来完成的。随着远程终端的增多，在主机前增加了前端机 FEP。当时人们把计算机网络定义为“以传输信息为目的而连接起来，实现远程信息处理或进一步实现资源共享的系统”。虽然这个简单的网络和现代网络相比差别很大，但已经具有通信的雏形。

20 世纪 60 年代初，美国航空公司建成的由一台计算机与分布在全美国的 2 000 多个终端组成的航空订票系统 SABRE-1，就是这种类型的网络。

2. 第二阶段

第二阶段的计算机网络是以多个主机通过通信线路互连起来，为用户提供服务的系统。这一阶段的计算机网络兴起于 20 世纪 60 年代后期。第二阶段计算机网络的典型代表是美国国防部高级研究计划局协助开发的 Arpanet，即人们常说的 ARPA 网。

在第二阶段的计算机网络中，各个主机之间不是直接用线路相连，而是由接口报文处理机（IMP）转接后互连的。接口报文处理机和它们之间互连的通信线路一起负责主机间的通信任务，共同构成了通信子网。通信子网互连的主机负责运行程序，提供资源共享，组成了资源子网。第二阶段计算机网络为了保证网络的有效运转，各个主机间通信时对传送信息内容的理解、信息表示形式以及各种情况下的应答信号都必须遵守一个共同的约定，这个约定称为协议。

在 ARPA 网中，人们将协议按功能分成了若干层次。而如何分层，以及各层中具体采用的协议的总和，就称为网络体系结构。体系结构是个抽象的概念，其具体实现是通过特定的硬件和软件来完成的。ARPA 网是计算机网络技术发展的一个重要里程碑，它对发展计算机网络技术的主要贡献表现在以下几个方面：

- 完成了对计算机网络的定义、分类与子课题研究内容的描述；
- 提出了资源子网和通信子网的两级网络体系结构的概念；
- 研究了报文分组交换的数据交换方法；

- 采用了层次结构的网络体系结构模型与协议体系。

ARPA网络研究成果对推动计算机网络发展的意义是深远的。在它的基础之上，20世纪七八十年代计算机网络发展十分迅速，出现了大量的计算机网络，仅美国国防部就资助建立了多个计算机网络。同时还出现了一些研究试验性网络、公共服务网络和校园网。例如，美国加利福尼亚大学劳伦斯原子能研究所的OCTOPUS网、法国信息与自动化研究所的CYCLADES网、国际气象监测网WWWN、欧洲情报网EIN等。

在第二阶段中，公用数据网（Public Data Network，PDN）与局部网络（Local Network，LN）技术发展迅速。这一阶段的计算机网络被定义为"以能够相互共享资源为目的互连起来的具有独立功能的计算机的集合体"。

3. 第三阶段

第三阶段计算机网络发展的重要特征是：开放系统互连（Open Systems Interconnection）参考模型和TCP/IP协议的出现，通过它们的研究与竞争，对网络理论体系的形成与网络技术的应用起到了重要的作用。

国际标准化组织（ISO）在1984年颁布了开放系统互连参考模型。该模型分为7个层次，也称为OSI七层模型。OSI模型中的7层包括物理层（physics layer）、数据链路层（data link layer）、网络层（network layer）、传输层（transport layer）、会话层（session layer）、表示层（presentation layer）和应用层（application layer）。物理层负责处理在通信通道上的被传输数据。这一层所关注的问题大多是处理机械接口、电气接口、过程接口以及位于物理层下面的物理传输媒介。数据链路层主要是把一些原始而又可能产生传送错误的传输线路转变为无错误的通信线路，并把它提供给其上一层（网络层）使用。这一层通常会将数据分成"帧"。网络层的目的在于处理有关子网络的控制问题，而它的重点在于决定消息封包从发送端到接收端要经过的路由。传输层主要接收来自会话层的数据。如果必要，则将这些数据切割成较小的单位再传输给网络层。传输层一般都会为会话层所需的每个传送建立不同的网络连接。传输层是以端到端的方式来传输数据的。会话层可以让不同主机上的用户建立"会话"。会话层除了提供普通数据的传送外，也负责对会话的控制。表示层关注所传送信息的语法（syntax）和语义（semantics）。此外，表示层亦涉及其他方面的信息表示法，例如使用数据压缩来减少需要传送的位数和使用加密来确保传输数据的私密性。应用层含有各种通信协议，并提供文件传送的功能。OSI参考模型在国际上被公认为新一代计算机网络体系结构的基础，为普及局域网奠定了基础。

在网络发展的这一阶段，人们重新改写了Arpanet的通信协议，为了广泛互联，制定了新的互联网数据报协议（Internet Protocol）简称IP协议。IP协议定义了计算机间通信应遵守的规则、数据报（即Internet上面的分组）的格式以及存储转发数据报的方法。IP协议着眼于各个网络的互联，相应的协议既解决了如何把底层不同的网络与IP网络相对应的问题，又对用户屏蔽了底层网络技术的细节。使底层的各种网络仅以IP网络的形式呈现在用户面前，并实现了不同主机上应用进程间的通信。为了保证进程间端到端的通信能够高效、可靠，在IP网络之上，主机内的传输控制协议（Transmission Control Protocol）软件，构成了面向字节的、有序的报文传输通路，使不同计算机上的进程能经过异构网相互通信。以TCP、IP两个协议为主的一整套通信协议，被称作TCP/IP协议

集，有时也称作 TCP/IP 协议。Internet 项目组新研制的 TCP/IP 软件开始只在小范围内试用，到了 1982 年许多大学与公司中的研究机构全部使用 TCP/IP 软件，接入了 Internet。TCP/IP 协议为不同计算机、网络的互连打下了基础。

4. 第四阶段

第四阶段计算机网络是从 20 世纪 80 年代末开始出现的。当时局域网技术已经逐步发展成熟，光纤和高速网络技术，以及多媒体、智能网络等技术相继出现，整个网络就像一个对用户透明的大的计算机系统，发展成为以 Internet 为代表的互联网，真正达到资源共享、数据通信和分布处理的目标。这一阶段计算机网络发展的特点是：互连、高速、智能与更为广泛的应用。计算机网络成为将多个具有独立工作能力的计算机系统通过通信设备和线路，由功能完善的网络软件实现资源共享和数据通信的系统。它的快速发展和广泛应用对全球的经济、教育、科技、文化的发展已经产生并且仍将发挥重要影响。

1.1.3 Internet 在我国的发展

Internet 是一个全球性开放网络，也称之为国际互联网或因特网。它将位于世界各地成千上万的计算机相互连接在一起，形成一个可以相互通信的计算机网络系统，网络上的所有用户既可共享网上丰富的信息资源，也可把自己的资源发送到网上。利用 Internet 可以搜索、获取或阅读存储在全球计算机中的海量文档资料；同世界各国不同种族、不同肤色、不同语言的人们畅谈家事、国事、天下事；下载最新应用软件、游戏软件；发布产品信息，进行市场调查，实现网上购物等。Internet 正把世界不断缩小，使用户足不出户，便可行空万里。

Internet 产生于 20 世纪 70 年代后期，目前已经开通到全世界大多数国家和地区，几乎每隔三十分钟就有一个新的网络连入，主机数量每年翻两番，用户数量每月增长百分之十，预计到 2008 年到 2010 年，Internet 将连接近亿台计算机，达到以十亿计的用户。而对更远的将来，人们很难精确估计。

Internet 进入我国较晚，但发展异常迅速。1987 年，随着中国科学院高能物理研究所通过日本同行连入 Internet，国际互联网才悄悄步入中国。但当时仅仅是极少数人使用了极其简单的功能，如 E-mail，而且中国也没有申请自己的域名，直到 1994 年 5 月，中国国家计算机和网络设施委员会 NSFC（National Computing and Networking Facility of China）代表我国正式加入 Internet，申请了中国的域名 cn，并建立 DNS 服务器管理 cn 域名，Internet 才在我国迅猛发展。

2006 年 7 月 19 日，中国互联网络信息中心（CNNIC）在北京发布《第十八次中国互联网络发展状况统计报告》。报告显示，截止到 2006 年 6 月 30 日，我国网民人数达到了 1.23 亿人，与去年同期相比增长了 19.4%，其中宽带上网网民人数为7 700万人，在所有网民中的比例接近 2/3。

目前，我国已经建成了几个全国范围的网络，用户可以选择其中之一连入 Internet。其中影响较大的网络系统有：

1. CHINANET

1994年8月，邮电部与美国Sprint公司签署了我国通过Sprint Link与Internet的互连协议，开始建立了中国的Internet——CHINANET。它面向整个社会，为各企业、个人提供全部的Internet服务，网上信息涵盖社会、经济、文化等方面，大多是社会大众所关心的热门话题。

2. 中国教育与科研网（CERNET）

CERNET（China Education and Research Computer Network）是由中国国家计委正式批准立项，由国家教委主持，清华大学、北京大学等十所高等学校承建，于1994年开始启动的计算机互连网络示范工程，其中心设在清华大学，目的是促进我国教育和科学研究的发展，积极开展国际学术和技术的交流与合作。CERNET是一个具有浓郁文化科学气息的全国性网络。目前，已有越来越多的高校加入CERNET。

除此之外，中国科技网（CSTNET）和金桥网（CHINAGBN）也是国内很有影响的两个网络系统。

1.1.4 计算机网络发展趋势

今天Internet的容量和能力面临着两个挑战：一个是网络已存在的规模将面对更大的用户群；二是随之而来的新的复杂的在线应用需要一个新的网络体系结构。

下一代计算机网络发展的基本方向是开放、集成、高性能（高速）和智能化。

开放是指开放的体系结构，开放的接口标准，使各种异构系统便于互连和具有高度的互操作性，实现不同网络类型的共存。

集成表现在各种服务和多媒体应用的高度集成，在同一个网络上，允许各种信息传递，既能提供一点投递，又能提供多点投递；既能提供尽力而为的无特殊服务质量要求的信息传递，也能提供有一定时延和差错的确保服务质量的实时交互。随着网络技术的进步，以及新的应用模式不断涌现，特别是多媒体技术的发展，要求设计和建立与具体应用无关的网络系统，即在同一网络上可同时传输文字、数据、声音和图像，在同一网络上为各种不同性质的应用提供综合的服务。

高性能表现在为网络应用提供高速的传输、高效的协议处理和高品质的网络服务，高性能计算机网络作为一个通信网络应当能够支持大量的和各种类型的用户应用，能按照应用的要求，合理地分配资源，具有灵活的网络组织和管理功能。

不断提高计算机网络的传输速率，始终是一个不断追求的目标，也是计算机技术、通信技术和计算机应用发展过程中不断提出的要求。世界上第一个分组交换网络ARPA网最初只有4个结点，速率为几Kbps。1986年成为Internet主干网的美国国家科学基金网NSFNET，传输速率提高到56Kbps，1989年速率又提高到1.544Mbps。1993年ANSNET成为Internet的主干网，速率再次提高到45Mbps，目前，Internet的主干网的速率已提高到数Gbps。20世纪90年代中期以来，计算机开始向千兆位迈进，以ATM为代表的网络速率为155Mbps和622Mbps，可望达到1.2Gbps、2.4Gbps；另外千兆位以

太网标准的速率可达 1Gbps。这一切说明网络向高速化发展是一个总的趋势，以千兆位速率为标志的高速网络时代已经到来。

智能化表现在网络的传输和处理上能向用户提供更为方便、友好的应用接口，使得网络计算能随“用户指定”或“应用指定”，动态地变化。随着计算机技术和网络技术的发展，计算机网络应用模式也在不断深入和拓展。一些新的应用模式在带宽、延迟、抖动等方面对计算机网络提出了不同的要求。因此，为不同的应用提供不同的服务质量保证，使网络具有一定的智能性，将是计算机网络发展的又一个特征。

目前计算机网络技术研究的热点主要包括以下几方面：

- 无线网络技术（移动）研究，已经制订的 IEEE802.11n 标准，其数据传输率可以支持 100Mbps；
- 对等网（P2P）应用研究，网络内容分布、网络信息的检索与利用研究；
- 网络中的信息表示技术，研究不同媒体之间的关系；
- 网格技术研究，网格是以网络服务（webservice）为基础的虚拟组织实现，实现固有的资源共享和协同工作能力；
- IPv4 与 IPv6 过渡中的问题研究，IPv6 的应用及产品的研究；
- 家庭网络设计研究，数字家庭的核心概念是传统家电、计算机和通信设备的数字化和互连、互通。

1.2 计算机网络的概念及分类

1.2.1 计算机网络定义及组成

1. 计算机网络定义

计算机网络是计算机技术和通信技术相结合的产物。

通常把地理位置不同，具有独立功能的多个计算机系统，通过通信设备和线路连接起来，且以功能完善的网络软件（网络协议、信息交换方式及网络操作系统等）实现网络资源共享的系统，称为计算机网络。计算机网络的主要目的在于实现数据通信和资源共享。

网络的另一种递归定义是：两个或多个结点通过物理链路相连，或将两个或多个网络通过一个或多个结点相连。简而言之，网络就是自主计算机的互连集合。

终端分时系统、多机系统和分布式系统与计算机网络很相似，但它们与网络有很大的区别，从性能和功能上看是完全不一样的系统。通过将计算机网络与终端分时系统、多机系统和分布式系统进行比较可以更好地理解计算机网络的定义。

（1）终端分时系统与计算机网络的区别

早期的计算机主机价格昂贵，采用连接多个终端的方式可以降低费用，因而导致了多终端分时系统的迅速发展。终端分时系统是由一台中央处理机、多个联机终端和一个多用户分时操作系统组成。终端不具备单独的数据处理能力。终端是靠 CPU 把系统的一部分主存分给终端用户，主机 CPU 被划分为多个时间片，每个用户使用分得的时间片执行用户的应用程序。主机拥有全部的计算资源，而终端本身并不拥有计算资源，主机将自己拥有的资源分时地分配给终端用户。因此系统中的终端越多，每个用户使用主机资源的机会越少。在一个终端分时系统中，一台主机连接的终端数是有限的。

在计算机网络中，每台计算机本身拥有自己的计算资源，它能独立完成计算任务，并且用户可通过网络使用网络中的其他计算机的资源，如打印机、外存、信息等。在计算机网络中，网络用户能够共享网络全部资源，而分时系统各终端用户共享的是主机资源；在计算机网络中，资源子网的各台计算机具有独立的数据处理能力，各主计算机的运行不受网络中其他主计算机的干扰，而分时系统中，各终端没有独立的数据处理能力，各终端用户在一段时间内是并行的，但同一时刻不可能出现两个或两个以上用户运行。

(2) 多机系统与计算机网络的区别

计算机多机系统是专指多台大型主机互连组成功能强大、能高速并行处理的计算机系统。它要求高带宽的连通性，使用共享存储器等，属于紧耦合系统。耦合度是指处理机之间连接的紧密程度，可用处理机之间的距离及相互连接的信号线数目来表示。计算机网络与多机系统的差异主要体现在耦合度上。同一多机系统中的处理机间的距离在 1 米以内，各处理机连到共享存储器的信号线、数据线、地址线和控制线达 20～30 多条。而计算机网络中局域网可至 10 米，广域网等的范围更大，其通信对偶之间有明显的通信接口和数量较少的通信介质，属松耦合系统。

从系统性能上看，多机系统响应时间快，在微秒级，误码率低，小于 10～11，拓扑结构以阵列开关、多级共享总线为主，传输介质是一般信号连线，通信方式采用信箱等。而计算机网络响应时间较慢，在毫秒级以上，误码率较高，大于 10～11，拓扑结构有多种，如总线型、环型、树型等，传输介质是专用介质，如双绞线、同轴电缆、光纤、公用数据网、电话网等。在通信方式上，局域网采用广播方式，广域网采用存储转发方式。

(3) 分布式系统与计算机网络的区别

分布式系统是建立在计算机网络基础之上的。分布式系统和计算机网络都具有通信和资源共享的功能，它们之间最重要的区别之一是：分布式计算机系统是在分布式计算机操作系统支持下进行的分布式数据处理和各计算机之间的并行计算工作，即各互联的计算机可以互相协调工作，共同完成一项任务，一个大型程序可以分布在多台计算机上并行运行。这种分布性是计算机网络没有的特征。分布式系统与计算机网络的另一个区别是：分布式系统具有透明性。在计算机网络中，用户共享其他计算机资源，则一定要指定对方的地址和设备名，而分布式系统中的用户可以用名字或命令调用网络中的任何资源，而不需要指明这些资源的地址。

可以说计算机网络是分布式系统的基础，如果没有网络，分布式系统就没有存在的条件，分布式系统是计算机网络的进一步发展。

2. 计算机网络组成

计算机网络是一种结构化的多机系统，它在逻辑功能上分成两个部分：通信子网和用户资源子网。前者负责信息通信，后者负责信息处理，两者在功能上各负其责，通过一系列计算机网络协议把两者紧密地结合在一起，共同完成计算机网络工作，如图 1-2 所示。

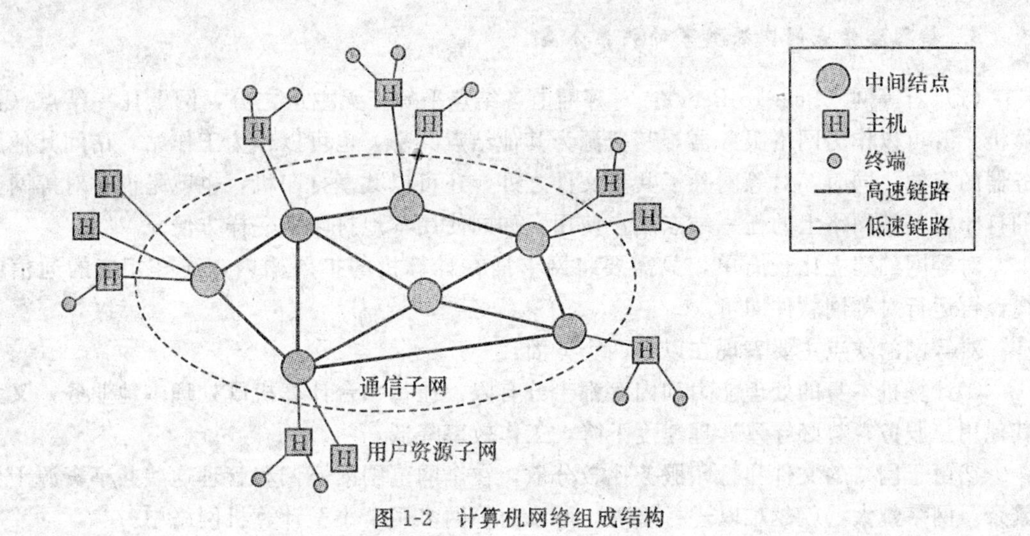

图 1-2　计算机网络组成结构

在图 1-2 中，通信子网主要由一些交换机或路由器等专用网络设备和连接这些中间结点的高速通信链路组成。而用户资源子网专门负责全网的信息处理任务，以实现最大限度地共享全网资源的目标，用户资源子网主要包括主机系统、终端、终端控制器、外部设备、各种软件资源与信息资源。

1.2.2　计算机网络分类

从不同的角度出发，计算机网络的分类也不同，以下介绍几种常见的网络分类。

1. 按网络的覆盖区域分类

(1) 局域网 (Local Area Network , LAN)：覆盖距离从几百米到几千米，这种网络多设在一栋办公楼或相邻的几座大楼内，由单位或部门所有。

(2) 城域网 (Metropolitan Area Network，MAN)：覆盖范围约在几千米到几十千米，往往由一个城市的政府机构或电信部门管理。

(3) 广域网 (Wide Area Network，WAN)：覆盖范围超过 50 千米，往往遍布一个国家、一个洲甚至全世界。最大的广域网是 Internet。

2. 按网络的使用范围分类

(1) 公用网 (Public Network)：也称公众网，一般是国家电信部门建造的网络。所有愿意按电信部门规定交纳费用的人都可以使用这个公用网，它是为全社会的用户服务。

(2) 专用网 (Private Network)：是某个部门为本单位特殊业务工作的需要而建造的网络，这种网络不向本单位以外的用户提供服务。例如，军队、公安、铁路、电力等系统均有内部专用网。

3. 按网络结点间资源共享的关系分类

（1）对等网（Peer to Peer）：对等网上各结点平等，无主从之分，网上任一结点（计算机）既可以作为网络服务器，其资源为其他结点共享，也可以作为工作站，访问其他服务器的资源。同时，对等网除了共享文件之外，还可以共享打印机，也就是说，对等网上的打印机可被网络上的任一结点用户使用，如同使用本地打印机一样方便。

对等网的建立比较简单，只需要将网卡插在计算机的扩展槽内，连好相应的通信电缆，再运行对等网软件即可。

对等网的缺点主要表现在以下两个方面：

①计算机本身的处理能力和内存都十分有限，让每一台计算机既处理本地业务，又为其他用户服务，势必导致处理速度下降，工作效率降低。

②由于网络的文件和打印服务比较分散，在全网范围内协调和管理这些共享资源十分繁杂。网络越大，就越难以进行管理。所以对等网多用于小型计算机网络中。

（2）客户机/服务器（client/server）：客户机/服务器模型在较大规模的网络中已广泛应用。在客户机/服务器网络中，客户机可以访问网络中的共享资源，但本机的资源，如硬盘和打印机不能为其他客户共享。服务器为整个网络提供共享资源，提供网络服务，管理网络通信，是全网的核心。

在网络环境下，计算模式从集中式转向了分布式。采用 C/S 结构可将一个应用系统分为客户程序和服务程序两个部分，这两个程序一般安装在位于不同地点的计算机上，当用户使用这种应用系统时，首先要调用客户程序与服务器建立联系并把有关信息传输给服务程序，服务程序则按照客户程序的要求提供相应的服务，并把所需信息传递给客户程序。这种技术在 Internet 中广泛采用，如 WWW、FTP、DNS、POP3 等服务都是基于 C/S 结构。

4. 按网络的拓扑结构分类

拓扑（topology）是一种研究与大小、形状无关的点、线和面的特性的方法。网络拓扑就是抛弃网络中的具体设备，把它们统一抽象为一个“点”，而把通信线路统一抽象成“线”，用对“点”和“线”的研究取代对具体通信网络的研究。

在计算机网络中，拓扑结构主要有以下几种：总线型、环型、星型、树型等，如图 1-3 所示。在局域网中，常见的网络结构为总线型、环型和星型以及它们的混合构型。

（1）总线型

网络中各结点连接在一条共用的通信电缆上，采用基带传输，任何时刻只允许一个结点占用线路，并且占用者拥有线路的所有带宽，即整个线路只提供一条信道。信道上传送的任何信号所有结点都可以收到。在这种网络中，必须有一种控制机制来解决信道争用和多个结点同时发送数据所造成的冲突问题。

总线型网络结构简单、灵活、设备投入量少、成本低。但由于结点通信共用一条总线，所以故障诊断较为困难，某一点出现问题会影响整个网段。

（2）环型

环型网络将各个结点依次连接起来，并把首尾相连构成一个环形结构。通信时发送端

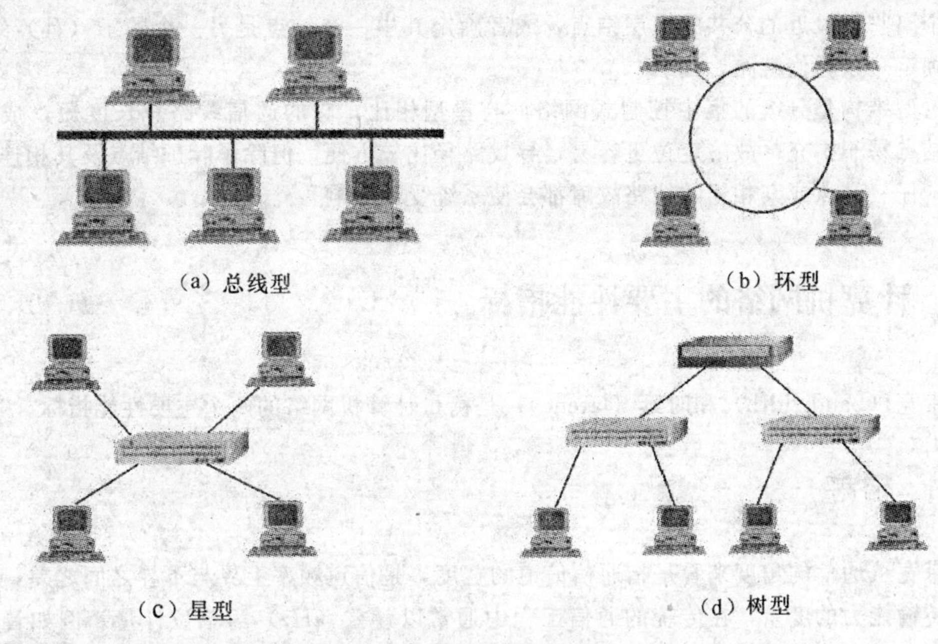

图 1-3 常见网络拓扑结构

发出的信号要按照一个确定的方向，经过各个中间结点的转发才能到达接收端。根据环中提供单工通信还是全双工通信可分成单环和双环两种结构。单工通信是指只能有一个方向的通信而没有反方向的交互，无线电广播就属于这种类型；全双工通信是指通信的双方可以同时发送和接收信息。

环型结构具有如下特点：

信息流在网中是沿着固定方向流动的，两个结点仅有一条道路，故简化了路径选择的控制；环路上各结点都是自举控制，故控制软件简单；由于信息源在环路中是串行地穿过各个结点，当环中结点过多时，势必影响信息传输速率，使网络的响应时间延长；环路是封闭的，不便于扩充；可靠性低，一个结点故障，将会造成全网瘫痪；维护难，对分支结点故障定位较难。

(3) 星型

星型网络中所有的结点都与一个特殊的结点连接，这个特殊结点称为中心结点。任何通信都必须由发送端发到中心结点，然后由中心结点转发到接收端。

星型拓扑结构的网络连接方便、建网容易，便于管理，容易检测和隔离故障，数据传送速度快，可扩充性好，因此目前大多数局域网都采用星型拓扑结构来构建。不过星型网络对中心结点的依赖性大，中心结点的故障可能导致整个网络的瘫痪。中心结点一般由集线器、交换器等网络设备担任。

(4) 树型

树型网络把所有的结点按照一定的层次关系排列起来，最顶层只有一个结点，越往下结点越多，并且在第 i 层中，任何一个结点都只有一条信道与第 $i-1$ 层中的某个结点（父结点）相连，但是可以有多条信道与第 $i+1$ 层中的某些结点（子结点）相连。除此之外，第 i 层中的这个结点再没有其他的连接信道。树型网络中两个结点要通信，必须先确定一个离它们最近的公共的上层结点，或者确定其中一个结点是另一个的子（孙）结点，然后确定一条通信链路。

树型结构是分级的集中控制式网络，与星型相比，它的通信线路总长度短，成本较低，结点易于扩充，故障定位更容易，寻找路径比较方便，但除了叶子结点及其相连的线路外，任一结点或其相连的线路故障都会使系统受到影响。

1.3 计算机网络的主要性能指标

带宽（bandwidth）和时延（latency）是衡量计算机网络的两个主要性能指标。

1.3.1 带宽

带宽从通信的角度来看是指通信信道的宽度，是信道频率上界与下界之间之差，它是介质传输能力的度量，在传统的通信工程中通常以赫兹（Hz）为单位计量。例如音频级电话线路，支持300Hz到3 300Hz范围内的频带，则它的带宽为：3 300－300＝3 000Hz。

在由数字信道构成的计算机网络中，带宽通常是指数字信号的传输速率，一般使用每秒所能传送的位数（b/s或bps）作为带宽的计量单位。例如，一个以太局域网理论上每秒可以传输1千万比特，则它的带宽相应为10Mb/s。

如果将时间看做一段可测量的距离，同时把带宽看做在这段距离中经过的比特数，则每个比特可以被看做一定宽度的一个脉冲。例如，如果将时间固定为1秒，则在一条10Mbps的链路上，每个比特的宽度为0.1μs；而在一条20Mbps的链路上，每个比特的宽度为0.05μs，如图1-4所示。

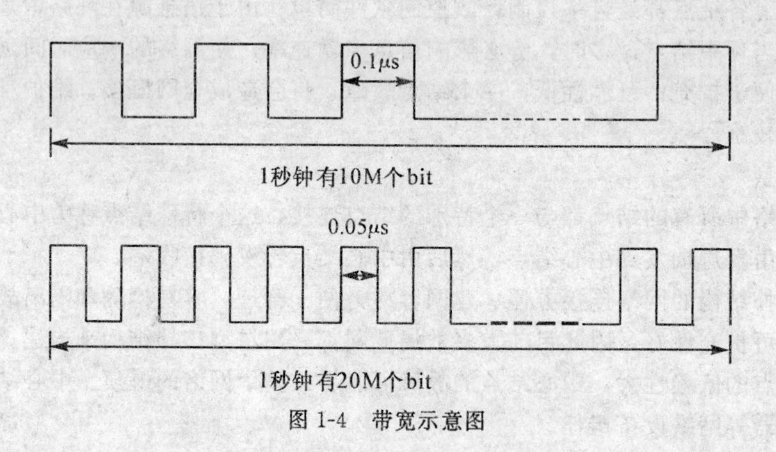

图1-4　带宽示意图

通常所说的某链路具有10Mbps的带宽是指该链路的最大可用带宽是10Mbps，即该链路所能传输数据的最快速率。而在实际线路中，受各种低效率因素的影响，链路的速率并不能达到最大可用带宽，此时可以用吞吐量（throughput）来表示实际链路中每秒所能传送的比特数。例如，一个拥有10Mbps带宽的链路在某一时刻可能只有5Mbps的传输速率，即此时该链路的吞吐量为 5Mbps。不难看出，吞吐量与可用带宽的关系为：吞吐量≤可用带宽。

1.3.2 时延

时延是衡量网络性能的另一个主要指标。时延是指将数据从网络的一端传输到另一端所经历的时间。

要了解时延的计算方法，首先要了解数据从网络的一端传输到另一端的全过程。数据从源主机的网卡发送到网络链路上需要一定的时间，时间的长短与发送的数据量和发送速率有关。数据量越大，发送速率越慢，所需要的时间就越长，这段时间被称为发送时延。发送时延的计算公式为

$$发送时延=\frac{数据长度}{带宽}$$

式中，带宽就是前面介绍的数字信号的传输速率。

接下来，转化成电磁波脉冲的数据要在由传输介质（如电缆、光纤、空气等）构成的物理链路上传输。对一定的物理介质来说，电磁波的传播速率是固定的。例如，电磁波在电缆中的传播速率为 2.3×10^8 m/s，在光纤中的传播速率为 2.0×10^8 m/s，而在真空中的传播速率与光速一样为 3.0×10^8 m/s。电磁波在信道中传播所经历的时间称为传播时延，传播时延仅与端到端链路的距离和电磁波在传输介质上的传播速率有关，其计算公式为

$$传播时延=\frac{链路距离}{电磁波在传输介质上的传播速率}$$

由于当距离和传输介质固定时，传播时延是不变的，所以通常所说的高速网络并不能通过减少传播时延来提升速度。

如果发送方和接收方是直连的结点，即两端点之间不需要经过任何网络转发设备转发报文或分组，则数据所经历的总时延就是发送时延与传播时延的和。

但是绝大多数的数据传输都会经过中间结点的转发才能到达目的结点，由于中间交换结点需要处理大量的转发数据，并不是数据一到达交换结点就能够立即被转发出去，而是要被中间交换结点先存储在缓存的队列中，然后再按照一定的规则进行转发。经过中间结点转发的数据会因此增加到达目的地的时延，这种由于在交换结点缓存中排队而耗费的时间称为排队时延。

经过上述对数据从发送方到接收方全过程的分析，可以得出数据所经历的总时延应为

$$总时延=发送时延+传播时延+排队时延$$

以下用一个实例来说明上述各时延所代表的含义。

图 1-5 是有一个中间交换结点的简单网络示意图，该中间结点是采用存储-转发方式工作的交换设备。发送方首先在缓存中准备好要发送的数据，然后通过网卡将数据发送到链路上。从第一个比特被发送到链路到数据的最后一个比特被发送到链路所经历的时间就是发送方产生的发送时延；以数据的最后一个比特为基准，从该比特被发送到链路到它到达中间结点所经历的时间为第一段传播时延；当数据的最后一个比特被中间结点再次发送到链路时，此时所经历的时间为排队时延；中间结点将数据的第一个比特到最后一个比特

发送到链路所花费的时间为第二段发送时延；数据的最后一个比特从被发送到第二段链路到被接收方网卡收到为第二段传播时延。

综合上述分析，图 1-5 中的数据所经历的总时延应为发送方发送时延、第一段传播时延、排队时延、中间结点发送时延和第二段传播时延的总和。

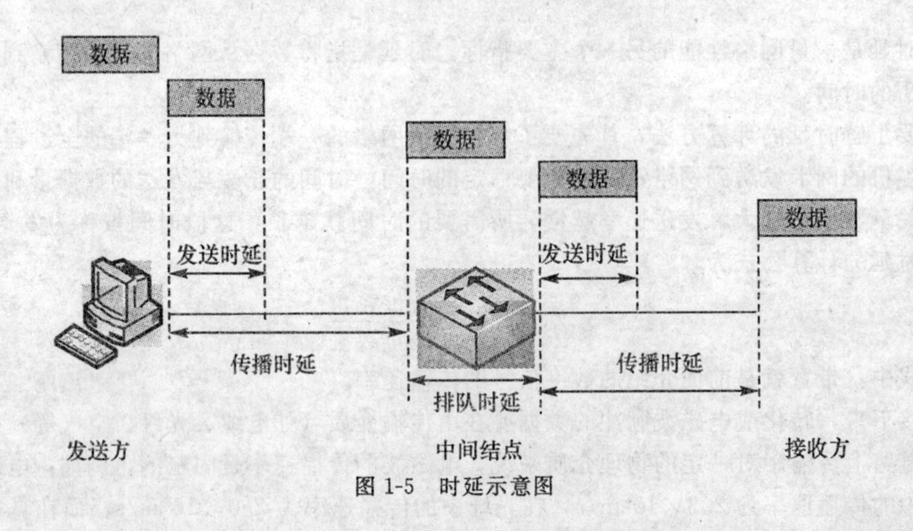

图 1-5 时延示意图

上面所讨论的时延都是指的数据从网络的一端被发送到另一端单程所花费的时间，由于发送方和接收方的时钟很可能并不同步，所以很难测量这种单程时延；另外很多情况下，发送数据的目的是为了得到对方的响应数据（如建立连接的请求），对于发送方来说，更关心的是从发送数据开始到收到响应数据所经历的时间，这段时间被称为往返时延(Round-Trip Time，RTT)。由于发送数据和收到数据的事件都发生在同一台主机上，因此对往返时延的测量非常容易，只要在发送数据时设置定时器，就可以在收到响应数据时通过时间差的计算而获得往返时延的值。

1.3.3 时延带宽积

带宽和时延分别从不同的角度对网络的性能进行评价，而时延和带宽的乘积也是衡量网络性能很重要的一个指标。

时延带宽积可以通过一个中空的管道来形象地描绘，时延相应于管道的长度，带宽相当于管道的截面积，时延带宽积就是管道的容量，表示该链路所能容纳的比特数，如图 1-6 所示。

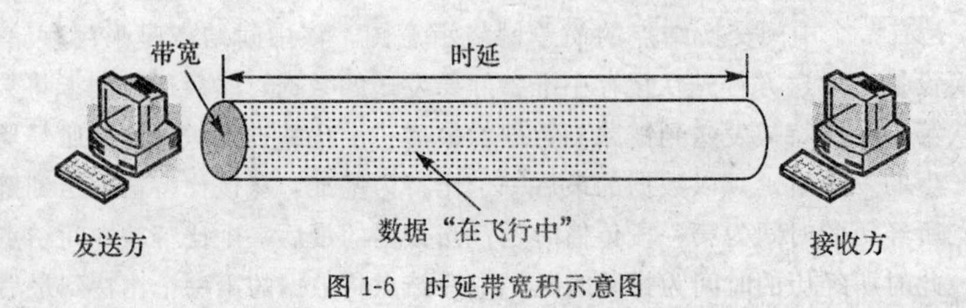

图 1-6 时延带宽积示意图

当时延为单程时延时，管道里的数据表示从发送端发出但尚未到达接收端的比特数，通常称这些数据“在飞行中”。例如，某条发送方与接收方之间链路上的单程时延为10ms，带宽为100Mbps，则其带宽时延积为：$100\times10^6\times10\times10^{-3}=1\times10^6$ bit。这表示该管道可容纳100万个比特，即当发送方的第1个比特到达接收方时，发送方可以连续发送100万个比特的数据。如果发送方在这段时间里没有发送够100万个比特的数据，则该管道并没有装满，表示发送方没有充分利用该网络。

不难发现，要构筑高性能网络，应尽量使管道趋于满载状态，这样才能提高链路的利用率。

如果这里的时延用往返时延RTT来替代，则时延带宽积表示发送方在收到接收方的响应数据前所能发送的最大比特数。

1.4 计算机网络的功能及应用

1.4.1 计算机网络的功能

计算机网络的功能比单个计算机要强大得多，主要表现在以下几个方面。

1. 数据通信

数据通信即实现计算机与终端、计算机与计算机间的数据传输，是计算机网络最基本的功能，也是实现其他功能的基础。例如，电子邮件、传真、远程数据交换等都是数据通信功能的应用。

2. 资源共享

实现计算机网络的主要目的是共享资源。一般情况下，网络中可共享的资源有硬件资源、软件资源和数据资源，其中共享数据资源最为重要。

3. 远程传输

计算机已经由科学计算向数据处理方面发展，由单机向网络方面发展，且发展的速度很快。分布在很远的用户可以通过网络互相传输数据信息，互相交流，协同工作。

4. 集中管理

计算机网络技术的发展和应用，使得现代办公、经营管理等发生了很大的变化。目前，已经存在许多MIS系统、OA系统等，通过这些系统的联网，可以实现日常工作的集中管理，提高工作效率，增加经济效益。

5. 实现分布式处理

网络技术的发展，使得分布式计算成为可能。对于大型的课题，可以分为许多小的子题目，由不同的计算机分别完成，然后再集中起来解决问题。

6. 负载平衡

负载平衡是指工作被均匀地分配给网络上的各台计算机。网络控制中心负责分配和检测各计算机的运行状态，当某台计算机负载过重时，系统会自动转移部分工作到负载较轻的计算机中去处理。

1.4.2 计算机网络的应用

计算机网络的应用范围非常广泛，已经渗透到国民经济和人民生活的方方面面，以下仅介绍一些带有普遍意义和典型意义的应用领域。

1. 办公自动化 OA（Office Automation）

办公自动化系统，按计算机系统结构来看是一个计算机网络，每个办公室相当于一个工作站。它集计算机技术、数据库、局域网、远距离通信技术以及人工智能、声音、图像、文字处理技术等综合应用技术之大成，是一种全新的信息处理方式。办公自动化系统的核心是通信，其所提供的通信手段主要为数据、声音综合服务、可视会议服务和电子邮件服务。

2. 远程交换

远程交换是一种在线服务（Online Serving）系统，原指在工作人员与其办公室之间的计算机通信形式，按通俗的说法即为家庭办公。一个公司内本部与子公司办公室之间也可通过远程交换系统实现分布式办公系统。远程交换的作用也不仅仅是工作场地的转移，它大大加强了企业的活力与快速反应能力。远程交换技术的发展对世界的整个经济运作规则产生了巨大的影响。

3. 远程教育

远程教育是一种利用在线服务系统，开展学历或非学历教育的全新的教学模式。远程教育几乎可以提供大学中所有的课程，学员们通过远程教育同样可得到正规大学从学士到博士的所有学位。这种教育方式，对于已从事工作而仍想完成高学位的人士特别有吸引力。远程教育的基础设施是电子大学网络 EUN（Electronic University Network）。EUN 的主要作用是向学员提供课程软件及主机系统的使用，支持学员完成在线课程，并负责行政管理、协作合同等。

4. 电子数据交换 EDI（Electronic Date Interchange）

电子数据交换是将贸易、运输、保险、银行、海关等行业信息用一种国际公认的标准格式，通过计算机网络通信实现各企业之间的数据交换，并完成以贸易为中心的业务全过程。EDI 在发达国家已广泛应用，我国的“金关”工程也是以 EDI 作为通信平台的。

5. 电子银行

电子银行也是一种在线服务系统，是一种由银行提供的基于计算机和计算机网络的新型金融服务系统。电子银行的功能包括：金融交易卡服务、自动存取款作业、销售点自动转账服务、电子汇款与清算等，其核心为金融交易卡服务。金融交易卡的诞生，标志了人类交换方式从物物交换、货币交换到信息交换的又一次飞跃。

6. 证券及期货交易

证券及期货交易由于其获利巨大、风险巨大，且行情变化迅速，投资者对信息的依赖格外显得重要。金融业通过在线服务计算机网络提供证券市场分析、预测、金融管理、投资计划等需要大量计算工作的服务，提供在线股票经纪人服务和在线数据库服务（包括最新股价数据库、历史股价数据库、股指数据库以及有关新闻、文章、股评等）。

7. 广播分组交换

广播分组交换实际上是一种无线广播与在线系统结合的特殊服务，该系统使用户在任何地点都可使用在线服务系统。广播分组交换可提供电子邮件、新闻、文件等传送服务，无线广播与在线系统通过调制解调器，再通过电话局可以结合在一起。移动式电话也属于广播系统。

8. 电子公告板系统 BBS（Bulletin Board System）

电子公告板是一种发布并交换信息的在线服务系统。BBS 可以使更多的用户通过电话线以简单的终端形式实现互联，从而得到廉价的丰富信息，并为其会员提供进行网上交谈、发布消息、讨论问题、传送文件、学习交流和游戏等的机会和空间。

本章小结

本章首先介绍了计算机网络的产生、发展历程及发展趋势，然后对计算机网络的概念及分类给出了稍详细的讨论，另外带宽和时延及它们两者的积是衡量计算机网络的主要性能指标，要构筑高性能网络，应尽量使带宽时延积的管道趋于满载状态，最后还介绍了计算机网络的应用领域。通过对本章的学习，应对计算机网络的概况有一定的了解，对计算机网络的基础知识有所掌握，从而为后面章节的学习奠定基础。

练习题

一、单项选择题

1. 世界上公认的、最成功的第一个远程计算机网络是(　　)。
   A. SAGE　　B. SABRAI　　C. Internet　　D. ARPAnet
2. ARPAnet 网络诞生时，是一个只有（　　）个通信结点的分组交换网。

A. 2　　B. 3　　C. 4　　D. 5

3. (　　) 协议簇的产生对 Internet 的发展起到了至关重要的作用。

A. ARPAnet　　B. TCP/IP　　C. INTERNET　　D. HTTP

4. 中国教育与科研网（CERNET）的中心设在(　　)。

A. 清华大学　　B. 北京大学　　C. 中科院　　D. 教育部

5. 如果发送方和接收方是直连的结点，则数据所经历的总时延不包括(　　)。

A. 传播时延　　B. 发送时延　　C. 排队时延　　D. 等待时延

二、简答题

1. 简述计算机网络的产生与发展过程。
2. 什么是计算机网络？计算机网络是如何分类的？
3. 计算机网络由哪几部分组成？每一部分的主要作用是什么？
4. 计算机网络的时延包括哪些组成部分，分别是如何计算的？
5. 时延带宽积的含义是什么？
6. 计算机网络通常应用于哪些领域？

第 2 章　计算机网络体系结构

计算机网络体系结构是关于完整的计算机通信网络的一幅设计蓝图，是设计、构造和管理通信网络的框架和技术基础。开放式系统互联（OSI）网络体系结构，是由国际标准化组织（ISO）提出的一种关于不同供应商提供的设备和应用程序上的网络通信开放式标准。虽然应用还不够广泛，但 OSI 七层参考模型已被视为计算机间以及网络间通信的一种主要网络体系结构模型。Internet 建立的基础——TCP/IP 网络体系结构，广泛应用于局域网、广域网及大小型企业并最终为因特网所采用。本章首先介绍了网络体系结构的相关术语，然后重点介绍了开放系统互连参考模型和 TCP/IP 参考模型的产生、特点及结构，并对二者进行了相应的比较。

本章学习重点

- 掌握计算机协议和分层的原理；
- 了解接口和服务的作用；
- 掌握开放系统互连网络体系结构的分层原则；
- 了解开放系统互连七层结构的功能；
- 掌握 TCP/IP 参考模型的结构。

2.1　网络体系结构相关术语

在学习网络体系结构前，首先需要对网络体系结构中的相关术语有所了解。

2.1.1　协议及分层

1. 网络协议

互相连接的计算机构成计算机网络中的一个个结点，数据在这些结点之间进行交换。要做到有条不紊地交换数据，每个结点都必须遵守一些事先约定的规则。这些规则定义了所交换的数据的组成格式、同步方式、差错控制方法等信息，这就是协议（protocols）。简而言之，协议就是通信双方约定的规则。例如，以太网（Ethernet）的协议由帧（frame）的格式、介质访问控制方法以及差错处理等组成，IP 协议由 IP 地址、分组的格式和无连接方式传输等组成。协议是网络的灵魂，可以说没有协议就没有网络。

协议主要由以下三个要素组成：

(1) 语法（syntax）：语法规定数据的结构或格式。如一个简单协议的数据格式是，除前同步码外，第一个8位表示源地址，第二个8位表示目的地址，接下来是要传输的信息，在数据的最后可能还有校验码。

(2) 语义（semantics）：语义定义了数据每一个字段的含义。对于一个给定的字段模式，应解释字段的含义，并说明执行怎样的操作。例如，协议可以规定当主机收到一个标识为连接请求的报文时，应该立即对该请求做出响应（允许连接或禁止连接）。

(3) 同步（timing）：同步用来匹配数据收发时间以及收发速度。假设发送速度为10Mb/s，接收速度为1Mb/s，则会导致接收方因收到的数据过多来不及放入缓存而丢失。

对于一个网络应用来说，应该为该应用设计一个协议来解决从底层通信到上层应用的所有问题，还是设计多个协议共同协作来实现网络通信是一个值得商榷的问题。如果为每个网络应用设计一个完整的协议，可能可以获得较好的性能，因为这个协议是为该应用量身定做的。但是网络应用多种多样，如果任何新的应用都需要设计新的协议来支持，显然是不现实的。从计算机软件系统的构成也可以得到问题的解答。计算机软件系统是一个典型的分层结构，例如，现在想编写一个C语言程序来求圆周率，用户只需按照C语言的规范和相应算法编写文本格式的C语言源文件，然后交由C语言处理程序进行编译和链接形成可执行文件，而在执行可执行文件时又只要调用操作系统就可以实现它的功能。由此可见，分层处理是解决复杂问题的一个非常有效的方法。

2. 分层

计算机网络也采用了分层处理的方法，每一层完成某些特定的功能。当然，不同的网络，其层的数量，各层的名称、内容和功能可能不尽相同。然而在所有的计算机网络中，每一层的功能都是向它的上一层提供一定的服务，并把这种服务是如何实现的细节对上层屏蔽起来。

分层的另一个目的是保证层与层之间的独立性。由于只定义了本层向高层所提供的服务，至于本层怎样提供这种服务则不作任何规定，因此每一层在如何完成自己的功能上具有一定的独立性。以下将通过一个简单的例子说明分层的优点。

例如，现在想设计一个简单的网络聊天应用程序，要求实现主机1和主机2之间的网络对话。考虑主机1和主机2对话的全过程不难发现，上述任务可以分解为以下几个子任务。首先需要一个聊天信息处理模块，负责处理用户通过键盘、麦克风或摄像头录入的聊天信息，使得对方在收到这些信息后能够正确地识别出来。其次设计一个通信处理模块来保证上述信息能够正确地被对方收到，同时对方发送的响应信息也能够及时可靠地被传输过来，可以发现这个通信处理模块是为它的上层（聊天信息处理模块）服务的。最后再通过一个网络接口模块专门负责与网络接口的交互。上述层次关系如图2-1所示。

如果将图2-1的聊天信息处理模块换成文件传输模块，不需要改动下层的其他结构，就可以实现文件的上传和下载，这就是分层的好处，不但可以大大增加协议的重用性，同时使得各层具有相对的独立性，某一层的改动并不会导致下层协议的不可用。

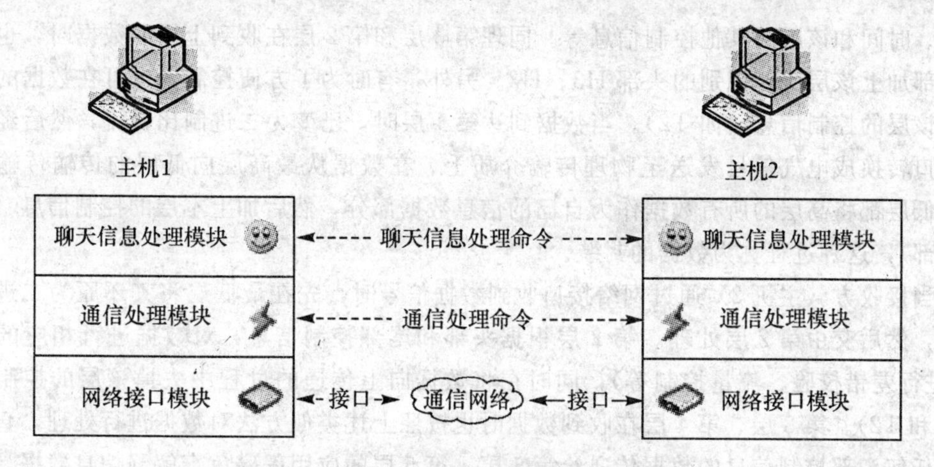

图 2-1　网络分层示例

由上可见，大多数情况下单独一个协议并不能处理网络系统涉及的所有问题，一般要由多个协议共同完成，这多个协议称为协议栈（protocol stack）。

既然分层处理的优点十分明显，那么数据在这些层次协议之间是如何传递的呢？是否像图 2-1 所示那样，数据在不同主机的对等层之间进行传递呢？答案是否定的。实际上，数据并不是从一个系统的某层直接传输到另一系统的对等层，而是经过相邻层之间的接口进行交换，最终经由实际的物理传输介质传送给远程系统的。图 2-2 示意了数据从一台主机被发送到另一台主机过程中，在经过不同层时所作的处理。

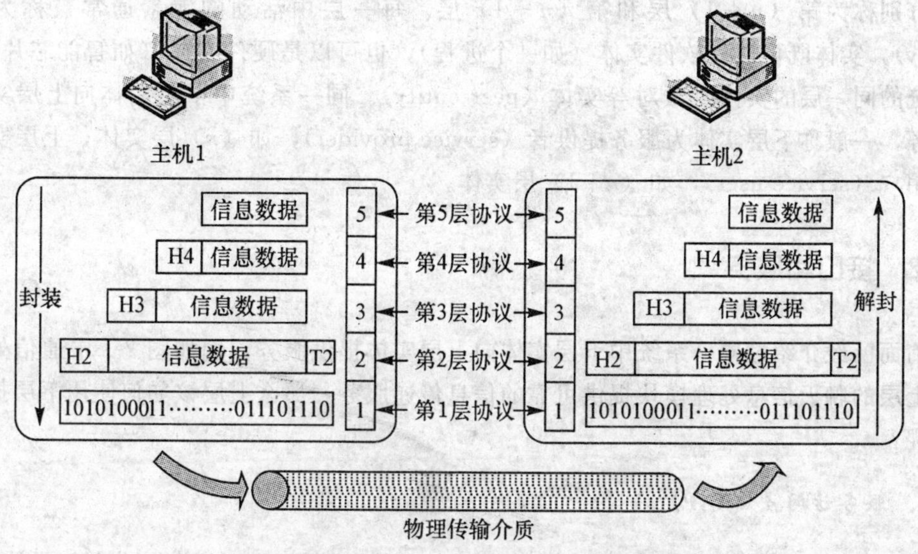

图 2-2　数据在不同层之间进行传递示意图

假设系统共分为 5 层，当发送方（主机 1）要向主机 2 发送数据时，先由第 5 层运行的某应用程序产生信息数据，经过与第 4 层之间的接口传给第 4 层。第 4 层在数据的前面加上一个报文头部（header）H4 作为控制信息，一起传给第 3 层。报文头部包括序号、长度、时间和该层的其他控制信息等。同理第 3 层和第 2 层在收到上层的数据时，也在数据头部加上该层所能识别的头部 H3、H2。另外，有时为了方便控制，也可在数据的尾部加上该层的控制信息（如 T2）。当数据到达第 1 层时，已变为二进制比特流，然后经由网络接口转换成电气信号发送至物理传输介质上。在数据从最高层向低层的传输传输过程中，低层都将高层的所有数据作为自己的信息数据部分，然后加上本层的控制信息（头部或尾部），这种过程称为数据的封装。

当接收方（主机 2）通过网络接口收到数据信号时，先在最低层将其还原为二进制比特流，然后交由第 2 层处理。第 2 层根据头部和尾部控制信息，对数据进行相应的处理（如进行差错校验、流量控制等），同时在将数据向上传递的过程中去掉该层的控制信息（H2 和 T2）。第 3 层、第 4 层在收到数据时也按照上述类似方法对数据进行处理，直到将未加任何头部控制信息的数据传递给第 5 层，第 5 层的应用程序负责解释信息数据，并呈现给用户。低层将收到的数据在去掉本层的头部或尾部控制信息再交给上层接口的过程称为数据的解封。

从图 2-2 中可以发现虽然数据是通过垂直方向进行传递的，但是发送方和接收方的对等层所收到的数据格式是完全一样的，这就使得这些数据可以通过本层的协议进行相应的处理。注意本层的协议（除最高层外）只负责处理本层的头部或尾部控制信息，而对本层的信息数据是无法解释的，即它并不知道如何从消息数据中得到这些数据的含义。

综上所述，在分层的协议设计中，数据是通过层与层之间的接口在垂直方向上进行传递，而协议则作用于不同主机的对等层数据。

最后介绍一下层次的一般表示法和相关术语。如果某一层为第（n）层，则其上层与下层分别称为第（$n+1$）层和第（$n-1$）层。每一层中活动的元素通常被称为实体（entity），实体既可以是软件实体（如一个进程），也可以是硬件实体（如智能芯片）。不同系统的同一层的实体叫做对等实体（peer entity）。同一系统中下层实体向上层实体提供服务，一般称下层实体为服务提供者（service provider），如（n）层实体；上层实体为服务用户（service user），如（$n+1$）层实体。

2.1.2 接口和服务

前面已经介绍过同一系统中下层实体向上层实体提供服务，例如图 2-1 中通信处理模块为上层的聊天信息处理模块提供可靠的信息传递服务。那么上层该如何使用下层提供的服务呢？

1. 服务访问点（SAP）

下层的服务是在服务访问点（Service Access Point，SAP）处提供给上层使用的。（n）层 SAP 就是（$n+1$）层实体与（n）层实体交换数据的地方（即接口）。每个 SAP 都有一个唯一标识它的地址。例如在电话系统中，SAP 相当于电话机，SAP 地址就是用户的电话号码。同样在邮政系统中，SAP 相当于信箱，而 SAP 地址则为详细通信地址和信箱号。SAP 有时也称为端口（Port）或套接字（Socket）。服务访问点位置如图 2-3 所示。

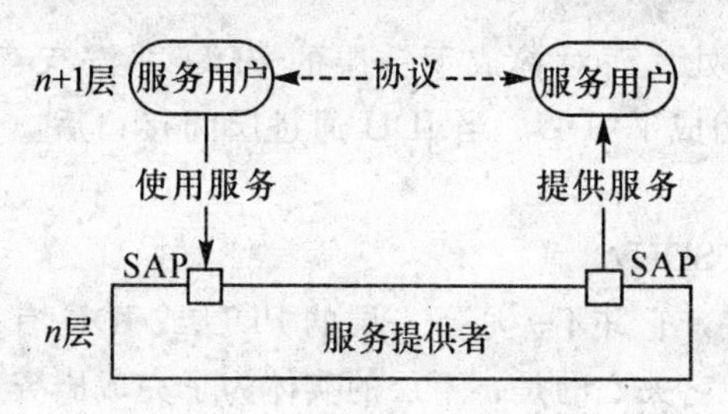

图 2-3　服务访问点位置示意图

2. 数据单元

在数据的交换过程中，构成数据的传输单位（即数据单元）分为三种：协议数据单元（Protocol Data Unit，PDU）、接口数据单元（Interface Data Unit，IDU）和服务数据单元（Service Data Unit，SDU）。三者的关系如图 2-4 所示。

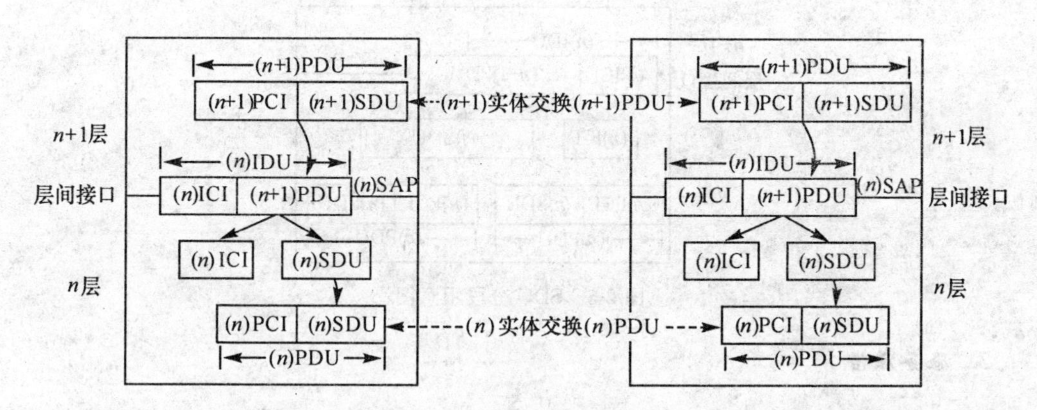

图 2-4　三种数据单元关系图

(1) 协议数据单元（PDU）

协议数据单元是在不同系统的对等实体之间根据协议所交换的数据单位。一般将第 n 层的 PDU 记为（n）PDU。（n）PDU 包括该层的用户数据和该层的协议控制信息（Protocol Control Information，PCI）。PCI 就是前面讲过的报头。当某一层的一个 PDU 只作控制信息之用时，该 PDU 只包含 PCI 而无用户数据。

为了将（$n+1$）PDU 从（$n+1$）实体传输到对等实体，必须将（$n+1$）PDU 通过（n）SAP 传给（n）实体。这时（n）实体就把整个（$n+1$）PDU 当做第（n）层用户数据，再加上第（n）层的 PCI，就组成了（n）PDU，如图 2-4 所示。

(2) 接口数据单元（IDU）

接口数据单元是在同一系统的相邻两层实体经过层间接口所交换的数据单位。它由两部分组成：一是经过层间接口的 PDU 本身，一是接口控制信息（Interface Control Information，ICI）。当 $n+1$ 层要向 n 层传递数据（即要使用 n 层服务）时，需要在经过层间接口前构造（n）IDU。（n）IDU 由（n）ICI 加上（$n+1$）PDU 构成。ICI 是对 PDU 应怎样经过接口的说明，例如，有多少字节通过接口，是否要加速传送等。ICI 只是对

PDU 通过接口时才有用处，而对构成下一层的 PDU 并没有直接的用处。因此，一个 PDU 加上适当的 ICI 就构成了 IDU。当 IDU 通过层间接口后，便立即将原先加上的 ICI 去掉，如图 2-4 所示。

(3) 服务数据单元（SDU）

从服务用户的角度看，它并不关心下一层的 PDU 或 IDU 有多大。实际上，它也看不见 PDU 和 IDU 的大小。它关心的是：下层的实体为了完成服务用户所请求的功能，究竟需要多大的数据单元。这种数据单元就称为服务数据单元（SDU）。换句话说，一个 SDU 就是一个服务所要传送的逻辑数据单位。SDU 和 PDU 有密切的联系，图 2-4 中，(n+1) PDU 在经过 n 层和 $n+1$ 层间接口后，就成为（n）SDU，而（n）SDU 加上（n）PCI 就成为了（n）PDU。但实际情况比这复杂得多，有时 SDU 较长，而协议所要求的 PDU 较短，这时就要对 SDU 进行分段处理，如图 2-5 所示。而如果 PDU 所要求的长度比 SDU 还大时，也可将几个 SDU 及其相应的 PCI 合并成为一个 PDU。

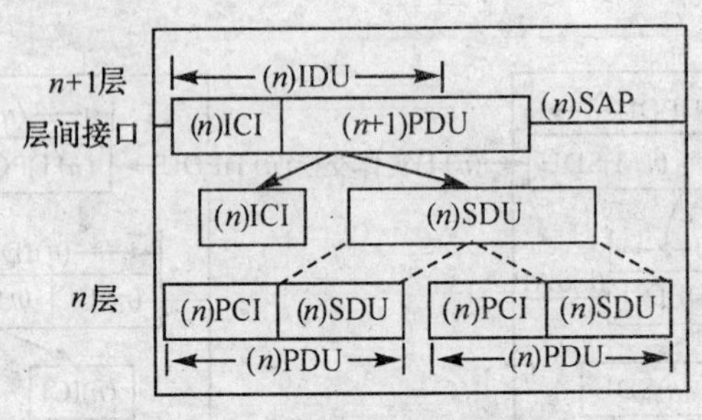

图 2-5　SDU 分段示意图

3. 服务原语

服务在形式上是由一组原语（primitive）来描述的。这些原语供用户和其他实体访问该服务时使用。例如，有些原语用来通知或请求服务提供者执行某些操作（提供服务），有些原语则报告某个对等实体的操作结果。服务原语通常可分为以下 4 类：

(1) 请求（request）：服务用户向服务提供者请求某种服务，如建立连接、传输数据或终止连接。

(2) 指示（indication）：服务提供者向服务用户指示，有一个事件发生，如连接请求、数据输入或连接终止。

(3) 响应（response）：服务用户告知服务提供者，希望响应这个事件，如接受连接。

(4) 证实（confirm）：服务提供者返回服务用户对先前请求的证实，如对方接受连接。

现在假设主机 1 要和主机 2 在 n 层上建立连接，需要经过以下步骤：

(1) 主机 1（n）实体向其（$n-1$）实体发送连接请求原语（CONNECT. request），($n-1$) 实体向其对等（$n-1$）实体传输一个 PDU。

(2) 主机 2 的对等（$n-1$）实体收到这个 PDU 后，向其（n）实体发出连接指示原语（CONNECT. indication），告诉主机 2，主机 1 希望和它建立连接。

(3) 主机 2（n）实体向其（$n-1$）实体发送连接响应原语（CONNECT. response），

表示它愿意建立连接，（$n-1$）实体传输另一个 PDU 给（$n-1$）对等实体。

（4）主机 1 的对等（$n-1$）实体收到上述 PDU 后，向其（n）实体返回连接证实原语（CONNECT. confirm)，证实 A 的建立连接请求成功。

上述利用服务原语建立连接的过程如图 2-6 所示。

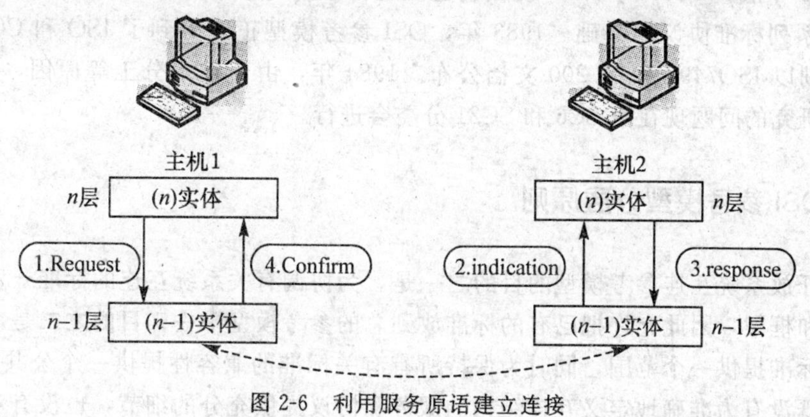

图 2-6　利用服务原语建立连接

2.2　开放系统互连参考模型

一般将网络中的各层和协议的集合，称为网络体系结构（Network Architecture)。网络体系结构的描述必须包含足够的信息，使得开发人员可以为每一层编写程序或设计硬件。体系结构是抽象的，只供人们参照，而实现则是具体的，由正在运行的计算机软件和硬件来完成。

2.2.1 OSI 参考模型的产生

世界上第一个网络体系结构 SNA（System Network Architecture)，是 IBM 公司于 1974 年提出的，在此之后还多次更新了其版本（从 SNA-0 到 SNA-4)。凡是遵循 SNA 体系结构的设备都可以很方便地进行互连。许多公司也纷纷建立自己的网络体系结构，如 DEC 公司提出的 DNA（Digital Network Architecture）体系结构，用于本公司的计算机组成网络。由于网络体系结构不一样，一个公司的计算机很难与另一个公司的计算机互相通信。于是，国际标准化组织 ISO，在 1977 年就开始制定有关异种计算机网络如何互连的国际标准，并提出了开放系统互连参考模型（Open System Interconnection，OSI)。所谓“开放”强调了这样一个事实，一个系统只要遵循 OSI 标准，就可以与世界上所有服从该标准的系统互连。例如，电话系统和邮政系统都是开放系统，因此，全世界范围内都可以互通电话和收发邮件。

1977 年，国际标准化组织（International Standards Organization，ISO）负责信息处理的委员会 TC97 成立了一个新的分委会 SC16，着手制定“开放系统互连”的有关标准。

1978年3月，SC16举行了第一次会议，就分层结构达成了一致意见。SC16决定把开发一个标准的结构模型放在最优先的位置，该标准结构模型将构成开发标准协议的框架。经过近18个月的讨论，完成了该结构模型的建议，并将该模型取名为“开放系统互连参考模型”（OSI Reference Model），提交TC97委员会。为了在OSI的基础上正式开发一系列协议，1979年底，TC97对SC16提出的建议进行了修改，并决定以它作为在ISO范围内开发OSI系列标准协议的基础。1983年，OSI参考模型正式得到了ISO和CCITT的批准，并分别以ISO7498和X.200文档公布。1984年，由于技术分工等原因，SC16被解散，它所研究的问题现在由SC6和SC21分委会进行。

2.2.2 OSI参考模型分层原则

制定开放系统互连参考模型的目的之一是，为协调有关系统互连的标准开发提供一个共同基础和框架，因此允许把已有的标准放到总的参考模型中去；目的之二是，为以后扩充和修改标准提供一个范围，同时为保持所有有关标准的兼容性提供一个公共参考。OSI参考模型既没有为准确地定义互连结构的服务和协议提供充分的细节，也没有对具体的实现做任何说明。确切地说，OSI参考模型只定义了分层结构中的每一层向其高层所提供的服务，它提供了一个概念化和功能化的结构。这个层次结构允许国际专家工作组有效地和独立地制定每层的协议标准。

开放系统互联参考模型分层思想的基本思路是：

（1）抽象系统：抽象出网络系统中涉及互联的公共特性，这些特性构成模型系统．抽象的模型系统可以避免涉及具体机型和技术实现上的细节，也可以避免技术进步对互联标准的影响。

（2）模块化：根据网络的组织和功能将网络划分成定义明确的层次，然后定义层间的接口以及每层提供的功能和服务，最后定义每层必须遵守的规则，即协议。

OSI将整个网络划分为七个层次，在划分层次时遵守如下原则：

（1）网中的各结点都有相同的层次，相同的层次具有相同的功能。层次不能太多，也不能太少。太多则系统的描述和集成都有困难；太少则会把不同的功能混杂在同一层次中。

（2）应在接口服务描述工作量最小、穿过相邻边界相互作用次数量最少或通信量最小的地方建立边界。

（3）每一层有明确定义的功能，这种功能应在完成的操作过程方面或者在设计的技术方面与其他功能层次有明显不同，且每一层使用下层提供的服务，并向其上层提供服务。

（4）每一层的功能尽量局部化，这样，随着软硬件技术的进展，层次的协议可以改变，层次内部的结构可以重新设计，但是不影响相邻层次的接口和服务关系。

（5）同一结点内相邻层次之间通过接口通信，每一层只与它的上、下邻层产生接口，规定相应的业务，在同一层相应子层的接口也适用这一原则。

（6）不同结点的同等层按照协议实现对等层之间的通信。

2.2.3 OSI 参考模型结构

OSI 参考模型将整个网络划分为七层，从底层开始分别为物理层、数据链路层、网络层、传输层、会话层、表示层和应用层，如图 2-7 所示。

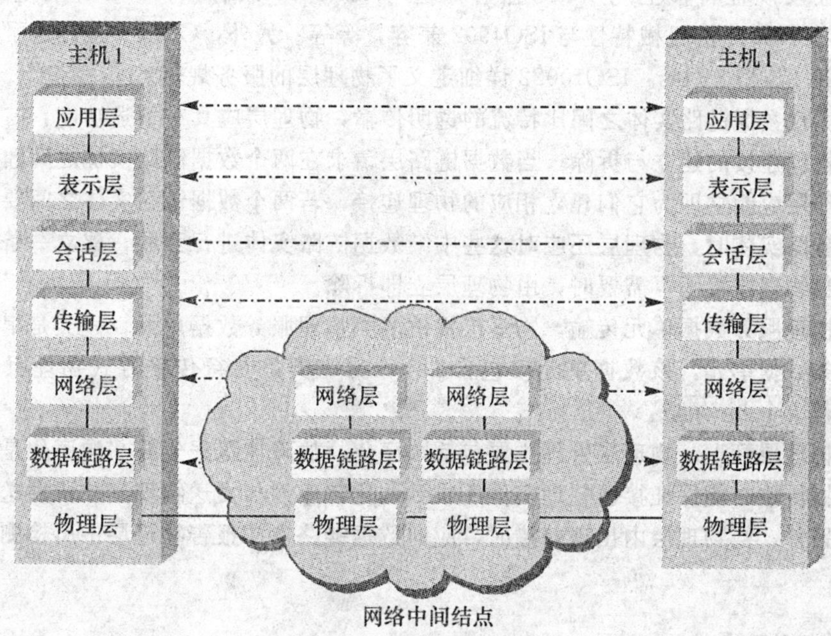

图 2-7 OSI 参考模型结构

七层模型的每一层都有各自的功能，每层的功能各不相同。最高层即应用层离用户最近，并且通常只应用在软件上。最底层即物理层离介质技术最近，并且负责在媒介上发送数据。通常第七至第四层处理数据源和数据目的地之间的端到端通信，而第三至第一层处理网络设备间的通信。因此对于主机来说需要全部七层的功能，而中间的网络结点（如交换机、路由器等）则只需要实现低三层的功能即可。低三层与通信双方的端系统有关，高三层向应用进程提供直接支持的功能。传输层则是连接上、下两组功能，提供完整的端到端的通信服务，所以传输层是计算机网络体系结构中非常重要的一层。以下将简要介绍各层的功能及相关协议。

1. 物理层

物理层是 OSI 参考模型的最低层，它是建立在物理通信介质基础上的，是系统和通信介质的接口，其目的是在数据终端设备 DTE（Data Terminal Equipment）和数据电路端设备 DCE（Data Circuit-terminating Equipment）之间提供透明的比特流传输。物理层确定物理设备接口，提供点到点的比特流传输的物理链路，物理层传输的数据单元是比特。

DTE 代表数据终端、计算机或输入/输出设备。DCE 指数据电路端接设备，它代表调制解调器以及其他提供信号变换、编码和连接的建立、保持及释放等功能的设备。一个完整的DTE/DCE协议包括机械特性、电气特性及规程特性的规定。美国电子工业协会(Electronic Industries Association，EIA）提出了RS232-C协议，为了适应新技术的要求还公布了新标准RS422-A、RS423-A及RS449；CCITT制定了X和V系列等标准；ISO也公布了相应的标准。这几个标准化组织制定的许多协议标准都是兼容的。例如RS232-C在机械特性及规程特性上与V.24兼容，也与ISO8480兼容；RS232-C的电气特性与V.28兼容；RS449的机械特性与ISO4902兼容，等等。另外，CCITT也制定了物理层的有关标准X.21/X.21 bis。ISO10022详细定义了物理层的服务规范。

为了实现数据链路实体之间比特流的透明传输，物理层应具有下述功能：

(1）物理连接的建立与拆除。当数据链路层请求在两个数据链路实体之间建立物理连接时，物理层应能立即为它们建立相应的物理连接，若两个数据链路实体之间要经过若干中继数据链路实体时，物理层还应对这些中继数据链路实体进行互联，建立一条有效的物理连接。当物理连接不再需要时，由物理层立即拆除。

(2）物理服务数据单元传输。物理层提供两类物理服务数据单元，一类是串行传输方式物理服务数据单元，该数据单元仅包含1bit；另一类是并行传输方式物理服务数据单元，它由若干个bit组成。

(3）物理层管理。物理层管理主要包括顺序化、故障情况报告等。顺序化是指物理层在进行比特传输时能保证接收物理实体所收到的比特序列与发送物理实体所发送的比特顺序相同。另外，当物理层内出现差错时，应向数据链路实体报告物理层中所检测到的故障和差错。

2. 数据链路层

数据链路层在负责相邻网络实体之间建立、维持和释放数据链路连接，并传输数据链路服务数据单元。数据链路层的目的是在两个相邻结点间的线路上无差错地传送数据帧，数据链路层传输的数据单元是帧（frame)。

在数据链路层，早期应用的有面向字符的协议，如IBM公司的BSC（Binary Synchronous Communication）协议，它采用一系列特殊字符作为控制信息。1974年，IBM在SNA体系结构中采用了面向比特的SDLC（Synchronous Data Link Control）协议。ISO把SDLC修改后称为HDLC（High-level Data Link Control)，作为国际标准，如ISO4335、ISO7809和ISO13239定义了有关HDLC的规程，ISO3309定义了HDLC的帧结构。CCITT则将HDLC修改后称为LAP（Link Access Procedure)，并作为X.25的一部分（有关数据链路层协议的部分)。ISO7776与它兼容，而ISO8886则详细定义了数据链路层的服务规范。

数据链路层应具备以下功能：

(1）数据链路层在网络实体间提供建立、维持和释放数据链路的链接，在相邻结点之间实现透明的、高可靠的数据传输。数据链路层在物理连接上建立数据链路链接，检测和校正在物理层出现的错误，并能使网络层控制物理层中的数据电路的互连。链路是数据传输中任何两个相邻结点的点到点的物理线路段，链路间没有任何其他结点存在，网络中的链路是一个基本的通信单元，从一方到另一方的数据通信通常是由许多的链路串接而

成的。

（2）构成数据链路数据单元。在数据链路层，数据的传送单元是帧，之所以要把比特组合成以帧为单位的数据传输，是为了在出错时只要重发有错的帧，而不必重新发送全部数据，从而提高了效率。帧是由一定位数的二进制代码按一定规则编制而成的数据信息，也是发送方与接收方之间通过链路传送的一个完整消息的基本信息单位。

（3）帧同步功能。指接收方能从收到的比特流中准确地区分出一帧的开始和结束的位置。

（4）流量控制。在数据传输过程中，如果对信息量控制不好就会产生严重的过载和阻塞情况，这样数据无法正常传输，为了使信息在网络中尽可能快和均匀的流动，就要对通信流量进行控制。数据链路层能避免阻塞和在发生阻塞的情况时能够解除阻塞。

（5）差错的检测和恢复。在帧的传输过程中，由于某种原因不可避免的出现的帧传错或帧丢失的情况，所以系统必须能够对差错进行及时的控制及恢复。

3. 网络层

网络层是以数据链路层提供的无差错传输为基础的，为实现源 DCE 和目标 DCE 之间的通信而建立、维持和终止网络连接，并通过网络连接交换网络服务数据单元。它主要解决数据传输单元分组在通信子网中的路由选择、拥塞控制问题以及多个网络互联的问题。设置网络层的主要目的是为报文分组能以最佳路径通过通信子网到达目的主机提供服务，而用户不必关心网络的拓扑结构与使用的通信介质。网络层传输的数据单元被称为分组（packet）。

X.25 是 CCITT 制定的在公用数据网上，以分组方式工作的 DTE 和 DCE 之间的接口。它于 1976 年 3 月正式成为一项国际标准，1980 年秋和 1984 年又被进一步补充、修正。从 OSI 的分层结构看，严格地说，X.25 不是一个接口，而是三层协议的组合：DTE 和 DCE 之间的物理层协议、数据链路层协议和分组网络层协议的组合。分组网络层是 X.25 接口的最高层，它决定用户数据和控制信息构成分组的方式，并在单一的物理线路上提供多个 DTE 之间的并行通信。

ISO8348 详细定义了网络层的服务规范，ISO8473 定义了无连接服务的网络层协议，ISO8648 定义了网络层的内部组织，ISO11577 定义了网络层的安全协议，ISO14700 定义了网络快速字节协议（Network Fast Byte Protocol，NFBP）。

网络层应具备以下功能：

（1）建立和拆除网络连接。利用数据链路层提供的数据链路层连接，构成传输实体间的网络连接。

（2）路径选择和中继。在两个网络地址之间选择一条适当的路径。

（3）网络连接多路复用。提供网络连接多路复用的数据链路连接，以提高数据链路的利用率。

（4）分段和组块。为提高传输效率，当数据单元太长时，可进行分段；相反，可以将较小的几个数据单元组成块以后一起传输。

（5）传输和流量控制。数据链路层的流量控制是针对数据链路层相邻结点进行的，网络层的流量控制是对整个通信子网内的流量进行控制，以防因通信量过大造成通信子网性能下降。

(6) 差错的检测和恢复。利用数据链路层的差错报告以及其他的差错检测能力来检测经网络连接所传输的数据单元，目的是检测是否出现异常情况。恢复功能是指从被检测的出错状态中解脱出来。

(7) 服务选择。当一个网络连接要穿越几个子网时，若各子网具备不同的服务指标，则需要利用服务选择功能，使网络连接的两端提供相同的服务。

4. 传输层

传输层是资源子网与通信子网的界面与桥梁，它完成资源子网中两结点间的逻辑通信，实现通信子网中端到端的透明传输。透明数据传输是指无论所传的数据是什么样的比特组合，都能够按原样传输到达目的结点，其处理过程对上层是不可见的（透明的）。传输层传输的数据单元被称为段（segment）。

ISO 和 CCITT 都对传输层协议制定了相应的标准。ISO8072 公布了传输层的服务规范，ISO8073 定义了面向连接的传输层协议。CCITT 与此对应的标准为 X. 214 和 X. 224。另外，ISO8602 定义了无连接的传输层协议，ISO10024 是用 LOTOS 对 ISO8073 定义的协议进行形式化的描述，ISO10025 则是对它的一致性测试，ISO11570 是有关传输层协议的标识机制，ISO14699 定义了传输快速字节协议（Transport Fast Byte Protocol, TFBP）。

传输层的主要功能有：

(1) 映射传输地址到网络地址。将传输层 PDU 从一个传输实体传送到另一主机上的传输实体时，传输层需将传输地址映射为网络地址才能在通信子网中传输。一个网络地址可以和多个传输地址相连接。

(2) 多路复用与分割。为了有效地利用网络连接，传输连接之间的映射可采用三种形式：

- 一对一：一条传输连接映射为唯一的一条网络连接。
- 多路复用：利用一条网络连接支撑多条传输连接，可使网络连接能充分利用，减少费用。
- 曲分割：利用多条网络连接支撑一条传输连接，这样可以提高传输服务的质量，并能改善传输的可靠性。

(3) 传输连接的建立与释放。为两个会话实体建立传输连接。在此阶段传输层必须使用所要求的服务类型和网络所提供的服务相匹配。

(4) 分段与重新组装。发送传输实体可以将传输数据单元分段为多个。

5. 会话层

会话层主要是建立、组织和协调两个进程之间的相互通信。会话层利用传输层提供的端到端数据传输服务，具体实施服务请求者与服务提供者之间的通信，属于进程间通信范畴。会话层及其所有上层传输的数据单元都被称为消息（message）或报文。

ISO8326 和 ISO8327 分别定义了面向连接的会话层服务规范和面向连接的会话层协议。CCITT 相对应的协议标准是 X. 215 和 X. 225。除此之外，ISO9548 定义了无连接的

会话层协议，ISO10168 定义了会话层协议的一致性测试。

会话层主要功能是组织和同步不同的主机上各种进程间的通信（也称为对话）。负责在两个会话层实体之间进行对话连接的建立和拆除。在半双工情况下，会话层提供一种数据权标来控制某一方何时有权发送数据。会话层还提供在数据流中插入同步点的机制，使得数据传输因网络故障而中断后，可以不必从头开始而仅重传最近一个同步点以后的数据。会话层具体功能概括如下：

(1) 为会话实体间建立连接。为给两个对等会话服务用户建立一个会话连接，应该做如下几项工作：将会话地址映射为运输地址；选择需要的运输服务质量参数；对会话参数进行协商；识别各个会话连接；传送有限的透明用户数据。

(2) 数据传输阶段实现有组织的同步的数据传输。这个阶段是在两个会话用户之间实现有组织的同步的数据传输，用户数据单元为SSDU，而协议数据单元为SPDU，会话用户之间的数据传送过程是将SSDU 转变成SPDU 进行的。

(3) 实现连接的释放。连接释放是通过“有序释放”、“废弃”、“有限量透明用户数据传送”等功能单元来释放会话连接的。

6. 表示层

表示层为上层用户提供共同的数据或信息的语法表示变换。为了让采用不同编码方法的计算机在通信中能相互理解数据的内容，可以采用抽象的标准方法来定义数据结构，并采用标准的编码表示形式。表示层管理这些抽象的数据结构，并将计算机内部的表示形式转换成网络通信中采用的标准表示形式。数据压缩和加密也是表示层可提供的表示变换功能。

类似地，ISO8822 定义表示层的服务规范，ISO8823 定义了面向连接的表示层协议。同样，CCITT 的协议标准分别为 X.408 和 X.409。由于表示层的功能是对用户的数据进行描述，即如何表示的问题。因此，ISO 提出了一个标准的描述方法：抽象语法记法 1，简写为 ASN.1（Abstract Syntax Notation One)。ISO8824 具体定义了 ASN.1，而ISO8825 定义了 ASN.1 的编码规则；CCITT 的 X.208 和 X.209 与此对应。另外，ISO9576 定义了无连接的表示层协议，ISO10729 定义了表示层协议的一致性测试。

表示层的主要功能有：数据语法转换、语法表示、连接管理、数据处理、数据加密、数据压缩等。

7. 应用层

应用层是开放系统互连环境的最高层。不同的应用层为特定类型的网络应用提供访问OSI 环境的手段。从功能划分上看，应用层下面的六层协议解决了支持网络服务功能所需的通信和表示问题，而应用层则提供完成特定网络服务功能所需的各种应用协议。应用进程借助于应用实体使用协议和表示服务来交换信息。

应用层协议有很多。文件传输、访问和管理协议（File Transfer, Access and Management, FTAM）提供了对远程文件操作的方法。ISO8571 是有关FTAM 标准的文件。虚拟终端协议（Virtual Terminal Protocol, VTP）提供了一种与终端无关的访问远程终端的方式。ISO9040 定义了虚拟终端的服务规范，ISO9041 定义了虚拟终端协议。

ISO并不是要把各种应用进程标准化，而只是定义一些应用进程经常可能使用的功能及协议。应用层直接为用户的应用进程提供服务。应用进程之间的相互通信是由应用服务元素（Application Service Element，ASE）具体进行的，ISO定义了一些应用服务元素。例如，ISO8649和ISO8650分别定义了关联控制服务元素（Association Control Service Element，ACSE）的服务规范和面向连接的协议，ISO10035定义了ACSE的无连接的协议；ISO9804和ISO9805定义了托付、并发及恢复（Commitment，Concurrency and Recovery，CCR）的服务规范和协议。CCITT也制定了一些应用层协议标准，如X.400是关于报文处理系统MHS的电子邮件，T.60定义了智能用户电报标准，T.100定义了可视图文标准，T.0定义了传真的标准。

制定开放系统互连参考模型的目的之一是，为协调有关系统互连的标准开发提供一个共同基础和框架，因此允许把已有的标准放到总的参考模型中去；目的之二是，为以后扩充和修改标准提供一个范围，同时为保持所有有关标准的兼容性提供一个公共参考。

OSI参考模型是脱离具体实施而提出的一个参考模型，它对于具体实施有一定的指导意义，但是和具体实施还有很大差别。另外由于它过于庞大复杂，到目前为止，还没有任何一个组织能够将把OSI参考模型付诸实现。虽然OSI参考模型的实际应用意义不是很大，但对于理解网络协议内部的运作很有帮助，也为学习网络协议提供了一个很好的参考。

2.3 TCP/IP参考模型

2.3.1 TCP/IP参考模型的产生

TCP/IP参考模型是以它的两个主要协议TCP和IP来命名的。早在1969年，美国国防部（Department of Defense，DoD）就进行了Arpanet网的研究。通过租用电话线连接了数百所大学和政府部门的主机，建立了一个点对点连接的分组交换网。当卫星和无线网络出现以后，通过已有的协议和它们互连时就出现了问题，所以需要一种新的参考体系结构。因此，无缝地连接多个网络的能力是从一开始就确定的主要设计目标。这个体系结构在它的两个主要协议出现以后，被称为TCP/IP参考模型（TCP/IP Reference Model）。

在第一章中已经介绍过，美国为了防止其军事指挥中心如果被苏联摧毁后军事指挥出现瘫痪，而研制了Arpanet网。Arpanet的实验非常成功，从而奠定了今天的互联网模式，它包括了一组计算机通讯细节的网络标准，以及一组用来连接网络和选择网络路径的协议，这就是大名鼎鼎的TCP/IP协议。时至1983年，美国国防部下令用于连接长距离的网络的电话都必须适应TCP/IP，同时美国国防通信局（Defense Communication Agency，DCA）将Arpanet分成两个独立的网络：一个用于研究用途，依然叫做Arpanet；另一个用于军事通讯，则称为Milnet（Military Network）。

ARPA后来发展出一个低代价版本，以鼓励大学和研究人员来采用它的协议，当时正逢大部分大学计算机系的UNIX系统需要连接它们的局域网。由于UNIX系统上面研

究出来的许多抽象概念与 TCP/IP 的特性有非常高的吻合度，再加上设计上的公开性，而导致其他组织也纷纷使用 TCP/IP 协议。从 1985 年开始，TCP/IP 网络迅速扩展至美国、欧洲好几百个大学、政府机构、研究实验室。它的发展大大超过了人们的预期，而且每年以超过 15%的速度成长。到了 1994 年，使用 TCP/IP 协议的计算机已经超过三百万台之多。以后数年，由于 Internet 的爆炸性成长，TCP/IP 协议已经成为无人不知、无人不用的计算机网络协议了。

虽然 ARPA 计划从 1970 年就开始发展交换网络技术，到了 1979 年 ARPA 组织了一个互联网控制与配置委员会（Internet Control and Configuration Board，ICCB），但事实上 TCP/IP 协议并不属于某一特定厂商和机构。它的标准是由互联网架构委员会（Internet Architecture Board，IAB）所制定的。IAB 目前从属于国际互联网协会（Internet Society，ISOC），专门在技术上作监控及协调，并且负责最终评估及技术监控。IAB 组织除了自身的委员会之外，它主要包含两个重要团体：互联网研究任务组（Internet Research Task Force，IRTF）和互联网工程工作小组（Internet Engineering Task Force，IETF）。这两个团体的职能各有不同，IRTF 主要致力于解决短期和中期的难题；而 IETF 则着重处理单一的特别事件，其下又分为许多不同子课题的成员与工作小组，各自从事不同的研究项目，研发出 TCP/IP 的标准与规格。

由于 TCP/IP 技术的公开性，它不属于任何厂商或专业协会所有，因此关于它的相关信息，是由互联网信息中心（Internet Network Information Center，InterNIC）来维护和发表，同时处理许多网络管理细节。TCP/IP 的标准大部分以请求注释文档（Request For Comment，RFC）技术报告的形式公开。RFC 文件包含了所有 TCP/IP 协议标准及其最新版本。RFC 所涵盖的内容和细节非常广，也可以作为新协议的标准和计划，但不能以学术研究论文的方式来编辑。RFC 在全世界很多地方都有它的镜像文件，可以通过电子邮件、FTP 等方式从互联网轻易获得。例如，用户可以通过 guest 的身份登录至 ds. internic. net 或 ftp://nic. merit. edu/internet/documents/rfc/上下载相关的 RFC 文件。

TCP/IP 协议的发明者文顿・G・瑟夫（Vinton G. Cerf）和罗伯特・E・卡恩（Robert E. Kahn）凭借 TCP/IP 协议获得了 2004 年度图灵奖。图灵奖是美国计算机协会于 1966 年设立的，又叫“A. M. 图灵奖”，专门奖励那些对计算机事业作出重要贡献的个人，其名称取自计算机科学的先驱、英国科学家艾伦・图灵。图灵奖对获奖者的要求极高，评奖程序极严，一般每年只奖励一名计算机科学家。因此，尽管图灵奖的奖金数额不算高（10 万美元），但它却是计算机界最负盛名的奖项，有“计算机界诺贝尔奖”之称。

2.3.2　TCP/IP 参考模型结构

与 OSI 参考模型不同，TCP/IP 模型更侧重于互连设备间的数据传送，而不是严格的功能层次划分。它通过解释功能层次分布的重要性来做到这一点，但它仍为设计者具体实现协议留下很大的余地。因此，OSI 参考模型在解释互连网络通信机制上比较适合，但 TCP/IP 成为了互连网络协议的市场标准。

TCP/IP 参考模型也是一个开放模型，能很好地适应世界范围内数据通信的需要，可使不同网络结构、不同硬件结构、不同操作系统的计算机之间进行通信。TCP/IP 体系结构具有如下特点：

- 开放性：协议标准是开放的，可以免费使用。
- 独立性：它独立于计算机硬件、网络硬件和操作系统，可以运行在局域网、广域网和互联网中。
- 统一的网络地址：具有统一的网络地址分配方案，在网络中每台 TCP/IP 设备都具有唯一的地址。
- 可靠性：标准化的高层协议提供多种可靠的用户服务。

TCP/IP 体系结构只有四层。从下往上依次是网络接口层（network interface layer）、Internet 层（internet layer）、传输层（transport layer）和应用层（application layer），如图 2-8 所示。以下将简要介绍各层的功能及相关协议。

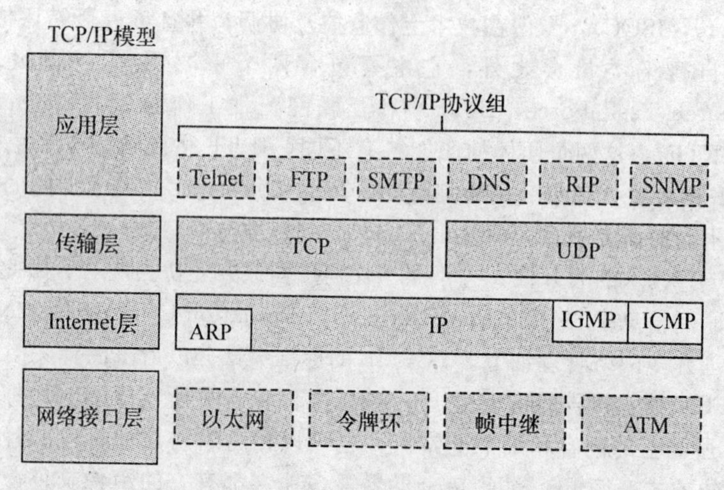

图 2-8　TCP/IP 参考模型及主要协议

1. 网络接口层

这是 TCP/IP 参考模型的最低层，这一层并没有定义特定的协议，只是指出主机必须使用某种协议与互连网络连接，以便能在其上传递 IP 分组。它支持所有的网络如以太网、令牌环和 ATM 连入互连网络。

2. Internet 层

Internet 层也称网际层，它用来屏蔽各个物理网络的差异，使得传输层和应用层将这个互联网络看做是一个同构的“虚拟”网络。IP 协议是这层中最重要的协议，它是一个无连接的报文分组协议，其功能包括处理来自传输层的分组发送请求、路径选择、转发数据包等，但并不具有可靠性，也不提供错误恢复等功能。在 TCP/IP 网络上传输的基本信息单元是 IP 数据包。

3. 传输层

在 TCP/IP 参考模型中，传输层的主要功能是提供从一个应用程序到另一个应用程序的通信，即端到端的会话。现在的操作系统都支持多用户和多任务操作，一台主机上可能

运行多个应用程序（并发进程），所谓的端到端会话，就是指从源进程发送数据到目的进程。传输层定义了两个端到端的协议：TCP 和 UDP。

传输控制协议（Transmission Control Protocol，TCP）是一个面向连接的无差错传输字节流的协议。在源端把输入的字节流分成报文段并传给网际层。在目的端则把收到的报文再组装成输出流传给应用层。TCP 还要进行流量控制，以避免出现由于快速发送方向低速接收方发送过多报文，而使接收方无法处理的问题。

用户数据报协议（User Datagram Protocol，UDP）是一个不可靠的、无连接的协议。它没有报文排序和流量控制功能，所以必须由应用程序自己来完成这些功能。在传输数据之前不需要先建立连接，在目的端收到报文后，也不需要应答。UDP 通常用于需要快速传输机制的应用中。

4. 应用层

TCP/IP 模型的应用层相当于 OSI 模型的会话层、表示层和应用层，它包含所有的高层协议。这些高层协议使用传输层协议接收或发送数据。应用层常见的协议有 TELNET、FTP、SMTP 以及 HTTP 等。远程登录协议（TELNET）允许一台机器上的用户登录到远程机器上并进行工作；文件传输协议（FTP）提供了有效地把数据从一台机器送到另一台机器上的方法；简单邮件传输协议（SMTP）用于发送电子邮件；HTTP 协议则用于在万维网（WWW）上浏览网页等。

2.3.3　与 OSI 参考模型的比较

TCP/IP 参考模型四层与 OSI 参考模型七层之间大致存在以下功能对应关系：TCP/IP 的网络接口层对应 OSI 的物理层和数据链路层，TCP/IP 的 Internet 层对应 OSI 的网络层，TCP/IP 的传输层对应 OSI 的传输层，TCP/IP 的应用层则实现 OSI 的会话层、表示层和应用层的功能，如图 2-9 所示。

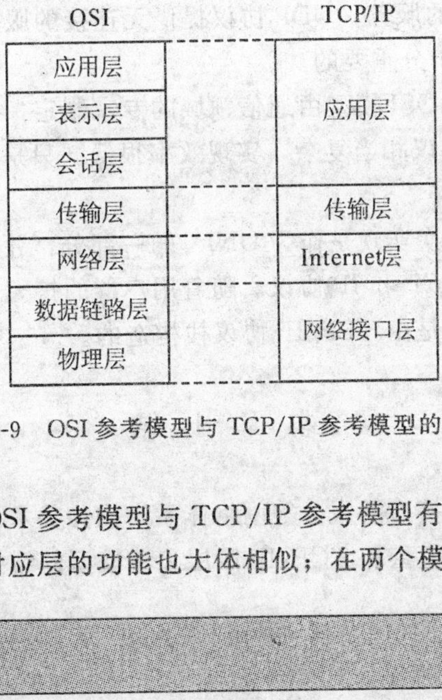

OSI	TCP/IP
应用层	应用层
表示层	
会话层	
传输层	传输层
网络层	Internet层
数据链路层	网络接口层
物理层	

图 2-9　OSI 参考模型与 TCP/IP 参考模型的比较

从图 2-9 中可以看出 OSI 参考模型与 TCP/IP 参考模型有很多相同之处：例如，都是基于独立的协议栈概念，对应层的功能也大体相似；在两个模型中，从低层一直到传输层都为希望通信的实体提供端到端的、与网络无关的传输服务。

除了这些基本的相同点以外，两个模型也有很多差别，主要表现在以下几个方面。

（1）OSI 模型严格区分了服务、接口和协议这三个概念。每一层都为它上一层提供服务。服务只定义该层做些什么，而不管上面的层如何访问它或该层是如何工作的。接口告诉上面的实体如何访问它，它定义需要什么参数以及预期结果是什么样的。同样，它也和该层如何工作无关。最后，某一层中使用的对等协议是该层的内部事务。它可以使用任何协议，只要能完成工作就行；也可以改变使用的协议而不影响它上面的层。

TCP/IP 参考模型最初没有明确区分服务、接口和协议，只是后来为了接近于 OSI 而作了一些改进。例如，互连网络层提供的真正服务是发送 IP 分组和接收 IP 分组。

因此，OSI 参考模型中的协议比 TCP/IP 参考模型的协议具有更好的隐藏性，在技术发生变化时能相对比较容易地替换掉。最初把协议分层的主要目的之一就是能做这样的替换。

（2）OSI 参考模型产生在协议公布之前，它不偏向于任何特定的协议，因此非常通用。但是在协议的具体功能的确定上存在不足，由于设计者在协议方面没有太多的经验，因此不知道该把哪些功能放到哪一层最好。例如，数据链路层最初只处理点对点网络，当广播式网络出现以后，就不得不在该模型中增加了一个介质访问控制子层（MAC）；另外，如寻址、流量控制和差错控制等功能在各层中重复出现，虚拟终端处理从表示层移到了应用层，数据安全与加密问题由于争议而无法决定将它们放在哪一层，网络管理也没有在模型中出现。

而 TCP/IP 却正好相反。首先出现的是协议，模型是对协议的描述。因此不会出现协议不能匹配模型的情况。唯一的问题是该模型不是通用的，它不适合于任何其他协议栈。例如，试图用 TCP/IP 模型描述 SNA 体系结构是不可能的。

（3）存在面向连接的服务和无连接的服务的差别。OSI 模型最初忽略了这一点，后来增加了在网络层支持面向连接的和无连接的服务，但在传输层仅有面向连接的服务，用户只能依赖这种方式进行通信。

然而，TCP/IP 模型在网络层由 IP 协议提供无连接的服务；在传输层支持两种模式，由 TCP 协议提供面向连接的服务，UDP 协议提供无连接的服务，供用户选择。这种选择对简单的请求-应答协议是十分重要的。

（4）在具体实现方面，OSI 模型由通信领域的专家制定，某些决定甚至不适合计算机软件的工作方式，因此，协议相当复杂，实现效率很低。只是它特别适用于讨论计算机网络的有关理论。

而 TCP/IP 模型的第一次实现是作为 UNIX 的一部分，并且很好使用。实际上，模型并不存在，广泛使用的是 TCP 和 IP 协议。随着用户群的扩大，又推动了它的改进。现在大家经常使用的 Internet 就是由 TCP/IP 协议栈构造的。

本章小结

本章在对协议、分层、接口及服务等网络体系结构相关术语进行简要介绍后，着重讨论了开放系统互连七层参考模型和 TCP/IP 四层参考模型的结构及各层的相关协议，最后

对两者进行了比较，指出它们分别适用的领域。通过对本章的学习，应对计算机网络的体系结构有一定的了解，对计算机网络的协议及分层原理有所掌握，从而为后面相关网络层次的学习奠定基础。

练　习　题

一、单项选择题

1. 通信协议有以下三个要素，(　　) 不是三要素之一。
   A. 语法　　B. 语义　　C. 约定　　D. 同步
2. 开放系统互连参考模型从功能上划分为（　　）层。TCP/IP 参考模型从功能上划分为（　　）层。
   A. 4　　B. 5　　C. 6　　D. 7
3. （　　）是 OSI 的最低层，是系统和通信介质的接口。
   A. 物理层　　B. 应用层　　C. 网络层　　D. 传输层
4. 在不同系统的对等实体之间根据协议所交换的数据单位是（　　）。
   A. SDU　　B. PDU　　C. IDU　　D. NDU
5. 世界上第一个网络体系结构是（　　）。
   A. Arpanet　　B. OSI　　C. TCP/IP　　D. SNA

二、简答题

1. 请举出一个日常生活中分层结构的例子。
2. 什么是 SAP？试举例说明。
3. 画出 OSI 参考模型，并简述其各层的主要功能。
4. TCP/IP 协议参考模型分为几层？各层的作用是什么？
5. OSI 参考模型与 TCP/IP 参考模型的相同点及不同点分别是什么？

第 3 章 数据通信基础

计算机网络是计算机技术与通信息技术结合的产物，网络中主要应用的是数据通信，因此研究计算机网络，首先要研究数据通信。本章简要介绍数据通信的基础知识，对数据通信的定义和功能进行概要介绍，详细讨论数据通信中的数据交换和多路复用技术，同时对光纤通信和移动通信进行了描述。学习本章的内容将会对最基本的数据通信技术、广域网中数据传输原理与实现方法的理解有很大的帮助。

本章学习重点

- 了解数据通信的基础知识；
- 掌握数据通信的定义和功能；
- 熟悉数据通信中的数据交换技术；
- 熟悉数据通信中的多路复用技术；
- 了解光纤通信的基础知识；
- 了解移动通信的基础知识。

3.1 数据通信中的基本概念

3.1.1 数据通信模型

1. 数据通信模型

信息的传递是通过通信系统来实现的，通信系统的基本模型共有五个基本组件，即发送设备、接收设备、发送机、信道和接收机。其中，把除去两端设备的部分叫做信息传输系统。信息传输通信系统由三个主要部分组成，即信源（发送机）、信宿（接收机）和信道。一个标准的数据通信模型如图 3-1 所示。

通信系统模型的各个部分的解释如下：

（1）信源和信宿：信源就是信息的发送端，是发出待传送信息的人或设备；信宿就是信息的接收端，是接收所传送信息的人或设备。

（2）信道：传输信息的必经之路称为“信道”。在计算机网络中有物理信道和逻辑信道之分。物理信道是指用来传送信号或数据的物理通路，网络中两个结点之间的物理通路

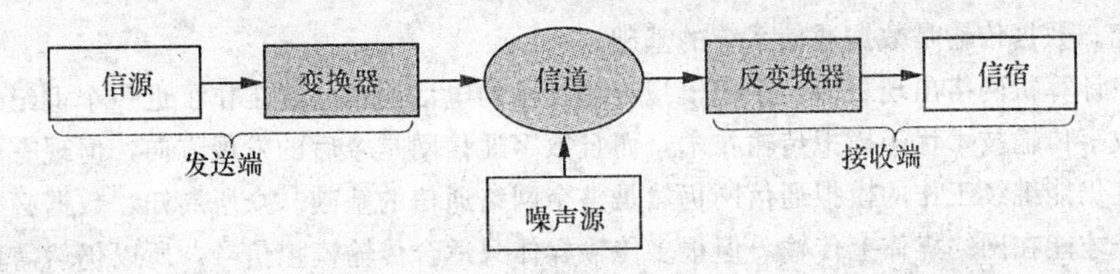

图 3-1　标准的数据通信模型

称为通信链路，物理信道由传输介质及有关设备组成。逻辑信道也是一种通路但在信号收、发点之间并不存在一条物理上的传输介质，而是在物理信道基础上，由结点内部的边来实现。通常把逻辑信道称为“连接”。信道本身也可以是模拟的或数字方式的，用以传输模拟信号的信道叫做模拟信道，用以传输数字信号的信道叫做数字信道。信道可以是简单的传输线，也可以是复杂的网络系统。

(3) 信号变换器：信号变换器的作用是将信源发出的信息变换成适合在信道上传输的信号。由于网络中绝大多数信息都是双向传输的，所以在大多数情况下，信源也作信宿，信宿也作信源；编码器也具有译码功能，译码器也应能编码，因此合并通称为编码译码器；同样调制器也能解调，解调器也可调制，因此合并通称为调制解调器。

(4) 噪声源：一个通信系统不可避免地存在噪声干扰，为了研究问题方便，把它们等效于一个作用于信道上的噪声源。

图 3-1 所示的数据通信模型，在计算机网络中也可以成为网络通信模型，这里，使用抽象的数据通信系统模型有利于从通信的角度介绍通信系统中的一些要素。

2. 相关术语

在进一步介绍数据通信基础知识之前，需要了解一些术语。

在数据通信中所说的“数据”，可以认为是预先约定的、具有某种含义的任何一个数字或一个字母（符号）以及它们的组合，并能被计算机所接收的形式。因此，数据就是能被计算机处理的一种信息编码（或消息）形式。

通信的目的是交换信息，信息的载体可以是数字、文字、语音、图形或图像。计算机产生的信息一般是字母、数字、符号的组合。为了传送这些信息，首先要将每一个字母、数字或符号用二进制代码表示。数据通信可以这样定义：依照通信协议，利用数据传输技术在两个功能单元之间传递数据信息，它可实现计算机与计算机、计算机与终端以及终端与终端之间的数据信息传递。

对于数据通信系统，它要研究的是如何将表示各类信息的二进制比特序列通过传输介质，在不同计算机之间进行传送的问题。

信号是数据在传输过程中的电信号的表示形式。电话线上传送的按照声音的强弱幅度连续变化的电信号称为模拟信号（analog signal）。计算机所产生的电信号是用两种不同的电平去表示 0、1 比特序列的电压脉冲信号，这种电信号称为数字信号（digital signal）。

根据信号的不同，数据通信系统可以分为数字通信系统和模拟通信系统。利用数字信号传递信息的通信系统叫做数字通信系统，利用模拟信号传递信息的通信系统叫做模拟通信系统。数据传输是数据通信系统的基础。

在计算机网络出现之前，采用模拟传输技术的电话网就已经工作了近一个世纪。尽管如今数字传输技术优于模拟传输技术，而且数字通信网是今后的发展方向，但现有的规模庞大且仍能继续工作的模拟通信网仍然是整个网络通信的基础。众所周知，数据必须转换为信号才能在网络媒体上传输，但很多传输媒体只适合传输模拟信号，所以仍然需要将数字数据转化为模拟信号才能在这种媒体上传输。将数字数据转换为模拟信号的过程叫做调制。反过来，在模拟信号接收端的计算机之前，模拟信号必须转化为数字数据才能被计算机处理。将模拟信号转化为数字数据的过程叫做解调。

在数据通信中，表示计算机二进制位串的数字数据信号通常呈脉冲波形式，它们的频率一般从零频率（直流）开始到很高的频率。未经频率变换处理（即调制）的原始数据信号叫做数据基带信号（即高限频率和低限频率之比远大于 1 的信号），基带指未经调制变换的信号所占的频带。在数据通信中，将基带信号进行传输的方式称为基带传输，而将基带信号经过某种频率变换（如调制）后利用模拟信道进行通信的方式称为频带传输。

3.1.2 同步传输和异步传输

数字通信中需要解决的一个重要问题，就是要求通信的收发双方在时间基准上保持一致，即接收方必须知道它所接收的数据每一位的开始时间与持续时间，这样才能正确地接收发送方发来的数据，这就要考虑数据通信的同步问题。按照同步方式，数据通信可分为异步传输和同步传输两种。

1. 异步传输

在异步传输方式中，每个字节作为一个单元独立传输，字节之间的传输间隔任意，同时在字符之间插入同步信息。这种方式也叫起止式，即在组成一个字符的所有位之前后分别插入起止位，图 3-2 是异步传输中传输一个字符的过程。

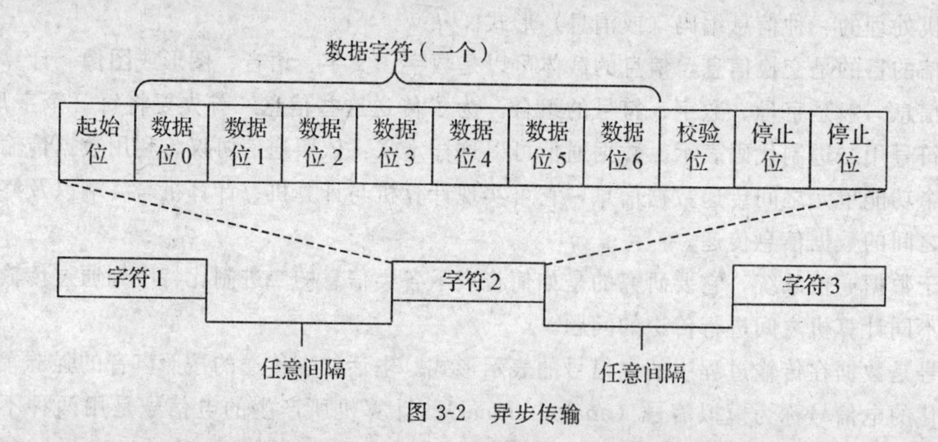

图 3-2 异步传输

起始位（“0”）对接收方的时钟起置位作用。接收方时钟置位后只要在 8～11 位的传送时间内准确，就能正确接收该字符。终止位告诉接收方该字符传送结束，收到终止位后

接收方就能识别后续字符的起始位。当没有字符传送时，连续传送终止位（“1”）。加入校验位的目的是检查传输中的错误，一般使用奇偶校验。异步传输的优点是简单，但是起止位和检验位的加入会引入20%～30%的开销，从而影响了数据的传输速率。

2. 同步传输

同步传输方式不是对每个字节单独进行同步，而是对一组字符组成的数据块进行同步。在同步传输方式中，发送方以固定的时钟节拍发送数据信号，收方以与发端相同的时钟节拍接收数据。图3-3是同步传输多个字符的一个数据块结构。

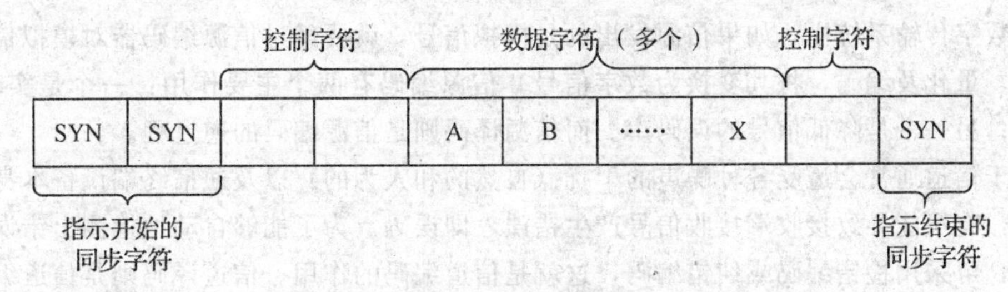

图3-3　同步传输

异步传输不适合于传送大的数据块（如磁盘文件），在传送连续的数据块时同步传输比异步传输更有效。同步传输中，发送方在发送数据之前先发送一串同步字符SYN。接收方只要检测到连续两个以上SYN字符就可以确认已进入同步状态，准备接收信息。随后的传送过程中收发双方以同一频率工作（信号编码的定时作用也表现在这里），直到传送完指示数据结束的控制字符。这种同步方式仅在数据块的前后加入控制字符SYN，同步传输方式具有效率高、开销小，特别适合大数据块的高速传输的优点。在短距离高速数据传输中，多采用同步传输方式。

3.1.3　数字传输和模拟传输

在数据通信系统中，以数字信号为传输对象的传输方式称为数字传输（或数字通信），以模拟信号为传输对象的传输方式称为模拟传输（或模拟通信）。需要说明的是，虽然传输的信号可以分为模拟信号和数字信号两种形式，但它们在传输过程中是可以互相转换的。模拟信号可以采用模数转换技术变换成离散的数字信号，而数字信号也可通过数模转换变换为连续的模拟信号。

1. 数字传输

计算机通信、数字电话以及数字电视都属于数字传输系统。数字传输系统细化了前面提到的抽象的数据通信模型，它由信源、信源编码器、信道编码器、调制器、信道、解调器、信道译码器、信源译码器、信宿、噪声源以及发送端和接收端时钟同步组成，如图3-4所示。

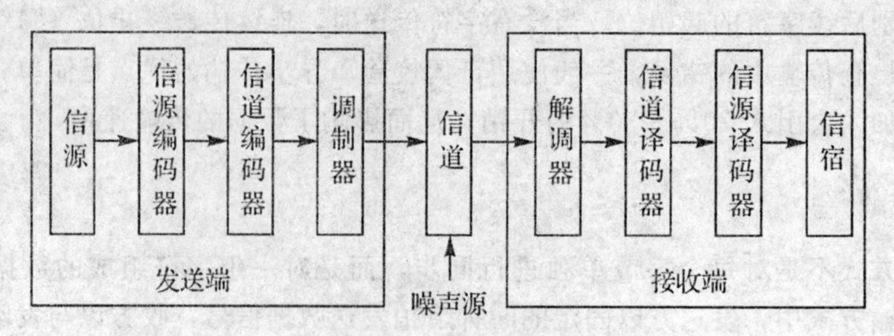

图 3-4　数字传输系统

在数字传输系统中，如果信源发出的是模拟信号，就要经过信源编码器对模拟信号进行采样、量化及编码，将其变换为数字信号。信源编码有两个主要作用：一个是实现数/模转换；另一个是降低信号的误码率。而信源译码则是信源编码的逆过程。

由于信道通常会遭受各种噪声的干扰（自然的和人为的）以及通信终端设备本身的噪声干扰，有可能导致接收端接收信号产生错误，即误码。为了能够自动地检测出错误或纠正错误，可采用检错编码或纠错编码，这就是信道编码的作用。信道译码则是信道编码的逆变换。

从信道编码器输出的数码序列还是属于基带信号。除某些近距离的数字通信可以采用基带传输外，通常为了与采用的信道相匹配，都要将基带信号经过调制变换成频带信号再传输，这就是调制器所要完成的工作；而解调则是调制的逆过程。

2. 模拟传输

在日常生活中常见的电话、广播、电视等都属于模拟传输系统。模拟传输系统通常由信源、调制器、信道、解调器、信宿以及噪声源组成，如图 3-5 所示。

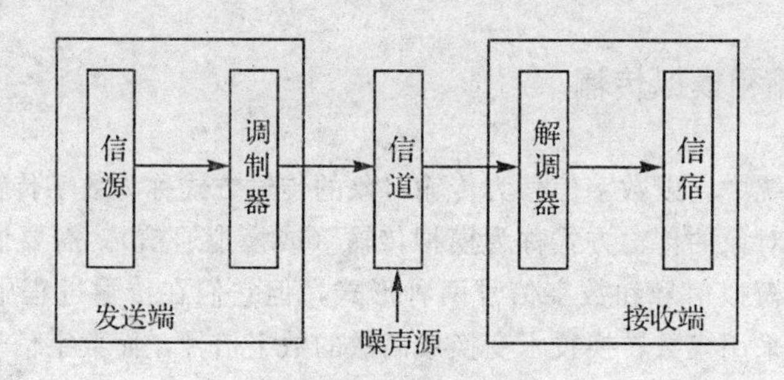

图 3-5　模拟传输系统

模拟信号在传输过程中会发生衰减，在长距离传输时，需要每隔一定距离增加一个放大器，以防止信号衰减，但放大器也会增大噪声。数据在传输过程中，外界的各种干扰信号称作噪声。不同的传输介质对噪声的敏感程度不同。对于音频数据，在一定噪声干扰的情况下仍然可以识别，但对于数字数据就会产生错误。

信源所产生的原始模拟信号一般都要经过调制再通过信道传输（距离很近的有线通信

也可以不调制，如市内电话)。调制器是用发送的消息对载波的某个参数进行调制的设备。解调器是实现上述过程逆变换的设备。

在模拟传输系统中，信道上所传输的信号是模拟信号。例如，对载波进行了连续的振幅调制（AM)、频率调制（FM）或相位调制（PM）而得到的调幅波、调频波或调相波都是模拟信号。对脉冲进行了连续的振幅调制、相位调制或宽度调制而得到的脉冲调幅波(PAM)、脉冲调相波（PPM）或脉冲调宽波（PWM）也都属于模拟信号。

模拟传输系统中的信道是用来传输表示消息的电信号的介质或通路。它可以是双绞线、同轴电缆、光缆、微波以及卫星链路等，有时可以将传输介质两端的设备也看做是信道的一部分。模拟传输系统中的噪声源包括了影响该系统的所有噪声，如脉冲噪声（天电噪声、工业噪声等）和随机噪声（信道噪声、发送设备噪声、接收设备噪声等)。

3.1.4　数据传输速率和传输方式

1. 数据传输速率

数据传输速率是描述数据传输系统的重要技术指标之一。数据传输速率在数值上等于每秒钟传输构成数据代码的二进制比特数，单位为比特/秒（bit/second)，记作 bps。对于二进制数据，数据传输速率为

$$S=1/T \text{ (bps)}$$

式中，T 为发送每一比特所需要的时间。例如，如果在通信信道上发送一比特 0、1 信号所需要的时间是 0.001ms，那么信道的数据传输速率为 1 000 000bps。

实际应用中，常用的数据传输速率单位有：Kbps、Mbps 和 Gbps。其中：1Kbps=103bps　1Mbps=106Kbps　1Gbps=109bps。

不同的应用类型往往需要不同的有效使用带宽。个人计算机通信的使用带宽通常要求低于 56Kbps；数字音频通信要求的带宽一般为 1Mbps；实时视频通信要求的带宽一般为 1Gbps。

在现代网络技术中，人们总是以“带宽”来表示信道的数据传输速率，“带宽”与“速率”几乎成了同义词。信道带宽与数据传输速率的关系可以用奈奎斯特（Nyquist）准则与香农（Shanon）定律描述。这两个定律定量地描述了“带宽”和“速率”的关系。

由于任何通信信道都是不理想的。信道带宽总是有限的。信道带宽的限制和信道干扰因素的存在使得信道的数据传输速率总会有一个限制。在 1924 年，奈奎斯特推导出了理想通信信道，在无噪声情况的最高速率和带宽关系的公式，这就是奈奎斯特准则。

奈奎斯特准则指出：如果间隔为 π/ω（$\omega=2\pi f$)，通过理想通信信道传输窄脉冲信号，则前后码元之间不产生相互窜扰。因此，对于二进制数据，信号的最大数据传输速率 R_{max} 与通信信道带宽 B（$B=f$，单位 Hz）的关系可以写为

$$R_{max}=2f \text{ (bps)}$$

对于二进制数据，若信道带宽 $B=f=3\ 000$Hz，则最大数据传输速率为 6 000bps。

奈奎斯特定理描述了有限带宽、无噪声信道的最大数据传输速率与信道带宽的关系。

香农定理则描述了有限带宽、有随机热噪声信道的最大传输速率与信道带宽、信噪比之间的关系。

香农定理指出：在有随机热噪声的信道上传输数据信号时，数据传输速率 R_{max} 与信道带宽 B、信噪比 S/N 的关系为

$$R_{max}=B\log_2(1+S/N)$$

式中，R_{max} 单位为 bps，带宽 B 单位为 Hz。

信噪比 S/N 通常以 db（分贝）数表示。若 $S/N=30$（db），那么信噪比根据公式：

$$S/N\,(\text{db})=10\lg(S/N)$$

可得，$S/N=1\,000$。若带宽 $B=3\,000\text{Hz}$，则 $R_{max}\approx 30\text{Kbps}$。香农定律给出了一个有限带宽、有热噪声信道的最大数据传输速率的极限值。它表示对于带宽只有 3 000Hz 的通信信道，信噪比在 30db 时，无论数据采用二进制或更多的离散电平值表示，都不能用越过 30Kbps 的速率传输数据。

因为通信信道最大传输速率与信道带宽之间存在着明确的关系，所以人们可以用“带宽”去取代“速率”。例如，人们常把网络的“高数据传输速率”用网络的“高带宽”去表述。因此“带宽”与“速率”在网络技术的讨论中几乎成了同义词。

2. 数据传输方式

数据通信中需要解决的一个重要的问题是数据传输方式。按照不同的分类标准，数据传输方式可以有不同的分类。

（1）按照字节使用的信道数，可以分为两种：串行通信和并行通信。如图 3-6 所示。

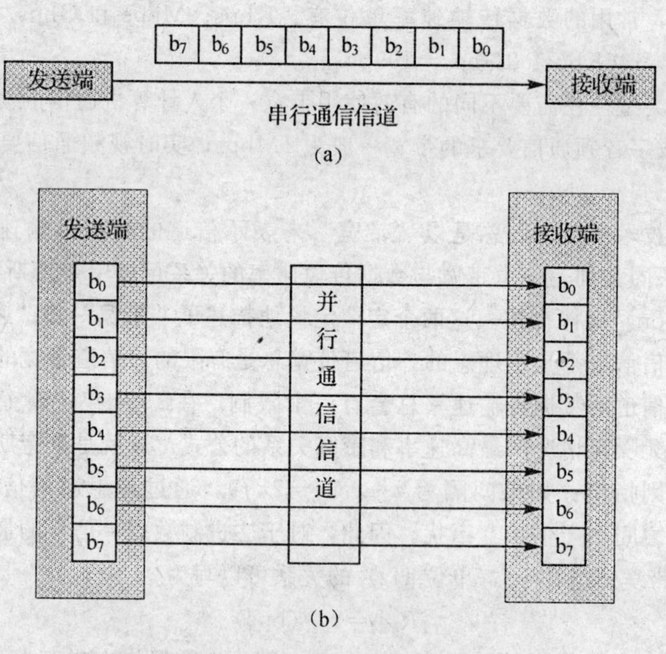

图 3-6　串行通信和并行通信

在计算机中，通常是用 8 位的二进制代码来表示一个字符。在数据通信中，人们可以按图 3-6（a）所示的方式，将待传送的每个字符的二进制代码按由低位到高位的顺序，依次发送。这种方式称为串行通信。串行传输方式中只使用一个传输信道，数据的若干位顺序地按位串行排列成数据流。

在数据通信中，人们也可以按图 3-6（b）所示的方式，将表示一个字符的 8 位二进制代码同时通过 8 条并行的通信信道发送出去，每次发送一个字符代码，这种工作方式称为并行通信。并行传输就是数据的每一位各占用一条信道，即数据的每一位放在多条并行的信道上同时传送。

显然，采用串行通信方式只需要在收发双方之间建立一条通信信道；采用并行通信方式，收发双方之间必须建立并行的多条通信信道。对于远程通信来说，在同样传输速率的情况下，并行通信在单位时间内所传送的码元数是串行通信的 n 倍（此例中 $n=8$）。由于需要建立多个通信信道，并行通信方式的造价较高；因此在远程通信中，人们一般采用串行通信方式。

（2）按照信号传送方向与时间的关系，可以分为三种：单工通信、半双工通信和全双工通信。如图 3-7 所示。

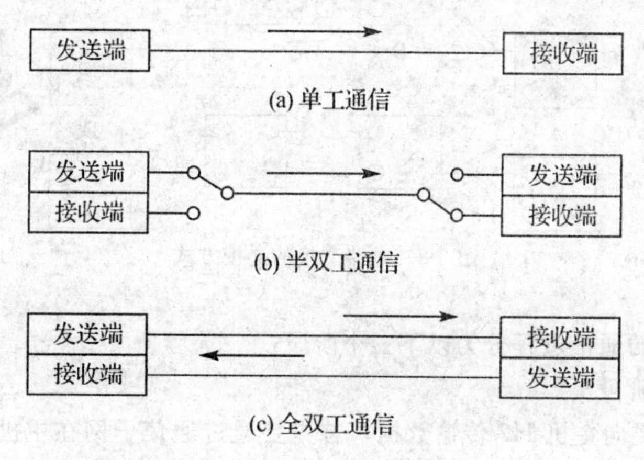

图 3-7　单工、半双工、全双工通信

在单工传输方式中，两个通信终端间的信号传输只能在一个方向传输，即一方仅为发送端，另一方仅为接收端。

在半双工传输中，两个通信终端可以互传数据信息，都可以发送或接收数据，但不能同时发送和接收，在同一时间只能一方发送，另一方接收。

在全双工传输中，两个通信终端可以在两个方向上同时进行数据的收发传输。

3.2　数据交换技术

在网络中的计算机通常是经过公用通信传输线路进行数据交换以提高传输设备的利用

率。局域网中的交换技术分电路交换（线路交换）和存储交换两大类。存储交换类又常分为报文交换和分组交换两类。

3.2.1 电路交换

1. 电路交换方式的工作原理

电路交换（circuit exchanging）是指两台计算机或终端在相互通信时，使用同一条实际的物理链路，在通信中自始至终使用该链路进行信息传输，且不允许其他计算机或终端同时共享该电路。

电路交换方式与电话交换方式的工作过程很类似。两台计算机通过通信子网进行数据交换之前，首先要在通信子网中建立一个实际的物理线路连接。典型的线路交换连接如图3-8所示。

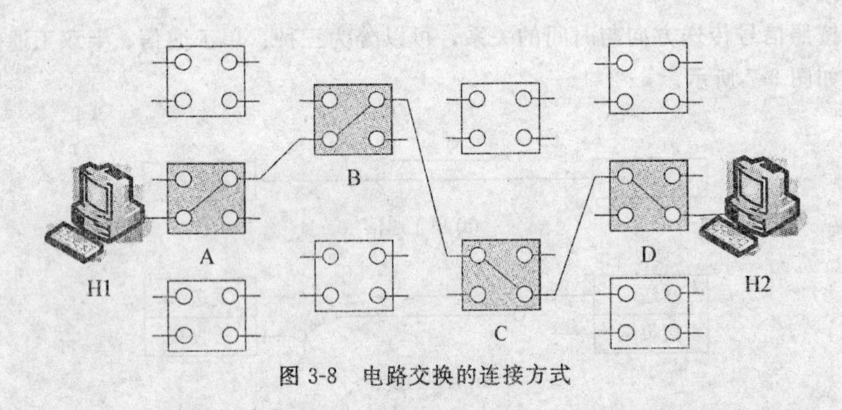

图 3-8 电路交换的连接方式

电路交换方式的通信过程分为以下三个阶段：

（1）线路建立阶段

如果主机 H1 要向主机 H2 传输数据，首先要通过通信子网在主机 H1 与主机 H2 之间建立线路连接。主机 H1 首先向通信子网中结点 A 发送“呼叫请求包”，其中含有需要建立线路连接的源主机地址与目的主机地址。结点 A 根据目的主机地址，根据路选算法，如选择下一个结点为 B，则向结点 B 发送“呼叫请求包”。

结点 B 接到呼叫请求后，同样根据路选算法，如选择下一个结点为结点 C，则向结点 C 发送“呼叫请求包”。结点 C 接到呼叫请求后，也要根据路选算法，如选择下一个结点为结点 D，则向结点 D 发送“呼叫请求包”。结点 D 接到呼叫请求后，向与其直接连接的主机 H2 发送“呼叫请求包”。主机 H2 如接受主机 H1 的呼叫连接请求，则通过已经建立的物理线路连接“结点 D—结点 C—结点 B—结点 A”，向主机 A 发送“呼叫应答包”。至此，从“主机 H1—结点 A—结点 B—结点 C—结点 D—主机 H2”的专用物理线路连接建立完成。该物理连接为此次主机 H1 与主机 H2 的数据交换服务。

（2）数据传输阶段

在主机 H1 与主机 H2 通过通信子网的物理线路连接建立以后，主机 H1 与主机 H2

就可以通过该连接实时、双向交换数据。

（3）线路释放阶段

在数据传输完成后，就要进入路线释放阶段。一般可以由主机 H1 向主机 H2 发出“释放请求包”，主机 H2 同意结束传输并释放线路后，将向结点 D 发送“释放应答包”，然后按照“结点 C—结点 B—结点 A—主机 H1”次序，依次将建立的物理连接释放。这时，此次通信结束。

2. 电路交换方式的特点

电路交换方式的特点是：通信子网中的结点是用电子或机电结合的交换设备来完成输入与输出线路的物理连接。交换设备与线路分为模拟通信与数字通信两类。线路连接过程完成后，在两台主机之间已建立的物理线路连接为此次通信专用。通信子网中的结点交换设备不能存储数据，不能改变数据内容，并且不具备差错控制能力。由于连接建立后通路是专用的，不会有别的用户的干扰，因而不再有传输延迟，如图 3-9 所示。这种交换方式适合于传输大量的数据，在传输少量信息时效率不高。

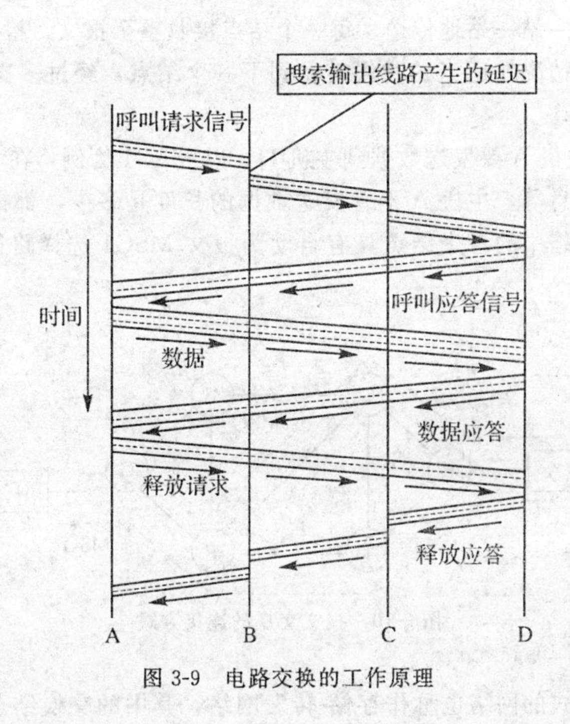

图 3-9　电路交换的工作原理

电路交换在通信之前要在通信双方之间建立一条被双方独占的物理通路（由通信双方之间的交换设备和链路逐段连接而成），它具有以下优点：

（1）由于通信线路为通信双方用户专用，数据直达，所以传输数据的时延非常小。

（2）通信双方之间的物理通路一旦建立，双方可以随时通信，实时性强。

（3）双方通信时按发送顺序传送数据，不存在失序问题。

（4）电路交换既适用于传输模拟信号，也适用于传输数字信号。

（5）电路交换的交换设备（交换机等）及控制均较简单。

它的缺点是：

(1) 电路交换的平均连接建立时间对计算机通信来说嫌长。

(2) 电路交换连接建立后，物理通路被通信双方独占，即使通信线路空闲，也不能供其他用户使用，因而信道利用低。

(3) 电路交换时，数据直达，不同类型、不同规格、不同速率的终端很难相互进行通信，也难以在通信过程中进行差错控制。

鉴于以上不足，人们研究提出了下面的两种改进的交换方式。

3.2.2 报文交换

1. 报文交换的工作原理

报文交换不要求在两个通信结点之间建立专用通路。当一个结点发送信息时，它把要发送的信息组织成一个数据包——报文，该报文中某个约定的位置含有目标结点的地址。完整的报文在网络中一站一站地传送。每一个结点接收整个报文，检查目标结点地址，然后根据网络中的交通情况在适当的时候转发到下一个结点，经过多次的存储-转发，最后到达目标结点。

在图 3-10 中，主机 A 要发送数据到主机 H，以 MSG1 为例，在 MSG1 的报头中包含有目的地址和控制信息等，主机 A 不管发送数据的长度是多少，都把 MSG1 当做一个逻辑单元进行发送，网络中的各个结点具有自动为报文 MSG1 选择路径的功能，从而最终将数据传送到主机 H。

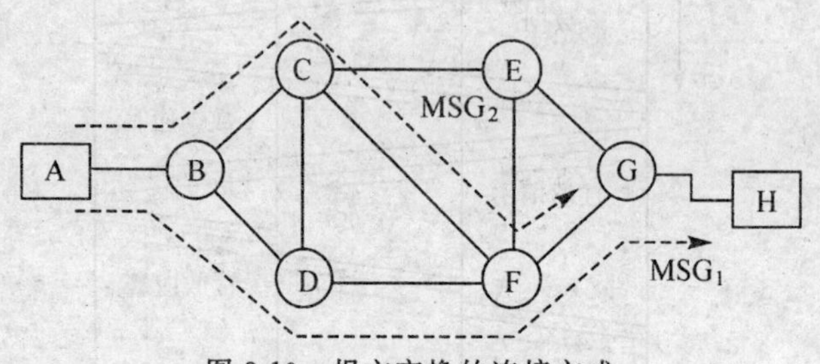

图 3-10　报文交换的连接方式

采用报文交换方式的网络也称作存储-转发网络，其中的交换结点要有足够大的存储空间用（一般是磁盘），用以缓冲收到的长报文。交换结点对各个方向上收到的报文排队，寻找下一个转发结点，然后再转发出去，这些都会带来传输时间的延迟，图 3-11 说明了报文交换方式的工作原理。

报文交换不需建立专用链路，线路利用率较高。当然，这些优点是由通信中的传输时延换来的。电子邮件系统（如 E-mail）适合采用报文交换方式（因为传统的邮政本来就是这种交换方式）。

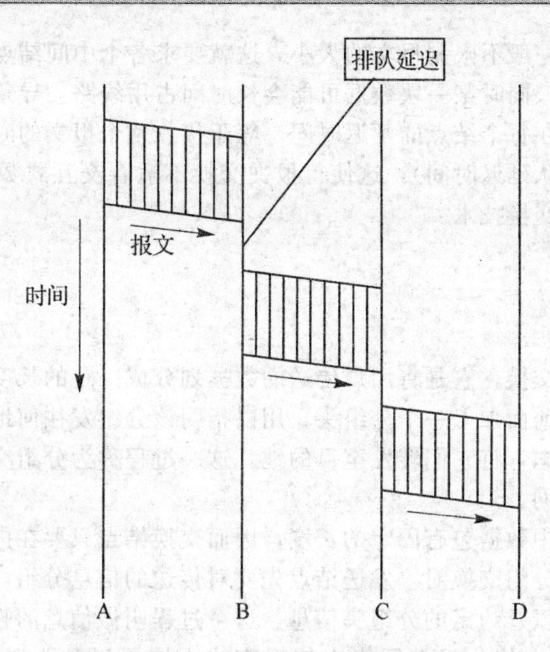

图3-11　报文交换的工作原理

2. 报文交换的特点

报文交换是以报文为数据交换的单位，报文携带有目标地址、源地址等信息，在交换结点采用存储转发的传输方式，报文交换的优点是：

(1) 报文交换不需要为通信双方预先建立一条专用的通信线路，不存在连接建立时延，用户可随时发送报文。

(2) 由于采用存储转发的传输方式，使之具有下列优点：①在报文交换中便于设置代码检验和数据重发设施，加之交换结点还具有路径选择，就可以做到某条传输路径发生故障时，重新选择另一条路径传输数据，提高了传输的可靠性；②在存储转发中容易实现代码转换和速率匹配，甚至收发双方可以不同时处于可用状态。这样就便于类型、规格和速度不同的计算机之间进行通信；③提供多目标服务，即一个报文可以同时发送到多个目的地址，这在电路交换中是很难实现的；④允许建立数据传输的优先级，使优先级高的报文优先转换。

(3) 通信双方不是固定占有一条通信线路，而是在不同的时间一段一段地部分占有这条物理通路，因而大大提高了通信线路的利用率。

它的缺点是：

(1) 由于数据进入交换结点后要经历存储、转发这一过程，从而引起转发时延（包括接收报文、检验正确性、排队、发送时间等），而且网络的通信量愈大，造成的时延就愈大，因此报文交换的实时性差，不适合传送实时或交互式业务的数据。

(2) 报文交换只适用于数字信号。

(3) 由于报文长度没有限制，而每个中间结点都要完整地接收传来的整个报文，当输出线路不空闲时，还可能要存储几个完整报文等待转发，要求网络中每个结点有较大的缓冲区。为了降低成本，减少结点的缓冲存储器的容量，有时要把等待转发的报文存在磁盘上，进一步增加了传送时延。

在报文交换中，一般不限制报文的大小，这就要求各个中间结点必须使用磁盘等外设来缓存较大的数据块。同时某一块数据可能会长时间占用线路，导致报文在中间结点的延迟非常大（一个报文在每个结点的延迟时间，等于接收整个报文的时间加上报文在结点等待输出线路所需的排队延迟时间），这使得报文交换不适合交互式数据通信。为了解决上述问题又引入了分组交换技术。

3.2.3 分组交换

分组交换也称包交换，它是将用户传送的数据划分成一定的长度，每个部分叫做一个分组。在每个分组的前面加上一个分组头，用以指明该分组发往何地址，然后由交换机根据每个分组的地址标志，将它们转发至目的地，这一过程称为分组交换。进行分组交换的通信网称为分组交换网。

在这种交换方式中数据包有固定的长度，因而交换结点只要在内存中开辟一个小的缓冲区就可以了。进行分组交换时，发送结点先要对传送的信息分组，对各个分组编号，加上源地址和目标地址以及约定的分组头信息，这个过程叫做信息的打包。分组交换技术在实际应用中根据通信中的分组在网络中传播方式不同可以分为以下两类：数据报方式（datagram）和虚电路方式（virtual circuit）。

1. 数据报方式

（1）数据报方式的工作原理

类似于报文交换，数据报方式的每个分组在网络中的传播路径完全是由网络当时的状况随机决定的。因为每个分组都有完整的地址信息，如果全部正确传输则都可以到达目的地，但是到达目的地的顺序可能和发送的顺序不一致。有些早发的分组可能在中间某段交通拥挤的线路上耽搁了，比后发的分组到得迟，目标主机必须对收到的分组重新排序才能恢复原来的信息。一般来说在发送端要有一个设备对信息进行分组和编号，在接收端也要有一个设备对收到的分组拆去头尾并重排顺序，具有这些功能的设备叫分组拆装设备PAD（Packet Assembly and Disassembly device），通信双方各有一个。

数据报方式的数据交换过程如图 3-12 所示，它的具体过程可以分为以下几个步骤：

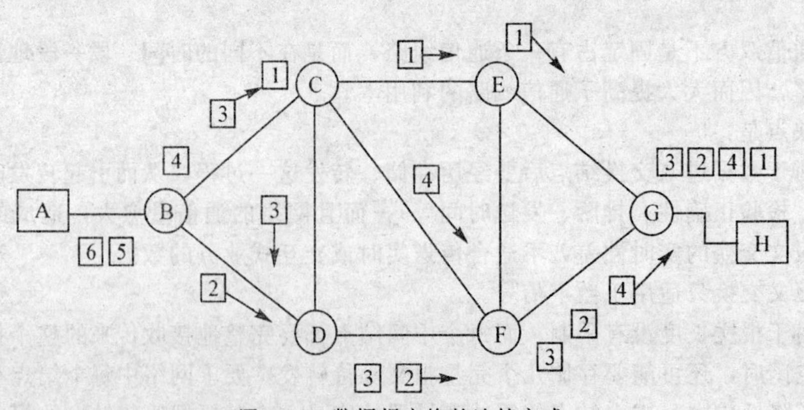

图 3-12　数据报交换的连接方式

① 源主机A将一个报文分成多个分组1、2、3、4、5、6、……，依次发送到与其直接相连的通信子网的通信控制处理机B。

② 结点B每接收一个分组要进行差错检测，以保证主机A与结点B的数据传输的正确性；结点B接收到分组1、2、3、4、5、6、……后，要为每个分组进入通信子网的下一个结点启动路由选择算法。由于网络通信是不断变化的，分组1、3、4的下一个结点可能选择为C，而分组2的下一个结点可能选择D，因此同一报文的不同分组通过指望的路径可能是不相同的。

③ 结点B向结点C发送分组1、3、4时，结点C要分别对每个分组传输的正确性进行检测。如果传输正确，结点C需要向结点B发送正确传输的确认信息ACK，结点B收到结点C的ACK信息后，确认分组已正确传输，则废弃分组的副本；如果结点B没有收到结点C的正确传输确认信息，这时结点B需要重传分组的副本。其他结点的工作过程与结点C的工作过程相同。

④ 由于每个分组所经过的路径不完全一样，到达目标主机的分组的次序常常与发送时的不一致。目标主机需要将未排序的分组1、4、2、3恢复为排序后的分组并组成正确的报文。

这样，报文分组经过多个结点转发和重组，最终正确的传送到目的主机。

(2) 数据报工作方式的特点

从上面的分析可以看出，数据报工作方式具有以下几个特点：

①同一报文的不同分组可以由不同的传输路径通过通信子网；

②同一报文的不同分组到达目的结点时可能出现乱序、重复与丢失现象；

③每一个分组在传输过程中都必须带有目的地址与源地址；

④数据报方式报文传输延迟较大，适用于突发性通信、单向地传送短消息，不适用于长报文、交互式通信。

2. 虚电路方式

(1) 虚电路方式的工作原理

虚电路方式类似于电路交换，它要求在发送端和接收端之间建立一条逻辑连接（不是电路交换中要求的实际物理连接，如图3-13所示）。在会话开始时，发送端先发送一个要求建立连接的请求消息，这个请求消息在网络中传播，途中的各个交换结点根据当时的交通状况决定取哪条线路来响应这一请求，最后到达目的端。如果目的端给予肯定的回答，则逻辑连接就建立了。逻辑连接建立后，发送端发出的一系列分组都走这同一条通路，直到会话结束，拆除连接。

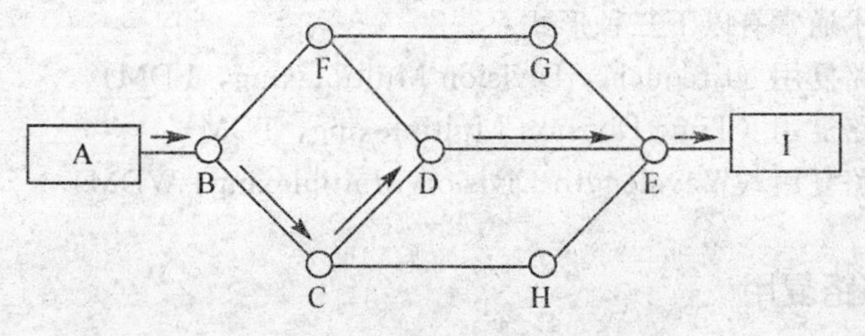

图3-13 虚电路交换的连接方式

（2）虚电路方式的特点

虚电路方式具有以下几个特点：

① 报文分组通过虚电路上的每个结点时，结点只需要做差错检测，而不需要做路径选择。

② 虚电路方式要求接收方对正确收到的分组给予回答确认，通信双方要进行流量控制和差错控制，以保证按顺序正确接收，所以虚电路意味着可靠的通信。当然它涉及更多的技术，需要更大的开销，没有数据报方式灵活，效率也不如数据报方式高。

③ 虚电路可以是暂时的，即会话开始建立，会话结束拆除，这叫做虚呼叫；也可以是永久的，即通信双方一开机就自动建立，直到一方（或同时）关机才拆除，这叫做永久虚电路。

④ 虚电路适合于交互式通信和长报文的传送，这是它从电路交换那里继承来的优点。分组交换也意味着按分组纠错，发现错误只需重发出错的分组，这可使通信效率提高。

⑤ 与电路交换不同，逻辑连接的建立并不意味着别的通信不能使用这条线路，它仍然具有链路共享的优点，通信子网中每个结点可以和任何结点建立多条虚电路连接。

通过上面的分析，可以看出，虚电路方式具有分组交换和电路交换两种方式的优点，它在计算机网络中已经得到了广泛的应用。

3.3 多路复用技术

当传输介质的带宽超过了传输单个信号所需的带宽，人们就通过在一条媒体上同时携带多个传输信号的方法来提高传输系统的利用率，这就是所谓的多路复用(multiplexing)。多路复用技术能把多个信号组合在一条物理信道上进行传输，使多个计算机或终端设备共享信道资源，提高信道的利用率，图 3-14 说明的了多路复用原理。在远距离传输时，使用多路复用技术可大大节省电缆的成本、安装与维护费用。

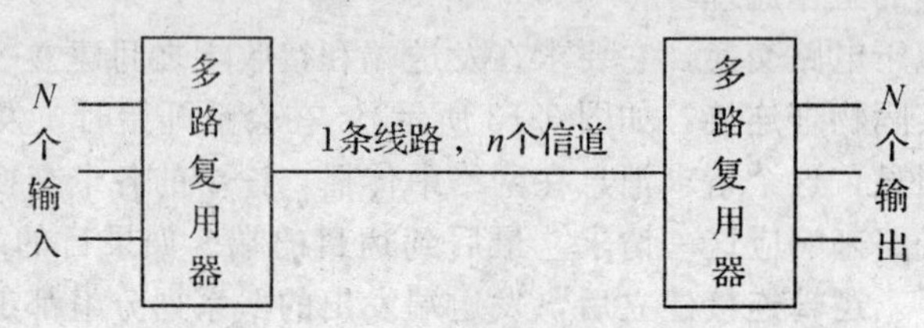

图 3-14 多路复用原理示意图

多路复用技术通常有以下三种形式：

（1）频分多路复用（Frequency Division Multiplexing，FDM）

（2）时分多路复用（Time Division Multiplexing，TDM）

（3）波分多路复用（Wavelength Division Multiplexing，WDM）

3.3.1 频分多路复用

任何信号只占据一个宽度有限的频率，而信道可以被利用的频率比一个信号的频率宽

得多，因而可以利用频率分隔的方式来实现多路复用。

频分多路复用是利用频率变换或调制的方法，将若干路信号搬移到频谱的不同位置，相邻两路的频谱之间留有一定的频率间隔，这样排列起来的信号就形成了一个频分多路复用信号。

它将被发送设备发送出去，传输到接收端以后，利用接收滤波器再把各路信号区分开来。这种方法起源于电话系统，本书利用电话系统这个例子来说明频分多路复用的原理。

现在一路电话的标准频带是 0.3kHz 至 3.4kHz，高于 3.4kHz 和低于 0.3kHz 的频率分量都将被衰减掉（这对于语音清晰度和自然度的影响都很小，不会令人不满意）。所有电话信号的频带本来都是一样的，即 0.3～3.4kHz。若在一对导线上传输若干路这样的电话信号，接收端将无法把它们分开。若利用频率变换，将三路电话信号搬到频段的不同位置（如图 3-15 所示）就形成了一个带宽为 12kHz 的频分多路复用信号。图中一路电话信号共占有 4 kH z 的带宽。由于每路电话信号占有不同的频带。到达接收端后，就可以将各路电话信号用滤波器区分开。由此可见，信道的带宽越大，容纳的电话路数就会越多。随着通信信道质量的提高，在一个信道上同时传送的电话路数会越来越多。

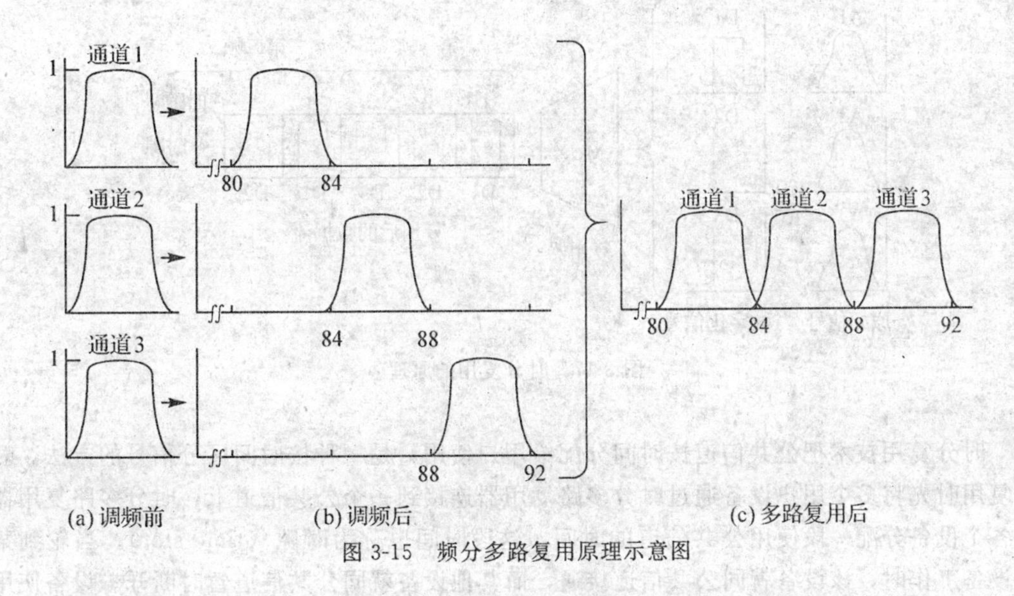

图 3-15　频分多路复用原理示意图

图 3-16 是一个 5 路信号频分复用后在一条通信线路中传输的示意图，在实际应用中，为了防止子信道之间的干扰，相邻信道之间需要加入“保护频带”（也称为“警戒频带”）。

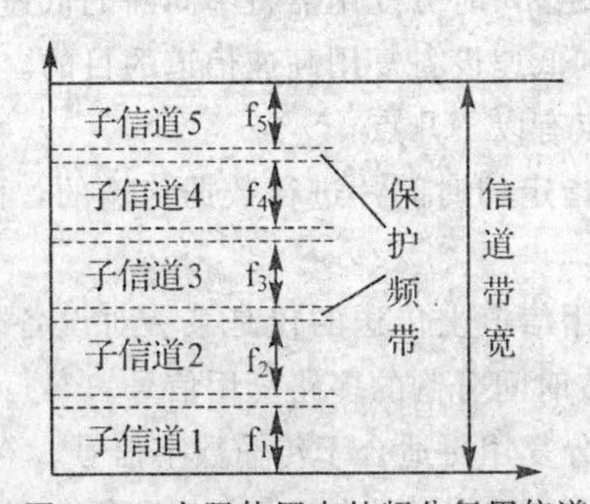

图 3-16　实际使用中的频分复用信道

频分复用的优点在于系统效率较高，充分利用了传输介质的带宽；另外，由于技术比较成熟，实现起来较容易。

3.3.2 同步时分复用和异步时分复用

频分多路复用是以信道频带作为分割对象，通过为多个信道分配互不重叠的频率范围的方式实现多路复用，因此它非常适合于模拟数据信号的传输。

和频分多路复用技术不同，时分多路复用技术不是将一个物理信道划分成为若干个子信道，而是不同的信号在不同的时间轮流使用这个物理信道。通信时把通信时间划分成为若干个时间片，每个时间片占用信道的时间都很短。这些时间片分配给各路信号，每一路信号使用一个时间片。在这个时间片内，该路信号占用信道的全部带宽。

图 3-17 描述了时分复用的一般原理。

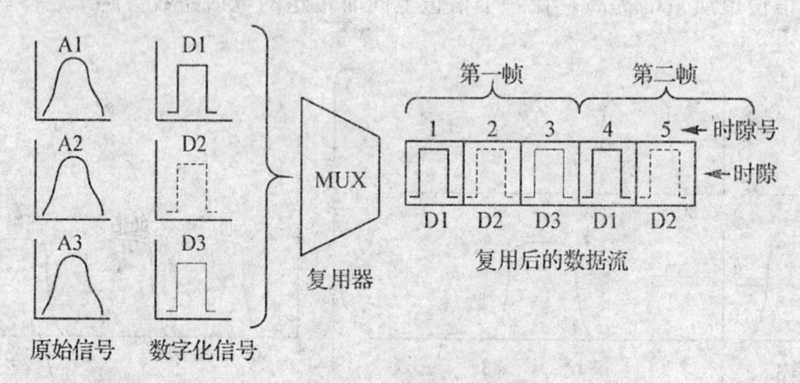

图 3-17 时分复用的原理

时分复用技术把公共信道按时间分配给用户使用，是一种按时间区分信号的方法。时分复用时先将多个用户设备通过时分多路复用器连接到一个公共信道上，时分多路复用器给各个设备分配一段使用公共信道的时间，这段时间也称为时隙（time slot）。当轮到某个设备工作时，该设备就同公共信道接通，而其他设备就同公共信道暂时断开。设备使用时间过后，时分多路复用器将信道使用权交给下一个设备，依此类推一直轮流到最后一个设备，然后再重新开始。这样既保证了各路信号的传输，又能让它们互不干扰。使用时分复用信道的设备一般是低速设备，时分复用器将不间断的低速率数据在时间上压缩后变成间断的高速率数据，从而达到低速设备复用高速信道的目的。

总结时分多路复用的特点有以下几点：

① 通信双方是按照预先指定的时间片进行数据传输的，而且这种时间关系是固定不变的。

② 就某一瞬时来看，公用信道上传送的仅是某一对设备之间的信号，但就某一段时间而言，公用信道则传送着按时间分割的多路复用信号。

③ 与频分复用相比，时分复用更适合于传输数字信号。

时分多路复用可以分为以下两类：同步时分复用和异步时分复用。

1. 同步时分复用

同步时分复用（Synchronization Time-Division Multiplexing，STDM）按照信号的路数划分时间片，每一路信号具有相同大小的时间片。时间片轮流分配给每路信号，该路信号在时间片使用完毕以后要停止通信，并把物理信道让给下一路信号使用。当其他各路信号把分配到的时间片都使用完以后，该路信号再次取得时间片进行数据传输。这种方法叫做同步时分多路复用技术。

同步时分复用技术的工作原理如图 3-18 所示。它使用固定的时间片（time slot）分配方法，即将公共信道的传输时间按特定长度连续地划分成“帧”，再将帧划分成几个固定长度的时间片，然后把时间片以固定的方式分配给各个数据终端（每一路信号具有相同大小的时间片），通过时间片交织形成多路复用信号，从而把各低速数据终端信号复用成较高速率的数据信号。

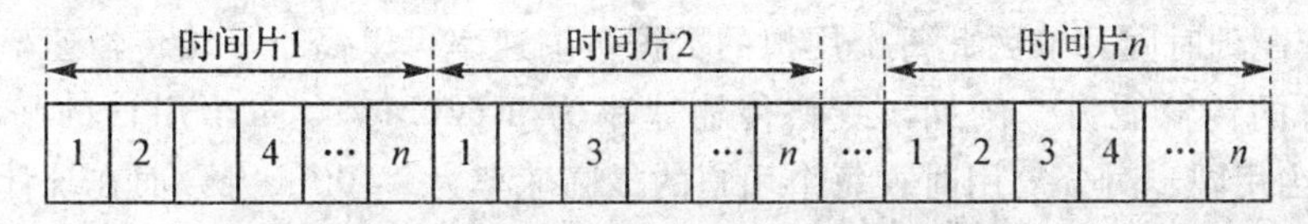

图 3-18　同步时分复用的工作原理

例如，有 n 条信道复用一条通信线路，同步时分复用可以把通信线路的传输时间分成 n 个时间片。假定 $n=5$，传输时间周期 T 定为 1s，那么每个时间片为 0.2s。在第一个周期内，我们将第一个时间片分配给第一路信号，将第二个时间片分配给第二路信号……将第 5 个时间片分配给第 5 路信号，下面的时间片按此规律一次循环下去。这样接收端只要采用严格的时间同步，按照相同的顺序接收，就能够将多路信号正确接收。

同步时分多路复用技术优点是时隙分配固定，控制简单，实现起来容易，适于数字信息的传输。缺点是如果某路信号没有足够多的数据，不能有效地使用它的时间片，则造成资源的浪费；而有大量数据要发送的信道又由于没有足够多的时间片可利用，所以要拖很长一段的时间，降低了设备的利用效率。

2. 异步时分复用

异步时分复用（Asynchronism Time-Division Multiplexing，ATDM）是对同步时分多路复用技术的改进。为了提高设备的利用效率，可以设想使有大量数据要发送的用户占有较多的时间片，数据量小的用户少占用时间片，没有数据的用户就不再分配时间片。这时，为了区分哪一个时间片是哪一个用户的，必须在时间片上加上用户的标识。由于一个用户的数据并不按照固定的时间间隔发送，所以称为“异步”。这种方法叫做异步时分多路复用技术，也叫做统计时分多路复用技术（Statistic Time-Division Multiplexing，STDM）。这种方法的优点是提高了设备利用率，缺点是技术复杂性比较高，目前这种方法主要应用于高速远程通信过程中。

异步时分多路复用允许动态的分配时间片。异步时分多路复用的工作原理如图 3-19 所示。

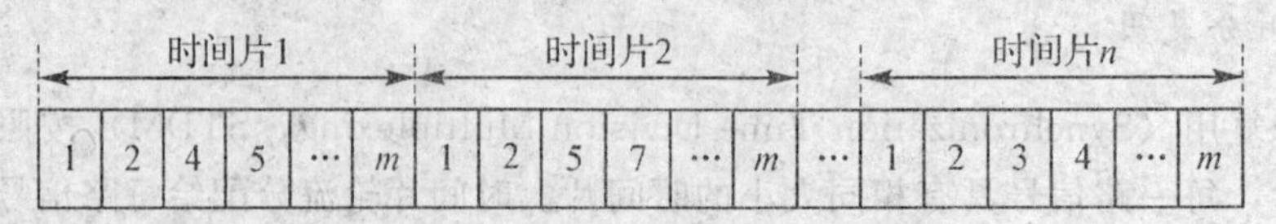

图 3-19　异步时分复用的工作原理

假设复用的信道数为 m，每个周期 T 分为 n 个时间片。由于考虑到每个信道并不总是同时工作的，为了提高通信线路的利用率，允许 $m>n$；这样，每个周期内的各个时间片只分配给那些需要发送数据的信道。在第一个周期内，可以将第 1 个时间片分配给第 2 路信号，将第 2 个时间片分配给第 3 路信号……在第二个周期内，可以将第 1 个时间片分配给第 1 路信号，将第 2 个时间片分配给第 5 路信号……依次循环，接收端按照数据到来的先后次序和用户标识对数据分割、复原。

异步时分多路复用的特点是：把时间片动态地分配给各个终端，即当终端的数据要传送时，才会分配到时间片，因此每个用户的数据传输速率可以高于平均传输速率，最高可以达到线路总的传输能力。例如，线路传输速率为 9 600bit/s，4 个用户的平均速率为 2 400bit/s，当用同步时分复用时，每个用户的最高速率为 2 400bit/s，而在统计时分复用方式下，每个用户最高速率可达 9 600bit/s。

3.3.3　密集波分复用

1. 波分复用的原理和分类

在了解密集波分复用之前，先简单介绍一下波分复用 WDM（Wavelength Division Multiplexing）。

在模拟载波通信系统中，为了充分利用电缆的带宽资源，提高系统的传输容量，通常利用频分复用的方法，即在同一根电缆中同时传输若干个信道的信号，接收端根据各载波频率的不同，利用带通滤波器就可滤出每一个信道的信号。

同样，在光纤通信系统中也可以采用光的频分复用的方法来提高系统的传输容量，在接收端采用解复用器（等效于光带通滤波器）将各信号光载波分开。由于在光的频域上信号频率差别比较大，人们更喜欢采用波长来定义频率上的差别，因而这样的复用方法称为波分复用。所谓 WDM 技术就是为了充分利用单模光纤低损耗区带来的巨大带宽资源，根据每一信道光波的频率（或波长）不同可以将光纤的低损耗窗口划分成若干个信道，把光波作为信号的载波，在发送端采用波分复用器（合波器）将不同规定波长的信号光载波合并起来送入一根光纤进行传输。在接收端，再由一波分复用器（分波器）将这些不同波长承载不同信号的光载波分开的复用方式。由于不同波长的光载波信号可以看做互相独立（不考虑光纤非线性时），从而在一根光纤中可实现多路光信号的复用传输。双向传输的问题也很容易解决，只需将两个方向的信号分别安排在不同波长传输即可。根据波分复用器的不同，可以复用的波长数也不同，从 2 个至几十个不等，现在商用化的一般是 8 波长和 16 波长系统，这取决于所允许的光载波波长的间隔大小，图 3-20 说明了波分复用的一般原理。

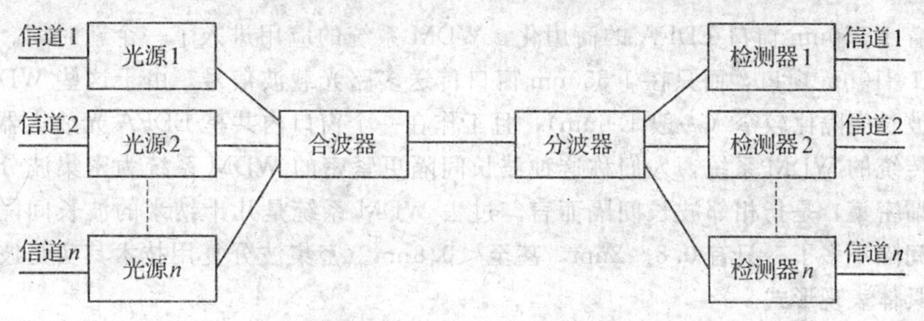

图 3-20 波分复用的原理示意图

WDM本质上是光域上的频分复用（FDM）技术。要想深刻理解WDM系统的本质，有必要对传输技术的发展进行一下总结。从我国几十年应用的传输技术来看，走的是FDM—TDM—TDM+FDM的路线。开始的明线中，同轴电缆采用的都是FDM模拟技术，即电域上的频分复用技术，每路话音的带宽为4kHz，每路话音占据传输媒质（如同轴电缆）一段带宽；PDH、SDH系统则是在光纤上传输的TDM基带数字信号，每路话音速率为64Kb/s；而WDM技术是光纤上频分复用技术；16（8）×2.5Gb/s的WDM系统则是光域上的FDM模拟技术和电域上TDM数字技术的结合。

根据按照通道间隔的不同，波分复用分为密集波分复用（Dense Wavelength Division Multiplexing，DWDM）和稀疏波分复用（Coarse Wavelength Division Multiplexing，CWDM），本书重点讲解密集波分复用。

2. 密集波分复用

所谓密集波分复用技术，也就是人们常说的DWDM，指的是一种光纤数据传输技术，这一技术利用激光的短波长（0.2～2.0nm）波长按照比特位并行传输或者字符串行传输方式在光纤内传送数据，如图3-21所示。

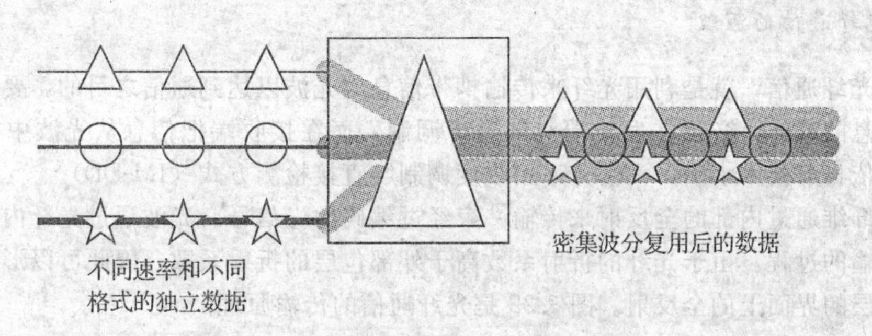

图 3-21 密集波分复用扩充网络带宽

在20世纪80年代初，光纤通信兴起之初，人们想到并首先采用的是在光纤的两个低损耗窗口1 310nm和1 550nm窗口各传送一路光波长信号，也就是1 310nm/1 550nm两波分的WDM系统，这种系统在我国也有实际的应用。很长一段时间内在人们的理解中，WDM系统就是指波长间隔为数十nm的系统，例如1 310nm/1 550nm两波长系统（间隔达200多纳米）。因为在当时的条件下，实现几个纳米波长间隔是不大可能的。

随着 1 550nm 窗口 EDFA 的商用化，WDM 系统的应用进入了一个新时期。人们不再利用 1 310nm 窗口，而只在 1 550nm 窗口传送多路光载波信号。由于这些 WDM 系统的相邻波长间隔比较窄（一般 1.6nm），且工作在一个窗口内共享 EDFA 光放大器，为了区别于传统的 WDM 系统，人们称这种波长间隔更紧密的 WDM 系统为密集波分复用系统。所谓密集，是指相邻波长间隔而言。过去 WDM 系统是几十纳米的波长间隔，现在的波长间隔小多了，只有 0.8～2nm，甚至<0.8nm。密集波分复用技术其实是波分复用的一种具体表现形式。

现在，人们都喜欢用 WDM 来称呼 DWDM 系统。从本质上讲，DWDM 只是 WDM 的一种形式，WDM 更具有普遍性，DWDM 缺乏明确和准确的定义，而且随着技术的发展，原来认为所谓密集的波长间隔，在技术实现上也越来越容易，已经变得不那么“密集”了。一般情况下，如果不特指 1 310nm/1 550nm 的两波分 WDM 系统，人们谈论的 WDM 系统就是 DWDM 系统。

3.4 光纤通信

光纤是光导纤维的简称。光纤通信是将要传送的电报、电话、图像和数据信号调制在光载波上，用光纤作为传输媒介的通信方式。光纤通信是 20 世纪 70 年代开始起步发展的，由于其传输频带宽、损耗小等特性，近 20 年来发展迅猛，现已在长途干线中逐步代替同轴电缆、微波等而成为主要的传输手段。可以预计，光纤通信将进入用户网，逐步取代用户网中的音频电缆。

3.4.1 光纤通信的特点

1. 光纤通信的原理

所谓光纤通信，就是利用光纤来传输携带信息的光波以达到通信之目的。要使光波成为携带信息的载体，必须在发射端对其进行调制，而在接收端把信息从光波中检测出来(解调)。依目前技术水平，大部分采用强度调制与直接检测方式（IM-DD)。

光导纤维通过内部的全反射来传输一束经过编码的光信号。光波通过光纤内部全反射进行光传输的过程。由于光纤的折射系数高于外部包层的折射系数，因此可以形成光波在光纤与包层的界面上的全反射。图 3-22 是光纤通信的传输原理。

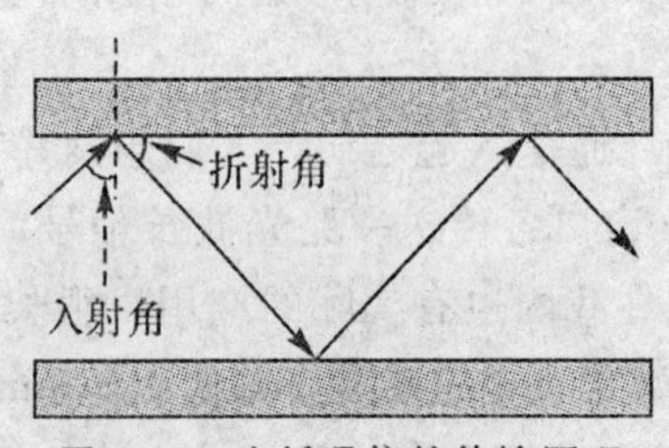

图 3-22　光纤通信的传输原理

图3-23是光纤通信的传输模型，在发送端，光电转换设备将输入的电信号转化为光信号，再由光发射器件LED发送到光纤进行传送。光发射器的核心是一个光源，其主要功能就是将一个信息信号从电子格式转换为光格式。可采用发光二极管（LED）或激光二极管（LD）作为光源。在接收端，首先由光检测设备PIN检测光纤中的光信号，再由光电转化设备将光信号转化成电信号输出。光检测设备的主要功能就是把光信息信号转换回电信号（光电流），当今光纤通信系统中的光检测设备通常是半导体光电二极管（PD）。

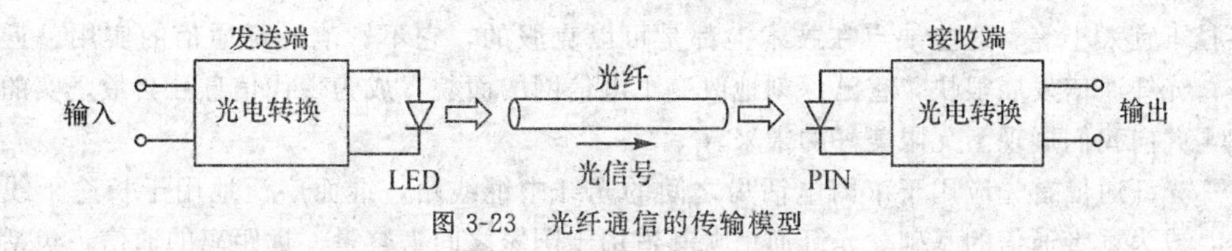

图3-23 光纤通信的传输模型

2. 光纤通信的优点

光纤通信不同于有线电通信，后者是利用金属媒体传输信号，光纤通信则是利用透明的光纤传输光波。虽然光和电都是电磁波，但频率范围相差很大。一般通信电缆最高使用频率约9～24MHz（10^6 Hz），光纤工作频率在10^{14}～10^{15} Hz之间。

光纤通信最主要的优点是：

（1）频带宽，通信容量大。光纤可利用的带宽约为50 000GHz，1987年投入使用的1.7Gb/s光纤通信系统，一对光纤能同时传输24 192路电话，2.4Gb/s系统能同时传输30 000多路电话。频带宽，对于传输各种宽频带信息具有十分重要的意义，否则，无法满足未来宽带综合业务数字网（B-ISDN）发展的需要。

（2）目前实用石英光纤的损耗可低于0.2dB/km，比其他任何传输介质的损耗都低，若将来采用非石英系极低损耗光纤，其理论分析损耗可下降至10～9 dB/km。由于光纤的损耗低，所以能实现中继距离长，由石英光纤组成的光纤通信系统最大中继距离可达200多千米，由非石英系极低损耗光纤组成的通信系统，其最大中继距离则可达数千甚至数万千米，这对于降低海底通信的成本、提高可靠性和稳定性具有特别的意义。

（3）无串音干扰，保密性好。光波在光缆中传输，很难从光纤中泄漏出来，即使在转弯处，弯曲半径很小时，漏出的光波也十分微弱，若在光纤或光缆的表面涂上一层消光剂效果更好，这样，即使光缆内光纤总数很多，也可实现无串音干扰，在光缆外面，也无法窃听到光纤中传输的信息。

（4）光纤线径细、重量轻、柔软。光纤的芯径很细，约为0.1mm，它只有单管同轴电缆的百分之一；光缆的直径也很小，8芯光缆的横截面直径约为10mm，而标准同轴电缆为47mm。利用光纤这一特点，使传输系统所占空间小，解决地下管道拥挤的问题，节约地下管道建设投资。此外，光纤的重量轻，光缆的重量比电缆轻得多。例如，18管同轴电缆1m的重量为11kg，而同等容量的光缆1m重只有90g，这对于在飞机、宇宙飞船和人造卫星上使用光纤通信更具有重要意义。

(5) 抗电磁干扰。光纤是绝缘体材料，它不受自然界的雷电、电离层的变化和太阳黑子活动的干扰，也不受电气化铁路馈电线和高压设备等工业电器的干扰，还可用它与高压输电线平行架设或与电力导体复合构成复合光缆。

(6) 节约有色金属。光纤的原材料资源丰富，用光纤可节约金属材料。光纤的材料主要是石英（二氧化硅），地球上有取之不尽用之不竭的原材料，而电缆的主要材料是铜，世界上铜的储藏量并不多，用光纤取代电缆，则可节约大量的金属材料，具有合理使用地球资源的重大意义。光纤除具有以上突出的优点外，还具有耐腐蚀力强、抗核辐射、能源消耗小等优点。其缺点是质地脆、机械强度低，连接比较困难，分路、耦合不方便，弯曲半径不宜太小等。这些缺点在技术上都是可以克服的，它不影响光纤通信的实用。近年来，光纤通信发展很快，它已深刻地改变了电信网的面貌，成为现代信息社会最坚实的基础，并向我们展现了无限美好的未来。

光纤通信首先应用于市内电话局之间的光纤中继线路，继而广泛地用于长途干线网上，成为宽带通信的基础。光纤通信尤其适用于国家之间大容量、远距离的通信，包括国内沿海通信和国际间长距离海底光纤通信系统。目前，各国还在进一步研究、开发用于广大用户接入网上的光纤通信系统。

随着光纤放大器、光波分复用技术、光弧子通信技术、光电集成和光集成等许多新技术不断取得进展，光纤通信将会得到更快的发展。

3.4.2 光纤通信中的编码技术

本节重点讲解信源编码技术。信源编码技术的过程概括如下：

1. 抽样

在发送端话音信号不仅在幅度取值上是连续的，而且在时间上也是连续的，要使话音信号数字化，首先要在时间上对话音信号进行离散化处理，这一处理过程是由抽样来完成的。所谓抽样就是每隔一定的时间间隔 T，抽取模拟信号的一个瞬时幅度值（样值）。抽样后所得出的一串在时间上离散的样值称为样值序列或样值信号。显然抽样后的样值序列是脉幅调制（PAM）信号，其幅度取值仍然是连续的，因此它仍是模拟信号。

为了避免折叠噪声，对频带为（$0\sim f_m$）赫的话音信号的抽样频率 f_s 必须满足抽样定理，即“一个频带限制在 f_m 赫以下的连续信号 $m(t)$，可以唯一的用时间每隔 $T\leqslant 1/2f_m$ 秒的抽样值序列来确定”。

话音信号的最高频率限制在 3 400Hz，$f_{smin}=2\times 3\,400=6\,800$Hz，为了留有一定的防卫带，CCITT 规定话音信号的抽样频率：$f_s=8\,000$Hz，$T=1/8\,000=125$us。这样就留出了 $8\,000-6\,800=1\,200$Hz 作为滤波器的防卫带。

应当指出，抽样频率 f_s 不是越高越好，f_s 太高时，将会降低信道的复用率。所以只要能满足 $f_s>2f_m$，并有一定频宽的防卫带即可。

2. 量化

抽样后的信号是脉幅调制信号，虽然在时间上是离散的，但它的幅度仍然是连续的，

仍随原信号改变，因此还是模拟信号，如果直接将这种脉幅调制信号送到信道中传输，其抗干扰性仍然很差，如果将 PAM 脉冲调制信号变换成 PCM 数字信号将大大增加抗干扰性。由于模拟信号的幅度是连续变化的，在一定范围内可取任意值；而用有限位数字的数字信号不可能精确地等于它。实际上并没有必要十分精确地等于它。由于数字量既不可能也没有必要精确反映原信号的一切可能的幅度，因此将 PAM 信号转换成 PCM 信号之前，可对信号样值幅度分层，将一个范围内变化的无限个值，用不连续变化的有限值为代替，这个过程叫“量化”。

量化的意思是将时间域上幅度连续的样值序列信号变换为时间域上幅度离散的样值序列信号。

量化值的数目由编码率确定，常用的有 A 律和 u 律两种。A 律和 u 律都是按对数状非线性进行分段的，我国及欧洲多采用 A 律 13 折线，美国和日本则采用 u 律 15 折线。

3. 编码

编码是模拟信号数字化的关键步骤。模拟信号样值幅度变换成对应的数字信号码组的过程叫做编码，而量化是在编码过程中同时完成的。所以编码过程是模/数变换，记作 A/D。

每一位二进制数字码只能表示两个数值：1 或 0。两位二进制数字码组就可表示四个不同的数值 00、01、10、11。依此类推，量化分级数和编码位数的关系为：量化分级数 $=2^n$（n 为编码位数）。

常用的二进制码型有：一般二进制码、循环码和折叠二进制码三种。

一般二进制码和循环码出现错码时造成的电平误差较大，故一般不选用。目前的编码器都采用折叠二进制码型。

3.5　移动通信

距离产生了通信的需求，距离的增加也带来了通信方式的变革。人类最古老的无线通信——“烽火通信”是视觉距离的通信方式；随着距离的扩大，有线通信实现了地理距离的通信；而信息交流全球化使通信距离进一步扩大，无线通信让人们实现了地球距离甚至是星球距离的通信。无线通信不只延伸了人类的通信距离，回顾百年来现代通信的发展历史，从有线通信到无线通信，反映了人类通信需求从受束缚向自由移动方向前进的必然趋势。而以电子技术、微处理技术进步为基础的无线通信技术的快速发展，也向人们昭示以无限制自由通信为特征的个人通信时代是人类通信的未来。

3.5.1　模拟蜂窝无线通信

模拟蜂窝移动通信系统的出现是移动电话历史上一个重要的里程碑。20 世纪 70 年代，美国贝尔实验室研制成功了先进移动电话系统 AMPS 并于 1979 年在芝加哥试运行，这是世界第一个模拟蜂窝移动通信系统。进入 80 年代，模拟蜂窝移动通信技术走向成熟并在全世界得到广泛应用。到90年代初，模拟蜂窝移动通信网占了全世界移动通信网的大多数，并使移动电话业务得到快速普及，1991年，欧洲模拟蜂窝移动电话用户已达到近500万。

模拟蜂窝系统的技术特点是采用基于频率复用概念的蜂窝技术，从而实现网络的大范围覆盖。它采用FDMA技术，以频率调制的模拟语音传输为技术，一般容量为几十万用户。

模拟蜂窝移动通信的发明和应用，拉开了移动电话大发展的序幕，也将人类通信带入了崭新的移动通信时代，它被称为第一代移动通信。然而，模拟蜂窝系统也有技术上的弱点：首先，网络容量难以有更大突破；其次，不同的网络系统不能向用户提供兼容性，难以实现漫游；再次，业务单一，无法支持新业务和增值业务。

第一代移动电话系统采用了蜂窝组网技术，蜂窝概念由贝尔实验室提出，20世纪70年代在世界许多地方得到研究。当第一个试运行网络在芝加哥开通时，美国第一个蜂窝系统AMPS（高级移动电话业务）在1979年成为现实。

现在存在于世界各地比较实用的、容量较大的系统主要有：①北美的AMPS；②北欧的NMT-450/900；③英国的ACS；其工作频带都在450MHz和900MHz附近，载频间隔在30kHz以下。

鉴于移动通信用户的特点：一个移动通信系统不仅要满足区内、越区及越局自动转接信道的功能，还应具有处理漫游用户呼叫（包括主被叫）的功能。因此移动通信系统不仅希望有一个与公众网之间开放的标准接口，还需要一个开放的开发接口。由于移动通信是基于固定电话网的，因此由于各个模拟通信移动网的构成方式有很大差异，所以总的容量受着很大的限制。

鉴于模拟移动通信的局限性，因此尽管模拟蜂窝移动通信系统还会以一定的增长率在近几年内继续发展，但是它有着下列致命的弱点：

- 各系统间没有公共接口。
- 无法与固定网迅速向数字化推进相适应，数字承载业务很难开展。
- 频率利用率低，无法适应大容量的要求。
- 安全、利用率低，易于被窃听，易做“假机”。

这些致命的弱点将妨碍其进一步发展，因此模拟蜂窝移动通信将逐步被数字蜂窝移动通信所替代。然而，在模拟系统中的组网技术仍将在数字系统中应用。

3.5.2 数字蜂窝无线通信

鉴于模拟蜂窝无线通信的缺点，人们开始着手研究新的移动通信系统。在研究过程中，以大规模集成电路为基础的数字信号处理技术的发展和应用，使人们抛开模拟技术采取了数字传输技术，同时FDMA技术也被新的技术所取代。20世纪80年代初，欧洲开始了GSM系统的研究，于1991年投入商用。1990年4月美国批准了数字蜂窝通信标准2S-54，即D-AMPS，1993年又通过了IS-85CDMA系统。

GSM以TDMA技术为基础，CDMA以CDMA技术为基础。尽管采取的技术不同，

但数字蜂窝系统具有许多共同的特点：第一，在语音传输方面采用了数字方式；第二，都沿用了实践证明行之有效的蜂窝技术；第三，网络容量比模拟蜂窝系统有巨大的提升；第四，支持同一标准不同运营网络之间的漫游；第五，支持除话音业务外的增值业务。

数字蜂窝移动通信技术的出现代表了移动通信数字化和国际化的潮流，使移动电话技术走向成熟，它被称为第二代移动通信。自数字蜂窝系统投入商用以来，其用户规模呈爆炸性增长。数字蜂窝技术成为当今移动通信的主流技术。

除了移动电话网络技术的发展外，移动终端的便携化对移动通信时代的到来起到了重要作用。由于集成电路技术的出现和发展，移动电话从几十公斤的“车载台”变为可以装到提包里的砖头式“大哥大”，又变为今天可以装到口袋里的“手机”。

蜂窝移动电话的广泛应用使无线通信成为面向大众的普遍通信方式，这一通信方式以其个人性和移动性的特点对传统的固定电话通信方式提出了有力的挑战，而移动电话也带动无线通信向以个人用户提供通信服务为重点的转移。

在此背景下，卫星通信领域提出了全球卫星移动个人通信（GMPCS）的概念，即利用卫星为个人用户提供手持化的移动通信服务，低、中轨道移动通信卫星系统的建设和商用为卫星移动个人通信时代拉开了序幕，铱系统、ICO系统、全球卫星系统等都是这样的系统。尽管目前此类通信方式发展并不尽如人意，但它在特殊领域发挥着其独特的作用。

个人用户对移动通信业务的需求也促使无绳电话技术得到发展。无绳电话从只能依赖于固定电话线路用于室内，已发展成为可以在一个国家甚至一个洲漫游的移动通信技术。

除以上的移动话音通信技术外，无线寻呼作为一种面向个人用户的单向无线通信手段也得到了较快的发展。

20世纪后叶，由移动通信技术引发的移动通信革命深刻改变了人们的通信观念，同时也深刻改变着世界通信格局，人们开始重新定位固定通信和移动通信的关系。移动电话用户的爆炸性增长使人们看到了移动通信的巨大潜力，卫星移动通信、无绳电话通信等带有强烈个人通信色彩的技术得到蓬勃发展。当无线通信进入到移动通信时代，个人通信的概念开始深入人心。

移动通信时代实现了话音的个人移动，但通信的全球化和通信方式的多样化仍没有实现，人们渴望个人通信时代的到来，而微电子技术特别是计算机技术以及无线频率利用技术的进一步发展，将使这一渴望在未来实现。

无线技术的发展将一个美好的梦想装进人们心中，那就是个人通信——任何人在任何时间、任何地点与其他任何人进行任何方式的信息交流。不远的将来，基于宽带CDMA技术和计算机多媒体技术的第三代移动通信系统将在全球实现商用，它将把人类通信带到全球个人多媒体通信时代。而在更远的未来，无线通信技术将使个人通信的梦想最终实现。

人类在20世纪90年代中期进入了信息时代，集成电路的规模和能力迅猛增加，计算机技术得到前所未有的大发展，多媒体信息处理技术也逐渐成熟。信息交流呈爆炸性增长和全球化趋势，多媒体信息流逐渐将话音流挤下霸主宝座，在这一背景下，人们加速了第三代移动通信技术的研究。

3.5.3 第三代移动通信

第三代移动通信系统最初称为未来公众移动通信系统——FPLMTS，后改名为IMT-2000，意指在2000年左右开始商用，工作于2 000MHz频段上，初始数据速率达到2Mbps。2000年3月，IMT-2000无线接口标准大格局确定下来，除6个卫星接口技术外，地面无线接口技术被分为两大类：CDMA与TDMA，其中CDMA占据主导地位。CDMA又分成了FDD直接序列、FDD多载波以及TDD三种技术。这几项技术覆盖了美国提出的CDMA2000技术和欧洲提出的W-CDMA技术等，我国提出的TD-SCDMA技术也包含其中。目前TU已基本完成了第三代移动通信无线接口部分标准的制定，网络部分标准也将完成。第三代移动通信系统将在新的世纪，在全球大规模建设并投入商用。

第三代移动通信的技术有如下特征：第一，用户可以在全球实现漫游；第二，用户除可进行话音通信还可进行移动的多媒体通信；第三，它将把固定网、卫星网和地面移动网结合成一个综合的整体网络，将个人通信进程向前推进。实现2Mbps的数据通信速率是第三代移动通信系统的第一阶段目标，未来，它还将提供更高速率的数据传输。

具备多媒体功能的移动通信终端是实现第三代移动通信的重要环节。当前，第三代移动终端已经出现，它结合了超大规模集成电路、多媒体信息处理技术等，实现了话音、数据、视频等多种通信方式的融合。

在第三代移动通信标准的制定过程中，为了适应因特网业务的需求，较低速率的移动数据通信技术也获得了快速发展。首先是WAP技术，它可以基于现有的第二代移动通信网络，实现低速率的因特网访问，目前这一技术在全球已获得了较广泛的应用。但由于其受到现有通信速率的限制以及应用开发、收费的问题，WAP在中国的推广受到了一定制约。第二代和第三代移动通信的过渡技术GPRS目前正受到全球GSM运营商的重视，这项技术基于现有GSM网络，能提供高达100余kpbs甚至更高的传输速率，且其具有永远在线，按浏览和内容收费的特点，因此被业内人士普遍看好。GPRS的建设工作将会在国内及国际广泛展开，它的应用将给移动数据通信的发展带来一次飞跃。目前，一些专家认为，在大规模发展第三代移动通信系统之前，需要着重发展过渡代的移动数据通信业务，因为此类系统基于现有的移动网络，可以保护原有投资，充分利用已有资源。此外，移动数据通信的发展将有利于培育移动数据市场和用户，为未来第三代的宽带多媒体移动市场提供足够的用户基础，使第三代系统建成时不至于出现有业务无市场的尴尬局面。但专家也指出，第三代移动通信系统是必然的发展趋势。

移动通信未来的趋势是什么呢？移动通信技术专家指出：第一，从移动通信与固定通信的关系来讲，未来的移动电话业务将超过固定电话，但长期内移动电话和固定电话将共存并相互补充。而在数据通信领域，更高速率的数据通信业务仍将以固定网络为主。第二，从技术本身来讲，随着移动通信用户规模的扩大和业务种类的增加，将向频谱利用率更高的技术发展。从目前来看，当前的TDMA技术将在下世纪让位给宽带CDMA技术。第三，从业务角度看，移动通信将从较单一的业务向综合业务方向发展，同时移动服务的灵活性和方便性以及个人性将得到更大限度的发挥。第四，移动通信网络结构正在经历一场深刻的变革，现有电路交换网络向IP网络过渡的趋势已不可阻挡，IP技术将成为未来

网络的关键技术。在业务控制分离的基础上，网络呼叫控制和核心交换传送网的进一步分离，使网络结构趋于分为业务应用层、控制层以及由核心网和接入网组成的网络层。目前，业内已达成共识，未来的第三移动通信系统将是一个全 IP 的网络。

回顾历史，展望未来，无线通信从无线电通信时代到移动通信时代再到未来的个人通信时代，反映出了人类对通信需求从受束缚到摆脱束缚，从固定到自由移动，从单一话音到任意形式方向发展的趋势。而微电子技术、计算机技术、无线频率利用技术等的发展，使这些趋势逐步得以实现。无线通信技术的成长和近年来的快速发展表明，具有充分通信自由的个人通信时代必将到来。

本章小结

本章首先介绍数据传输的基本概念和术语，数字传输和模拟传输，异步传输与同步传输，数据传输速率与带宽的关系。其中带宽的概念对于数据传输十分重要。其次，重点介绍数据的三种交换技术，其中分组交换技术的优点最为明显。再次介绍了三种多路复用技术：频分复用、时分复用和波分复用。最后，针对当前流行的光纤通信和移动通信，作了简要的描述。

练 习 题

一、单项选择题

1. 半双工支持（　　）种类型的数据流。

   A. 一个方向

   B. 同时在两个方向上

   C. 两个方向，但每一时刻仅可以在一个方向上有数据流

2. 当数字信号在模拟传输系统中传送时，在发送端和接收端分别需要（　　）。

   A. 调制器和解调器　　　　B. 解调器和调制器

   C. 编码器和解码器　　　　D. 解码器和编码器

3. 当通信子网采用（　　）方式时，我们首先要在通信双方之间建立起逻辑连接。

   A. 线路连接　　　　B. 虚电路

   C. 数据报　　　　D. 无线连接

二、简答题

1. 数字信号与模拟信号有哪些区别？
2. 多路复用技术主要有几种类型？它们各有什么特点？
3. 什么是基带传输？什么是频带传输？
4. 数字通信有哪些同步方式？
5. 什么是频分多路复用？什么是时分多路复用？
6. 有几种网络交换方式？各有什么特点？

第4章 网络布线材料及综合布线

网络布线材料即网络传输介质，是网络中信息传递载体，它的目的是将通信网络系统信号无干扰、无损伤地传输给用户设备，传输介质的性能直接影响网络的运行。网络常用的传输介质有双绞线、同轴电缆、光纤、无线电磁波等。本章将介绍了网络布线材料和综合布线的相关知识，对双绞线、同轴电缆、光纤的组成及特性等进行阐述，同时还将阐述综合布线的概念以及综合布线系统的设计原则和组成，介绍综合布线系统的测试内容和方法，最后列举一个综合布线系统案例。

本章学习重点

- 了解双绞线构成和特性；
- 掌握双绞线的制作；
- 了解同轴电缆和光纤构成、特性及分类；
- 了解综合布线的概念；
- 掌握综合布线各子系统组成及设计要点；
- 了解综合布线系统测试的内容和标准。

4.1 常用网络布线材料

4.1.1 双绞线

双绞线（Twisted Pair Cable）也称双扭线电缆，是计算机网络布线中的最常用的连接介质，目前除一些只有几台计算机组成的小型网络外，几乎所有的计算机网络中都在使用双绞线。

1. 双绞线的构成

双绞线由两根具有绝缘保护层的铜导线组成。把两根绝缘的铜导线按一定密度互相绞在一起，可降低信号干扰的程度，每一根导线在传输中辐射的电波会被另一根线上发出的电波抵消。如果把一对或多对双绞线放在一个绝缘套管中便成了双绞线电缆。在双绞线电缆内，不同线对具有不同的扭绞长度，按逆时针方向扭绞。双绞线的扭绞密度和扭绞方向以及绝缘材料，直接影响它的特征阻抗、衰减和近端串扰。每根铜导线的绝缘层上分别涂

有不同的颜色，以示区别。图 4-1 是常用的双绞线的组成结构。

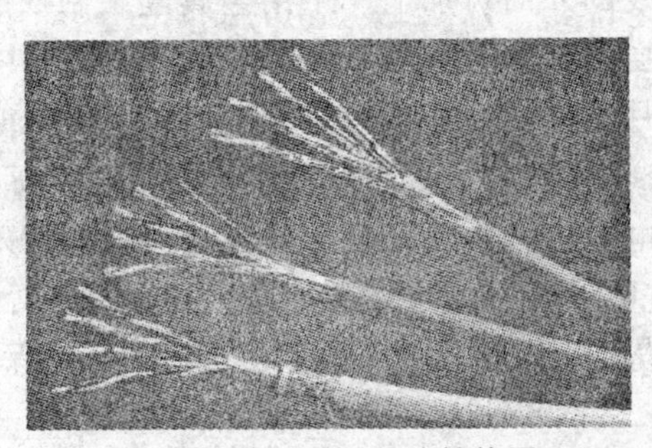

图 4-1　常见的双绞线结构图

常见的双绞线电缆绝缘外皮里面包裹着 4 对共 8 根线，每两根为一对相互缠绕。在 4 线对的双绞线电缆，每个线对都用如表 4-1 所示的不同颜色进行标识。也有超过 4 线对的大对数电缆，大对数电缆通常用于干线子系统布线。

表 4-1　**4 线对双绞线的色彩编码**

线对	1	2	3	4
颜色编码	白/蓝，蓝	白/橙，橙	白/绿，绿	白/棕，棕

在双绞线电缆内，除了有导线对外，一般还有一根尼龙绳（撕剥线）用于增加双绞线电缆的抗拉强度。在双绞线电缆的最外层，有一层塑料护套，用于保护内部的导线。

2. 双绞线的类型

双绞线电缆作为最常用的网络综合布线传输介质，有许多品种类型，可以从不同的角度进行分类。根据结构、用途和性能的不同，双绞线一般有两种分类方法：一种按照结构的不同可以分为非屏蔽双绞线和屏蔽双绞线两大类；另一种是根据性能的不同可以分为 3 类、4 类、5 类等不同的类型。

（1）按结构来分

双绞线电缆按其结构是否有金属屏蔽层，可分为非屏蔽双绞线（Unshielded Twisted Pair，UTP）和屏蔽双绞线（Shielded Twisted Pair，STP）两种。它们既可以传输模拟信号，也可以传输数字信号，特别适用于较短距离的信息传输。

非屏蔽双绞线电缆是目前综合布线中使用频率最高的一种传输介质。UTP 电缆可以用于语音、低速数据、高速数据和呼叫系统，以及建筑自动化系统。非屏蔽双绞线电缆具有以下优点：

- 无屏蔽外套，直径小，节省所占用的空间；
- 重量轻、易弯曲、易安装；
- 将串扰减至最小或加以消除；
- 具有阻燃性；
- 具有独立性和灵活性，适用于结构化综合布线。

由于利用双绞线传输信息时要向周围辐射，信息很容易被窃听，因此要花费额外的代价加以屏蔽，可以在双绞线的外面再加上一个用金属丝编制成的屏蔽层，构成屏蔽双绞线。屏蔽双绞线电缆的外层由铝箔包裹，以减小辐射，所以它具有抗电磁干扰能力强、保密性好、不易被窃听，同时它有较高的传输速率（5类STP在100m内可达到155Mbps，而UTP只能达到100Mbps）等优点。屏蔽双绞线价格相对较高，安装时要比非屏蔽双绞线电缆困难。类似于同轴电缆，它必须配有支持屏蔽功能的特殊连接器和相应的安装技术。由于屏蔽双绞线的重量、体积大，价格贵，以及不易施工等原因，人们一般不采用屏蔽双绞线电缆。但对于国防、金融机构的布线，由于对信息的保密度较高，一般采用屏蔽的双绞线。

（2）按性能来分

国际电工委员会和国际电信委员会EIA/TIA为双绞线电缆建立了国际标准，并根据其性能分为7个类别。计算机网络综合布线使用第3、4、5类，最常用的是5类和超5类。每一类的性能如下：

1类双绞线：主要用于传输语音（一类标准主要用于20世纪80年代初之前的电话线缆），不用于数据传输。

2类双绞线：传输频率为1MHz，用于语音传输和最高传输速率4Mbps的数据传输，常见于使用4Mbps规范令牌传递协议的令牌网。

3类双绞线：该电缆的传输频率为16MHz，用于语音传输及最高传输速率为10Mbps的数据传输，主要用于10base-T。目前3类双绞线正逐渐从市场上消失，取而代之的是5类和超5类双绞线。

4类双绞线：该类电缆的传输频率为20MHz，用于语音传输和最高传输速率16Mbps的数据传输，主要用于基于令牌的局域网和10base-T/100base-T。4类双绞线在网络布线中应用很少，目前在市面上基本看不到。

5类双绞线：该类电缆增加了绕线密度，外套一种高质量的绝缘材料，传输频率为100MHz，用于语音传输和最高传输速率为100Mbps的数据传输，主要用于100base-T和10base-T网络，这是目前最常用的网络布线电缆。

超5类双绞线：是厂家为了保证通信质量提高的Cat5标准。超5类对现有的5类双绞线的部分性能进行了改善，如近端串扰（NEXT）、衰减串扰比（ACR）等都有所提高，全部的4对线都能实现全双工通信，但传输频率仍为100MHz，主要用于10base-T、100base-T和1000base-T网络。

6类双绞线：该类电缆的传输频率为200MHz，为高速数据传输预留了广阔的带宽资源。

7类双绞线：该类电缆系统可以支持高传输速率的应用，提供高于600MHz的整体带宽，最高带宽可达1.2GHz，能够在一个信道上支持包括数据、多媒体、宽带视频如CATV等多种应用。

3. 性能指标

衡量双绞线电缆的主要性能指标有：衰减、近端串扰、阻抗特性、分布电容、直流电阻等。

（1）衰减

衰减（attenuation）是沿链路的信号损失度量。衰减与线缆的长度有关系，随着长度的增加，信号衰减也随之增加。衰减用“db”作单位，表示源传送端信号到接收端信号强度的比率。由于衰减随频率而变化，因此，应测量在应用范围内的全部频率上的衰减。

（2）近端串扰

串扰分近端串扰和远端串扰（FEXT），测试仪主要是测量NEXT，由于存在线路损耗，因此FEXT的量值的影响较小。近端串扰（NEXT）损耗是测量一条UTP链路中从一对线到另一对线的信号耦合。对于UTP链路，NEXT是一个关键的性能指标，也是最难精确测量的一个指标。随着信号频率的增加，其测量难度将加大。

NEXT并不表示在近端点所产生的串扰值，它只是表示在近端点所测量到的串扰值。这个量值会随电缆长度不同而变，电缆越长，其值变得越小。同时发送端的信号也会衰减，对其他线对的串扰也相对变小。实验证明，只有在40m内测量得到的NEXT是较真实的。如果另一端是远于40m的信息插座，那么它会产生一定程度的串扰，但测试仪可能无法测量到这个串扰值。因此，最好在两个端点都进行NEXT测量。现在的测试仪都配有相应设备，使得在链路一端就能测量出两端的NEXT值。

（3）直流电阻

直流环路电阻会消耗一部分信号，并将其转变成热量。它是指一对导线电阻的之和，11801规格的双绞线的直流电阻不得大于19.2Ω。每对间的差异不能太大（小于0.1Ω），否则表示接触不良，必须检查连接点。

（4）特征阻抗

与环路直流电阻不同，特征阻抗包括电阻及频率为1～100MHz的电感阻抗及电容阻抗，它与一对电线之间的距离及绝缘体的电气性能有关。各种电缆有不同的特征阻抗，而双绞线电缆则有100Ω、120Ω及150Ω几种。

（5）衰减串扰比（ACR）

在某些频率范围，串扰与衰减量的比例关系是反映电缆性能的另一个重要参数。ACR有时也以信噪比（Signal-Noise ratio，SNR）表示，它由最差的衰减量与NEXT量值的差值计算。ACR值较大，表示抗干扰的能力更强。一般系统要求至少大于10dB。

4. 与双绞线对应的硬件设备接口的功能

RJ-45连接器负责计算机及设备之间的连接，对于RJ-45连接器及与之对应的RJ-45接口，在制造设备中都有固定的标准，而且这个标准是唯一的。哪几个引脚用来发送数据，哪几个脚用来接收数据，对于某种设备来说都是固定的。所以，掌握RJ-45连接器中每个引脚的功能对于理解网络的通信过程以及故障的排除起着重要的作用。

（1）网卡上RJ-45接口的引脚功能

RJ-45连接器中共有8个引脚，但是在10Base-T和100Base-T的以太网中，只用到其中的4个引脚，即脚1、脚2、脚3和脚6，其余4个引脚被保留，未被使用。在实际组网中，遵循EIA/TIA568布线标准，一般要求使用8芯（4对线共8根）的双绞线，而且每个引脚都要有对应的导线连接。表4-2列出了10Base-T和100Base-T标准中RJ-45接头每个引脚的功能。

表 4-2　　10Base-T 和 100Base-T 标准中 RJ-45 接头每个引脚的功能说明

引脚	功能定义	简称
1	发送数据＋：Transmit Data$^+$	Tx$^+$
2	发送数据－：Transmit Data$^-$	Tx$^-$
3	接收数据＋：Receive Data$^+$	Rx$^+$
4	保留	
5	保留	
6	接收数据－：Receive Data$^-$	Rx$^-$
7	保留	
8	保留	

在 100Base-T 网络中，RJ-45 接头的引脚 1、2 连接的是一对线，而引脚 3、6 连接的是另一对线，引脚 4、5、7、8 保留未用。其中引脚 1、2 用于发送数据，引脚 3、6 用于接收数据。

(2) 集线器或交换机上 RJ-45 接口的引脚功能

集线器或交换机上 RJ-45 接口的引脚功能与网卡上的 RJ-45 接口的每个引脚的功能正好相反。这是因为，当一条双绞线的两端分别连接的是网卡和集线器（或交换机）时，一端发送的数据在另一端正好接收，而一端收接的数据正好是另一端发送的数据。例如，网卡上的 RJ-45 接口，引脚 1 只用于发送数据（Tx$^+$），而集线器或交换机上 RJ-45 接口的引脚 1 只用于接收数据（Rx$^+$），而且两者极性相同，同为＋，符合通信的规则。表 4-3 列出了集线器或交换机上 RJ-45 接口中的每个引脚的功能定义。

表 4-3　　集线器或交换机上 RJ-45 接口中的每个引脚的功能说明

引脚	功能定义	简称
1	接收数据＋：Receive Data$^+$	Rx$^+$
2	接收数据－：Receive Data$^-$	Rx$^-$
3	发送数据＋：Transmit Data$^+$	Tx$^+$
4	保留	
5	保留	
6	发送数据－：Receive Data$^-$	Tx$^-$
7	保留	
8	保留	

对比表 4-2 和表 4-3 中的数据可以看出：网卡上的 RJ-45 接口与集线器（或交换机）上的 RJ-45 接口的对应的引脚功能正好相反。在 10Base-T 和 100Base-T 星型网络中集线

器（或交换机）是必不可少的网络连接设备，当把计算机上的网卡与集线器（或交换机）进行连接时，必定有一方是发送端，另一方是接收端，即应用 Tx^+ 接 Rx^+，Tx^- 接 Rx^-，也就是将极性相同的线相互连接，才不会发生串扰的情况。如果将 Tx^+ 与 Rx^- 连接，或者将 Tx^- 与 Rx^+ 连接，虽然也符合一端为传送端、另一端为接收端的原则，但是因为极性是相反的，所以很容易产生串扰。

如果比较双绞线两端的两个 RJ-45 连接器，会发现是完全相同的。因此可以得出一个结论，当利用双绞线连接计算机与集线器（或交换机）时，双绞线两端的 RJ-45 连接器上的线对颜色必然是相同的。例如，双绞线一端的 RJ-45 连接器的第 1 引脚对应的是白橙色的导线，那么另一端 RJ-45 连接器的第 1 引脚也一定是白橙色；同理，双绞线一端 RJ-45 连接器中第 2 引脚是橙色的导线，那么另一端 RJ-45 连接器的第 2 引脚也一定是橙色的导线，依此类推。

在 1000Base-T（使用双绞线的千兆以太网）标准中，RJ-45 连接器及接口的引脚功能与表 4-2 和表 4-3 中所示的有所不同，双绞线中的 8 根导线都用于通信，其中 2 对（4 根）用于发送数据，另外 2 对（4 根）用于接收数据，而没有保留的引脚。目前在中小型计算机网络中使用 1000Base-T 标准的还很少，所以对 1000Base-T 标准中的 RJ-45 连接器和接口的引脚功能不再做详细的介绍。

5. 双绞线的连接方式

双绞线用于星型网络的布线，每条双绞线通过两端安装的 RJ-45 连接器（俗称水晶头）与网卡和集线器（或交换机）相连，每根双绞线最大长度为 100m（不包括千兆以太网中的应用）。如果要加大网络的范围，在两段双绞线电缆间可安装中继器（一般用集线器或交换机级联实现），但最多可安装 4 个中继器，使网络的最大范围达到 500m。这种连接方法，也称之为级联。

RJ-45 连接器由金属弹片和塑料构件组成。在制作双绞线的接头时，需要注意引脚的顺序。当有塑料弹片的一侧朝下（即平的一面向上），插线的一端对着自己时，从左到右的引脚顺序分别为脚 1 至脚 8，如图 4-2 所示。这个序号非常重要，不要搞错。

在计算机网络布线中，一般使用 568A 和 568B 两个标准（同一计算机网络中只能使用一个标准），每一种标准中导线颜色与 RJ-45 连接头的引脚之间的关系分别如表 4-4 和表 4-5 所示。

图 4-2　RJ-45 插头

表 4-4　**T568A 标准中双绞线的每一根导线与 RJ-45 连接头引脚之间的关系**

RJ-45 连接头引脚	1	2	3	4	5	6	7	8
双绞线导线颜色	白绿	绿	白橙	蓝	白蓝	橙	白棕	棕

表 4-5　**T568B 标准中双绞线的每一根导线与 RJ-45 连接头引脚之间的关系**

RJ-45 连接头引脚	1	2	3	4	5	6	7	8
双绞线导线颜色	白橙	橙	白绿	蓝	白蓝	绿	白棕	棕

（1）双绞线连接网卡和集线器（或交换机）时的线对分布

双绞线的两头连线要一一对应，双绞线的两端都遵循 T586A 或 T586B 标准排序，一般采用 T586B 标准的线序。两端的排序顺序一样的双绞线称为直通线。

很多人在制作双绞线时常犯的错误是：采取线的两端一一对应的连接方法，不理会线的颜色。如果这样，当连接距离较短（在 30m 以下）、端到端之间的连通性较好，并且在网络以低速运行或流量较小时，不会发生故障，但当连接距离较大、网络繁忙或高速运行，特别是有多台计算机同时参与通信时，极易导致网卡工作不稳定，速度慢，甚至出现根本无法登录网络的情况。而双绞线中的每一对线的功能是不一样的，其扭绕程度也各不相同，为了加以区分，双绞线中每一根导线的颜色分别为：白绿、绿、白橙、橙、白蓝、蓝、白棕、棕八种颜色，每种颜色的导线对应着 RJ-45 连接头中的一个固定的引脚，不能搞错，否则网络的速度和稳定性受到影响。

（2）双绞线连接两个集线器（或交换机）时的线对分布

用双绞线进行集线器（或交换机）级联时，应把级联口控制开关放在 MDI（Uplink 级联口）上，同时用直通线相连。如果集线器（或交换机）没有专用级联口，或者无法使用级联口，必须使用 MDI-X 口（普通口）级连，这时，双绞线接头中线对的分布与连接网卡和集线器时的有所不同。必须进行错线（MDIX），即必须使用交叉线来连接。

错线的方法是：将一端的 Tx^+ 接到另一端的 Rx^+，一端的 Tx^- 接到另一端的 Rx^-，也就是用一端 RJ-45 plug 的 1 脚接到另一端 RJ-45 plug 的 3 脚；再用一端 RJ-45 plug 的 2 脚接到另一端 RJ-45 plug 的 6 脚，连接方式如图 4-3 所示。

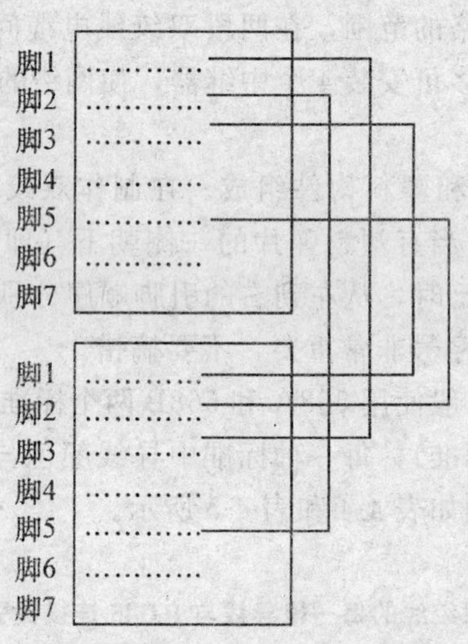

图 4-3　双绞线连接时的错线方法

交叉线只适用于那些没有标明专用级联端口的集线器（或交换机）之间的连接，而许多集线器（或交换机）为了方便用户，提供了一个专门用来串接到另一台集线器（或交换机）的端口。在产品设计时，此端口内部已经错过线了，因此在对此类集线器（或交换机）进行级联时，双绞线不必错线，与连接网卡和集线器（或交换机）相同。

怎样才能知道集线器（或交换机）是否需要错线呢？可通过查看产品说明书或查看集

线器（或交换机）的连接端口。如果集线器（或交换机）级联时要进行错线，一般会在随设备附带的产品说明书中进行说明，并且大多数情况下都会提供一至两个专用的互连端口，并标有相应的说明，如“Uplink”、“MDI”或“Out to Hub”等字样，不同厂家的产品，其说明标识可能不同。现在有很多集线器（或交换机）是智能自适应的，直通线和交叉线都能识别。

（3）双绞线直接连接两个网卡时的线对分布

在进行两台计算机之间的连接时，如果要用双绞线直接连接两块 RJ-45 接口的网卡，必须进行错线。其方法与集线器之间互连时相同。

6. 双绞线的制作

双绞线是网络布线中最常用的传输介质，对于工程技术人员和一些网络组建者来都需要知道双绞线的制作方法。

准备好工具后制作步骤如下：

步骤 1：剪线

用斜口剪剪下所需要的适当长度的双绞线，至少 0.6m，最多不超过 100m。原则上，剪取网线的长度应当比实际需要稍长一些。原因为网线的制作并不能保证每次都成功，一旦失败需要剪掉水晶头重新制作，这又需要占用一段网线；网线一般都在地面上或从接近地面处走线，而计算机则都放置在工作台上，这部分距离也应当考虑进去。

步骤 2：剥皮

再利用双绞线剥线器（实际用什么剪都可以，只是不能用火烧，不要划破芯线的绝缘层）将双绞线的外皮除去 2～3cm。有一些双绞线电缆上含有一条柔软的尼龙绳，如果在剥除双绞线的外皮时，觉得裸露出的部分太短，而不利于制作 RJ-45 接头时，可以紧握双绞线外皮，再捏住尼龙线往外皮的下方剥开，就可以得到较长的裸露线。如图 4-4 所示，剥线完成后的双绞线电缆如图 4-5 所示。

图 4-4　拉撕裂线剥皮

图 4-5　剥皮后的双绞线头

步骤 3：排序

接下来就要进行拨线的操作。每对线都是相互缠绕在一起的，必须将 4 个线对的 8 条细导线一一拆开、理顺、捋直，然后按照规定的线序排列整齐。将裸露的双绞线中的橙色对线拨向自己的前方，棕色对线拨向自己的方向，绿色对线剥向左方，蓝色对线剥向右方，如图 4-6 所示。将绿色对线与蓝色对线放在中间位置，而橙色对线与棕色对线保持不动，即放在靠外的位置，如图 4-7 所示。

上：橙，左：绿，下：棕，右：蓝

图 4-6　4 对线的排列

左一：橙，左二：绿，左三：蓝，左四：棕

图 4-7　4 对线的排列

小心的剥开每一对线，因为我们是遵循 EIA/TIA 568B 的标准来制作接头，所以线对颜色是有一定顺序的。需要特别注意的是，绿色条线应该跨越蓝色对线。最容易犯错的地方就是将白绿线与绿线相邻放在一起，这样会造成串扰，使传输效率降低。应该将绿色线放在第 6 只脚的位置才是正确的，因为在 100BaseT 网络中，第 3 只脚与第 6 只脚是同一对的，所以需要使用同一对线。排好的线序为左起：白橙/橙/白绿/蓝/白蓝/绿/白棕/棕，如图 4-8 所示。

步骤 4：剪齐

把线尽量抻直、压平、挤紧理顺，然后将裸露出的双绞线用剪刀或斜口钳剪齐只剩约 14mm 的长度，之所以留下这个长度是为了符合 EIA/TIA 的标准，而且这个长度正好刚刚能将各细导线插入到各自的线槽。如果该段留得过长，一来会由于线对不再互绞而增加串扰，二来会由于水晶头不能压住护套而导致电缆从水晶头中脱出，造成线路的接触不良甚至中断。剪齐可使双绞线在插入水晶头后，每条线都能良好接触水晶头中的插针，避免接触不良。

步骤 5：插入

一手以拇指和中指捏住水晶头，使有塑料弹片的一侧向下，针脚一方朝向远离自己的方向，并用食指抵住；另一手捏住双绞线外面的胶皮，缓缓用力将 8 条导线同时沿 RJ-45 接头的内的 8 个线槽插入，一直插到线槽的顶端，注意线序不能乱（如图 4-9 所示）。

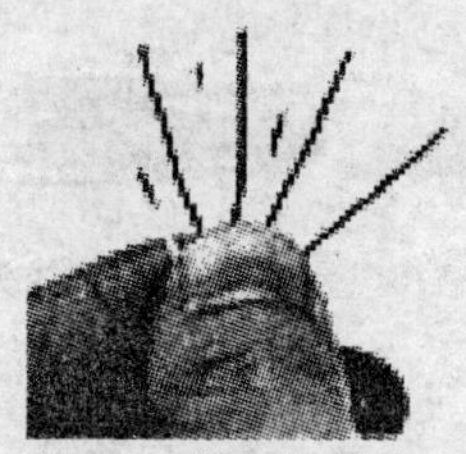

图 4-8　排好的线序

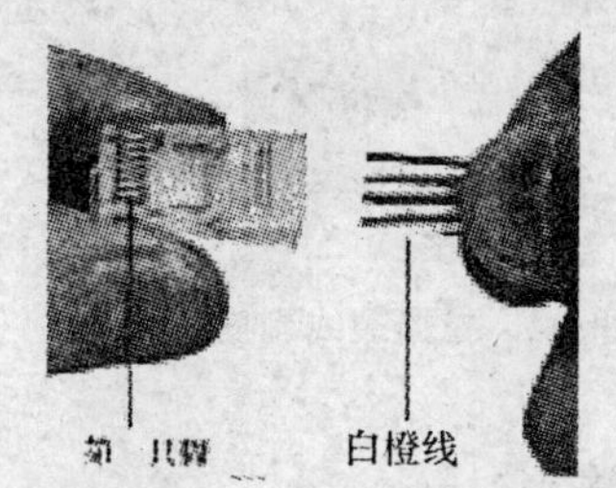

图 4-9　将双绞线插入水晶头中

步骤 6：压制

确定双绞线的每根线已经正确放置之后，就可以用 RJ-45 压线钳压接 RJ-45 接头，将 RJ-45 接头从无牙的一侧推入压线钳夹槽后，用力握紧压线钳，将突出在外面的针脚全部压入水晶头内。

至此，这条网线的一端就算制作好了。由于只是做好了线的一端，所以这条网线还不

能用，还需要制作网线的另一端。

步骤 7：完成

制作另一端的 RJ-45 接头。如果需要使用交叉线，那么另一端 RJ-45 接头接线顺序需要变化。也就是将原来的第 1 只脚的线和现在的第 3 只脚的线对调，将原来第 2 只脚和第 6 只脚的线对调。具体的顺序是：白绿/绿/白橙/蓝/白蓝/橙/白棕/棕，按照这个顺序再用 RJ-45 压线钳压好 RJ-45 接头，完成后的连接线两端的 RJ-45 接头颜色顺序并不一样。以下列出两个颜色顺序的对比：

一端：白橙/橙/白绿/蓝/白蓝/绿/白棕/棕

另一端：白绿/绿/白橙/蓝/白蓝/橙/白棕/棕

即一头按 T568B 线序连接，一头按 T568A 线序连接。

如果需要直连网线，制作方法和上面一样，只是没有将白橙/橙/白绿/绿这一组交叉，两端排线顺序完全是一一对应。

步骤 8：测试

用 RJ-45 测线仪测试时，8 个绿灯都应依次闪烁。测试连接图如图 4-10。软件调试最常用的办法，就是用 Windows 自带的 Ping 命令。如果工作站得到服务器的响应则表明线路正常和网络协议安装正常，而这是网络应用软件能正常工作的基础。

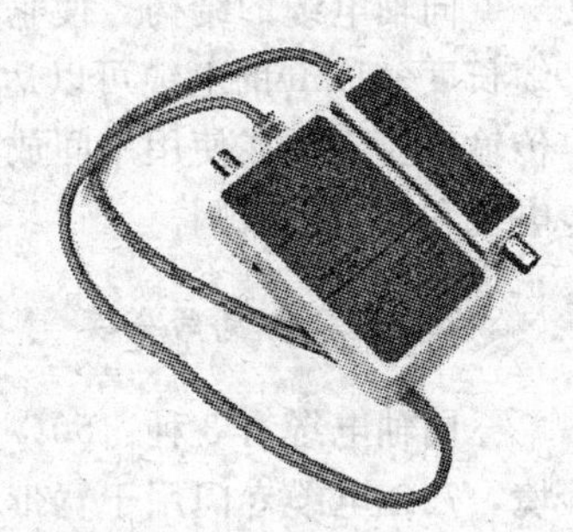

图 4-10 双绞线的测试

4.1.2 同轴电缆

同轴电缆（Coaxial Cable）是计算机网络布线中较早使用的一种传输介质，近年来随着以双绞线和光纤为主的标准化布线的推行，同轴电缆已逐渐退出大中型网络的布线。

1. 同轴电缆的组成

同轴电缆由内外两个导体构成，内导体是一根铜质导线或多股铜线，外导体是圆柱形铜箔或用细铜丝密织的圆柱形网，内外导体之间用绝缘材料填充，最外层是一层保护性材料，从内到外依次是中心导体（金属线）、塑胶绝缘层、导体网（金属屏蔽层）和外层保护层（黑色的塑料保护层）。图 4-11 展示了同轴电缆的组成结构。其中心导体主要用来传导电流，导体网则用来接地。在制作同轴电缆的接头时，千万不能让导体网的任何部分与中心导体相接触，以免造成短路。铜芯与网状导体同轴，故名同轴电缆。

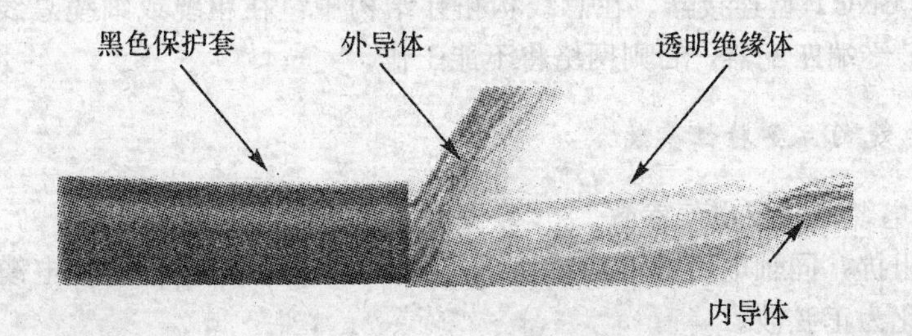

图 4-11 同轴电缆的组成结构

广泛使用的同轴电缆有两种。一种是特征阻抗为50Ω同轴电缆（其屏蔽线是用铜做成的网状）用于数字传输。适合传输距离较短、速度要求较低的局域网。另一种是特征阻抗为75Ω的CATV（Community Antenna Television，公用天线电视）电缆（其屏蔽层用铝冲压成的），用于传输模拟信号，这种电缆叫宽带（Broad band）同轴电缆。其传输速率较高，距离较远，但成本较高。宽带同轴电缆由于其频带宽，故能将语音、图像、图形、数据同时在一条电缆上传送。宽带同轴电缆的传输距离最长可达10km（不加中继器），加中继器可达20km，其抗干扰能力强，可完全避开电磁干扰。

同轴电缆的结构，使它具有高带宽和极好的噪声抑制特性。同轴电缆的带宽取决于电缆长度。1km的电缆可以达到1～2Gb/s的数据传输速率。还可以使用更长的电缆，但是传输率要降低或使用中间放大器。目前，同轴电缆大量被光纤取代，但仍广泛应用于有线电视和某些局域网。

2. 同轴电缆的分类

同轴电缆有3种：50Ω电缆、75Ω电缆和93Ω电缆。50Ω电缆专用在以太类网卡环境，75Ω电缆专门用于宽带网，93Ω电缆用于ARCnet网。

计算机网络布线中常用的是50Ω同轴电缆，分为粗缆和细缆两种，粗缆传输性能优于细缆。通常把表示数字信号的方波所有的频带称为基带，所以这种电缆也叫基带（Base band）同轴电缆。

(1) 粗缆（10Base5）

粗缆是以太网初期最流行的网络传输介质，它的直径大约为12.7mm，铜芯比细缆的粗，也比较硬。IEEE（国际电气与电子工程师协会）把粗缆称为10Base5。“10”代表最高的数据传输率为10Mbps；“Base”代表传输方式是基带传输；“5”代表电缆最长可以达500m。对于同轴电缆而言，铜芯越粗，数据的传输距离越远，因此粗缆常作为网络的主干网络线，用于相距较远的网段之间的连接。粗缆网络必须安装收发器和收发器电缆，安装难度大，所以总体造价高。

(2) 细缆（10Base2）

细缆是20世纪80年代以太网布线最流行的网络传输介质，它的直径比粗缆小，有6.4mm，因此它比粗缆轻便灵活，它的数据传输距离也比粗缆近，价格相对便宜。细缆适用于大多数网络，它可以直接通过接头与计算机相连。IEEE将细缆称为10Base2（最高的数据传输率为10Mbps；基带传输方式；电缆最长可以达185m）。细缆通过使用BNCT型连接器与计算机相连，用BNC筒状连接器连接两根细缆。粗缆也可以使用BNC筒状连接器和BNCT型连接器。在总线构拓扑结构中，在粗缆或细缆总线的两端都需要安装一个BNC终端匹配器，否则网络将不能工作。

3. 同轴电缆的主要特性参数

(1) 同轴电缆的主要电气参数

- 特性阻抗：同轴电缆的平均特性阻抗为50±2Ω，沿单根同轴电缆的阻抗的周期性变化为正弦波。
- 衰减：一般指500m长的电缆段的衰减值。当用10MHz的正弦波进行测量时，它的值不超过8.5dB；而用5MHz的正弦波进行测量时，它的值不超过6.0dB。

- 传播速度：需要的最低传播速度为 0.77c（c 为光速）。
- 直流回路电阻：同轴电缆的中心导体的电阻与屏蔽层的电阻之和不超过 10Ω（在 20℃下测量）。

（2）同轴电缆的物理参数

同轴电缆具有足够的柔性，能支持 254mm 的弯曲半径。中心导体是直径为 2.17mm±0.013mm 的实芯铜线。绝缘材料必须满足同轴电缆电气参数。屏蔽层是由满足传输阻抗和 ECM 规范说明的金属带或薄片组成，屏蔽层的内径为 6.15mm，外径为 8.28mm。外部隔离材料一般选用聚乙烯（如 PVC）或类似材料。

4.1.3 光纤

光纤（Optical Fiber）是光导纤维的简称，由直径大约为 0.1mm 的细玻璃丝构成，是一种细小、柔韧并能传输光信号的介质。20 世纪 80 年代初期，光缆开始进入网络布线。与铜缆相比，光缆适应了目前网络对长距离、大容量信息传输的要求，因而成为综合布线系统中的主要传输介质。

1. 光纤通信的基本原理

光纤通信系统是以光波为载体、光导纤维为传输媒体的通信方式，起主导作用的是光源、光纤、光发送机和光接收机。在进行长距离信息传输时还需要中继机。通信中由光发送机产生光束将电信号转变成光信号，再把光信号导入光纤，光信号在光纤中传输。在另一端由光接收机负责接收从光纤上传输的光信号，并将它转变成电信号，经解码后再作相应处理。为了防止长距离传输而引起的衰减，在大容量、远距离的光纤通信中每隔一定的距离需设置一个中继机。在实际应用中，光缆的两端都应安装有光纤收发器，光纤收发器集合了光发送机和光接收机的功能，既负责光信号的发送又负责光信号的接收。

2. 光纤结构

光纤和同轴电缆相似，只是没有网状屏蔽层。中心是光传播的玻璃芯（纤芯）。芯外面包围着一层折射率比芯低的玻璃封套，包层为光的传输提供反射面和光隔离，以使光纤保持在芯内。再外面的是一层薄的塑料外套，用来保护封套。光纤通常被扎成束，外面有外壳保护。纤芯通常是由石英玻璃制成的横截面积很小的双层同心圆柱体，它质地脆，易断裂，因此需要外加一个保护层。其结构如图 4-12 所示。

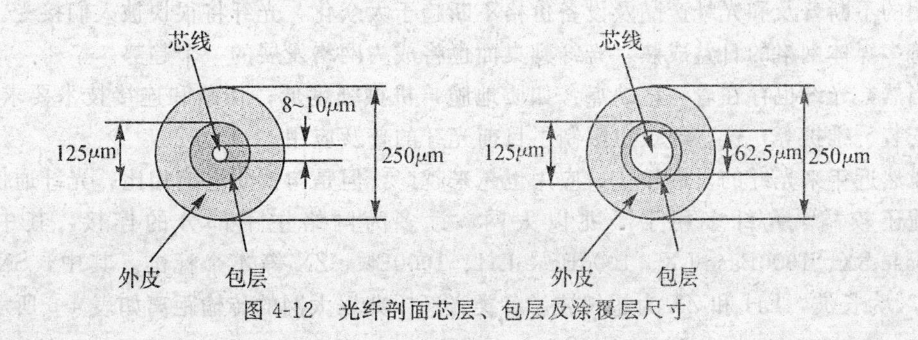

图 4-12　光纤剖面芯层、包层及涂覆层尺寸

平常谈到的62.5/125μm多模光纤，指的就是纤芯外径是62.5μm，加上包层后外径是125μm。单模光纤的纤芯是8～10μm，外径也是125μm。纤芯和包层是不可分离的，纤芯与包层合起来组成裸光纤，光纤的传输特性主要由它决定。用光纤工具剥去外皮和塑料层后，暴露在外面的是涂有包层的纤芯。实际上，很难看到真正的纤芯。

3. 光纤的类型

光纤的种类很多，分类的方法也多种多样，可按制作材料、工作波长、折射率分布和传输模式等对它们进行分类。

这里主要讨论按光在光纤中的传输模式的分类方式。

按光纤中信号的传输模式，分单模光纤（Single Mode Fiber）和多模光纤（Multi Mode Fiber)。“模式”是指以一定角度进入光纤的一束光。在光纤的受光角内，以某一角度射入光纤端面，并能在光纤的纤芯至包层交界面上产生全反射的传播光线，就可称之为光的一个传输模式。在光纤的受光角内，可允许光波以多个特定的角度射入光纤端面，并在光纤中传播，此时，称光纤中有多个模式。这种能传输多个模式的光纤称为多模光纤。只允许传输一个基模的光纤称为单模光纤。单模光纤的纤芯直径很小，采用半导体激光LD作为光源，进入纤芯的光线是与轴线平行的，只有一个角度，在给定的工作波长上只能以单一模式传输，传输频带宽，传输容量大，传输距离长。但需激光源，成本较高，通常在建筑物之间或地域分散的环境中使用。多模光纤采用发光二极管LED为光源，与单模光纤相比，其芯线粗，传输率低距离，整体的传输性能差，但成本低，一般用于建筑物内或地理位置相邻的环境中。

常用的光纤缆有：8.3μm /125μm单模光纤、62.5μm/125μm多模光纤、50μm /125μm多模光纤、100μm /140μm多模光纤。

4. 光纤通信的特点

与铜质电缆相比较，光纤通信明显具有其他传输介质无法比拟的优点。

(1) 传输频带宽，通信容量大，线路损耗低，传输距离远，抗干扰能力强，应用范围广。

(2) 抗化学腐蚀能力强，适用于一些特殊环境下的布线。

(3) 线径细，重量轻，光纤制造资源丰富。

基于这些优势，光纤在远距离的网络布线中得到了广泛的应用。随着千兆位计算机网络应用的不断普及和光纤产品及设备价格不断趋于大众化，光纤将很快被人们接受。尤其是随着多媒体网络的日益成熟，光纤到桌面也将成为网络发展的一个趋势。

当然，光纤也存在着一些缺点：如质地脆，机械强度低；切断和连接技术要求较高；需要安装、维护等，这些缺点也限制了目前光纤的普及应用。

虽然近年来光纤的发展较快，应用也越来越广，但是与铜质电缆相比，光纤通信的成本目前还较高。光纤多用于千兆以太网，且多为网络主干部分的连接，其中包括1000Base-SX、1000Base-LX、1000Base-LH、1000Base-ZX等4个标准。其中，SX为短波，LX为长波，LH和ZX为超长波。各类光纤千兆以太网的传输距离如表4-6所示。

表4-6　　光纤以太网的传输距离

标准	波长/nm	光纤类型	芯径/μm	带宽/（MHz/km）	线缆距离/m
1000Base-SX	850	MMF（多模）	62.5	160	220
			62.5	200	275
			50.0	400	500
			50.0	500	550
1000Base-LX	1300	MMF	62.5	500	550
1000Base-LH			50.0	400	550
			50.0	500	550
		SMF（单模）	8～10	—	10 000
1000Base-ZX	1550	SMF	Not Conditional	N/A	70 000～100 000

5. 计算机网络的光纤产品介绍

在实际应用中大多使用光缆而不是光纤，一根光纤只能单向传送信号，计算机网络中，如果要进行双向通信，连接两个设备时至少要两根独立的芯线，分别用发送和接收。布线中直接使用的是光缆，一根光缆中包含有2，4，6，8，12，18甚至上千条光纤，外面再加上保护层。计算机网络中光纤产品主要包括光纤跳线、布线光缆和光纤连接器等。

（1）光纤跳线

光纤跳线指与桌面计算机或设备直接相连接的光纤，以方便设备的连接和管理。光纤跳线也分为单模和多模两种，分别与单模和多模光纤连接。

（2）布线光缆

布线光缆分为室内光纤和室外光纤两种。室内光缆的抗拉强度较小，保护层较差，但重量较轻，且较便宜，用于干线子系统、配线子系统和光纤跳线。室内光缆在外皮与光纤之间加了一层尼龙纱线作为加强结构。其外皮材料分非阻燃、阻燃和低烟无卤等不同类别，以适应不同的消防级别。室内光缆缆芯主要有OptiSPEED和LazrSPEED两种。

与室内光缆相比，室外光缆的抗拉强度较大，保护层较厚重，并且通常为铠装（外部有钢带或钢丝）。室外光缆主要适用于建筑物之间的布线。根据布线方式的不同，室外光缆又分为直埋式光缆、管道光缆和架空光缆。

①直埋光缆。这种光缆外部有铠装，在布线时需要在地下挖0.8～1.2m的沟，用于埋设光缆。直埋光缆布线简单易行，施工费用较低，目前在光缆布线中较常使用。直埋光缆通常拥有两层金属保护层，有抵抗外界机械损伤和防止土壤腐蚀的性能，并且具有很好的防水性能。要根据不同的使用环境和条件选用不同的护层结构，如在有虫、鼠害的地区，光缆的护层必须能防虫、鼠的咬啮。

②管道光缆。管道光缆一般敷设在城市内，在新建成的建筑物中都预留了专用的布线管道，在管道布线中多使用管道光缆。管道光缆的强度并不太大，但拥有非常好的防水性能。由于金属往往会将雷击引入室内，对网络设备造成毁损，所以光缆采用了非金属加强件。

③架空电缆。架空电缆是利用已有的架空明线杆路，架挂在电杆上使用的光缆。当地面不适宜开挖或无法开挖时，可以考虑采用架空方式架设光缆。布线时施工较简单和方便。由于架空光缆不仅易受台风、洪水、冰凌等自然灾害的危害，还容易受到外力影响以及本身机械强度减弱等影响，所以架空光缆的故障率高于直埋和管道光缆。

(3) 光纤连接器

对于普通用户来说，虽然光纤的端接和跳线的制作都非常困难，但光纤网络的连接却是较为容易的。只要连接设备具有光纤连接接口，就可使用一段已制作好的光纤线进行连接，连接方法和双绞线与网卡及集线器的连接相同。然而，与双绞线不同，光纤的连接器具有多种不同的类型，不同类型的连接器之间又无法直接进行连接。

光纤连接器的种类繁多。若按光纤接头可拆卸与否可分为固定连接器和活动连接器。固定连接器是一种不可拆卸的连接器。一般由专业网络公司来完成。光纤活动连接器是连接两根光纤或光缆使其成为光通路可以重复装拆的接头。目前已经广泛应用在光纤传输线路、光纤配线架和光纤测试仪器、仪表中。如果不特别说明一般指的是活动连接器。

常见光纤连接器按传输介质的不同可分为硅基光纤的单模、多模连接器。按连接头结构的不同可分为：FC、SC、ST、MU、MT 等各种型式。按光纤端面形状分有 FC、PC 和 APC 型。按光纤芯数有单芯、多芯型光纤连接器之分。

目前，光纤连接器的主流品种是 FC 型、SC 型和 ST 型 3 种。

①FC 型光纤连接器。FC（Ferrule Connector）系列连接器最早是由日本 NIT 研制的。FC 采用金属螺纹连接结构，插针体采用外径 2.5mm 的精密陶瓷插针。FC 型连接器是一种用螺纹连接、外部零件采用金属材料制作的连接器。根据 FC 型连接器插针端面形状的不同，可分为平面接触 FC/FC、球面接触 FC/PC 和斜球面接触 FC/APC 3 种结构。平面对接的适配器结构简单，操作方便，但光纤端面对微尘较为敏感，球面对接的适配器对该平面适配器进行了改进，采用对接端面呈球面的插针，而外部结构没有改变，使得插入损耗和回波损耗性能有了较大幅度的改善。

在我国使用较多的是 FC 系列连接器，主要用于干线子系统。也是目前世界上使用较多的品种。

②SC 型光纤连接器。SC（Subscriber Connector）型光纤连接器也是由日本 NTT 公司设计开发的，并申请了专利，是目前广泛使用接头。其外壳呈矩形，所采用的插针与耦合套筒的结构尺寸与 FC 型完全相同，其中插针的端面形状多采用 SC/PC 或 SC/APC 两种结构，紧固方式是采用插拔销闩式，不需旋转。此类连接器价格低廉，插拔方便，抗压强度较高，安装密度高。

③ST 型光纤连接器。ST（Straight Tip）型光纤连接器是由 AT&T 公司设计开发并注册的，也是长期广泛使用的一种光纤接头。其外壳呈圆形，所采用的插针与耦合套筒的结构尺寸与 FC 型完全相同，其中插针的端面形状多采用 PC 结构，紧固方式为螺丝扣。此类连接器适用于各种光纤网络，操作简便，且具有良好的互换性。

随着光纤接入网的发展，光纤密度和光纤配线架上连接器密度的不断增加，目前使用的光纤连接器已显示出体积过大、价格太贵的不足，因此光纤连接器正逐渐向小型化发展。许多公司推出了新的连接器，使光纤网络连接更加快捷简便。

4.2　综合布线系统设计

所谓综合布线就是指建筑物或建筑群内的线路布置标准化、简单化，是一套标准的集成化分布式布线系统。综合布线通常是将建筑物或建筑群内的若干种线路系统，如电话语音系统、数据通信系统、报警系统、监控系统等合为一种布线系统，进行统一布置，并提供标准的信息插座，以连接各种不同类型的终端设备。目前所说的建筑物与建筑群综合布线系统，简称综合布线系统。综合布线系统是一个能够支持任何用户选择的语音、数据、图形图像应用的电信布线系统。系统应能支持语音、图形、图像、数据多媒体、安全监控、传感等各种信息的传输，支持UTP、光纤、STP、同轴电缆等各种传输载体，支持多用户多类型产品的应用，支持高速网络的应用。

4.2.1　综合布线设计思想与原则

信息已成为当今社会的一种关键性战略资源。为了使这种资源充分发挥作用，信息必须迅速而准确地在各种型号的计算机、电话机、传真机及通信设备之间传输。尤其随着千兆以太网、光网络、智能建筑的应用和发展，原来使用的专属布线系统已无法满足要求。因此，寻求一种更合理、更优化、弹性强、稳定性和扩展性好的布线技术，已成为当务之急。这不但是满足现在的要求，更重要的是迎接未来对布线系统的挑战。系统布线设计要与网络技术相结合，尽量做到使两者在技术性能上的统一，避免硬件资源冗余和浪费，充分发挥综合布线系统的优点。

综合布线系统设计应遵循智能建筑的设计原则，即开放式结构、标准化传输介质和标准化的连接界面。在此基础上，还应考虑综合布线系统本身的一些特点，遵循综合布线系统本身的设计原则和基本步骤。综合布线系统的设计，既要充分考虑所能预见的计算机技术、通信技术和控制技术飞速发展的因素，同时又要考虑政府宏观政策、法规、标准规范的指导和实施原则。通过建筑物结构、系统、服务与管理四个要素的合理优化，使整个设计成为一个功能明确、投资合理、应用高效、扩容方便的实用综合系统。具体说来，应遵循兼容性、开放性、灵活性、可靠性、先进性、用户至上等原则。

1. 兼容性原则

综合布线系统通过统一规划和设计，采用相同的传输介质、信息插座、交连设备、适配器等，把语音、数据及视频设备的不同信号综合到一套标准的系统中。在进行工程设计时，需确保相互之间的兼容性，对不同厂家的语音、数据和图像设备均应兼容，而且使用相同的电缆与配线架，相同的插头和插孔模块。这种布线比传统专属布线大为简化，可节约大量的物资、时间和空间。在使用时，用户可不用定义某个工作区的信息插座的具体应用，只把某种终端设备插入这个信息插座，然后在交接间和设备间的交接设备做相应的接线操作，这个终端设备就被接入到各自系统中。

2. 开放性原则

对于传统的专属布线方式，只要用户选定了某种设备，也就选定了与之相适应的布线方式和传输介质。如果更换另一种设备，那么原来的布线就要全部更换。对于一个已竣工的建筑物，这种变化是十分困难，要增加很多投资。

综合布线严格遵循布线行业的两大标准 ANSI/TIA/EIA 586 和 ISO/IEC IS11801-2002 以及国内的标准，采用开放式体系结构。几乎对所有著名厂商的产品都是开放的，如计算机设备、交换机设备等。

在进行综合布线工程设计时，采用模块化设计，便于今后升级扩容。当用户因发展需要而改变配线连接时，不会因此而影响到整体布线系统。

3. 灵活性原则

综合布线中任一信息点应能很方便与多种类型设备进行，采用标准化、模块化设计。因此，所有的通道是通用的，所有设备的开通及更改不需要改变原有布线，只需要增减相应的设备以及在配线架上进行必要的跳线管理即可。组网方式也灵活多种。

4. 先进性原则

先进性原则是指在满足用户需求的前提下，充分考虑信息社会迅猛发展的趋势，在技术上适度超前，使设计方案保证将建筑物建成先进的、现代化的智能建筑物。不会很快因为人数的增加和应用的升级而面临淘汰。

5. 可靠性原则

综合布线采用高品质的传输介质和组合压接的方式构成一套标准化的数据传输信道。所有线槽和相关连接用完善的技术手段进行和测试，保证应用系统的可靠运行。

6. 用户至上原则

综合布线设计时要根据用户需要的服务功能进行设计。不同的建筑，入住不同的用户；不同的用户，有着不同的需求；不同的需求，构成不同的综合布线系统，因此要做到设计思想应当面向功能需求，综合布线系统应当合理定位，选用标准化产品，在先进性和可靠性的前提下，达到功能和经济的优化设计。

总之，综合布线系统的设计应依据国家标准、通信行业标准和推荐性标准，并参考国际标准进行。此外根据系统总体结构的要求，各个子系统在结构化和标准化基础上，应能代表当今最新技术成就。综合布线系统应能支持电话、数据、图文、图像等多媒体业务的需要。综合布线系统宜按工作区子系统、水平子系统、干线子系统、设备间子系统、管理和建筑群子系统 6 个部分进行设计。其结构示意图如图 4-13 所示。

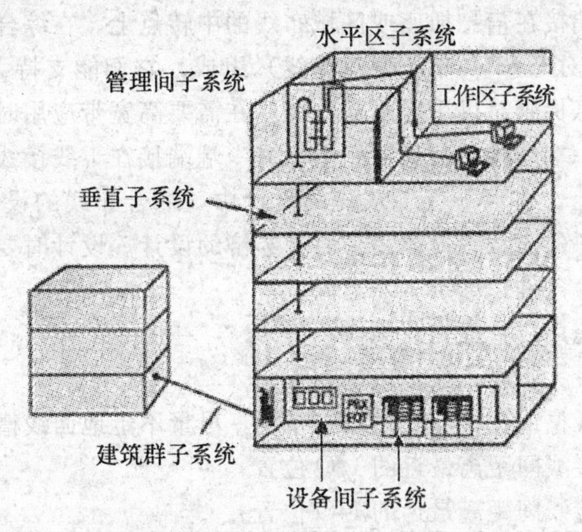

图 4-13　综合布线系统结构示意图

4.2.2　工作区子系统

工作区子系统又称为服务区子系统，它是由终端设备连接到信息插座的连线（或软线）组成，它包括装配软线、适配器和连接所需用的扩展软线，并在终端设备和 I/O 之间搭桥。其中信息插座有墙上型、地面型、桌上型等多种。在进行终端设备和 I/O 连接时，可能需要某种传输电子装置，但是这种装置并不是工作区子系统的一部分。例如，有限距离调制解调器能为终端与其他设备之间的兼容性和传输距离的延长提供所需的信号。但不能说它是工作区子系统的一部分。一个工作区的服务面积可按 5～10m² 估算设置，或按不同的应用场合调整面积的大小。

工作区子系统设计时要注意如下要点：

(1) 从 RJ-45 信息插座到终端设备之间用双绞线，距离保持在 5m 范围内；

(2) RJ-45 信息插座须安装在墙壁上或不易碰到的地方，插座距离地面 30cm 以上；

(3) 网卡接口类型要与线缆接口类型保持一致，插座和插头不要接错线；

(4) 工作区内线槽的敷设要合理、美观；

(5) 估算所有工作区所需要的信息模块、信息插座的数量要准确。

具体设计子系统时，要先确定工作区大小，设计出平面图供用户选择，根据用户的选择确定信息点类型和数量。

4.2.3　水平区子系统

水平布线子系统也称本配线子系统，是整个布线系统的一部分，由工作区用的信息插座、楼层分配线设备至信息插座的水平电缆、楼层配线设备和跳线设备等组成。结构一般为星型结构，它负责从管理子系统即分线盒出发，利用双绞线将管理子系统连接到工作区子系统的信息插座。水平布线子系统与垂直干线子系统的区别在于：水平布线子系统总是处在一个楼层上，并端接在信息插座或区域布线的中转点上。在综合布线系统中，水平区子系统由 4 对或者 25 对 UTP（非屏蔽双绞线）组成，它们能支持大多数现代通信设备。如果有磁场干扰或信息保密时可用屏蔽双绞线。在需要高宽带应用时，可以采用光缆。

水平布线子系统一端端接于信息插座上，另一端端接在干线接线间、卫星接线间或设备机房的管理配线架上。在水平区子系统的设计中，综合布线的设计必须具有全面的知识，能够向用户或用户的决策者提供完善而又经济的设计。设计时要注意如下要点：

（1）根据工程环境条件，确定电缆走向；

（2）水平区子系统用线一般为双绞线；

（3）配线电缆的最大长度一般不超过 90m；

（4）用线最好走线槽或在天花板吊顶内布线，尽量不走地面线槽；

（5）确定距服务接线间距离最近的 I/O 位置；

（6）确定距服务接线间距离最远的 I/O 位置；

（7）水平区所需电缆线长度。

4.2.4 垂直子系统

垂直子系统又称干线子系统，是整个建筑物综合布线系统的一部分。它提供建筑物的主干线电缆的路由。通常由垂直大对数铜缆或光缆组成，它的一端端接于设备机房的主配线架上，另一端通常接在楼层接线间的各个管理分配线架上。垂直子系统并非一定是垂直布放的，干线子系统的线缆也可平放。水平干线也可能是一端接在楼层接线间配线架上，另一端则端接在卫星接线间的配线架上。

为了与建筑群的其他建筑物进行通信，垂直子系统将中继线交叉连接点和网络接口连接起来。网络接口通常放在设备相邻的房间。垂直子系统还包括以下内容：

（1）垂直干线或远程通信（卫星）接线间设备间之间的竖向或横向的电缆所用的信道；

（2）设备间和网络接口之间的连接电缆或设备与建筑群子系统各设施间的电缆；

（3）垂直干线间与各远程通信（卫星）接线之间的连接电缆；

（4）设备间和计算机主机房之间的干线电缆。

设计时要注意如下要点：

（1）垂直干线子系统一般选用光缆，以提高传输速率；

（2）光缆可选用多模的，也可选用单模的；

（3）垂直干线电缆要防止遭破坏，架空电缆要防止雷击；

（4）确定每层楼的干线要求和防雷击的设施；

（5）满足整幢大楼干线要求和防雷击的设施。

4.2.5 设备间子系统

设备间是在每一幢大楼的适当地点安放通信设备、计算机网络设备以及建筑物配线设备的地点，也是进行网络管理的场所。设备间子系统是综合布线系统的最主要结点，一般设在大楼中心，由设备间中的电缆、连接器和有关的支撑硬件组成。由于设备间子系统把

设备间的电缆、连接器和相关支撑硬件等各种公用系统设备互连起来，因此也是线路管理的集中点。对于综合布线系统，设备间主要安装建筑物配线设备、电话、计算机等设备，引入设备也可以合装在一起。

设备间子系统通常至少应具有如下 3 个功能：提供网络管理场所；提供设备进线的场所；提供管理人员值班的场所。设计时要注意如下要点：

（1）设备间有足够的空间保障设备的存放。

（2）设备间要有良好的工作环境（考虑温度、湿度、尘埃、噪声、电磁干扰、照明和供电等因素）。不应位于：有雨水和潮湿的地方，太热的地方，存在有损害仪器的腐蚀剂和毒气的地方。

（3）设备间的建设标准应按机房建设标准设计。

4.2.6　管理和建筑群子系统

管理子系统由交连、互连、配线架和信息插座式配线架以及相关跳线组成。管理点为连接其他子系统提供连接手段。交连和互连允许将通信线路定位或重定位到建筑物的不同部分，以便能更容易地管理通信线路。

通过卡接或插接式跳线交叉连接允许将端接在配线架一端的通信线路与端接于另一端配线架上的线路相连。插入线为重新安排线路提供一种简易的方法，而且不需要安装跨接线时使用的专用工具。

互连完成交叉连接的相同目的，只使用带插头的跳线、插座和适配器。互连和交叉连接均使用于光缆。光缆交叉连接要求使用光缆的跳线在两端都有光接头的光缆跳线。

设计时要注意如下要点：

（1）配线架的配线对数可由管理的信息点数决定；

（2）配线架一般由光配线盒和铜配线架组成；

（3）管理子系统应有足够的空间放置配线架和网络设备；

（4）有 Hub、交换器的地方要配有专用稳压电源；

（5）保持一定的温度和湿度。

建筑群子系统将一个建筑物中的电缆延伸到建筑群的另外一些建筑物中的通信设备和装置上。它是整个布线系统中的一部分（包括传输介质）并支持提供楼群之间通信设施所需要的硬件，其中导线电缆、光缆和防止电缆的脉冲电压进入建筑物的电气保护设备。

在建筑群子系统中，会遇到室外电缆铺设的问题，一般有 3 种情况：架空电缆、直埋电缆、地下管道电缆，或是这 3 种的任何组合，具体情况应根据现场的环境来决定。设计时的注意要点与垂直子系统相同。

4.3　综合布线系统的测试

网络的安装从电缆开始，电缆是整个网络系统的基础。对综合布线系统的测试，实质上就是对电缆的测试。据统计，约有一半以上的网络故障与电缆有关，电缆本身的质量及电缆安装的质量都直接影响到网络能否健康地运行。而且，电缆一旦施工完毕，想要维护很困难。因此，安装前要对电缆进行测试。人们已经普遍认识到布线系统的测试与工程验收是保障工程质量，保护投资者利益的一项重要工作。布线测试是一项技术性很强的工作，它不但可以作为布线工程验收的依据，同时也给工程业主一份质量信心。通过科学、有效的测试，还能使我们及时发现布线故障、分析处理问题，但布线系统是一个系统工程，需求分析、设计、方式、测试、维护各环节都遵循标准，才能获得全面的质量保障。

4.3.1 双绞线测试内容与标准

1. 测试标准

布线系统的测试与布线系统的标准紧密相关。近几年来布线标准发展很快，主要是由于有像千兆以太网这样的应用需求在推动着布线系统性能的提高，导致了对新布线标准的要求加快。先后使用过的标准有：ANSI/EIA/TIA TSB-67 现场测试标准、ANSI/EIA/TIA TSB-95 现场测试标准、ANSI/EIA/TIA568-A-5-2000 5e 类缆线的千兆位网络测试标准等。

2001 年 3 月通过了 ANSI/EIA/TIA 586B 标准，它集合了 ANSI/EIA/TIA TSB-67、TSB95、568A 等标准的内容，现已成为新的布线标准。该标准对布线系统测试的连接方式也进行了重新定义，放弃了原测试标准中的基本链路方式。2002 年 6 月正式出台了 ANSI/EIA/TIA 568-B 2002 铜缆对双绞线 6 类线标准。对于 6 类布线系统的测试标准，与 5 类布线系统在许多方面都有较大的超越，提出了更为严格、全面的测试指标体系。

2. 测试内容

对于不同的网络类型和网络缆线，测试标准和所要求的测试参数是不一样的。5 类链路的测试按照 TSB-67 标准要求，在综合布线系统的测试指标中有接线图、链路长度、衰减、近端串扰等参数。ISO 要求增加一项参数，即 ACR（衰减对串扰比）。对于 5e 类标准，只是在指标要求的严格程度上比 TSB-95 高了许多，而到 6 类之后，这个标准已经面向 1000Base-TX 的应用，又增加了许多参数，如综合近端串扰、综合等效远端串扰等。这样增补后的测试参数有：接线图、链路长度测量、近端串扰、综合近端串扰、衰减、衰减对串扰比、远端串扰及等电平远端串扰、传播延迟、延迟差异、结构化回损、带宽、特性阻抗、直流环路电阻、杂讯等。

在布线系统的现场测试参数问题上，要注意测试参数项目是随布线测试所选定的标准不同而变化的。对于电缆的测试，一般遵循“随装随测”的原则。通常，现场测试主要包括：接线图、链路长度、衰减和近端串扰（NEXT）等几部分。

(1) 接线图

接线图是用来比较判断接线是否错误的一种直观检测方式。这一测试验证链路的正确连接。它不仅是一个简单的逻辑连接测试，而且要确认链路一端的每一个针与另一端相应的针的物理连接。同时，接线图测试要确认链路电缆中线对是否正确，判断是否有开路、短路、反向、交错和串对等情况出现。特别注意的是，分岔线对是经常出现的接线故障，如图 4-14 所示的接线，使用简单的通断仪常常不能准确地查找出故障，测试时会显示连

接正确，但这种连接会产生极高的串扰，使数据传输产生错误。高速以太网测试仪器的接线图测试能发现这种错误。

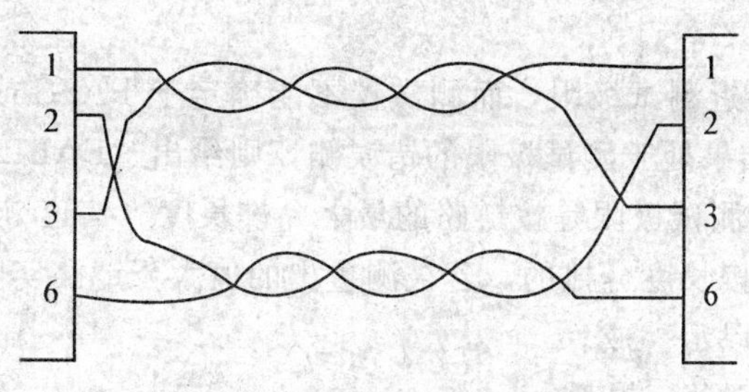

图4-14　不正确的接线：串扰

保证线对正确绞接是非常重要的。标准规定正确的接线图要求端对端相应的针连接是：1对1，2对2，3对3，4对4，5对5，6对6，7对7，8对8，如果接错，便会有开路、短路、反向、交错和串对等情况出现。

(2) 链路长度

链路长度是指连接电缆的物理长度。根据T1A/E1A606标准的规定，每一条链路长度都应记录在管理系统中。链路的长度可以用电子长度测量来估算，所谓"电子长度测量"是应用TDR（时域反射计）的测试技术，基于链路的传输延迟和电缆的额定传输率NVP值来实现的。

时域反射计TDR的工作原理是：测试仪从铜缆线一端发出一个脉冲波，在脉冲波行进时如果碰到阻抗变化，如开路、短路或不正常接线时，就会将部分或全部脉冲波能量反射回测试仪。依据来回脉冲波的延迟时间及已知信号在铜缆传播的NVP（额定传播速率），测试仪就可以计算出脉冲接收波接收端到该脉冲波返回点的长度。返回脉冲波的幅度与阻抗变化的程度成正比，因此在阻抗变化大的地方，如开路或短路处，会返回幅度相对较大的回波。接触不良产生的阻抗变化会产生小幅度的回波。

由于NVP具有10%的误差，在测量中应考虑稳定因素。缆线如果按信道链路模型测试，那么理论上最大长度不超过100m，但实际测试长度可达110m，如果是按永久链路模型测试，那么理论规定最大长度不超过90m，而实际长度可达到99m。另外，测试仪还应能同时显示各线对的长度。如果只能得到一条电缆的长度结果，并不表示各线对都具有同样的长度。

(3) 衰减

衰减测试是对沿链路的信号损耗的测量。衰减随频率的变化而变化，所以应测量应用范围内的全部频率上的衰减，一般步长最大为1MHz。TSB-67定义了一个链路衰减的公式，并给了两种测量模式的衰减允许值表。它定义了在20℃时的允许值。例如，对于5类非屏蔽双绞线，测试频率范围是1～100MHz。测量衰减时，值越小越好。温度对某些电缆的衰减也会产生影响，一般说来随着温度的增加，电缆的衰减也增加。这就是标准中规定温度为20℃的原因。衰减对特定缆线、特定频率下的要求有所不同。具体说，每增加1℃对于Cat3电缆衰减增加1.5%、Cat4和Cat5电缆衰减增加0.4%。当电缆安装在金属管道内时，每增加1℃链路的衰减增加2%～3%。现场测试设备应测量出安装的每一对线衰减的最严重情况，并且通过将衰减最大值与衰减允许值比较后，给出合格（PASS）与不合格（FALL）的结论。具体规则如下：

① 如果合格，则给出可用频宽内的最大衰减值；否则给出不合格时的衰减值、测试允许值及所在点的频率。

② 如果测量结果接近测试极限，而测试仪不能确定上 PASS 或 FALL 时，则将结果用“PASS”标识；若结果处于测试极限的错误侧，则给出“FALL”。

③ PASS/FALL 的测试极限是按链路的最大允许长度（信道链路是 100m，永久链路是 90m）设定的，不是按长度分摊的。若被测量出的值大于链路实际长度的预定极限，则在报告中前者加星号，以示警戒。

（4）近端串扰（NEXT）损耗

由于每对双绞线上都有电流流过，有电流就会在线缆附近产生磁场，为了尽量抵消线与线之间的磁场干扰，包括抵消近场与远场的影响，达到平衡的目的。所以把同一线对进行双绞，但是在做水晶头时必须把双绞拆开，这样就会造成 1、2 线对的一部分信号泄露出来，被 3、6 线对所接收到，泄露下来的信号，称之为串音或串扰，因为发生在信号发送的近端，所以叫做近端串扰（Near End Cross Talk，NEXT）。近端串扰 NEXT 损耗是指测量在一条 UTP 电缆中从一对线对另一对线的信号耦合。对于 UTP 电缆而言这是一个关键的性能指标，也是最难精确测量的一个指标，尤其是随着信号频率的增加，其测量难度也会增大。

TSB-67 标准规定，5 类链路必须在 1～100 MHz 的频宽内测试。

由 NEXT 定义可知，在一条 UTP 电缆上的 NEXT 损耗测试均要在每一对线间测试。4 对线有 6 种组合关系。也就是说，对于 4 对线的 UTP 电缆，要进行 6 组 NEXT 测试。

串扰分近端串扰（NEXT）与远端串扰（FRXT，信号泄露到远端形成的干扰），由于远端串扰的量值影响较小，因此测试仪主要是测量 NEXT。同时，对 NEXT 的测试要在两端测试。NEXT 表示在近端点所测量的串扰数值。这个量值会随着电缆长度的衰减而变小，同时远端的信号也会衰减，对其他线对的串扰也相对变小。实验证明：只有在 40m 内量得的 NEXT 是较真实的，如果另一端是远于 40m 的信息插座而它会产生一定程度的串扰，但测量仪器可能就无法测到这个串扰值，因此，对于 NEXT 的测量，必须进行双向测试，最好在两端都进行。目前，大多数测试仪都能在一端同时进行两端的 NEXT 测量。

对于 5e 类、6 类线的测量参数，除了上述测量指标外，还应增加结构回波损耗 SRL 等内容。SRL 是由于信道元件不匹配引起信号被反射回传到发送端的能量损耗，是测量能量变化的参数。ANSI/EIA/TIA 586B 要求在 100MHz 下 SRL 值为 16dB，其量值越小，表示信号完整性越好。

4.3.2 光缆系统的测试

由于在光缆布线系统的施工过程中涉及光缆的敷设、光缆的弯曲半径、光纤的连接、光纤的跳线，以及设计方法和物理布线结构的不同，会导致光纤在传输信道上光信号的传输衰减等指标发生变化，因此，需要对光纤传输信道进行认真测试。

1. 光纤传输信道的测试内容

光纤本身的种类很多，但光纤及其系统的基本测试方法，大体上是一致的，所使用的测试设备也基本相同，即测试仪器基本通用。对于光纤传输信道，基本的测试内容主要有：光纤传输信道的光学连通性、光功率、光功率损失等。

(1) 光学连通性测试

光纤传输信道的光学连通性表示光纤通信系统转输光功率的能力。连通性测试是最简单的测试方法。进行光纤传输信道的连通性测试时，通常是在光纤的一端连接光源，把红色激光、发光二极管或其他可见光注入光纤，在另一端连接光功率计并监视光的输出，通过检测到的输出光功率来确定光纤通信系统的光学连通性。如果在光纤中有断裂或其他的不连续点，光纤输出端的光功率就会减少或根本没有光输出。当输出端测到的光功率与输入端实际输入的光功率的比值小于一定的数值时，则认为这条链路光学不连通。光功率计和光源是进行光纤传输特性测量的一般设备。

(2) 光功率的测试

对光纤布线工程最基本的测试是在EIA的FOTP-95标准中定义的光功率测试，它确定了通过光纤传输信号的强度，是光功率损失测试的基础。测试时把光功率计放在光纤的一端，把光源放在信号的另一端。

(3) 光功率损失测试

光功率损失这一通用于光纤领域的术语代表了光纤通信链路的衰减。衰减是光纤通信链路的一个重要的传输参数，单位是分贝（dB）。它表明了光纤通信链路对光能的传输损耗，对光纤质量的评定和确定光纤通信系统的中继距离起到决定性的作用。光信号在光纤传播时，平均光功率沿光纤长度方向呈指数规律减少。在一根光纤中，从发送端到接收端之间存在的衰减越大，两者之间可能传输的最大距离就越短。衰减对所有种类的布线系统在传输距离上都产生负面影响。由于在光纤传输中不存在串扰等问题，所以光纤传输对衰减特别敏感。

光功率损失测试实际上就是衰减测试，测试的是光信号在通过光纤后的减弱程度。光功率损失测试能验证光纤和连接器安装的正确性。光源和光功率计组合后称为光损失测试器（OLTS）。使用一个标有刻度的光源产生信号，使用一个光功率计来测量实际到达另一端的信号强度。

测试过程首先应将光源和光功率计分别连接在参照测试光纤的两端，以参照测试光纤作为一个基准，对照它来度量信号在安装的光纤链路上的损失。在参照测试光纤上测量了光源功率之后，取下光功率计，将参照测试光纤连同光源连接到要测试的光纤的一端，并将光功率计接到另一端。测试完成后将两个测试结果进行比较，就可以计算出实际链路的信号损失。这种测试有效的测量了在光纤中和参照测试光纤所连接的连接器上的损失量。

对于水平子系统光纤布线链路的测量仅需在一个波长上进行测试。这是因为光纤长度短（小于90m），因波长变化而引起的衰减是不明显的，衰减测试结果小于2.0dB。对于干线光纤链路应以两个操作波长进行测试，即多模光纤链路使用850nm和1 300nm波长进行测试，单模干线光纤链路使用1 310nm和1 550nm波长进行测量。1 550nm的测试能确定光纤是否支持波分复用，还能发现在1 310nm测试中不能发现的由微小的弯曲所导致的损失。由于在干线光纤链路现场测试中干线长度和可能的接头数取决于现场条件，因此应使用光纤链路衰减方程式根据 ANSI/TIA/EIA 568B 中规定的部件衰减值来确定测试的极限值。

2. 光纤布线链路测试的标准和基本要求

(1) 光纤布线链路的分类测试

通常，光纤布线链路的测试包括水平和垂直两种干线的测试。典型的水平连接段是从位于工作区的信息插座/连接器到管理间。对于水平连接段来说，在一个波长（850nm 或 1 300nm）上进行测试已经足够了。对于垂直干线连接段，通常采用 OTDR 或其他光纤测试仪进行测试，无论是单模还是多模光纤，都要在两个波长上进行测试，这样可以综合考虑不同波长上的衰减情况。

(2) 光纤布线链路测试标准及精度

①光源必须满足标准 ANSI/TIA/EIA 455-50B 的要求。

②被测光纤规格为 62.5/125μm 多模光纤，测试波长为 1 300nm 和 850nm；光纤布线链路在满足光纤波长窗口参数的条件下的衰减限值，应符合表 4-7 的规定。

表 4-7　　光纤布线链路的最大衰减限值

光纤应用类别	链路长度/m	多模光纤衰减值/dB		单模光纤衰减值/dB	
		850nm	1 300nm	1 310nm	1 550nm
配线子系统	100	2.5	2.2	2.2	2.2
干线子系统	500	3.9	2.6	2.7	2.7
建筑群子系统	1 500	7.4	3.6	3.6	3.6

如果测试得到的衰减限值小于最大衰减限值，说明此光纤布线链路的衰减在标准规定的范围之内，链路合格；如果测试得到的值大于最大衰减限值，说明此光纤布线链路的衰减在规定范围之外，链路不合格。

③综合布线系统光纤布线链路任一接口的光回波损耗限值，应符合表 4-8 的规定。

表 4-8　　最小光回波损耗限值

光纤模式、标称波长/nm	最小的光回波损耗限值/dB
多模光纤 850	20
多模光纤 1 300	20
单模光 1 310	26
多模光纤 1 550	26

(3) 光纤布线链路测试的注意事项

在进行光纤布线链路的各种参数测量之前，必须使光纤与测试仪器之间的连接良好，

否则将会影响光纤系统的测试结果。在光纤布线链路的测试中要注意：

① 对光纤布线链路进行连通性、端-端损耗、收发功率和反射损耗四种测试时，要严格区分单模光纤和多模光纤的基本性能指标、基本测试标准和测试仪器或测试附件。

② 测试仪器的动态范围是指仪器能够检测的最大和最小信号之间的差值，通常为60db。为了保证测试仪器的精度，应选用动态范围为60db或更高的测试仪器。在这一动态范围内功率测量的精确度通常被称为动态精确度或线性精度。

③ 为了使测量结果准确，首先，要对测试仪器进行校准。但是，即使是经过了校准的功率计也有大约±5%（0.2db）的不确定性。这就是说，用两台同样功率计去测量系统中同一点的功率，也可能相差10%。其次，在确保光纤中的光有效地耦合到功率计中去，最好是在测试中采用发射电线和接收电缆。但必须使每一种电缆的损耗低于0.5db，这时，还必须全部光都照射到检测器的接收面上，又不使检测器过载。光纤表面应充分地平整清洁，使散射和吸收降到最低。值得注意的是，如果进行功率测量时所使用的光源与校准时所用的光谱不相同，也会产生测量误差。

4.3.3　布线测试报告

对于综合布线系统的每一条布线链路，都应该向用户提供一个测试报告，以表明布线电缆是否合格。通常UTP电缆测试报告由接线图、特性阻抗、电缆长度、时延、衰减、近端串扰、远端串扰等参数组成。例如，用Fluke DSP 4300测试仪得到的一份测试通过的UTP电缆认证测试报告，如表4-9所示。报告内容包括了被测试的布线链路、测试地点、测试人、结论、日期和时间、标准、电缆类型、依据标准版本、软件版本、测试仪器、电缆平均温度及测试结果。从测试报告可以看到测试项目、测试数据以及结论等重要的数据内容，其中PASS表示合格，如果超过限定值则为FALL，表示不合格。

表4-9　　一条5类UTP布线链路的测试报告

<table>
<tr><td>接线图</td><td></td><td>RJ-45 PIN

RJ-45 PIN</td><td colspan="2">1 2 3 4 5 6 7 8
| | | | | | | |
1 2 3 4 5 6 7 8</td><td></td><td></td></tr>
<tr><td>线对</td><td>1，2</td><td>3，6</td><td>4，5</td><td>7，8</td><td></td><td></td></tr>
<tr><td>特性阻抗/Ω</td><td>107</td><td>109</td><td>110</td><td>110</td><td></td><td></td></tr>
<tr><td>极限/Ω</td><td>80～120</td><td>80～120</td><td>80～120</td><td>80～120</td><td></td><td></td></tr>
<tr><td>结果</td><td>PASS</td><td>PASS</td><td>PASS</td><td>PASS</td><td></td><td></td></tr>
<tr><td>电缆长度/m</td><td>23.7</td><td>23.1</td><td>23.3</td><td>23.1</td><td></td><td></td></tr>
<tr><td>极限/m</td><td>100</td><td>100</td><td>100</td><td>100</td><td></td><td></td></tr>
<tr><td>结果</td><td>PASS</td><td>PASS</td><td>PASS</td><td>PASS</td><td></td><td></td></tr>
<tr><td>合适时延/ns</td><td>115</td><td>112</td><td>113</td><td>112</td><td></td><td></td></tr>
<tr><td>阻抗/Ω</td><td>5.1</td><td>6.3</td><td>7.7</td><td>6.4</td><td></td><td></td></tr>
<tr><td>衰减/db</td><td>5.0</td><td>5.4</td><td>5.4</td><td>5.1</td><td></td><td></td></tr>
<tr><td>极限/db</td><td>24.0</td><td>24.0</td><td>23.9</td><td>24.0</td><td></td><td></td></tr>
<tr><td>安全系数/db</td><td>19.0</td><td>18.6</td><td>18.5</td><td>18.9</td><td></td><td></td></tr>
<tr><td>安全系数</td><td>79.2%</td><td>77.5%</td><td>77.4%</td><td>78.8%</td><td></td><td></td></tr>
</table>

续表

接线图		RJ-45 PIN RJ-45 PIN	1 2 3 4 5 6 7 8 │ │ │ │ │ │ │ │ 1 2 3 4 5 6 7 8			
频率/MHz 结果	100.0 PASS	100.0 PASS	99.1 PASS	100.0 PASS		
线对组	1，2～3，6	1，2～4，5	1，2～7，8	3，6～4，5	3，6～7，8	4，5～7，8
近端串扰/db	45.0	43.5	50.7	39.1	55.1	46.5
极限/db	32.0	29.1	37.1	31.8	39.5	31.1
安全系数/db	13.0	14.4	13.6	8.1	15.6	15.4
频率/MHz	52.5	76.7	26.2	53.8	18.8	58.4
结果	PASS	PASS	PASS	PASS	PASS	PASS
远端串扰/db	41.8	51.6	47.2	38.7	56.0	47.4
极限/db	27.4	35.9	30.8	31.8	40.7	31.2
安全系数/db	14.4	15.7	16.4	6.9	15.3	16.2
频率/MHz	96.9	30.8	61.5	53.7	16.0	58.1
结果	PASS	PASS	PASS	PASS	PASS	PASS

4.4 综合布线系统案例

综合布线系统20世纪80年代起步至今，已成为一个比较成熟的行业，有许多成功案例可供参考。本部分给出了某公司参加投标的一个实际的某大学校园网络综合布线系统工程方案，说明综合布线系统设计的思路、方法和内容。限于篇幅，为了突出综合布线系统工程方案的关键内容，在此只选择其中部分内容，供读者参考。

4.4.1 综合布线系统需求分析

某学校是在当前我国经济和科学飞速发展时期创建的现代化新型学校，目前正处在施工阶段，主要建筑物有：教学楼、办公楼、宿舍、实验室、图书馆、网络中心等，学校领导已充分意识到应用信息技术的重要性，将学校按照当今信息化社会的应用模式来建立与运作是该网络建设的一个总体目标。从校园规划设计图可以知道，无论是在规划设计方面，还是在整个学校基础教育设施的投资建设方面，都有一定的前瞻性，处在我国校园建设的前列。作为其中重要组成部分之一的综合布线系统工程是其关键所在，要把它作为整个校园建设中的基础设施来抓。

根据某学校提供的有关资料，我们对用户需求进行了初步的调研和分析。该学校校园网综合布线系统建设的目标，是将校园内各种不同应用的信息资源通过高性能的网络（交换）设备相互连接起来，形成校园园区内部的Intranet系统，对外通过路由设备接入广域网。

该校园网综合布线系统的目标是建设一个以办公自动化、计算机辅助教学以及现代化计算机校园文化为核心，以现代计算机网络技术为依托，技术先进、扩展性强、能覆盖全

校主要楼宇，结构合理、内外沟通的校园计算机网络系统。需要该网络将学校的各种 PC、工作站、终端设备和局域网连接起来，并与有关广域网（电信网、教育网）相连，建立起能满足教学、科研和管理工作需要的软硬件环境，开发各类信息库和应用系统，为学校各类人员提供通信网络服务。

校园环境可分为四个区域：教学区、办公区、学生宿舍区和教工住宅区。各区域有其应用的特点，应针对其特点选择恰当的产品，满足网络访问的需求。

教学区：是校园网的核心区域，对校园网传输能力要求最高，应用范围最广泛。教学区内包含计算机网络中心、实验室、教学楼和图书馆等。楼内或子网内计算机经常进行大流量数据互访，如实验数据、实时图像和语音传输，校园网数据中心一般都设在此区域。办公区：行政管理和后勤等工作人员的办公区域。办公区域主要满足内部数据访问和语音通信的需求，数据流量较小。学生宿舍区：对互联网访问需求最大的区域，同时子网内数据共享和联机方式普遍。用户数量巨大，数据终端数量多且分散。教工住宅区：教职工住宅区域，接近家居式信息网络模式，主要是互联网访问需求，数据流量不大。

1. 总体需求

(1) 满足垂直干线 1 000Mb/s、水平配线 100Mb/s 交换到桌面的数据传输要求；

(2) 主干光纤的配置冗余备份，满足将来扩展的需要；

(3) 信息点功能可视需要灵活调整；

(4) 满足与电信及自身专网的连接；

(5) 兼容不同厂家、不同品牌的网络接续部件、网络互连设备。

2. 基本功能要求

(1) 电子邮件系统：主要用于用信息交流、开展技术合作、学术讨论、交流等活动。

(2) 文件传输 FTP 系统：主要利用 FTP 服务获取重要的科技资料和技术文档。

(3) Internet 服务：学校建立自己的主页，利用 Web 外部网页对学校进行宣传，提供各类咨询信息等；利用内部网页进行管理，如发布通知、收集学生意见等。

(4) 图书馆访问系统：用于计算机查询、计算机检索、计算机阅读等。

(5) 计算机辅助教学：包括多媒体教学和远程教学。

按照校园土建建设施工图纸设计，包括教学楼、办公楼、宿舍图书馆等在内所有视频、语音及数据通信信息点共计约6 700个。

4.4.2 综合布线产品选型与标准

1. 设计标准及规范

本设计方案所采用的标准、计算依据、施工及验收遵循以下标准或规范：

(1)《ISO/IEC 11801 用户建筑通用布线标准》，《ANSI/TIA/EIA 568-A》，《ANSI/TIA/EIA 568-B》；

(2)《GB/T 50311-2000 建筑与建筑群综合布线系统工程设计规范》，《GB/T 50312-

2000 建筑与建筑群综合布线系统工程验收规范》。

2. 设计目标和原则

该校园网综合布线设计预期目标为：

实用性：布线系统能在现在和将来适应技术的发展，能实现数据和语音通信。

灵活性：布线系统能满足灵活通用的要求。任何一个信息插口，均能连接不同的设备，如计算机、终端、传真机和电话，并可连接不同类型的局域网（如 Token Ring 网，Ethernet 网等），也可连接计算机终端设备实现异步通信。所有这些不同类型的连接方法均可通过在管理子系统中更改跳线来方便地实现。

模块化：布线系统中，除固定于建筑物中的线缆外，其余所有接插件均是模块化的标准件。

扩充性：布线系统是要能扩充的，以便将来要扩展时，可以方便地将设备扩充进去。

可靠性：该布线系统具有 15～20 年的使用寿命，在使用过程中，用户可以获得 20 年质量保证。

标准化：该布线系统的设计采用的是成熟的国际、国内标准和规范或工业标准等。

为了实现上述的设计目标，我们在进行某校园网的综合布线系统设计时必须遵循如下设计原则：

(1) 先进性：布线系统的设计目标决定了系统必须采用当今的最先进的技术、方法和设备，既要反映当今水平，又具有发展潜力，同时布线系统又是要在规定的时间内投入使用的一项实际工程，因此涉及的技术和器材必须是成熟的。所有线缆产品系列，在高速网络环境或复杂的电磁环境下，具有较佳的传输可靠性、抗电磁干扰能力，并符合 EMC 电磁辐射控制的国际标准。

(2) 开放性：布线系统要具有开放性和灵活性，一方面布线系统要能适应不同用途要求（如话音、数据和图像的传输），另一方面又要能够支持不同厂家的网络设备。

(3) 扩充性：布线系统应具有 15～20 年的使用寿命。信息技术的发展非常之迅速，因此在设计布线系统时，应考虑具有充分的扩展能力。

(4) 可靠性：采用高品质传输媒体，以组合压接的方式构成高标准数据传输信道，每条信道均采用专用仪器测试，以保证电气性能良好。布线系统采用星型拓扑结构，点到点端接，任何一条线路故障均不影响其他线路的正常运行；同时为线路的运行维护及故障检修提供方便，保障系统可靠运行。

(5) 标准化：为便于设计、维护和有生命力，布线系统的设计采用成熟的国际、国内标准和规范或工业标准等。

(6) 经济性：充分考虑学校的经济实力，选择“好用、够用、适用”的网络技术。水平配线子系统、垂直干线子系统的数据、语音传输采用 5e 类非屏蔽双绞线布线，按照 8 芯配置，合理地构成一套完整的布线系统。

3. 综合布系统工程设计方案

某校园网综合布线系统是一个具有三层布线结构的设计方案。

第一层结构：网络中心为中心结点。网络中心选址在学校地域的中心建筑，布置了校

园网的核心设备，如路由器、交换机、服务器（WWW服务器、电子邮件服务器、域名服务器等）。由网络中心机房到各建筑群的交换机柜，如核心交换机到各建筑群的交换机柜或中心通信交换设备至楼栋交接间，采用单（多）模光纤或几百对的大对数双绞线电缆进行连接。

第二层结构：由建筑群的交换机柜到多个楼层交换机柜，采用多模光纤（100m内可用双绞线电缆）或几十对双绞线电缆进行连接。

第三层结构：由楼层交换机柜内的配线架到用户端信息点接口，采用5e类双绞线或少对数双绞线电缆与用户端设备进行连接。

该校园网布线系统，将采用AMP公司的结构化综合布线系统技术及产品，来为计算机网络、语音通讯、图像传输、会议电视等提供一条实用的和可扩展的模块化介质通路，适应新技术的发展和应用。具体分为：工作区子系统、水平配线子系统、垂直干线子系统、设备间子系统、管理子系统和建筑群子系统六个部分。

（1）工作区子系统

工作区子系统由终端设备连接到信息插座的连线和信息插座所组成。通过插座即可以连接数据终端以及其他传感和弱电设备。在本项目设计中，根据用户提出的需求，以及考虑到该建筑物目前和未来的应用需求，共设数据点4 700个、语音点1 700个。

为满足高速数据传输要求，数据点、语音点全部采用5e类非屏蔽信息模块，使用国标双口防尘墙上型插座面板。视频信息点采用VF-45光纤插座。使用光纤来传输视频信号是考虑到今后发展及系统的先进性，将视频传输系统设计成一个多功能、高性能的双向图像传输系统，其带宽为750MHz。

（2）水平（配线）子系统

水平（配线）子系统由信息插座、信息插座至楼层配线设备的电缆或光缆、楼层配线设备和跳线组成。信息插座均为RJ-45制式。每一条数据水平双绞线的长度均不应超过90m。水平双绞线布线从房间内的信息点引出并布到相应的楼宇配线柜内。整个布线为星型拓扑结构连接方式。根据用户对水平配线子系统的数据传输要求和将来扩展的需要，考虑到部分配线缆一旦埋入墙中就无法更换，在本项目设计中，设备间与各楼层、工作区之间的高速数据传输采用100Ω、5e类4线对的非屏蔽双绞线，支持100MHz的带宽；语音信息传输也采用100Ω、5e类UTP。视频信息采用4芯62.5/125μm多模光纤。本方案采用直接埋管方式进行配线子系统布线。

（3）垂直（干线）子系统

垂直（干线）系统是指从主配线间至楼层配线间的电缆。本系统中的干线系统是指大楼中的主干光缆和大对数电缆，它源自大楼的数据和语音主配线架，采用星型拓扑结构敷设到各楼层配线架。为满足用户当前的需求，同时又能适合今后的发展，在本项目设计中，数据传输采用6芯多模室内光纤作为主干线；语音干线采用3类大对数电缆，同时每层增加1条5e类双绞线作为光纤主干的备用线路。干线沿弱电管井内竖直桥架敷设。所选用的连线管理器均为48.26cm标准系列产品，均可安装在48.26cm标准机柜内。所用干线电缆均为阻燃型电缆，线径为0.5mm，电缆的绝缘耐压为500VAC。

（4）设备间子系统

设备间是整个布线系统的中心单元，每栋大楼设置一个设备间，设备间子系统同时也是连接各建筑群子系统的场所，计算机中心设在一层，电话主机房设在一层。

设备间子系统由主配线机柜中的电缆、连接模块和相关支撑硬件组成，它把网络中心机房中的公共设备与各管理间子系统的设备互连，从而为用户提供相应的服务。

整个学校的主设备间主要放置主配线机柜、网络服务器、交换机及其他网络设备等。为了保证系统的安全可靠性，所有的配线设备及网络设备必须置于机柜内。主配线机柜规格为48.26cm 42U，机柜材料选用金属喷塑，并配有网络设备专用配电电源端接位置。此种安装模式具有整齐美观、可靠性高、防尘、保密性好、安装规范等特点。

对主设备间（机房）的整体要求：

① 本工程的中心机房按计算机机房标准装修，并考虑接地、防雷措施及配套的UPS电源。

② 房屋净高：≥3.0m。

③ 楼地面采用活动防静电地板（600mm×600mm），其离地高度为300mm。

④ 工作环境要防永磁场或电磁场干扰。为此，计算机等设备的放置位置与变电站等高压强设备的距离保持5m以上。

⑤ 机房内应备有合适的接地端子，建议独立接地，接地电阻阻值小于1Ω。

⑥ 根据综合布线系统有关设备和器件对温、湿度的要求，设备间按B级执行。即温度为18～28℃，相对湿度为40％～70％，照度不应低于150Lx。

⑦ 机房面积不小于14m^2，室内应洁净、干燥、通风良好，防止有害气体等侵入，并有良好的防尘措施。

⑧ 机房内的电源插座按计算机设备电源要求进行工程设计，便于交换机、服务器等设备使用。

(5) 管理子系统

管理子系统主要在各楼层分设的交接间构成，以避免跨楼层布线的复杂性。交接间主要放置各种规格的配线架，用于实现配线、主干缆线的端接及分配；由各种规格的跳线实现布线系统与各种网络、通信设备的连接，并提供灵活方便的线路管理。所选择的配线架均能支持垂直干线、水平配线子系统所选用缆线类型之间的交接。交接间与弱电井合用一个小房间。

主配线架位于中心机房内，用来调配和管理每层楼的信息点和语音点。主设备机房设置1台72口AMP光纤跳线箱和2台12口AMP光纤跳线箱，通过多模光纤连接各层配线间的光纤跳线箱，组成一套完整的光纤管理系统。

电话语音系统由数字程控电话交换机、中继线、用户分机和直接外线组成。通过综合布线提供的传输通路构成电话系统的连接，并通过综合布线系统的管理子系统向所有用户进行分配。

管理子系统应对设备间、交界间和工作区的配线设备、线缆、信息插座等设施，按一定的模式进行标识和记录，根据ANSI/TIA/EIA 606标准编排和制作主干线缆线的编号，并使用防水塑料薄膜进行保护；同时在各交接间的桥架中，用塑料标签牌标注，以便于查找。具体说要符合以下规定：

① 规模较大的布线系统宜采用计算机进行管理，简单的布线系统宜按图纸资料进行管理，并应做到记录准确，及时更新，便于查阅。

② 每条电缆、光缆、配线设备、端接点、安装通道和安装空间均应给定唯一的标志。配线设备、缆线、信息插座等硬件均应设置不易脱落和磨损的标识，并应有详细的书面记录和图纸资料。电缆和光缆的两端均应标明相同的编号。

(6) 建筑群子系统

建筑群子系统将一个建筑物中的线缆延伸到建筑群的另外一些建筑物中的通信设备和装置上。建筑群配线架设置在网络中心大楼设备间，大楼之间采用电缆通道布线法敷设光缆，其敷设方式室内采用金属桥架，室外采用走地沟的方式。推荐使用注胶缆线以避免线芯受潮。

根据以上各系统的设计，本综合布线系统工程部分设备材料清单及经费预算，如表 4-10 所示。

表 4-10　　综合布线系统工程材料清单

序号	型号	产品名称	单位	数量	单价/元	合计/元
工作区子系统						
1	GM501	5e 类非屏蔽信息模块	个	6 300		
2	PF860101	英式双孔斜口面板	个	3 200		
水平、垂直子系统						
1	FC1212M-S	12 芯单模光纤	m	5 500		
2	GJFGV6	6 芯室内多模光纤	m	1 800		
3	GC301100	3 类 100 对主干 305	箱	24		
4	GC501004	5e 类双绞线	箱	1 500		
管理间、设备间子系统						
1	110-200B	200 对安装架	个	9		
2	G110C-4	4 对连接块	个	425		
3	GB110-A	1U 跳线管理器	个	140		
4	GD1024	24 口 5e 类配线架	个	140		
5	GL45-20	5e 类模块跳线 2m	个	4 610		
6	FD10M-SC/SC	SC 双工光纤耦合器/多模	条	110		
7	FD2024	24 芯光纤跳线架	个	28		
8	FJ02MCC-X	SC-SC 62.5 双芯光纤跳线	个	210		
9	FD10M-SC/SC	SC 62.5 多模连接块	个	210		
10		光纤接续工具	套	1		
11	PB28942	42U 标准机柜	个	8		
12	PB26626	24U 标准机柜	个	20		

4.4.3 综合布线系统安装

综合布线系统安装包括管线及桥架的安装、线缆的布放及面板、模块信息插座、主配线柜配线架的安装和线缆的打线、光纤的熔接、跳线、线路测试等，最后进行系统调试。

为了保护建筑物投资者的利益，该方案按照“总体规划，分步实施，配线子系统布线尽量一步到位”的设计思想，主干线大多数设置在建筑物弱电井内，以便更换或扩充。水平配线子系统布放在建筑物的天花板内或管道里。考虑到今后如果更换配线电缆，可能要损坏建筑结构，影响整体美观，因此在设计水平配线子时，选用了档次较高的线缆及连接件。

在整个施工过程中，以控制工程质量为主，以控制工程进度为辅，不断督导检查，以执行标准为设计依据，以工程验收标准为检验依据，保证工程顺利完成，直至工程竣工验收。

每个系统线缆在桥架和竖井内要求分开布放、绑扎，在布线缆时，避免拉力过大和不匀，线缆头要有标签编号。所以信息点安装高度离地 30cm，模块及水晶头按 T568B 标准打线。

1. 双绞线的安装

在安装双绞线电缆时，不能在线缆上施加足以造成线缆表面和导线上留下永久痕迹的力量，施工时注意避免线缆被踩踏和受压挤，施工过程中不能对线缆使用热风式气焊枪等加热方法，线缆拐弯时应该保证足够大的弯曲半径。

在安装线槽时，首先应该计算线槽中将要放置的线缆数量与重量，以免线槽的支撑点负载超过建筑物结构所容许的载荷。如果线槽是管状的，不能开盖，安装时，在每一个拐弯的地方要求有线盒；另外，在安装时应先安装引线，以方便穿线。

2. 光缆线路的安装

光缆布线的敷设环境和条件是：光缆的外护层要达到阻水、防潮、耐腐蚀，在鼠咬或白蚁严重的地方，要采用金属带皱纹纵包或尼龙护套层加以保护。光缆敷设施工技术要求如下。

(1) 光缆敷设过程中，光缆的最小弯曲半径为 20cm；要防止光缆打结，特别是打死结；要避免破坏光缆胶层；人力牵引或机械牵引径向牵引力须小于 980N，并且受力在外包装胶层或钢丝上，距离较长时应分段多处同时牵引。光缆敷设到指定的配线柜后，应再留 10～15m 的余量，以方便光纤接续。

(2) 光缆由建筑物的电缆竖井进入配线间，在竖井中敷设光缆时，为了减少光缆上的负荷，应在一定的间隔上用缆夹或缆带将光缆扣在桥架或垂直线槽上。在光缆通道中将光缆插入预留的套筒中，光缆被固定后，用水泥将孔填满，如孔大档将其中的光缆松弛地捆起来。

(3) 光缆的端接在挂墙式的光纤接线盒中进行，主干光缆由光纤接线盒的入线孔进入，要用光缆夹将光缆完全固定，不能使其松动。剥出纤芯的长度以 1m 为限。待熔接完

成后，将纤芯按顺序排列在光纤盒的绕线盘中，在盘绕光纤时一定要注意纤芯的弯曲半径。将纤芯排好后，按色标和序号在尾纤标签上标明。

3. 安装铜质电缆时的标记识别

配线模块的标记。为完善这一工作，采用占用一个模块位置的模块式标签托架，以便标出模块并识别哪个区域或哪个办公室。为方便操作，至少为每个模块、主干电缆和电源各设一个标签托架。

连接标记。为了在安装中识别连接，建议在电缆和跳线的两端进行识别标记。

4. 安装光纤时的标记和识别

配线模块的标记。为了便于识别连接，每一个光纤盘在下面 ST 连接器的右边设有标记；为辨别模块，上面的光纤盘标有其接受的光纤的编号，每个光纤盘根据其光缆套管的颜色很容易区别。

连接标记。一个光纤连接如下构成：预布线的固定部；在预布线的两端连接有源设备的连接电缆；在配线架上直接跳线；连接发射机和接收机的交叉跳线。在光缆的每一端都有一根光纤接在一个 STII 型插头，ST 型插头安装在由光纤盘的标签上注明以下内容：到达配线间的辨别编号；轨道编号；轨道上的光纤盘编号；对应区域编号；连接 2 个配线间的每根光缆的序号。

安装完毕后要对综合布线系统进行测试验收。

本章小结

本章全面介绍了双绞线、同轴电缆和光纤等网络布线材料的主要特点、用途和连接方法，为网络布线奠定了坚实的基础。本章还介绍综合布线系统中的一些基本概念，阐述了综合布线系统设计的原则，并对各子系统设计方法和注意事项进行了说明。综合布线实施之后，测试与验收是不可缺少的环节，本章对综合布线的测试标准、测试仪器作了说明。最后，在综合布线工程方案构成的基础上，通过小型校园综合布线系统工程实例，给出一个综合布线系统的设计案例，供读者参考。

练　习　题

一、单项选择题

1. UTP（10BaseT）的最长距离是大约(　　)。

   A. 100m　　B. 200m　　C. 300m　　D. 180m

2. 细缆和粗缆相比较，以下选项中(　　)是正确的。

   A. 细缆比粗缆更加轻柔，它能够传送的信号更远

   B. 细缆比粗缆更加粗重，它能够传送的信号更近

   C. 粗缆比细缆更加轻柔，它能够传送的信号更近

D. 粗缆比细缆更加粗重，它能够传送的信号更远

3. 以下传输介质中不受电气干扰的(　　)。

A. 双绞线　　B. 同轴电缆　　C. 光缆　　D. 电话线

4. T568B标准中双绞线的每一根导线与RJ-45连接头引脚（1～8）之间的关系是(　　)。

A. 白橙/橙/白绿/蓝/白蓝/绿/白棕/棕

B. 白绿/绿/白橙/蓝/白蓝/橙/白棕/棕

C. 白橙/蓝/白绿/绿/白蓝/橙/白棕/棕

D. 白绿/橙/白橙/绿/白蓝/蓝/白棕/棕

5. 以下不属光纤的基本的测试内容主要有(　　)。

A. 光学连通性　　B. 光功率　　C. 光功率损失　　D. 传播速率

二、简答题

1. 什么是传输介质？常用的传输介质有哪些？
2. 非屏蔽双绞线电缆有哪些优点？
3. 双绞线规格型号有哪些？
4. 双绞线的性能指标有哪些？
5. 同轴电缆的种类有哪些？
6. 什么是光纤？光纤是怎样组成的？
7. 光纤的分类有哪些？
8. 综合布线系统的基本概念是什么？
9. 综合布线系统有哪些特点？
10. 综合布线系统是怎样组成的？
11. 如何选择网络布线的通信介质？

第 5 章　局域网技术

局域网，通常简称为 LAN，是指一个较小范围内的多台计算机或者其他通信设备，通过双绞线、同轴电缆等连接媒体互连起来，以达到资源和信息共享目的的互联网络。局域网具有管理方便、组网简单、覆盖范围小、高可靠性、安全等多种特性。在计算机网络技术飞速发展和广泛应用的今天，局域网是最常见的网络连接形式，同时也是城域网、广域网等网络的组织基础。本章将对局域网的相关历史、体系结构、局域网通信协议、组网方式、相关硬件设备以及虚拟局域网、无线局域网等新型局域网技术进行介绍。

本章学习重点

- 了解 IEEE 802 标准，掌握其定义的网路层次和功能；
- 掌握 IEEE 802.3 标准，熟练掌握 CSMA/CD 协议，熟悉其物理标准；
- 了解 IEEE 802.4 令牌总线网标准，了解其常见操作；
- 了解 IEEE 802.4 令牌环路网标准、了解其常见操作、拓扑形式；
- 掌握以太网通信原理，熟悉常见以太网设备，掌握基本的以太网拓扑结构及其常见扩展方式；
- 了解常见高速以太网标准，熟悉其常见物理标准；
- 了解 VLAN 技术原理，常见类型划分以及 VLAN 通信方式；
- 了解无线局域网通信原理，掌握无线局域组建方法。

5.1　IEEE 802 标准与局域网

IEEE 下属的 802 委员会所制定的 IEEE 802 协议簇是当前局域网主要使用的协议标准。IEEE 是美国电子电气工程师协会的简称，是一个非盈利性的科技学会，它下设的 IEEE 802 委员会负责制定电子工程和计算机领域的标准。IEEE 802 又称为局域网/城域网标准委员会（LMSC），致力于研究局域网和城域网的物理层和 MAC 层规范，它所发布的一系列标准很多都被国际标准化组织（ISO）采用，作为局域网的国际标准。

5.1.1　IEEE 802 标准概述

IEEE 802 委员会成立于 20 世纪 80 年代初期，其目标是制定局域网和城域网的技术标准。早在80年代初期，IEEE就制定出局域网的体系结构和一系列的协议标准，包括传输介质的访问控制、传输介质上传输数据的方法以及传输信息的网络设备之间连接的建立、维护和拆除的方法等。这些体系结构和协议标准因为被ISO组织采用，成为国际标准而被计算机业界广为采用，现有的局域网标准大多都采用这个体系结构。

这一系列标准中的每一个子标准都由委员会中的一个专门工作组负责，目前IEEE 802委员会下属的各子工作组制定的一些标准有：

IEEE 802.1A —— 局域网体系结构

IEEE 802.1B —— 寻址、网络互连与网络管理

IEEE 802.2 —— 逻辑链路控制（LLC）

IEEE 802.3 —— CSMA/CD访问控制方法与物理层规范

IEEE 802.3i —— 10Base-T访问控制方法与物理层规范

IEEE 802.3u —— 100Base-T访问控制方法与物理层规范

IEEE 802.3ab —— 1000Base-T访问控制方法与物理层规范

IEEE 802.3z —— 1000Base-SX和1000Base-LX访问控制方法与物理层规范

IEEE 802.4 —— Token-Bus访问控制方法与物理层规范

IEEE 802.5 —— Token-Ring访问控制方法

IEEE 802.6 —— 城域网访问控制方法与物理层规范

IEEE 802.7 —— 宽带局域网访问控制方法与物理层规范

IEEE 802.8 —— FDDI访问控制方法与物理层规范

IEEE 802.9 —— 综合数据话音网络

IEEE 802.10 —— 网络安全与保密

IEEE 802.11 —— 无线局域网访问控制方法与物理层规范

IEEE 802.12 —— 100VG-AnyLAN访问控制方法与物理层规范

IEEE 802.14 —— 有线电视宽带网规范

IEEE 802.15 —— 无线个人区域网（WPAN）媒体访问控制以及物理层规范

IEEE 802.16 —— 无线固定带宽接入

IEEE 802.17 —— 弹性分组环路

其中目前广为应用的标准包括以太网（IEEE 802.3）、令牌环网（802.4）、令牌总线网（IEEE 802.5）以及无线局域网（IEEE 802.11）等。

IEEE 802局域网体系结构定义了ISO的OSI（开放系统互连）网络参考模型的物理层和数据链路层，见图5-1。

物理层包括物理介质、物理介质连接设备（PMA）、连接单元（AUI）和物理收发信号格式（PS）。物理层为数据链路层提供最基本的比特传输服务，它的主要功能主要包括：

（1）信号的编码与解码；

（2）时钟的提取与同步；

（3）比特的发送与接收；

（4）载波侦听检测。

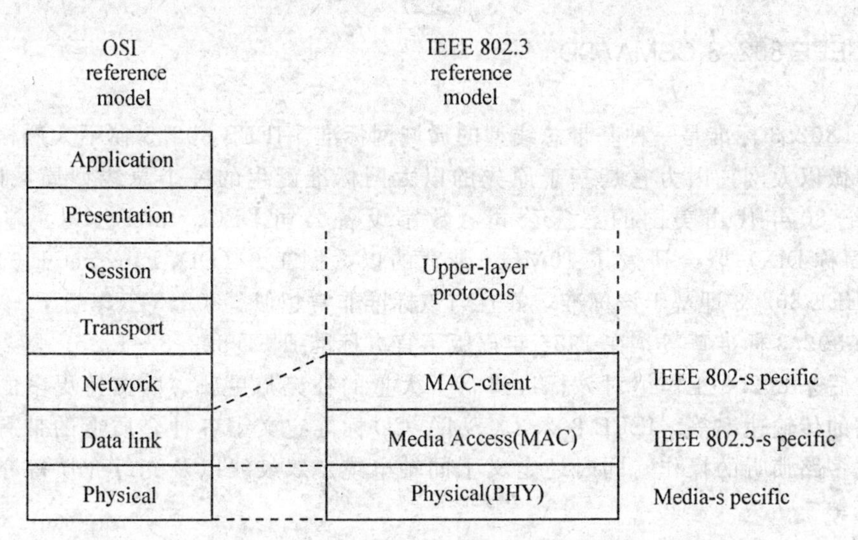

图 5-1 IEEE 802.3 在 ISO/OSI 网络体系结构中的层次对比

由于局域网的种类繁多，接入方法各异，为了使数据链路层不过于复杂，802 的所有协议都将数据链路层划分为两个子层：MAC（媒体访问控制）子层和 LLC（逻辑链路控制）子层。

MAC 子层的主要任务是媒体访问控制。MAC 层向上层屏蔽对物理层访问的各种差异，提供对物理层的统一访问接口，主要功能包括：

（1）组帧和拆卸帧；

（2）比特传输差错检测；

（3）链路层寻址。

目前常见的 MAC 层协议有 CSMA/CD（带冲突检测的载波侦听）、Token-Bus（令牌总线）、Token-Ring（令牌环路）等，这些协议分别可应用于不同的局域网拓扑。

数据链路层中除了媒体访问的内容外都是 LLC 层的职责范围，其主要功能有：

（1）建立和释放数据链路层的逻辑连接；

（2）提供与网络层的接口；

（3）差错控制；

（4）数据帧编号。

LLC 层向网络层提供无确认无连接、面向连接、带确认无连接和高速传送四种不同的连接服务类型，分别适用于不同的网络拓扑。无确认无连接的服务就是数据报服务，因为实现简单，是应用最广泛的一项服务。数据报就像邮局的普通信件传递服务，信件被传送出去以后，邮局不关心信件是否正常到达，邮件接收方也不用向发送方发出确认通知；带确认无连接的服务就像邮局的挂号信业务，在接收方收到邮件后需要向发送方发送确认信息，相当于是一种可靠的数据报服务；面向连接的服务就像打电话，在传输数据之前首先需要建立一个会话连接，并在会话的过程中对会话进行监控和管理，保证会话的正常进行，在会话结束的时候需要释放建立的连接，将线路让给其他人使用，这种可靠服务的代价是需要一定的额外开销。

5.1.2 IEEE 802.3 CSMA/CD

IEEE 802.3 标准是一种基带总线型的局域网标准。IEEE 802.3 在不太严格区分的时候又叫做以太网，因为它是基于原先的以太网标准诞生的一个总线型局域网标准。在 20 世纪 80 年代由美国的三家公司（数字设备公司 DEC、Intel 公司、施乐公司 Xerox，简称 DIX）联合研发了 10Mbps 带宽的以太网 1.0（DIX Ethernet 1.0）标准，最初的 IEEE 802.3 即基于该标准，并且与该标准非常相似。802.3 工作组于 1983 年通过了新的 802.3 标准草案，在 1985 年出版了官方标准 IEEE 802.3—1985。随着技术的发展，在后来 802.3 工作组对该标准进行了大量的补充与更新，以支持更多的传输介质和更高的传输速率等。IEEE 802.3 CSMA/CD 标准定义了各种介质上的带有冲突检测的载波多路侦听的操作，同时还定义了同轴电缆、双绞线以及光纤介质等介质的物理层规范。

IEEE 802.3 工作组提供了多个可供选择的物理层规范，包括：10BASE5、10BASE2、10BASE-T、10BASE-F 等，其中 10BASE-F 是一个系列标准，包含了三个子标准 10BASE-FL、10BASE-FB、10BASE-FP，但是只有 10BASE-FL 得到广泛使用。规范名称中 10 的意思是表示带宽为 10Mbps，BASE 表示信号传输方式为使用基带信号，T 表示使用的是双绞线，F 表示使用光纤，其他的几个标准均是使用同轴电缆。各标准细节见表 5-1。

表 5-1 双绞线标准

参数	10BASE5	10BASE2	10BASE-T	10BASE-FL
传输媒体	基带同轴电缆（粗缆）	基带同轴电缆（细缆）	非屏蔽双绞线（UTP）	光纤对（850nm 波长）
编码	曼彻斯特码	曼彻斯特码	曼彻斯特码	曼彻斯特码
拓扑结构	总线	总线	星型	点对点
最大段长	500m	185m	100m	2000m
节点数目	100	30	2	2

其中，10BASE5 是最接近以太网标准的规范，在 10BASE5 中规定了站点通过 AUI（连接单元接口）电缆连接到收发器上，收发器再和一根所有站点共享的直径约为 1.27cm 的同轴电缆（粗缆）相连接，IEEE 802.3 工作组还规定单段同轴电缆的长度不能超过 500m，同时网段上的站点数不能超过 100 个。10BASE2 就是在 10BASE5 的基础上将同轴电缆换为直径为 0.64cm 的细缆，同时最长单段电缆长度减为 185m，单网段最大站点数 30 个。10BASE-T 标准采用星型拓扑结构，站点使用非屏蔽双绞线（UTP）连接到网络集中设备（如集线器或交换机）上，连接线的物理特性决定了其长度不能超过 100m，10BASE-T 同时也是当前最为流行的组网标准。在 10BASE-FL 系列标准中，站点以 62.5μm 光纤线接到设备上，可以是两台计算机、两台中继器或者是计算机和中继器的一个端口，光纤最长可以达到 2000m。

在总线型的局域网上，所有网上的计算机在逻辑上共享同一通信通道，都能够接收到在总线上发送的数据，如图5-2所示。当一个数据帧发送到共享信道后，所有以太网接口查看该数据帧的目标地址。如果目标地址与以太主机的网络接口地址匹配，那么该数据帧就被该主机读取，不匹配的那些主机的则简单的丢弃该帧。

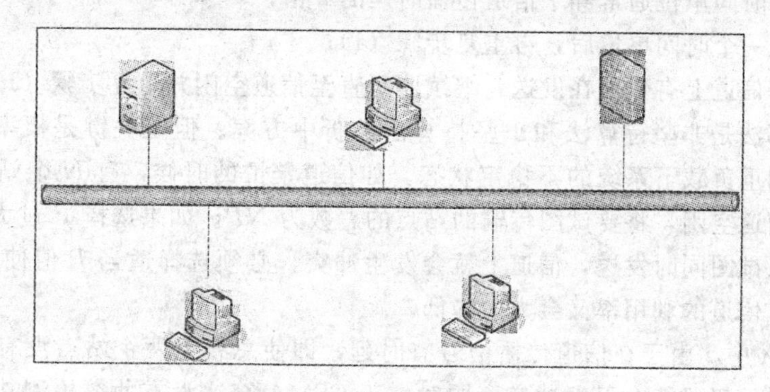

图5-2 共享信道示意图

由于多个站点共享总线，如果有两台主机同时向总线上发送数据，那么在总线上的信号将相互干扰而不能被主机接收，即发生了帧冲突。在IEEE 802.3标准中定义了CSMA/CD协议来实现冲突的检测和避免。

CSMA/CD（带冲突检测的载波多路侦听）是对更早的一个叫做CSMA（载波多路侦听）协议的改进，在CSMA协议中，要传输数据的站点首先监听共用的信道上有无载波，以确定是否有别的站点在传输数据。如果信道空闲，该站点便可传输数据；否则，该站点将按照一个避让算法避让一段时间后再做尝试。这个检测避让策略的算法有非坚持、1-坚持、P-坚持三种。

1. 非坚持算法

(1) 如果信道空闲，则立即发送数据；

(2) 如果信道上正有数据在传送，则待发数据的主机在等待一段由概率分布决定的随机时间后，重复步骤(1)。

这种采用随机长度的等待时间可以减少冲突发生的可能性，但有个缺点就是如果几个主机同时都有数据要发送，但由于同时侦听到冲突，都处在退避时间中等待信道空闲，导致信道处于空闲状态，从而使得信道的利用率降低。

2. 1-坚持算法

(1) 如果信道空闲，则立即发送数据；

(2) 如果信道上有数据正在传送，则继续监听直至检测到信道空闲，并立即发送数据；

(3) 如果出现冲突，则等待一段随机长度的时间，重复步骤(1)和(2)。

1-坚持算法的优点是只要信道空闲，站点就立即可发送数据，可以充分利用信道；缺点是有两个以上的站点同时发送数据的时候，冲突将无法避免。

3. *P*-坚持算法

(1) 如果信道空闲，则以 P 的概率立即发送数据，以 $1-P$ 的概率延迟一个固定的时间单位，一个时间单位通常等于信道传播时延的 2 倍；

(2) 延迟一个时间单位后，再重复步骤 (1)；

(3) 如果信道上有数据在发送，继续监听直至信道空闲并重复步骤 (1)。

P-坚持算法是非坚持算法和 1-坚持算法的折中方案。但是关键是概率值 P 的选取，这需要考虑到重负载下系统的不稳定状态。如信道繁忙的时候，有 N 个站点有数据等待发送，一旦信道空闲，将要试图传输的站点的总数为 NP。如果选择 P 过大，使 $NP>1$，表明多个站点试图同时发送，信道上就会发生冲突，必须选择适当 P 值使 $NP<1$。而 P 值选得过小，信道的利用率又会大大降低。

在 CSMA 中，由于在信道传播信号有时延，即使总线上两个站点没有监听到信道繁忙而发送帧时，仍可能会引发冲突。同时由于 CSMA 算法没有冲突检测功能，即使冲突已发生，站点仍然会把已破坏的帧发送完，从而使得信道的利用率降低。

CSMA/CD 是一种 CSMA 的改进方案，即源站点在传输过程中仍监听信道，并将监听到的信号和自己发送的信号进行对比以检测是否在信道中有冲突。如果侦听到冲突，站点就立即停止发送，向总线上发一串阻塞信号，用以通知总线上其他站点，同时采取指数随机时间退避算法。这样，通道容量就不致因白白传送已受损的帧而浪费，可以提高总线的利用率。CSMA/CD 是目前最广为使用的总线型网络上的冲突规避算法。

一个通信信道的很重要的一个技术指标是它的信号传播时延，信号传播时延是指载波信号在信道上从一端转播到另外一端所需要的时间，即信号传播时延＝信道长度/信号传输速度。对于基带总线而言，用于检测是否存在冲突的时间不能低于信道传播时延的 2 倍，如图 5-3 所示。假定 A、B 两个站点位于总线两端，两站点之间的最大传播时延为 pt。当站点 A 发送数据后，经过接近于最大传播时延 pt 时，站点 B 正好也发送数据，此时发生冲突。发生冲突后，站点 B 立即可检测到该冲突，而站点 A 需要再经过时间 pt 后才能检测出冲突。

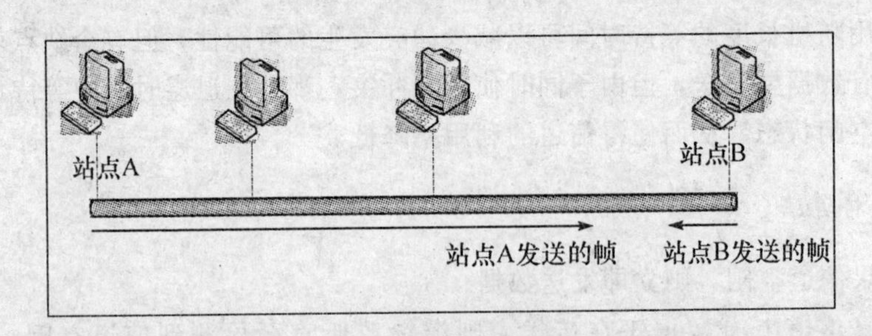

图 5-3　冲突示意图

数据帧从一个站点开始发送，到该数据帧发送完毕所需的时间和为数据传输时延。

在数据传输过程中，还存在数据帧在中继器处排队所带来的排队时延。数据帧从一个站点开始发送，到该数据帧被另一个站点全部接收所需的总时间，等于数据传输时延与信号传播时延、排队时延之和。

为了确保发送数据的站点在发送数据的同时能检测到可能存在的冲突，需要数据帧在发送完之前能够收到自己发送出去的数据，即数据帧的传输时延至少要2倍于信号在总线中的传播时延。所以CSMA/CD总线网络中所有的数据帧都必须要大于一个最小帧长。最小帧长的计算公式为

$$最小帧长=总线传播时延\times数据传输速率\times 2$$

由于在媒体上传播的信号存在衰减，为确保能检测出冲突信号，CSMA/CD总线网限制一段无分支同轴电缆的最大长度为500m，通过扩展以后的电缆最长可达2 500m，同时根据计算公式得出最小帧长规定为512比特。

在CSMA/CD算法中，一旦检测到冲突并发完阻塞信号后，为了降低再次冲突的可能性，站点退避等待一个随机时间，然后再次尝试发送数据。为了保证这种退避操作维持稳定，在避让事件长短的设置上，CSMA/CD采用了一种称为二进制指数退避算法。

(1) 对每个数据帧，当第一次发生冲突时，设置一个参数 $L=2$；

(2) 冲突退避时间取1到 L 中的一个随机数那么多个时间片。1个时间片的长度等于总线的最大传播时延的两倍；

(3) 如果数据帧再次发生冲突，则将参量 L 加倍；

(4) 设置一个最大重传次数，若数据帧的冲突次数超过该次数，则不再重传，并报告出错。

二进制指数退避算法实际上是按后进先出（Last In First Out）的次序控制的，即未发生冲突或很少发生冲突的数据帧，具有较短的等待时间，因而具有优先发送的机会；而发生过多次冲突的数据帧，因为等待时间可能很长，发送成功的机会就随着冲突次数越来越小。

IEEE 802.3标准采用二进制指数退避和1-坚持算法的CSMA/CD媒体访问控制方法。这种方法在低负荷时，如信道空闲时，需要发送数据帧的站点能够立即发送；在信道负荷较重时，系统的稳定性仍能得到保持。

IEEE 802.3标准原理比较简单，技术上实现相对简单，网络中各工作站处于同等地位，不要集中控制，效率比较高，而且带宽从10Mbps/s、100Mb/s到1Gb/s都可以平滑升级，所以应用极为广泛。但IEEE 802.3不能提供优先级控制，所有的结点争用总线，当负荷比较大的时候，随着冲突的大量增加，性能会有所下降，不能满足一些实时性要求。

5.1.3 IEEE 802.4 令牌总线

IEEE 802.4令牌总线网（Token Ring）定义了一种物理上为总线结构，而逻辑上是一个环路形结构的局域网。IEEE 802.4具有较重负荷下媒体利用率高，网络性能对距离不敏感，物理结构简单，各站点对媒体访问机会公平等优点，兼具了IEEE 802.3总线网和IEEE 802.5令牌环网的特点，解决了IEEE 802.3 CSMA/CD总线在重负荷下性能下

降的问题。

令牌总线网在物理结构上是一个总线结构局域网，但是在逻辑结构上它是一个环路形结构的局域网。每一个站点都在一个有序的序列中被指定一个逻辑位置，序列中最后一个站点的后面又跟着第一个站点，每个站点都知道自己的前一个和后一个站点的站点标识。如图 5-4 所示，注意站点 D 和站点 F 都未加入环路。

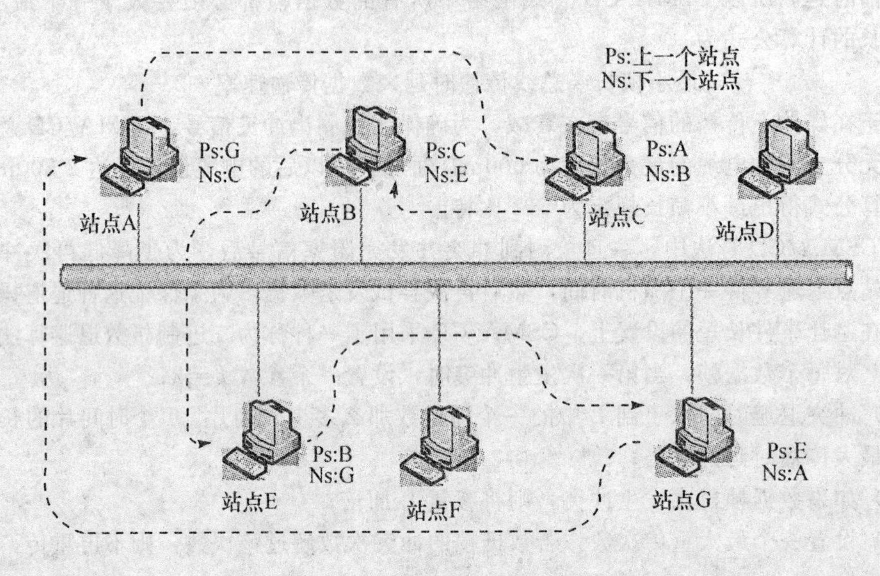

图 5-4　令牌总线网示意图

令牌总线网络采用在一个共享的总线网上进行令牌传递的方法来对参与站点进行共享总线的访问授权。令牌是一种特殊格式的控制数据帧，它依次循环路从一个站点传到逻辑序列里面的下一个站点，一个网络中只能有一个令牌帧。只有拥有令牌的站点才能发送数据，其他站点只能接收数据或者在拥有令牌的站点的要求下发送消息。

在令牌总线网中为了保持环路的闭合性，每个站点都动态维护一个连接表，其中记录本结点的地址以及前驱和后继结点的地址，同时每个结点根据后继结点的地址来确定令牌传递的目的站点，即下一个占有令牌的结点。当持有令牌的站点发送完数据以后，它会将令牌传递给自己的后继站点。在逻辑上令牌是从环路上的一个站点传递到了它的下一个站点，而在物理上，持有令牌的站点将带有下一站目的地址的令牌帧在总线上广播，当目的站点收到令牌帧并在其中识别出自己的地址，即把该令牌帧接收，成为新的令牌帧持有站点。

在令牌总线网中，为了实现令牌的传递和维护，以及环路的维护，至少需要定义以下几种操作：

(1) 令牌传递。持有令牌的站点在发送完数据帧后查询自己的连接表，将令牌传递给后继站。后继站点应立即发送数据帧或令牌帧。原先释放令牌的站点监听到总线上的信号，便可确认后继站点已取得令牌；若没有监听到信号，开始环路重构工作。

(2) 令牌生成。这个操作主要用于令牌丢失或者环路初始化的情况下。环路中每个站

点都设置一个“环路不工作”计时器，如果在计时器超时的时间里都没有监听到环路中有信号，则开始令牌生成过程。所有监听到环路不工作的站点之间采用总线竞争的方式争取令牌的生成权：参与站点向总线上发送按照一定规则生成的不同长度的帧，发送最长帧的站点获得令牌生成权限。

(3) 多令牌处理。环路中有可能出现多个令牌，这种情况下由持有令牌的站点进行处理，如果持有令牌的站点监听到总线上仍有数据在传输，则可判定是产生了多个令牌，解决的办法是简单地将令牌帧丢弃。如果多个持有令牌的站点同时丢弃令牌，又会造成令牌丢失，此时采用令牌生成操作产生新的令牌帧。

(4) 逻辑环路重构。即在令牌总线中生成一个顺序访问的逻辑序列。当网络启动时或者环路不工作时，需要进行逻辑环路的初始化，初始化的过程包括产生令牌，以及各站点的插入。所有感知环路不工作的站点采用总线竞争的方法争夺令牌生成权限，争用的结果是只有一个站取得权限并生成令牌，而其他的站点用站插入的算法插入到环路内，同时各站点设置自己的连接表。

(5) 站插入。IEEE 802.4 中规定了每个结点占用令牌的最大时间，如果持有令牌的站点在传输完了数据帧以后还有时间剩余，将执行环路维护工作，即向总线上广播询问是否有新的站点要求加入，如果有，则进行环路重构，各参与重构站点修改自己的链接表，容纳新站点入网。

(6) 站退出。站点退出有两种退出方法，一是不做任何事直接退出，环路维护工作将交由该站点的前一站点进行；二是通知本站点的前驱站点设置它的链接表，并传递令牌，退出环路。

令牌总线网兼具了 IEEE 802.3 总线网和 IEEE 802.5 令牌环网的特征，具有以下几个优点：

(1) 可以传送多种格式帧，不存在冲突，无最小帧长限制。只有收到令牌帧的站点才能将数据帧送到总线上，所以令牌总线网不会像 IEEE 802.3 CSMA/CD 访问方式那样产生冲突，也就不用进行冲突检测，数据帧的长度只用根据传递的信息长度来确定，没有最小帧长的要求。

(2) 公平的媒体访问机会。在令牌总线网中，持有令牌的站点若有数据需要发送，则可发送，随后将令牌传递给下一个站点；如果没有数据需要传送，则直接将令牌传递给下一个站点。站点接收到令牌的过程是依站点在逻辑队列中的顺序进行的，所有站点都有公平的访问总线的权利。

(3) 站点的等待时间可以“确定”。由于可以在令牌总线网中限制每个站点发送帧的最大长度，所以数据帧的发送时间是可以限制的。如果只有一个站点需要发送数据，在最坏情况下，站点需要等待的时间为所有的令牌帧传递时间之和；如果所有的站点都有数据需要传递，那么在最坏情况下，站点需要等待的时间等于所有的令牌帧和数据帧传递时间之和，而不会大于这个界限。所以每个站点传输之前必须等待的时间总量是可以进行估计的。对于一些需要实时性的应用，如生产过程控制等，可以根据需要设置网络中的最大帧长以及站点数，使得在一个规定的时间里，环路中的任意一个站点都可以获得令牌而进行数据传送。

5.1.4 IEEE 802.5 令牌环网

除了总线网和令牌总线网，IEEE 802.5 令牌环网（Token Ring）也是应用得比较多的局域网协议。比起 IEEE 802.3 总线网，令牌环网引入了优先级管理，并且具有在重负荷下仍可保证确定的相应时间的优点，比较适合一些实时性比较强的网络应用。

令牌环网最初是由 IBM 公司于 20 世纪 70 年代首先开发成功的一种局域网网络技术，到现在它也是 IBM 的主要局域网技术。IEEE 802.5 标准中定义的令牌环网即源自 IBM 令牌环路技术，它完全和 IBM 的令牌环网标准兼容，并且跟踪 IBM 令牌环网技术的发展，所以现在通常所说的令牌环路即指采用 IEEE 802.5 标准，也指采用 IBM 令牌环路技术。

令牌环网在逻辑上是一个环路形网，环路中的每个站点都只能和自己直接相邻的站点进行通信。在物理拓扑上令牌环网可以有环型拓扑和星型拓扑两种实现方式。其中星型拓扑其实也是环型的物理线路，只是将环路大部分内置于一个 hub 或者交换机内。采用星型拓扑可以大大地提高令牌环网络的可靠性，因为 hub 或者交换机都能够自动地跳过那些断开连接的端口。两种拓扑结构分别如图 5-5（a）和图 5-5（b）所示。

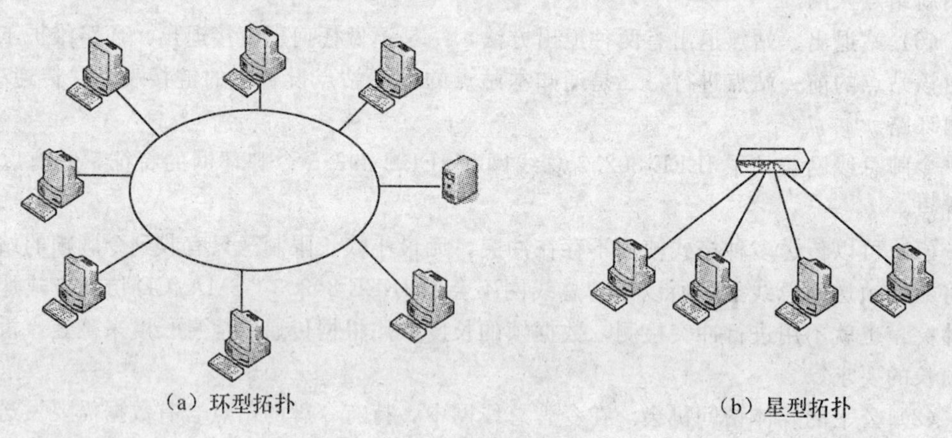

（a）环型拓扑　　（b）星型拓扑

图 5-5　令牌环网的两种拓扑实现方式

在令牌环网中有一个特殊格式的帧叫做令牌，所有的站点共享网络带宽，但是只有拥有令牌的站点才能向环路上发送数据，其他站点只能转发数据或者接收发送给自己的数据。

令牌环中令牌和数据传递过程如下：

（1）网络空闲时候，环路中只有令牌帧在环路中循环传递。

（2）令牌传递到有数据要发送的站点处，该站点就修改令牌中的一个标志位，然后在令牌中附加自己需要传输的数据，这样就将令牌帧改换成了一个数据帧，源站点然后将这个数据帧发送出去。

（3）数据帧沿着环路传输，接收到的站点一边转发数据，一边查看帧的目的地址。如果目的地址和自己地址相同，接收站点将复制该数据帧以便进一步处理。

(4) 数据帧沿着环路传输直到到达该帧的源站点，源站点接收到自己发出去的帧便不再进行转发，结束了该帧在环路中的传递。同时发送站可以通过检验返回的数据帧以查看数据帧传输过程中是否有错，若有，则重传该帧。

(5) 源站点传送完数据以后，重新产生一个令牌并将令牌传递给下一个站点，以交出对媒体的访问权限。

当数据帧在环路上传输时，因为环路中没有令牌，其他工作站想传输数据就必须等待，所以在令牌环网络中不会发生冲突。与 IEEE 802.3 CSMA/CD 的总线网相比，没有介质访问冲突的令牌环网大大地提高了网络的数据传送效率。一个 4Mbps 带宽的令牌环网络和一个 10Mbps 带宽的以太网数据传送率相当，一个 16Mbps 带宽的令牌环网络的数据传送率接近一个 100Mbps 带宽的以太网。

同时与 IEEE 802.3 CSMA/CD 网络不同，令牌环网具有“确定性”，即使能够计算任意站点在可以传输数据之前需要等待的时间。这个特征使得令牌环网标准特别适用于一些需要能够预测延迟的应用场合，比如工厂的自动化环境等。

同 IEEE 802.3 相比，令牌环网还有一个很大的特点是引入了优先级管理，允许某些由网络用户指定的具有较高级别的工作站优先使用网络。在令牌帧中有两个域用于控制帧的优先级：优先级域和保留域。只有那些具有与令牌相同或更高优先级的站点才能获得令牌。在令牌被获取并被改换为数据帧之后，只有那些具有比数据帧发送方更高优先级别的工作站才能够预约在下一个循环周期中使用令牌。

令牌环网的常见操作和令牌总线网中定义的常见操作是一样的，详细介绍参见 5.1.3 节。

在令牌环网络中采用了一些故障管理机制用于应对可能的网络故障，这主要体现在对令牌和数据帧的维护上。环路中的一个站点被选为网络主动监控站，这个站点可以是环路上的任意一个站点。主动监控站作为令牌环网的集中时序控制中心为其他站点提供时钟信息，同时执行一系列的环路维护功能。常见的维护功能有：

(1) 清除循环帧。环网中可能存在持续循环的数据帧，这通常是由于某个站点未能清除自己发送的数据帧引起的，主动监控站将通过的每个数据帧的管理位设置为 1，如果下一次还看到管理位为 1 的数据帧，主动监控站点就知道有某个站点未能清除自己发送的帧。管理站点清除掉该帧，并重新发送出一个令牌帧。

(2) 令牌丢失处理。主动监控站点设置一个计时器，其超时值比最长的帧为完全遍历该环所需要的时间还要长一些。当令牌或数据帧经过监控器时，监控器启动计时器。如果计时器超时，监控站认为令牌或数据帧丢失。为恢复令牌，监控站将清除环路上的任何残余数据并发出一个令牌帧。

环路上其他的站点都具有被动监控站的作用，它们的主要工作是检测出主动管理站的故障并承担起主动管理站的功能。

令牌环网的主要优点是网络的性能不会受到网络负荷影响，同时引入了优先级使得某些站点可优先使用网络，实时相应性能较好，由于应用了一些故障管理机制使得网络抗干扰能力较强；令牌环网不尽如人意之处在于令牌环网的实现技术比较复杂，网络的速率升级比较困难，相关产品的价格比较昂贵。这些不足使得令牌环网络的应用面比较窄。

5.2 以太网技术概述

以太网源于美国施乐（Xerox）公司最初在1972年研制成功的一个用于连接施乐公司自己生产的一种具有图形工作界面的Xerox Alto工作站的实验性网络，当时取名叫做Alto Aloha网，后来其负责人Metcalfe又将这个网络功能扩展到可以连接任意的计算机，并以当时认为是电磁波传输介质的以太为其命名，以示该系统可以连接所有计算机。

IEEE 802.3工作组在20世纪80年代基于Ethernet 1.0标准制定了IEEE 802.3基带总线网标准，以太网标准和IEEE 802.3同时都在发展进步，但是它们基本上是兼容的，都采用CSMA/CD来实现对媒体的访问控制，所以现在的“以太网”一词用于泛指所有采用了CSMA/CD技术的局域网。

以太网由于它的结构简单，技术便于实施，效率较高等优点得到了设备生产商的大力支持，同时它也是应用最为广泛的局域网标准。在本节中将简要介绍以太网的相关技术以及产品设备。

5.2.1 以太网通信原理

以太网标准定义了一种基带总线型网络，在20世纪80年代由DIX（DEC，Intel，Xerox三家公司）最先制定标准并开始流行并广为应用，并在后来的时间里面得到了极大的发展。

以太网中所有的站点共享一个通信信道，在发送数据的时候，站点将自己要发送的数据帧在这个信道上进行广播，以太网上的所有其他站点都能够接收到这个帧，他们通过比较自己的MAC地址和数据帧中包含的目的地MAC地址来判断该帧是否是发往自己的，一旦确认是发给自己的，则复制该帧做进一步处理。

因为多个站点可以同时向网络上发送数据，在以太网中使用了CSMA/CD协议来减少和避免冲突。需要发送数据的工作站要先侦听网络上是否有数据在发送，如果有的只有检测到网络空闲时，工作站才能发送数据。当两个工作站发现网络空闲而同时发出数据时，就会发生冲突。这时，两个站点的传送操作都遭到破坏，工作站进行1-坚持退避操作。退避时间的长短遵照二进制指数随机时间退避算法来确定，二进制指数随机时间退避算法的介绍见本书5.1.2节。

以太网中的帧格式定义了站点如何解释从物理层传来的二进制串，即如何在收到的数据帧中分离出各个不同含义的字段。因为历史发展的原因，现在存在着多个以太网帧格式，包括了DIX（DEC，Intel，Xerox三家公司）和IEEE 802.3分别定义的不同的几种帧格式，但是现在TCP/IP互联网体系结构中广泛使用的是DIX于1982年定义的Ethernet V2标准中所定义的帧格式，它是现在以太网的事实标准。

Ethernet V2帧结构包括6字节的源站MAC地址、6字节的目标站点MAC地址、2字节的协议类型字段、数据字段以及帧校验字段，MAC地址是一个六个字节长的二进制序列，全球唯一的标识了一个网卡，关于MAC地址将在接下来的以太网网卡一节中进行介绍。如图 5-6 所示。

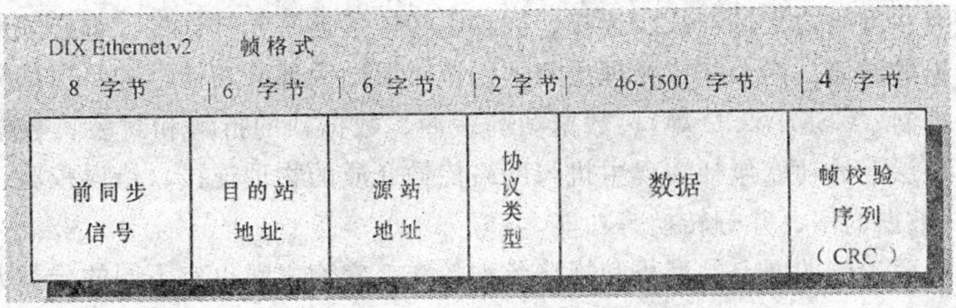

DIX Ethernet v2　帧格式

8 字节	6 字节	6 字节	2 字节	46-1500 字节	4 字节
前同步信号	目的站地址	源站地址	协议类型	数据	帧校验序列（CRC）

图 5-6　以太网帧格式

以太网帧中各个字段含义如下：

(1) 前同步信号字段。包括七个字节的同步符和一个的起始符。同步字符是由 7 个 0 和 1 交替的字节组成，而起始符是三对交替的 0 和 1 加上一对连续的 1 组成的一个字节。这个字段其实是物理层的内容，其长度并不计算在以太网长度里面。前同步信号用于在网络中通知其他站点的网卡建立位同步，同时告知网络中将有一个数据帧要发送。

(2) 目的站点地址。目的站点的 MAC 地址，用于通知网络中的接收站点。目的占地 MAC 地址的左数第一位如果是 0，表明目标对象是一个单一的站点，如果是 1 表明接收对象是一组站点，左数第二位为 0 表示该 MAC 地址是由 IEEE 组织统一分配的，为 1 表明该地址是自行分配的。

(3) 源站地址。帧中包含的发送帧的站点的 MAC 地址，这是一个 6 字节的全球唯一的二进制序列，并且最左的一位永远是 0。

(4) 协议类型字段。以太网帧中的 16 位的协议类型的字段用于标识数据字段中包含的高级网络协议的类型，如 TCP、IP、ARP、IPX 等。

(5) 数据字段。数据字段包含了来自上层协议的数据，是以太帧的有效载荷部分。由 5.1.2 节的讨论可知，为了达到最小帧长，数据字段的长度至少应该为 46 字节，等于最小帧长减去源地址和目的地址帧校验序列以及协议类型字段等的长度。同时以太网规定了数据字段的最大长度为 1 500 字节。

(6) 帧校验字段。帧校验字段是一个 32 位的循环冗余校验码，校验的范围不包括前同步字段。

由以上介绍可以知道，以太网帧的最大长度可以达到 1 518 字节，包括 18 字节固定长度的以太网帧头，以及最长 1 500 字节的数据字段。

1997 年 3 月 IEEE 802 委员会增加了一个针对以太网标准的补充条款，其中包含了对可选的以太网全双工工作模式的详细介绍。

5.2.2　以太网网卡

网卡是网络接口卡的简称，也叫网络适配器，是局域网中最基本的部件之一，它是连接计算机与网络的基础硬件设备。在 1979 年，以太网的发明者 Metcalfe 成立了 3Com 公司，并生产出第一个以太网卡（Network Interface Card，NIC），它是允许从主机到计算机终端和打印机等不同设备相互之间实现无缝通信的第一款产品。

无论站点和网络之间是双绞线连接、同轴电缆连接还是光纤连接，都必须借助于网卡才能实现数据的通信。网卡完成物理层和数据链路层的大部分功能，链路层部分的功能包括介质访问控制（CSMA/CD 等）、数据帧的缓冲、数据帧的拆解和封装、数据帧的发送与接收；物理层上的功能包括实现主机与网络传输介质的物理连接、错误校验、数据信号的编/解码、数据的串、并行转换等功能。

现在生产商生产的网卡的型号和规格各种各样，它们之间也有不同的分类方法。

- 按照传输带宽来分有 10M 网卡、100M、10/100M 自适应网卡以及千兆（1 000M）网卡等，其中 10M/100M 自适应网卡能够自己决定是以 10M 的还是 100M 的速率来传输数据；
- 按照网络接入类型分有普通以太网网卡和无线网卡等；
- 按照网卡位置来分有嵌入到主板上的板载网卡和附加到主板上的独立网卡等；
- 按照网络接口类型划分，有 RJ-45 接口网卡、BNC 接口网卡、FDDI 接口网卡以及 ATM 接口网卡等。

当前最为广泛使用的网卡都是采用 RJ-45 接口的以太网独立网卡，即通常所说的水晶头接口网卡，外观如图 5-7 所示。随着笔记本电脑和各种移动通信设备的使用，无线网卡也得到了越来越多的使用。在传输速率上，一般来说，100M 网卡或者 10M/100M 自适应网卡就能够满足大多数应用环境的需求了。

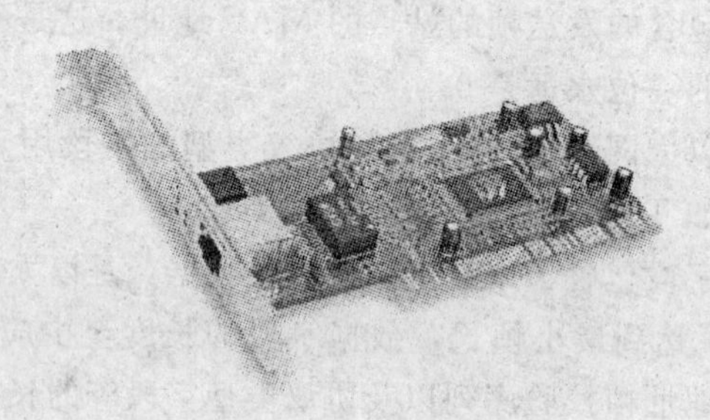

图 5-7　以太网卡

因为局域网中的数据都是在总线或者环路上进行广播，为了让工作站点的网卡发出的数据帧能够被正确的目的站点的网卡接收并处理，IEEE 802.3 委员会规定：每块网卡都有一个唯一的以太网地址。网卡的以太网地址又叫做 MAC 地址，因为这种地址的编址细节是由诸如 802.3 等 MAC 协议定义的。MAC 地址由 6 个字节组成，通常用短画线隔开的 6 个十六进制数来表示，如 00-E0-4C-8C-43-6B。

为确保网卡 MAC 地址的唯一性，IEEE 规定 MAC 地址的前半部分（24 位）用于标识网卡的生产商，生产商的编号称为 OUI（组织唯一标识符），由 IEEE 统一分配；地址的后半部分（24 位）由网卡生产商为其网卡分配一个唯一的编号。生产商在生产网卡的时候，将 MAC 地址固化到网卡的一个只读存储芯片（ROM）中，防止 MAC 地址被改写，从而保证 MAC 地址的唯一性。

在以太网中，数据帧传播的目标对象包括一个单一的站点，也有可能是一组站点或者所在网段内的所有站点，网卡在转发数据帧的时候，帧头的目的地址就分别是单播地址、组播地址和广播地址。

(1) 单播地址。当帧的目的地是网段上的一个站点的时候，数据帧内的目的地址就是该站点的接入网卡的 MAC 地址。此时该地址叫做“单播地址”，单播地址又称为 LAN 地址、以太网地址。

(2) 组播 MAC 地址。当帧的目的地是网段内的一组站点时，数据帧中包含的是一个“组播地址”，它可以用于标识多个以太网卡。有些应用程序需要同多台设备通信，如进行视屏广播、远程唤醒等。对于组播帧，网段内所有想接收该应用程序发送的数据的设备都可以对这个帧进行处理，而其他的设备则忽略它。在 TCP/IP 网络中的组播帧中目的 MAC 地址的形式为：01-00-5e-YX-XX-XX，其中 Y 必须小于 8，以表明这是一个组播地址，YX-XX-XX 部分剩余的 23 位和目的站点的 IP 地址的低 23 位对应。

(3) 广播地址：数据帧中的目的 MAC 地址为 FF-FF-FF-FF-FF-FF 时标识了局域网内的所有站点，所有的站点都能接收该数据帧。广播 MAC 地址只能用做帧的目的地址，不能作为源地址。

5.2.3　以太网交换机

交换机（switch）也叫交换式集线器，是一种工作在 ISO/OSI 网络体系结构第二层（数据链路层）上的网络设备。

交换机的产生源于 20 世纪 80 年代的以太网网桥技术，网桥是一种用于连接两个局域网网段的设备，它隔开了不同的局域网，也就限制了不同局域网中数据帧冲突或者信号错误对整个网段带来的影响，所以网桥在早期时候被广泛地用于局域网的扩展。交换机可以看成是一种多端口的加强了功能的网桥。图 5-8 显示了一款 16 口的交换机。

图 5-8　16 口交换机外观

交换机拥有许多端口，每个端口可以有自己的专用带宽，用于连接不同的网段或者站点。交换机利用 MAC 地址识别网络上的站点，具备自动寻址能力和交换作用，能够将从一个端口接收到的数据帧快速的送到目的端口，实现能对数据帧的封装和转发，同时交换机的各个端口之间的通信是并行的，具有比较高的吞吐效率。

目前交换机还具备了一些新的功能，如支持 VLAN（虚拟局域网）、具有一定的路由器功能等，拥有这些功能的交换机即所谓的三层交换机。

现在的交换机由于各种不同的需要而有不同的规格和性能，常见的分类方法有：

(1) 按照传输速度和接入的网络类型来划分，交换机类型有以太网交换机、快速以太网交换机、千兆以太网交换机、FDDI（光纤环形网）交换机、令牌环交换机等。

(2) 按照网络应用层次划分，可以将交换机划分为企业级交换机、校园网交换机、部门级交换机和工作组交换机、桌机型交换机等类型。

(3) 按照交换机的结构划分，可以有固定端口交换机和模块化交换机，固定端口交换机即端口数目固定的交换机，常见的端口数目有 8 口、16 口、24 口等。模块化的交换机是端口数目可变化的交换机，通过添加不同数量、不同接口类型的模块，这种类型的交换机拥有比较强的灵活性和扩展性。

(4) 根据交换机工作的协议层次来分，可以将交换机划分为二层交换机和三层交换机。二层交换机对应于 ISO/OSI 网络体系的第二层链路层的功能，能够完成最简单的交换功能；三层交换机在二层交换机的基础上，添加了 ISO/OSI 网络体系的第三层网络层的部分功能，即一定的路由功能，支持 VLAN 等。

因为交换机可以将一个共享的局域网分隔开成为两个独立的局域网段，可以有效地改善以太网负载较重时的网络拥塞问题，被分隔开的各个局域网段之间用交换机连接，以减少 CSMA/CD 机制带来的冲突问题和错误传输。尽量地避免了冲突的发生，提高网络的稳定性。

在交换机内有带宽很高的总线和内部交换矩阵，内部交换矩阵作用是在不同的端口之间提供一个连接，各个端口之间的数据交换可以同时进行。同时交换机内存中保留有一个转发表，存储的是向交换机发送数据的站点的 MAC 地址和它们对应的交换上的端口。在开始的时候，转发表中没有一个记录，交换机向转发表中添加记录的过程叫做交换机的地址学习，交换机地址学习过程比较的简单，交换机的端口接收所连接的局域网上所有的帧，当交换机收到一个帧时，它将帧中的源站 MAC 地址读出并将该 MAC 地址和对应的接收端口添加到转发表中。

交换机最基本的功能就是将数据帧在网段之间进行交换，其工作过程如下：

(1) 接收来自端口 A 的数据帧，将该帧在内存中缓存。

(2) 执行地址学习过程。查看数据帧中的源站点的 MAC 地址，并更新该 MAC 地址对应的在转发表中的记录，如果没有该 MAC 地址的记录，则添加一条该 MAC 和其对应的来源端口的记录。

(3) 在转发表中查询目的站点 MAC 地址的记录，并根据查询结果进行处理。

① 如果找到记录并且目的 MAC 地址对应的转发端口 B 和接收帧的端口 A 不同，交换机将数据帧从查询到的对应端口发送出去。

② 如果找到的目的站点的 MAC 地址对应的转发端口 B 和端口 A 相同，表明该帧的目的站点和源站点在同一网段中，不需要在网段间进行转发，此时交换机简单的将该帧丢弃。

③ 如果没有找到目的站点 MAC 地址的记录，则交换机将该帧从除了来源端口 A 外的每个端口发送出去，在所有的网段上进行广播。

交换机的传送机制使得交换机具有一些其他工作在链路层或者物理层的网络设备所没有的特性。市场上另外一种广为使用的链路层设备是集线器，集线器也是一中多端口的局域网连接设备。但是集线器只是简单地将数据帧向连接到自己的所有网段进行转发，造成

不必要的网络流量，也因为将数据帧发送往一些不需要接收的站点而带来一定的安全隐患；同时集线器采用半双工的传输方式，即同一个时刻端口只能向一个方向进行数据通信，并且集线器接收来自所有连接结点或者网段的数据，这些特性使得集线器极易造成网络的拥塞。而交换机可以将局域网划分为多个局域网子网段，有效控制了数据帧只在源站点和目的站点所在的子网段之间进行广播，因此可以有效地拦截广播风暴和明显的减少网段中的冲突，在安全性上面有一定的提高；同时交换机都是全双工通信，并且拥有高速总线，传输效率高，带宽大，设备不容易成为网络中的性能瓶颈。

5.2.4　以太网的扩展

以太网的拓扑结构是一个总线型结构，在物理实现上，有以下三种基本的连接方式：

1. 点对点结构

在这种连接方式中，通信站点之间直接以通信链路连接起来，这可以是两台主机之间的直接连接，也可以是主机和网络通信设备如交换机、路由器之间的直接连接，或者各种网络通信设备之间的直接连接。由于是两个站点之间的直接连接，所以这种连接方式可以达到很高的数据传输速度。

注意不同的设备之间的直接连接有需要不同的连接线，如网卡之间的直接连接一般采用交叉线方式，网卡和交换机之间一般是采用直通线连接。不同的设备可能有自己的规定，需要的时候可以查看设备的说明书。同时连接线的长度越短越好，长度限制根据连接线介质不同有所区别，一般不能超过 100m。

2. 总线型结构

总线结构是以太网最早采用的连接结构。在这种连接方式中，所有的站点连接到一条公共的同轴电缆上，同轴电缆可以是粗缆或者细缆，分别可以最长达到 500m 和 185m，在实际应用中，这种结构由于可以通过扩展覆盖到较大的范围，通常用做局域网的主干。

这种结构的优点是易于扩展、维护简单等；其缺点是组网费用较高，用户数目受到限制、传输速度受接入的用户数目的影响，总线断开则整个网段断开。

3. 星型结构

星型拓扑是现在最常使用的以太网结构，各个站点通过双绞线或者光纤链路连接到一个多端口的网络集中设备（通常是集线器或者交换机）上。所有的站点到网络集中设备之间的连接都是一条点到点的连接。注意如果采用的是双绞线连接站点和集中设备，连接线长度不能超过 100m。

这种结构的优点是易于实现、结点可以灵活的增加和删除、维护容易、数据传输速度快等；缺点是需要额外的网络集中设备、连接长度有限制，同时这个网络集中设备是系统的瓶颈所在。

以上三种基本连接方式都有自己的限制和优点，有了以上三种基本的连接方式，可以通过它们之间的不同组合扩展成更大的以太网，同时解决星型网络的传输距离上的局限以及总线型网络在用户数目上的限制。

如果一个单位的网络的规模超过了一个网段能够达到的范围，可以通过使用一些网络连接设备，如中继器，集线器以及交换机等来连接多个网段，满足较大规模网络的需要。

扩展的方式可以有多种，如通过中继器或者集线器可以实现星型扩展拓扑，主干-分支拓扑，树型扩展等，但是在逻辑上网络的拓扑结构仍是一个单一的总线，信号从这条总线上被传送到所有工作站点，如图 5-9 所示。需要注意的是，在扩展的时候各网段的连接只能是一个一个树状的结构而不能形成环路，因为在环路路径上以太网系统不能正确的运行。

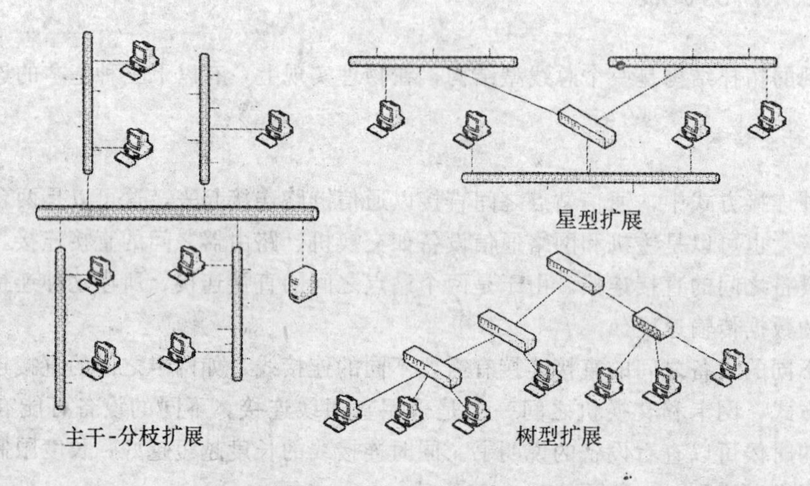

图 5-9　以太网的扩展方式

出于以太网性能、信号衰减以及信道噪音等方面的考虑，在以太网的扩展过程中需要遵守一个“5-4-3”规则，即网络中任意站点之间不得超过 5 个区段，4 台网络延长设备；5 个区段中只有 3 个区段可以连接站点。具体来说，五个区段包括了从站点到同轴电缆或是连接设备之间的连接线缆，即任意站点之间最多有五段线；网络延长设备包括中继器、集线器以及交换机等；同时如果两个站点之间的中继设备达到了 4 台的话，那么其中有一台只能用于连接各级的其他中继设备，如图 5-9 的树型扩展中，最顶层的交换机不能直接和站点连接。

考虑到以上规则，在常见的粗缆连接的以太网中，由于一个网段最长可达 500m，所以粗缆的局域网的作用范围大致在 2 500m 左右。

5.3　高速以太网技术

最初的 10Mbps 带宽的以太网标准被 DIX 提出来以后，在相当一段时间里面，局域网的带宽都被限制在 10Mbps 以内，想要获得 10Mbps 以上的带宽，只有使用价格昂贵的令牌环 DDDI（光纤分布式数据接口）局域网。随着计算机的普及，对网络的使用需求越来越大，局域网的负荷也越来越大。研究证明当一个网络的负荷低于 36%时，基本不会

发生冲突，但是超过 36％以后，冲突的概率以几何级数的速度增加，过高的负荷极大地降低了局域网的性能。提高以太网的通信速度就能够有效降低局域网的负荷，于是随着技术的发展，一些新的具有更高带宽的网络标准被制定出来以满足新的需求，按照它们支持的带宽来分，有 100Mbps 的 Fast Ethernet（高速以太网）、1 000Mbps 的千兆以太网以及带宽达到了 10Gbps 的万兆以太网等。

5.3.1　快速以太网

快速以太网的得名源于其带宽为 100Mbps，是标准以太网传输速率的 10 倍。快速以太网在 20 世纪 90 年代初期被提出，并在很短的时间里面得到了广泛的应用。

快速以太网是 IEEE 802 委员会研究 100Mbps 带宽以太网时提出的两个方案其中之一。在这个方案中将原有的以太网系统的带宽加速到 100Mbps，同时保持原有的 CSMA/CD 媒体访问控制协议不变。快速以太网又被称为 100BASE-T，作为 IEEE 802.3 标准的一个补充，IEEE 为其制定的标准编号为 IEEE 802.3u。

100BASE-T 快速以太网是一种使用双绞线传输基带信号的星型拓扑的以太网，它仍使用 CSMA/CD 媒体访问控制。新的标准和原有的 802.3 相比只是在传输速率和网络电缆长度上有所不同，帧结构、帧长度、错误检测机制都和 802.3 兼容。在新的标准中引入了一种自动检测网络速度的机制，采用了新标准的网卡可以自动判断网络的带宽是 10Mbps 还是 100Mbps，所以原有的 10BASE-T 的标准以太网只需要更换网卡和集线器就可以方便的升级到 100Mbps 的新标准。

针对快速以太网，IEEE 802 委员会规定了三种新的物理层规范，分别是 100BASE-T4，100BASE-FX，100BASE-TX：

- 100BASE-T4，使用 4 对非屏蔽双绞线，其中三对用于传输数据，一对用于冲突检测的接收信道；
- 100BASE-TX，使用屏蔽双绞线或者两对非屏蔽双绞线，一对用于接收数据，一对用于发送数据；
- 100BASE-FX，使用基于 ANSI 标准的两对光纤。其中 100BASE-TX 和 100BASE-FX 又被合称为 100BASE-X 标准。

当前最常见的应用是 100BASE-TX 标准，因为它能够通过原有的 10BASE-T 网络平滑的升级，同时注意到在 10BASE-T 中网络的最大覆盖范围是 2 500m 左右，因为快速以太网中带宽变大了 10 倍，100BASE-TX 的网络直径最大可以达到 200m 左右。

快速以太网除了新的物理层规范，另外一个对原有标准的改动是链路的最大长度。在使用 CSMA/CD 的网络中为了检测总线上的冲突，需要站点在发送完数据帧之前接收到自己发送出去的信号，所以需要规定网络的最小帧长和最大电缆长度。快速以太网中数据发送速率提高了 10 倍，如果保持原有的数据帧长和电缆长度不变，站点就有可能在没有检测到冲突之前就将数据帧发送完了，所以在提高了数据传输速率的 CSMA/CD 网络中需要增加最小帧长或者减小最大电缆长度。在快速以太网中采用保持最小帧长不变，减小最大电缆长度的方法。针对三个物理层规范，分别规定 100BASE-T4 和 100BASE-TX 的最大网段长度为 100m；100BASE-FX 则根据使用的光纤类型和工作模式不同，单段网络长度可有 150m、412m。

对于工作在全双工模式下的链路，因为不存在冲突，所以没有链路长度限制。比如，全双工模式下的 100BASE-FX 链路最长可以达到 2 000m，如果是单模光纤，甚至可达到 10km。

同标准以太网一样，快速以太网的缺点也是因为使用了载波侦听多了访问和冲突检测（CSMA/CD）技术，在网络负荷较重的时候，网络效率将极大地降低，这时可以通过交换技术来进行一定的弥补。

5.3.2 千兆以太网

千兆以太网是 IEEE 802.3 以太网标准的又一个扩展标准，该标准基于以太网协议，将传输速率提高了到了 1Gbps，可以满足当前一些对带宽要求比较高的应用，如视频流技术，分布式运算等。

千兆以太网作为对原来的以太网协议的改进，除了对物理层进行了一些调整以外，保留了原来以太网协议中的帧格式，访问控制协议等。千兆以太网标准和以太网标准以及快速以太网标准都是兼容的，所以在以太网和千兆以太网之间可以很容易的实现升级。

千兆以太网有两种不同的物理层规范，分别是 IEEE 802.3z 和 IEEE 802.3ab。其中 IEEE 802.3z 规范制定于 1997 年，是使用光纤和同轴电缆的千兆以太网规范，其中包含了多个物理层规范，合称为 1000BASE-X，具体包括的物理层规范有：

- 1000BASE-CX，一种针对均衡屏蔽的同轴电缆的物理规范，其最大传输距离为 25m。
- 1000BASE-LX，L 表示采用的是长波长激光，根据光纤的规格不同，最大传输距离可有 300m～550m 甚至长达 3000m（全双工模式）。
- 1000BASE-SX，S 表示采用短波长激光，使用多模光缆，最大传输距离为 300m～500m。

另外一个规范 IEEE 802.3ab 制定于 1999 年，使用 5 类无屏蔽双绞线作为传输介质，最大传输距离为 100m。

千兆以太网一般用做一个网络的骨干，如以上介绍的四个不同物理规范，可以分别用于同一机房设备互连、校园主干网、建筑内主干网和同楼层主干网等。

在千兆以太网中，使用原有的 IEEE 802.3 标准中的帧格式，并且保持了最小帧长不变。对快速以太网的讨论中我们知道，在采用 CSMA/CD 的网络中，随着传输速率的提升，如果最小帧长不变，那么网络的直径就相应的需要减小。但在上面的物理规范中，网络的直径并未减小，这是因为在千兆以太网中使用了载波扩展和数据包分组两种技术。

因为传输速度是快速以太网的 10 倍，若要使网络直径和快速以太网的一样，则最小帧长至少要 512 字节那么长。但是在千兆以太网中，有效帧的最小长度仍规定为 64 字节，只是对所有长度小于 512 字节的帧进行载波扩展，即在帧的最末尾增加一个扩展字段，并向其中填补特定的字符，使帧实际长度达到需要的最短帧长 512 字节，对于长度大于等于 512 字节的数据帧，则不做任何改动。

由载波侦听技术的实现方法可知，当网络中大多数帧短于 512 字节时，带宽利用率将

下降很多。另外一项数据包分组技术弥补了这一不足，数据包分组技术允许站点每次发送多个帧，若多个连续的数据帧短于512字节，仅其中的第一个数据帧需要添加载波扩展信号。一旦第一帧发送成功，则说明发送信道已打通，其后续帧就可以连续发送，只需要数据帧之间保持12字节的间隙即可。

千兆以太网因为其较高的带宽，相对较低的代价，在当前得到了众多生产厂商的支持。在日益增长的数据流和多媒体服务的趋势下，千兆以太网技术必将得到更大的发展和应用。

5.3.3 万兆以太网

IEEE 802.3ae万兆以太网是IEEE 802委员会在2002年提出的一项以太网的最新标准，它允许此类以太网上的最高传输速率达到10Gbps。这个标准的提出很大程度上得到了网络界的著名厂商的联盟10GEA的推动。标准一提出即得到了众多厂商的支持，支持万兆以太网的交换设备和其他网络产品都已经面市。

万兆以太网保留了802.3标准以太网的帧格式，同时支持802.3标准以太网的最大帧长和最小帧长。与已有的以太网标准只相比，万兆以太网最大的特点是只支持全双工工作模式，即只使用点对点链路连接。

万兆以太网一般采用点对点直接连接，也支持组建星型拓扑结构的局域网。由于传输速率非常高，一般的主机不能及时处理网络上发送过来的数据，所以万兆以太网不直接和端用户连接。万兆以太网一般用作企业骨干网，作为核心交换机之间的连接线路。

在标准提出的初期，万兆以太网只工作于光纤介质上，并且针对局域网和城域网提出了多种光纤介质物理层规范。随着技术的发展，随后IEEE 802委员会着手开始制定在同轴电缆、超五类双绞线和六类双绞线上进行10Gbps高速率数据传输的标准。

万兆以太网的出现是以太网技术的一个很大的进步，这是因为万兆以太网将以太网的工作范围从校园网、企业网等局域网应用扩展到了城域网甚至是广域网。同时相对其他广域网如SONET来说，万兆以太网是非常便宜的。以太网是一项成熟的技术，有良好的互操作性和广大的用户群基础。同时因为保持了一样的帧格式和支持能已有的一些硬件设备，如铜缆、各种光纤等，万兆以太网可以很方便地在已有的硬件设施基础上平滑升级。

总之，万兆以太网是IEEE 802.3标准在速率和传输距离方面的自然演进，并且第一次将低成本、高性能的以太网扩展到了城域网和广域网应用中，在未来，万兆以太网必将得到更多的重视和发展。

5.4 虚拟局域网技术

VLAN（Virtual Local Area Network，虚拟局域网）技术是一种新兴的网络技术，它是指在已有物理网络架构上，利用交换机或者路由器的网络管理功能，配置网络的逻辑拓扑结构，将一个物理上的局域网划分为多个逻辑上相互独立的局域网段。虚拟局域网能够有效地减少局域网中的广播帧数目，从而减小了媒体上发生冲突的概率，改进了网络的性能；并且提高了网络上数据传输的安全性，方便了网络管理控制。所以虚拟局域网技术得到了广泛的应用，成为当前最具生命力的组网技术之一。

5.4.1 VLAN 概述

由以太网通信原理我们知道，以太网中的通信都是在半双工模式下进行的，同一个时刻只有一个站点能够在共享的信道上传送数据，其他站点都能够监听到这个站点发送的数据帧，同时必须等待这个站点的传输操作完成才能再次竞争发送数据；如果有多个站点同时进行数据发送，则在通信信道中会产生冲突。所以如果以太网上站点很多，就会导致很多站点都处在等待状态，加大了冲突发生概率。解决这个问题的办法是对局域网上连接的站点数目进行限制。

使用交换机或者网桥等网络设备可以对局域网进行物理上的分段，不同的子网段中的站点需要通信的时候，数据帧只在参与站点所在的两个子网段内进行传播，同时一个子网段中的站点之间通信的数据帧不会发送到其他子网段，从而有效的减少了网络中的数据流量和冲突的概率，也一定程度上避免了因为所有的站点都能够监听网络流量可能带来的安全问题。

但是另一方面，使用交换机并不能屏蔽掉局域网上占用很大带宽的一种网络流量——广播数据帧。一个广播帧在局域网中能够到达的范围称为该局域网的广播域，同一个广播域中的站点都能够接收到其他站点发出的广播帧，并且能够监听到网络上的组播和单播帧。在局域网中，有很多的以广播地址为目的地的数据帧，这是由于在局域网通信中涉及的多种协议都需要通过广播来工作，比如 ARP 协议（用于 IP 地址和 MAC 地址之间的映射）、DHCP 协议（用于动态获取 IP 和网络配置信息）、RIP 协议（用于创建路由）等。大量的广播帧也是引起网络性能下降的一个重要因素。

在实际应用中，有的时候出于安全性方面的考虑，希望能够不改变站点的具体物理位置，将一些在同一个物理网段或者不同网段中的站点划分到同一个工作组中进行管理。一方面，这些站点发出的数据帧能够被工作组内的站点接收到，而不希望被站点所在物理网段内的其他站点监听到，就像处于一个单独的局域网下；另一方面，希望尽量减少广播帧对整个网络的性能影响。VLAN（虚拟局域网）技术较好地满足了以上需求。

VLAN 技术允许网络管理者在已有物理网络架构上，利用交换机或者路由器的网络管理功能，将一个物理上的局域网划分为多个逻辑上相互独立的虚拟局域网段（VLAN）。这些 VLAN 和物理上的局域网有着相同的属性，也就是通过 VLAN 技术划分出了多个不同的广播域，每个 VLAN 中的广播和单播流量都不会转发到其他的 VLAN 中去，从而降低了网络中的数据流量，简化网络管理，提高网络的安全性。

IEEE 802 委员会在 1999 年提出了用以标准化 VLAN 实现方案的 802.1Q 标准草案。802.1Q 标准在原有的以太网帧中插入了一些新的标签头（tag）字段，用于在交换机或者路由器连接的局域网中实现 VLAN 的运行和管理操作。支持 802.1Q 标准的交换机或者路由器的端口可被配置来传输带标签头帧或无标签头帧，如果一个端口与支持 802.1Q 标

准的其他网络设备（如另一个交换机）相连，那么可以用添加了标签头的数据帧在网络连接设备之间传送 VLAN 成员信息，这样就可以使一个 VLAN 跨越多台交换机；如果端口连接的是不支持 802.1Q 标准的设备，那么就需要确保这些端口传输的是没有添加标签头的数据帧，否则就会出错。比如一些电脑和打印机的网卡并不支持 802.1Q 标准，一旦它们检测到添加了标签头的数据帧，它们就会因为不理解该帧格式而丢弃它。

添加了 VLAN 标签头的 IEEE 802.1Q 以太帧格式如图 5-10 所示。

IEEE802.1Q 以太帧格式

8字节	6字节	6字节	2字节	2字节	2字节	46~1500字节	4字节
前同步信号	目的站地址	源站地址	TPID	PCI	协议类型	数据	帧校验序列（CRC）

图 5-10　添加了 VLAN 标签头的以太网帧

其中，新添加的标签头字段是 TPID 字段和 PCI 字段，它们添加在原来帧格式的源站地址字段和协议类型字段之间，其他字段的含义和原先的以太网帧格式中对应字段含义是一样的。新添加字段的含义如下：

(1) TPID 字段，这个字段值固定为十六进制数值 0X8100，表示该帧是一个 802.1Q VLAN 数据帧。

(2) PCI 字段，这个字段是 VLAN 控制信息字段，内容包括优先级（Priority）、规范格式指示（Canonical Format Indicator，CFI）和 VLAN 标识号（VLAN ID）。其中，优先级又叫做用户优先级（User Priority），定义了该帧的优先级别。优先级字段长度为 3 位，可以包括 8 个优先级别。不同优先级对应的操作在 IEEE 802.1P 标准中进行了定义。规范格式指示（CFI）长度为 1 位，在以太网中，规范格式指示器设置为 0。这个标识位是用来和原有的令牌环类网络之间交换数据时进行兼容用的。VLAN 标识号字段用于标识该数据帧属于哪个 VLAN，字段长 12 位，可以支持 4096 个 VLAN 的识别。

因为添加了 VLAN 控制字段，所以以太网帧头部多了 4 个字节的内容，即在 802.1Q 标准中，最大合法以太帧长度从 1 518 字节增加到了 1 522 字节，这样就会使不支持 IEEE 802.1Q 标准的网卡和交换机由于帧“尺寸过大”而丢弃这个帧。支持基于端口划分 VLAN 的交换机对于这个问题的解决办法是动态的添加和减去 VLAN 标签头。其工作过程如下：

(1) 接收过程，交换机从某个端口处接收一个数据帧，这个数据帧可以是带 VLAN 标签头的帧，也可以是不带 VLAN 标签头的帧。如果该帧没有 VLAN 标签头，那么交换机自动的给帧添加一个该端口所属的 VLAN 的标签头。

(2) 然后交换机会查询该数据帧的目的地址对应的出口端口。

(3) 如果出口端口找到，并且该端口配置为支持带标签头的帧，那么交换机会将该帧直接发送出去；如果端口的配置不支持带标签头帧，那么交换机会在将帧发送出去之前将帧中的标签头字段去掉。

(4) 如果出口端口没有找到，那么在属于该 VLAN 的所有端口（除了来源端口）上发送该帧，并根据端口的配置决定是否支持去掉 VLAN 标签头。

VLAN 通过将局域网划分为多个独立的广播域，能够有效减少广播帧的数量，提高了网络的性能；同时由于一个 VLAN 中的站点不能监听到其他 VLAN 的网络流量，从而减少了窃听的可能性，增强了网络的安全性；在一些特定 VLAN 实现下，不改动网络的物理连接情况下可以将工作站在不同的 VLAN 之间进行移动，可以将不同物理位置的同一组织的站点划分到同一个逻辑网段，方便了网络管理。

通过 VLAN 技术，局域网被划分不同 VLAN 子网段，VLAN 限制了广播的传播范围，不同 VLAN 之间的站点的通信需要通信时，必须通过有路由功能的网络设备来进行转发。在 VLAN 应用初期的时候，这项工作只能通过传统的路由器设备来完成，路由器一般比较昂贵，所以对 VLAN 的广泛应用带来了一定的影响。随着技术的发展，具有一定路由功能的交换机被研制了出来，具有这种功能的交换机叫做三层交换机，它能够实现基于硬件的路由转发，比较起路由器来具有效率更高、价格更低等优势，所以现在 VLAN 技术得到了广泛的使用。

5.4.2 VLAN 的类型和划分

划分 VLAN 有多种实现方式，不同的实现方式标识了不同类型的 VLAN。常见的 VLAN 分类方法有四种：基于端口、基于硬件 MAC 地址、基于协议类型和基于 IP 子网掩码。

1. 基于端口划分的 VLAN

在这种划分方法中，交换机的端口被划分到不同的 VLAN 中去。比如将一个支持 VLAN 的 16 口交换机的 1～4 号端口划分为 VLAN 1，5～10 号端口划分为 VLAN2，11～16号端口划分为 VLAN3 等。同一个 VLAN 下的端口不一定要连续，比如，可以 1、2、3、5、7 号端口划到同一个 VLAN 下。同时一个 VLAN 可以跨越多个交换机，即不同的交换机的端口可以划分为同一个 VLAN 的端口，比如交换机 A 的 1～3 号端口和交换机 B 的 5～7 号端口属于同一个 VLAN 等。

根据端口划分 VLAN 是目前定义 VLAN 的最广泛使用的方法，纯粹用端口分组来划分 VLAN 不会容许多个 VLAN 包含同一个物理网段（或者说交换机端口）。IEEE 802.1Q 就是一个根据以太网交换机的端口来划分 VLAN 的国际标准。

这种划分的方法的优点是定义 VLAN 时非常简单，只要将所有的端口都指定一下所在 VLAN 号就可以了；其缺点是不够灵活，如果网络站点接入位置有变动，VLAN 的修改很麻烦。如一个用户从交换机 A 的一个端口移动到交换机 B 的某个端口的时候，网络管理员必须重新配置涉及的所有交换机上的 VLAN。

2. 基于 MAC 地址划分的 VLAN

这种划分 VLAN 的方法是交换机根据每个主机的 MAC 地址来划分 VLAN，即交换

机对站点每个网络接口的 MAC 地址都配置它属于哪个 VLAN。交换机会维护一个映射表，里面记录了 MAC 地址对应的 VLAN 号。

因为网卡的 MAC 地址是固化到网卡上的，所以这种划分方式下的站点移动对 VLAN 的配置没有影响，这是这种划分方式的最大优点。其缺点是所有的网卡在初始的时候都必须手动的将其分配给某个 VLAN，如果有很多站点的话，VLAN 的配置将是一项繁重的工作。任何时候增加站点或者更换网卡，都需要对 VLAN 数据库进行调整，以实现对该终端的动态跟踪；同时在用户很多的时候，交换机执行的效率也会降低，因为每个端口都可能连接着多个 VLAN 的成员，这样就不能限制广播帧了。

3. 基于协议划分的 VLAN

这种划分方法也称为基于策略的划分，或者基于网络层的划分。它是这几种划分方式中最高级也是最为复杂的。这种划分 VLAN 的方法是根据站点运行的协议类型来进行划分的，对于运行多种协议的物理网络来说可以采用这种划分方法。比如将数据帧中协议类型为 IP 划分到 VLAN1 中去，而将协议类型为 IPX 的划分到 VLAN 5 中去。

这种按照协议类型来划分 VLAN 的方法有几个优点：第一是这种方式可以按传输协议划分网段；第二是站点可以在网络内部自由移动，不用重新配置 VLAN；第三是这种类型的虚拟网可以减少由于协议转换而造成的网络延迟；第四是不用添加附加的 VLAN 标签头，可以加快转化速度，减少网络通信流量。其缺点是处理技术复杂；对设备要求较高，并不是所有设备都支持这种方式。在实际应用中，这种划分方法也用的很少。

4. 基于 IP 子网掩码划分的 VLAN

在这种划分方法中，交换机根据报文中的 IP 地址决定该帧属于哪个 VLAN，同一个 IP 子网的所有帧属于同一个 VLAN。比如将网络号为 192.168.1.0 的站点划分到 VLAN 1 中，将 192.168.2.0 中的站点划分为 VLAN 2。

需要注意的是尽管交换机读取了网络层的内容（IP 地址），它并不基于 IP 地址做任何路由方面的工作。

这种划分方式的优点是站点可以自由的移动，并且通过修改站点的 IP 地址就可以进入到不同的 VLAN 中。其缺点是效率低下，因为需要检查以太帧中网络层数据部分；同时一个端口也可能连接多个 VLAN 的成员，所以对于广播帧的抑制作用也很有限。

其他的划分方式还有依照 IP 组播来划分，IP 组播实际上也是一种 VLAN 的定义，将一个组播组划分为一个 VLAN，这种划分的方法将 VLAN 扩大到了广域网，因此这种方法具有更大的灵活性，而且也很容易通过路由器进行扩展。但是在局域网内，因为需要查看 IP 地址，所以这种方式效率也不高。对于将 VLAN 扩大到广域网范围当前还存在很多的争论，所以这种划分方式使用的也不多。

5.5 无线局域网

传统计算机组网的传输媒体主要依靠同轴电缆、双绞线或者光纤，所组成的网络叫做有线局域网。在有线局域网中，网络结点不可以自由移动，而且有线网络的网络布线施工费时费力，并且在一些特定的环境和应用需求下甚至不能完成网络的布线，比如野外勘探、军事项目等频繁变化的环境，一些历史建筑物、水面船只等不能布线的环境。无线局域网（Wireless LAN，WLAN）技术很好地解决了以上问题。无线局域网技术是计算机网络技术与无线通信技术相结合的产物，在不采用传统缆线的同时，提供传统有线网的功能，为可移动化、重定位的通信和一些有线网络不能满足的特殊网络应用提供了技术支持。

5.5.1 无线局域网工作原理

无线局域网利用电磁波为媒体传输数据，从而无需线缆介质。对比起必须使用线缆来传输数据的有线网络来，具有高移动性，通信范围不受环境条件的限制，传输范围广以及资金投入较低等特点。

无线局域网可以使用不同类型的电磁波来进行数据通信。按照使用通信技术的不同可以将无线局域网分为不同的类型，现在主要使用的无线网通信技术有三种：红外线通信、扩展频谱通信以及窄带微波通信（无线电通信）。

1. 红外线通信

将光谱中的红外部分用来进行无线通信在很多地方都得到了使用，比如家庭的遥控设备就是使用红外通信技术。红外线（IR，Infrared）通信具有微波通信不具有的一些特点，首先红外频谱和微波频谱相比可说是无限的，因此有可能提供极高的数据传输速率；其次，在红外，线频谱在世界范围内都不存在管制的问题，而一些微波频谱需要进行许可证申请。另外，红外线和可见光一样可以在浅色的物体表面进行漫反射，这样可以利用天花板和墙壁反射来覆盖整个房间。红外线不能穿透不透明的物体，所以红外线不容易受到入侵，每个房间内的红外网络可以互不干扰的通信。

使用红外线通信的另外一个优点是红外线通信设备相对简单而且便宜。红外通信一般使用强度调制，所以红外接收器只用检测光信号的强度就可以了，而微波接收器需要检测微波信号的频谱和相位。

红外线的缺点是受到阳光或者照明等带来的红外线噪声影响，红外线通信需要用超过原来需要的高能发送器来进行传输，这样就限制了红外通信范围，过大的传输能量消耗了电能，同时对眼睛的视力也有一定的影响。

红外通信中有三种普遍使用的技术：定向光束通信、全方位广播以及漫反射。

定向光束通信可以用于点对点链路，信号传输的范围取决于发射的强度和光束集中的程度。定向光束通信最长可以达到几千米的长度，可以用于几座大楼之间的连接，每栋楼

的路由器或者网桥都在视距范围内的一条直线上。一个点对点红外传输的室内应用例子就是建立令牌环网络，将红外收发器连接形成环路，每个收发器支持一个站点或者一组由集线器连接到一起的站点，如图 5-11(a) 所示。

全方位广播网络中包含一个基站，所有的站点都在基站的视距范围内。典型的方法是将基站设置到天花板上。基站充当集线器的角色，将收集到的信号向所有的站点进行广播。除了基站以外的收发器都用定位光束瞄准基站，如图 5-11(b) 所示。

漫反射方式下，所有站点的收发器都集中瞄准天花板的一个反射点。发射到反射点的光束被放射向各个方向并被所有的站点接收，如图 5-11(c) 所示。

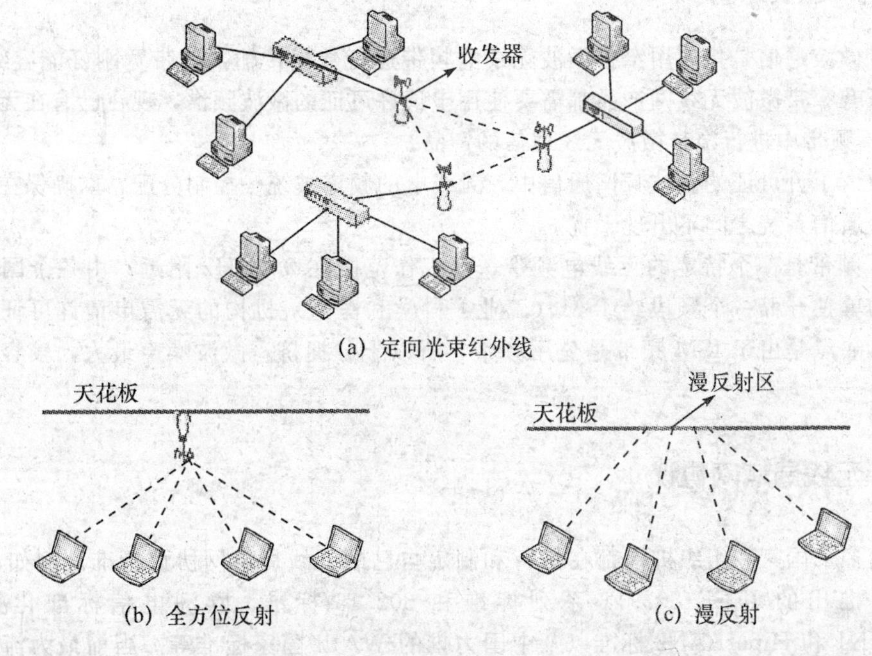

图 5-11　红外通信技术

2. 扩展频谱通信

扩展频谱通信技术最初是为了军事应用而开发出来的。其思想是将信号散布到更广的带宽上使得发生频谱拥塞和干扰的机会变小，同时也加大了第三方对信号监听的难度。扩展频谱通信又分为频率跳动扩展频谱（Frequency Hopping Spread Spectrum，FHSS）和直接序列扩展频谱（Direct Sequence Spread Spectrum，DSSS）两种方式，这两种方式都定义在 IEEE 802.11 标准中。

扩展频谱通信的输入数据首先进行编码，产生一个接近某中央频谱的较窄带宽的模拟信号，再通过一个调制器用一个伪随机数序列对其进行调制。信号在调制以后频谱得到大大的拓宽，即频谱得到了拓展。在接收端，使用相同的伪随机数序列对收到的信号进行解调制，最后信号被解码为发送的信号。因为不知道伪随机数序列，所以第三方无法对信号进行跟踪监听，所以通信的安全得到了保障。

在频率跳动扩展频谱中，信号使用按照伪随机数序列指定频率的无线电进行传输，一个频率传输一个分组，接收器和发送器同步的跳动频率，因而可以正确的接收信号，而监听者因为无法预测频谱序列，所以只能收到很短的无法理解的一些信号。

在直接序列扩展频谱中，信号源的每个比特都使用称为码片的 N 个比特来传输，信号的带宽相应的扩大了 N 倍。一种使用直接扩展频谱的技术是将输入信号和伪随机比特流进行异或并传输出去，同时在接收端使用相同的伪随机比特流将接收到的信号进行还原。

注意因为在运行机制上这两种技术是完全不同的，所以采用这两种技术的设备之间没有互操作性。

3. 窄带微波通信

窄带微波通信是指使用窄带微波无线电频带进行数据传输，其带宽刚好能容纳信号。以前的所有窄带微波无线网产品都需要使用申请许可证的微波频谱，现在已有在无需许可证的 ISM 频带中进行窄带微波无线通信的产品。

在申请了许可证的微波频谱通信中，无线电的频谱被统一控制分配，以确保在统一地域的各个通信系统之间不出现干扰。

ISM 频带是一个特定的无线电频带，其工作范围在 2.4GHz 附近，由各个国家无线管理机构单独开辟一个频段给 ISM（工业、科学和医药）机构的无需申请许可证的用户使用，其缺点是由于 ISM 频带是公用频带，所以十分拥挤，微波噪声最大，较容易受到干扰。

5.5.2 无线局域网协议

目前多个国家和组织机构都在推行和制定自己的无线局域网协议标准。例如，IEEE 802 协会推出的 IEEE 802.11 系列标准和 802.15 标准、欧洲电信标准化推出的 HiperLAN1 和 HiperLAN2 标准以及中国力推的 WAPI 国家标准等。当前最为流行的标准是 IEEE 802.11 系列无线局域网协议、Home RF 等。其中，IEEE 802.11 系列中的多个无线标准已经被国际标准化组织 ISO 采纳为国际标准，在市场上得到了广泛的应用，下面就常见的几个无线局域网协议进行简单的介绍。

1. IEEE 802.11 标准

IEEE 早在 20 世纪 90 年代初就开始研究并制定无线局域网的标准，在 1997 年 IEEE 802 协会推出第一个无线局域网标准 IEEE 802.11，这也是国际上第一个被认可的无线局域网协议。

IEEE 802.11 标准定义了两种类型的设备：一种是普通站点，通常是由工作站加上一块无线网卡构成；另一种是访问站点（Access Point，AP），它的作用是提供无线网络和有线网络之间的桥接，一个访问站点通常由一个无线接口和一个有线网接口构成。由 5.5.1 节的介绍可以知道，IEEE 802.11 定义了一个主从结构的基础设施网络。

在物理层规范方面，IEEE 802.11 定义了两个使用扩散频谱技术和一个红外传播规

范，定义了不同的帧格式。IEEE 802.11 定义无线传输的频带在 2.4GHz 附近的 ISM 频带内，用户无需注册即可以使用。由于 ISM 频带的公用性质，为了避免出现干扰，IEEE 802.11 使用了两种扩展频谱：频率跳动扩展频谱（FHSS）和直接序列扩展频谱（DSSS）技术。在传输速率方面，IEEE 802.11 定义链路可以以 1Mbps 和 2Mbps 的速率进行数据传输。

在 MAC 层规范定义上，IEEE 802.11 标准的 MAC 层和 802.3 标准的 MAC 层非常相似，都采取了载波侦听机制，即发送者在发送数据前先进行网络的可用性检测。但是与 IEEE 802.3 的 CSMA/CD 冲突检测机制不同的是，在无线局域中实现冲突检测比较困难，这主要是由于以下原因：

(1) 要检查是否存在冲突，需要无线连接设备一边传送数据一边接收数据，这对于无线设备来说比较难以实现。

(2) 无线介质上的信号强度动态变化范围很广，所以发送站无法根据信号强度的变化来判断是否出现了冲突。

(3) 在无线通信中存在"隐蔽站"问题，指的是因为传输范围的限制，一个站点正在发送的信号不能被网内的其他的站点接收到，其他的站点也进行数据发送，由此引起冲突，如图 5-12 所示，站点 C 因为接收不到站点 A 发送往站点 B 的信号，认为信道空闲而发送自己的数据帧，引发冲突。这个问题的解决方法将在后面 CSMA/CA 的冲突避免机制中进行介绍。

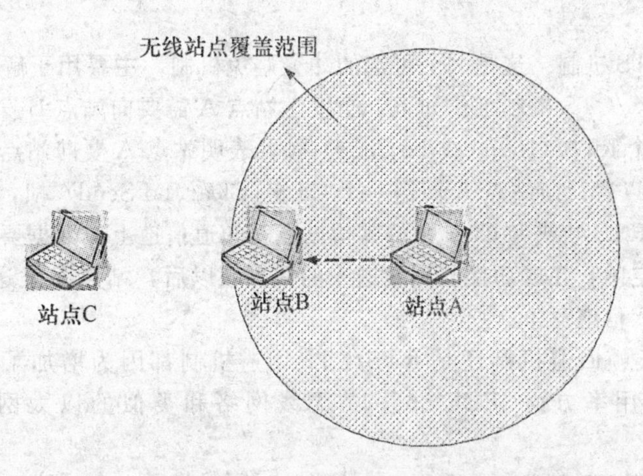

图 5-12 "隐蔽站"问题图

因为有了以上问题，在 IEEE 802.11 中对 CSMA/CD 协议进行了一些调整，对于冲突不是采取检测，而是尽量避免的方式。IEEE 802.11 中定义的新的协议叫做带冲突避免的载波侦听多路检测（Carrier Sense Multiple Access with Collision Avoidance，CSMA/CA）。CSMA/CA 中的载波侦听部分过程如下：

(1) 需要发送数据的站点首先侦听无线信道。

(2) 如果信道空闲，则等待一个很短的时间，这个时间段叫做帧间间隔（Inter Frame Space，IFS），帧间间隔的长短由发送帧的优先级决定，优先级越高则需要等待的时间越短。

(3) 在等待的时间内信道如果还是空闲，站点就发送数据，如果信道繁忙，站点推迟自己的传输，继续监听信道直至信道空闲，转到步骤 (1)。

(4) 一个数据帧传送完毕之后，站点再等待一个 IFS 时间，如果信道空闲，站点就可以发送下一帧；如果这段时间信道内有信号，站点执行二进制指数退避算法等待一个随机长度的时间，然后继续步骤 (1)。

CSMA/CA 的冲突避免部分采用了三种机制来实现：预约信道，ACK 帧，RTS/CTS 机制。

(1) 预约信道。发送站点在发送数据的同时向其他站点通知自己传输数据所需要的时间长度，以便让其他站点在这段时间内不发送数据，避免冲突。对于其他站点来说，这个机制其实还起到了虚拟载波检测的作用。每个无线站点都有一个网络分配矢量 (Network Allocation Vector，NAV)，它就像一个计数器，表示了当前信道离空闲还需要的时间长度，其效果就相当于检测到了信道中有发送信号，所以叫做虚拟载波检测。

(2) ACK 帧。IEEE 802.11 规定所有的站点在正确接收到发给自己的数据帧 (广播帧和组播帧除外) 以后都需要向发送站点返回一个 ACK 帧，如果接收失败则不采取任何行动。发送站点在发送完一个数据帧后，如果在规定的时间内如果没有收到 ACK 帧则认为发送失败，将进行该数据帧的重发，直至收到 ACK 帧或者达到规定重发次数为止。ACK 帧机制提供了对冲突的高效恢复，因为数据帧没有被成功接收很大程度上是因为发生了冲突。

(3) RTS/CTS 机制。这是一个可选的冲突避免机制，主要用于解决无线网中的“隐蔽站”问题。RTS/CTS 机制工作如下：当发送站点 A 需要向站点 B 发送数据时候，首先向站点 B 发送一个 RTS (Request To Send) 帧，表明站点 A 要向站点 B 发送数据。站点 B 在收到 RTS 帧以后，向站点 A 回送一个 CTS (Clear To Send) 帧，表明已经做好了接收准备。检测到 RTS 帧或者 CTS 帧的其他站点都知道信道上有数据要传输，于是采取退避算法等待信道空闲。在成功接收到发送来的数据帧以后，站点 B 发送一个 ACK 帧，所有的站点再次进入信道竞争。

无论是 ACK 帧回避机制还是 RTS/CTS 回避机制都因为增加了额外的网络流量，所以在网络的利用率方面 IEEE 802.11 无线网络和类似的以太网相比性能总是差一点。

因为无线信道的误码率比较高，IEEE 802.11 MAC 层规范上还提供了可选的帧分割技术，即在传输之前，先将大数据帧分为几个较小的帧，然后分批传输这些较小的帧。这样就算需要重传，也只需要重传一个小的数据帧，网络开销相对地小很多。大的数据帧因为需要的传输时间较长，比较容易受到干扰，所以在网络比较拥挤或者存在干扰的情况下，这是一个非常有用的特性。

因为 IEEE 802.11 无线网的传输速率有限，所在一般用来做数据传输。为了满足日益增长的数据传输速率和传输距离上的需要，IEEE 802 协会又相继推出了 IEEE 802.11b、IEEE 802.11a 和 IEEE 802.11g 三个新标准。

2. IEEE 802.11b 标准

IEEE 802.11b 标准是 802.11 的一个补充，和 IEEE 802.11 一样工作在 2.4GHz 频带，其主要改进就是引入了 5.5Mbps 和 11Mbps 两个新的传输速率，可以用于提供数据和图像传输业务。

在 MAC 层规范方面，IEEE 802.11b 直接沿用 IEEE 802.11 中定义的 CSMA/CA 协议。

为了达到较高的传输速率，在物理层规范方面 IEEE 802.11b 只使用直接序列扩展频谱（DSSS）通信技术，并且采用了一种更高效的叫做补码键控调制（Complementary Code Keying，CCK）的调制技术。

IEEE 802.11b 支持传输速率的动态调节，可以在多个传输速率之间自动切换，在理想环境下以 11Mbps 的速率进行数据传输，当处在噪声环境中或者进行远距离传输时，IEEE 802.11b 自动将传输速率降为 5.5Mbps、2Mbps 或者 1Mbps，以此来弥补环境带来的影响。这个特性也允许 IEEE 802.11b 在 1 Mbps 或者 2 Mbps 速率下与 IEEE 802.11 兼容。

利用 IEEE 802.11b，无线局域网用户能够获得同标准以太网一样的性能、网络吞吐率和可用性。符合 IEEE 802.11b 规范的产品已经被广泛地投入市场，并在许多实际工作场所运行。

3. IEEE 802.11a 标准

IEEE 802.11a 标准是 IEEE 802.11b 的后续标准，IEEE 802 协会的设计初衷是取代 802.11b 标准。该标准规定无线局域网工作于 5GHz 频带而不是 ISM 频带，所以用户需要进行无线频带使用许可证申请。IEEE 802.11a 的最大传输距离控制在 100m。

在 MAC 层规范方面，IEEE 802.11a 沿用 IEEE 802.11 的 CSMA/CA 协议进行媒体访问控制。物理层规范方面，IEEE 802.11a 采用正交频分复用（OFDM）的独特扩展频谱技术，IEEE 802.11a 的传输速率最高可以达到 54 Mbps，可提供 25Mbps 的无线 ATM 接口和 10Mbps 的以太网无线帧结构接口，以及 TDD/TDMA 的空中接口。由于拥有较高的传输速率，所以执行这个标准的无线局域网可以支持语音、数据、图像等需要较高带宽的业务。

IEEE 802.11a 最大的优点就是传输速率很高，但是因为和 802.11b 工作在不同的频带上，所以两者不能兼容，并且相对的 IEEE 802.11a 的成本也比较高，所以比较适合于企业应用。在目前的市场中执行 802.11b 标准的产品仍然占据主导地位，符合 IEEE 802.11a 标准的网络产品并不是很多，预计将在今后得到更大的发展。

4. IEEE 802.11g 标准

IEEE 802.11g 对 802.11b 的物理层规范进行了高速扩展。该标准的目的就是在 802.11b 的基础上拥有 802.11a 的传输速率。

在 MAC 层方面，IEEE 802.11g 和 IEEE 802.11 的其他几个扩展标准一样采用 CSMA/CA 协议。

IEEE 802.11g 也工作于 2.4GHz ISM 频带，但是 IEEE 802.11g 采用了 IEEE 802.11a 标准所采用的正交频分复用（OFDM）和 IEEE 802.11b 标准采用的补码键控（CCK）两种不同的调制方式。802.11g 可以实现最高达 54Mbps 的数据速率，与 802.11a 相当，并且较好地解决了无线局域网与其他一些无线传输技术之间的干扰问题。

802.11g 与已经得到广泛使用的 802.11b 是兼容的，这是 802.11g 相比于 802.11a 的优势所在。设备生产商为了实现和已有网络之间的兼容，更加倾向于生产 802.11g 标准的产品。因为 IEEE 802.11g 在调制方式上可以与 IEEE 802.11b 和 IEEE 802.11a 兼容，设备生产商也可以制造同时支持这三种标准的无线网卡，这样新的标准的使用对已有的无线网络不会造成重大的更改，所以 IEEE 802.11g 有着极为远大的前景。

5.5.3 无线局域网的组建

无线局域网的组建和有线局域网的组建相似，只是不需要使用线缆进行站点之间的连接。无线局域网的拓扑结构一般分为两种类型，一种叫做基础设施网络（Infrastructure Networking），另一种叫做特殊网络（Ad Hoc Networking）。下面介绍一下常见的无线局域网的组建方式。

1. 基础设施网络

基础设施网络其实是一种主从（Master-Slave）模式的网络结构。在这种结构中有一个访问站点（Access Point，AP），可以简单的将访问站点看成传统局域网中的集线器。无线局域网中的所有的站点直接与访问站点进行无线连接，在访问站点的覆盖范围内站点可以随意地移动。

访问站点负责无线局域网内站点之间的无线通信管理和与有线主干网络之间的连接，而无线站点只需要同访问站点进行通信，所以这种结构是一种比较低功耗的拓扑结构。在这种结构下一个访问站点能够覆盖的区域叫做基本业务区（Basic Service Area，BSA），业务区内的所有站点的集合叫做基本业务集（Basic Service Set，BSS），多个业务集相互连接就构成了分布式系统（Distributed System，DS），一个分布式系统的所有服务叫做扩展服务集（Extended Service Set，ESS），基础设施无线网络结构如图 5-13 所示。

在基础设施无线局域网中，首先需要一个用作访问站点的无线接入设备，访问站点可以是无线交换机、无线交换机或者无线路由器等，最好使用一个无线路由器作为访问结点，因为它还可以充当局域网的网关，并且支持多种 Internet 接入方式。安装无线路由器的时候只需要使用网线（一般是双绞线）将设备的 Internet 接口和有线局域网接入点连接，接上电源即可开启无线访问站点功能。对于不同的网络接入类型，可能还需要对无线路由器进行相应的配置，这个可以在安装配置好了无线站点以后通过访问路由器的管理界面进行配置。对于无线站点，只需安装一个无线网卡，并进行正确的配置即可实现无线上网了。

基础设施网络在当前占据了无线局域网主流，它通过使用访问站点，能够有效减少无线网络中无线站点的能量消耗，同时通过访问站点，无线局域网能够方便地同广域网连接。这种结构的无线局域网一般用于室内无线局域网的搭建，如家庭网络、会议室无线网

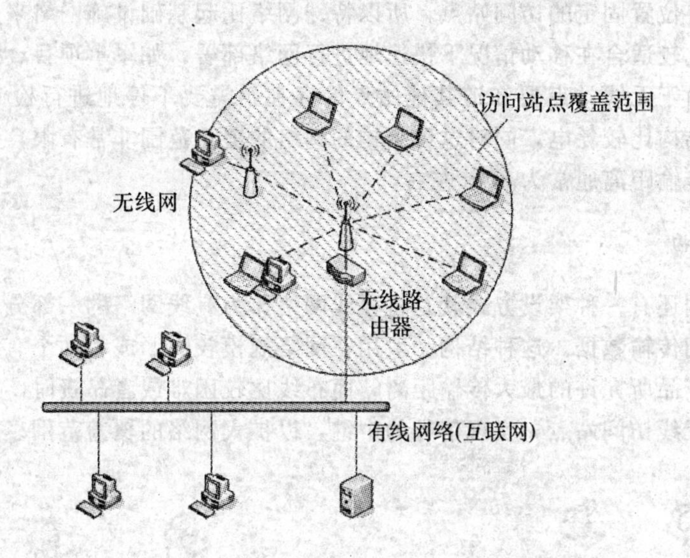

图 5-13　基础设施结构的无线网络

络等。

基础设施网络的缺点是需要有一个访问站点作为无线局域网的中心，并且因为要连接有线网络的访问站点位置是固定的，所以在灵活性方面不是很好，同时无线站点设备价格一般都比较贵，资金投入上不如特殊网络划算。

2. 特殊网络

特殊网络是一种点对点模式的网络结构。在这种结构中，无线站点之间是一种对等的(peer to peer) 关系。所有的站点之间都可以直接进行通信，这样在网络中不需要访问站点，每个站点既是移动普通站点，同时也有部分访问站点的功能。

在特殊网络结构的无线局域网中，只需要每个无线站点安装一个无线网卡。任何一个无线主机都可以兼作文件服务器、打印服务器或者其他服务器。如果需要连接广域网，只需要其中一台无线站点连接互联网，其他的无线站点的设置和有线局域网一样。特殊无线网络结构如图 5-14 所示。

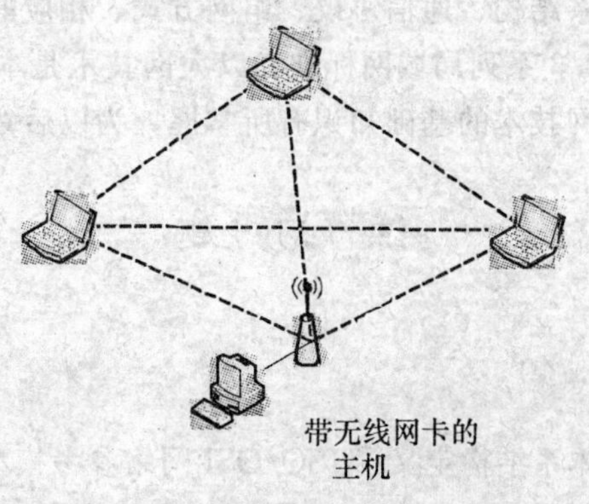

图 5-14　特殊网络结构的无线网

由于不需要位置固定的访问站点，所以特殊网络比起基础设施网络来具有极高的灵活性和扩展性，比较适合在移动情况下快速地进行网络部署，如军事项目、野外勘探、移动办公等。但是由于无线站点要知道其他站点的存在，需要不停地进行检测周边站点的活动，所以这种结构比较耗电，同时这种结构的网络的覆盖范围非常有限，一般的无线网卡在室内环境下传输距离通常为 30m 左右。

3. 中继结构

无线局域网还有一种架设方式就是将无线网络作为有线网络的一部分，在两个或者多个有线网络之间传输数据。这种结构一般用在网络规模较大，或者两个有线局域网相隔距离超过有线网产品所允许的最大传输距离，而布线比较困难或者昂贵时，可以在两个网络之间架设一个无线访问站点，实现信号的中继，以扩大网络的覆盖范围。如图 5-15 所示。

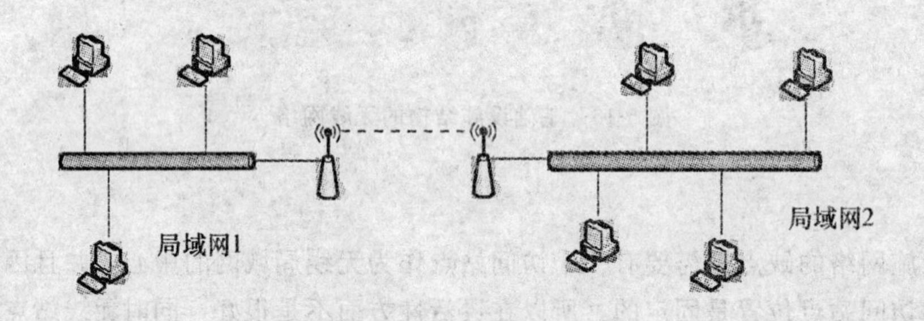

图 5-15　中继结构的无线网

总之，与有线局域网相比较，无线局域网具有投入成本低，开发时间短，易扩展，受自然环境影响小，组网灵活等优点，弥补了传统有线局域网的不足。传输速率低下和价格昂贵一直是无线局域网产品的突出缺点，随着技术的发展，这些问题都将得到改善和解决。由于无线局域网的优越特性，其应用范围已越来越广，在将来必将得到更大的发展。

本章小结

本章介绍了常见局域网的基本知识，包括 IEEE 802 系列标准，以太网以及无线局域网等常见局域网技术的体系结构、通信协议、组网方式、相应的通信设备等。局域网的各种标准，特别是 IEEE 802.3 系列局域网标准和以太网技术是本章的学习重点，通过本章的学习，应对计算机局域网技术的基础知识有所掌握，为以后章节的学习奠定基础。

练　习　题

一、单项选择题

1. IEEE 802 局域网体系结构定义了 ISO/OSI 网络参考模型的（　　）。

   A. 物理层和数据链路层　　　　B. 物理层和网络层

C. 数据链路层和网络层　　　　　D. 应用层和表示层

2. 以下关于 CSMA 检测避让策略的表述错误的是（　　）。

A. 避让算法有非坚持、1-坚持、*P*-坚持三种

B. 三种避让策略都采用信道空闲则立即发送数据的方式

C. *P*-坚持方式中 *P* 值越大越容易出现冲突

D. 等待随机长度时间的目的是减少冲突发生的概率

3. 以下关于 CSMA/CD 的表述正确的是（　　）。

A. CSMA/CD 采用了和 CSMA 不同的监听方式

B. 总线上的站点检测到冲突的时间至少为信号传播时间的两倍

C. IEEE 802.3 标准采用的是二进制指数退避和 *P*-坚持算法的 CSMA/CD 媒体访问控制方法

D. CSMA/CD 中数据帧的发送成功机会和该帧的冲突发生次数无关

4. 以下关于令牌环网标准和令牌总线网标准的表述错误的是（　　）。

A. 令牌总线网是令牌环网络和总线网的综合

B. 令牌环网和令牌总线网都具有站点对媒体访问机会公平的特点

C. 令牌总线网和令牌环网中都只能有一个令牌帧

D. 令牌环网的优点是网络的性能不受网络负荷的影响

5. 以下物理层规范中，采用的传输媒体不是双绞线的是（　　）。

A. 10BASE-T　　　　　　　　　B. 100BASE-T4

C. 1000BASE-CX　　　　　　　D. 10GBASE-T

二、简答题

1. 在 IEEE802.3 标准中定义了哪些物理层规范？
2. 简述为什么需要设置最小帧长。
3. 令牌总线网中常见的操作有哪些？
4. 简述令牌环网中数据帧的传递过程。
5. 常见的 VLAN 类型有哪些？

第6章 网络互连

网络互连是指将各种不同的物理网络（如不同的局域网或广域网）连接在一起构成一个互联网，它是计算机网络中一个非常重要的概念和技术。互联网的核心内容是网际协议IP，这是本章的一个重点内容。只有较深入地掌握了IP协议的主要内容，才能理解Internet是怎样工作的。另外还要重点讨论子网掩码的概念，子网划分的方法，Internet的路由选择协议，以及介绍Internet控制报文协议ICMP和Internet组管理协议IGMP。最后讨论下一代网际协议IPv6的主要内容。

本章学习重点

- 掌握IP协议数据包的格式及原理；
- 掌握子网划分的方法；
- 重点掌握路由选择协议的工作原理及分类；
- 了解IP组播的原理及应用；
- 了解IPv6对IPv4所作的改进。

6.1 Internet网际协议

要使两台计算机彼此之间进行通信，必须使两台计算机使用同一种“语言”。通信协议正像两台计算机交换信息所使用的共同语言，它规定了通信双方在通信中所应共同遵守的约定。计算机的通信协议精确地定义了计算机在彼此通信过程中的所有细节。例如，每台计算机发送的信息格式和含义，在什么情况下应发送规定的特殊信息，及接收方的计算机应做出哪些应答等等。

可以利用一个共同遵守的通信协议，从而使Internet成为一个允许连接不同类型的计算机和不同操作系统的网络。Internet上使用的这个关键的低层协议就是网际协议，通常称IP协议。IP是英文Internet Protocol的缩写，意思是“网络之间互连的协议”，也就是为计算机网络相互连接进行通信而设计的协议。在Internet中，它是能使连接到网上的所有计算机网络实现相互通信的一套规则，规定了计算机在Internet上进行通信时应当遵守的规则。

网际协议IP是TCP/IP参考模型中两个最重要的协议之一，也是最重要的Internet标准协议之一。它包含寻址信息和控制信息，可使数据包在网络中路由。

网际协议IP协议提供了能适应各种各样网络硬件的灵活性，对底层网络硬件几乎没

有任何要求，任何一个网络只要可以从一个地点向另一个地点传送二进制数据，就可以使用 IP 协议加入 Internet 了。IP 协议是 TCP/IP 协议族中的主要网络层协议，与 TCP 协议结合组成整个 Internet 协议的核心协议。IP 协议同样适用于 LAN 和 WAN 通信。如果希望能在 Internet 上进行交流和通信，则每台连上 Internet 的计算机都必须遵守 IP 协议。

IP 协议对于网络通信有着重要的意义：网络中的计算机通过安装 IP 协议，使许许多多的局域网络构成了一个庞大而又严密的通信系统。从而使 Internet 看起来好像是真实存在的，但实际上它是一种并不存在的虚拟网络，只不过是利用 IP 协议把全世界上所有愿意接入 Internet 的计算机局域网络连接起来，使得它们彼此之间都能够通信。

6.1.1　IP 地址及 IP 分类

Internet 是一个庞大的网络，在这样大的网络上进行信息交换的基本要求是网上的计算机、路由器等都要有一个唯一可标识的地址，就像日常生活中朋友间通信必须写明通信地址一样。这样，网上的路由器才能将数据包由一台计算机路由到另一台计算机，准确地将信息由源方发送到目的方。

1. IP 地址的含义

在 Internet 上为每台计算机指定的地址称为 IP 地址。IP 协议规定 Internet 网中每个结点都要有一个统一格式的地址，这个地址就称为符合 IP 协议的地址。IP 地址具体的物理含义是：

（1）它是 Internet 上通用的地址格式。Internet 通过 IP 地址使得网上计算机能够彼此交换信息。它采用固定的 32 位二进制地址格式编码。IP 地址是基于 TCP/IP 协议的地址，能贯穿于整个网络，而不管每个具体的网络是采用何种网络技术的拓扑结构。

（2）Internet 上的每台计算机，包括主机、路由器都必须有 IP 地址。IP 地址是识别 Internet 上每台计算机的端口地址，凡是网上的计算机，都必须分配有 IP 地址，否则无法进行通信。

（3）IP 地址是唯一的。IP 地址就好像是人们的身份证号码，必须具有唯一性。因此网上每台计算机的 IP 地址在全网中都是唯一的。

2. IP 地址的分类

目前 IP 协议以第 4 版本为主，即人们通常所指的 IPv4，IP 协议的第 6 版本正在逐渐完善和推广，在本章的后面将会介绍 IPv6。下面以 IPv4 为标准进行讲解。

一个 IP 地址是由 32 位二进制数（4 个字节）组成。为了提高可读性，通常采用点分十进制表示法。即每 8 位用一个十进制数表示，32 位二进制数可用 4 个十进制数来表示，十进制数之间用小数点“.”分开。图 6-1 表示了这种方法，显然，222.140.146.168 比 11011110 10001100 10010010 10101000 读起来要方便得多。

IP 地址的编址方法共经过了三个历史阶段。这三个阶段是：

（1）分类的 IP 地址。这是最基本的编址方法，在 1981 年就通过了相应的标准协议。

（2）子网的划分。这是对最基本的编址方法的改进，其标准［RFC 950］在 1985 年通过。

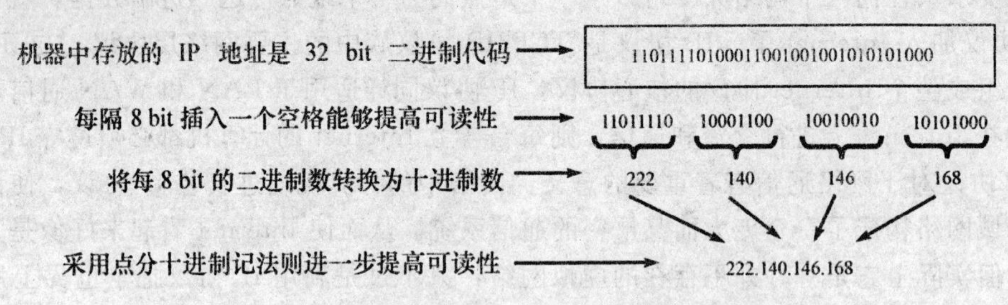

图 6-1 采用点分十进制记法能够提高可读性

(3) 无分类编址方法。在 1993 年提出后很快就得到推广应用。

本节只讨论最基本的分类 IP 地址。后两种方法将在 6.2 节中讨论。

所谓"分类的 IP 地址"就是将 IP 地址划分为若干个固定类，每一类地址都由网络号 net-id 字段和主机号 host-id 字段（或主机号地址）两部分组成。

- 网络号 net-id：用于识别主机（或路由器）所在的网络。
- 主机号 host-id：用于识别该网络中的主机（或路由器）。

由于各种网络的差异很大，有的网络拥有的主机多，而有的网络上的主机则很少，况且各网络的用途也不尽相同。按照网络规模的大小，把 32 位地址信息设成五种定位的划分方式，这五种划分方法分别对应于 A 类、B 类、C 类、D 类和 E 类 IP 地址。

各类可容纳的地址数目不同，IP 地址格式如图 6-2 所示。其中 A 类、B 类和 C 类地址是最常用的。

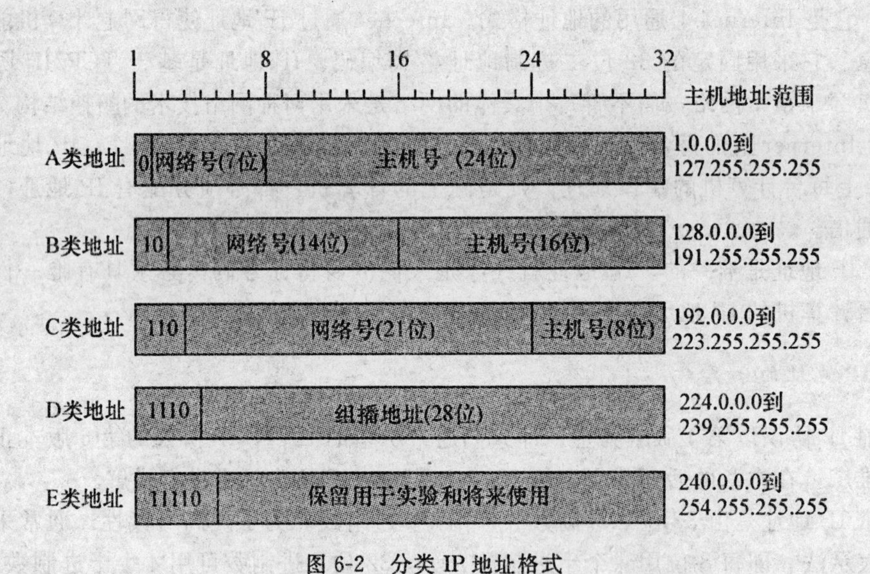

图 6-2 分类 IP 地址格式

(1) A 类地址：1 位（0）+7 位+24 位

① A 类地址的最高位为 0，接下来的 7 位组成网络 ID，剩余的 24 位二进制位代表主机 ID。

② A 类地址范围：1.0.0.0 到 127. 255.255.255，适用于有大量主机的大型网络。

③ A类地址中的私有地址和保留地址：10.0.0.0到10.255.255.255是私有地址（所谓的私有地址就是在互联网上不使用，而被用在局域网络中的地址）。127.01.0.0到127.255.255.255是保留地址，用做循环测试用的。

④ A类地址的网络掩码为：255.0.0.0。

(2) B类地址：2位（10）+14位+16位

① B类地址的最高位为10，接下来的14位完成网络ID，剩余的16位二进制位代表主机ID。

② B类地址范围：128.0.0.0到191.255.255.255，适用于政府机构和国际性公司的区域网。

③ B类地址的私有地址和保留地址：172.16.0.0到172.31.255.255是私有地址，169.254.0.0到169.254.255.255是保留地址。如果用户的IP地址是自动获取IP地址，而用户在网络上又没有找到可用的DHCP服务器，这时用户将会从169.254.0.0到169.254.255.255中临时获得一个IP地址。

④ B类地址的网络掩码为：255.255.0.0。

(3) C类地址：3位（110）+21位+8位

① C类地址的最高位为110，接下来的21位完成网络ID，剩余的8位二进制位代表主机ID。

② C类地址范围：192.0.0.0到223.255.255.255，适用于校园网等中、小园区网络。

③ C类地址中的私有地址：192.168.0.0到192.168.255.255是私有地址。

④ C类地址的网络掩码为：255.255.255.0。

(4) D类地址：4位（1110）+28位

① D类地址的最高位为1110，不分网络地址和主机地址。

② D类地址范围：224.0.0.0到239.255.255.255，适用于组播，主要供Internet体系结构研究委员会IAB（Internet Architecture Board）使用。

(5) E类地址：5位（11110）+27位

① E类地址的最高位为11110，也不分网络地址和主机地址。

② E类地址范围：240.0.0.0到254.255.255.255，适用于特殊实验和将来使用。

另外，表6-1中列出了一部分IP地址，这部分地址具有特殊的意义和用途，只能在特定的情况下使用。

表6-1 保留的特殊IP地址

网络地址（net-id）	主机地址（host-id）	说明
127	任意值	回送地址（loopback address），仅用于测试目的，不在网上传输
全“0”	全“0”	在本网络上的本主机
全“0”	host-id	在本网络上的某个主机
net-id	全“1”	对net-id上的所有主机进行广播
全“1”	全“1”	只在本网络上进行广播（各路由器均不转发）

3. IP 地址具有以下一些重要特点

(1) IP 地址是一种非等级的地址结构。这就是说，和电话号码的结构不一样，IP 地址不能反映任何有关主机位置的地理信息。

(2) 当一个主机同时连接到两个网络上时（作路由器用的主机即为这种情况），该主机就必须同时具有两个相应的 IP 地址，其网络号 net-id 是不同的（显然，要有两个网卡，IP 地址与网卡一一对应）。这种主机称为多地址主机。

(3) 按照 Internet 的观点，用转发器或网桥连接起来的若干个局域网仍为一个网络，因此这些局域网都具有同样的网络号 net-id。

(4) 在 IP 地址中，所有分配到网络号 net-id 的网络都是平等的。

(5) IP 地址有时也可用来指明一个网络的地址。这时，只要将该 IP 地址的主机号字段置为全零即可。例如，10.0.0.0，175.89.0.0 和 201.123.56.0 这三个 IP 地址（分别是 A 类、B 类和 C 类地址）都指的是单个网络的地址。

4. IP 地址的获取方法

所有的 IP 地址都要由国际组织 NIC（Network Information Center）统一分配。目前全世界共有三个这样的网络信息中心：

- Inter NIC——负责美国及其他地区；
- ENIC——负责欧洲地区；
- APNIC——负责亚太地区。

其中 APNIC 总部设在日本东京大学，我国申请 IP 地址都是经过 APNIC。申请 IP 地址需考虑申请哪一类的 IP 地址，具体申请办法可通过寄信或电子邮件向国内的一些代理机构提出。例如，国内的中国电信和清华大学等单位均可代用户申请 IP 地址。

随着 Internet 的不断发展，IP 地址的分配问题变得比较紧张。目前 IPv4 采用的 32 位二进制格式可提供 40 亿个 IP 地址，由于 TCP/IP 的可扩充性，在新的 IP 协议版本 IPv6 中，地址长度将由原来 32 位扩大到 128 位。按理论计算，则地球上（包括陆地和海洋）每平方米可分配的 IP 数为 10 个。这意味着将来连入 Internet 的用户数量仍将大大增加，全球越来越多的人将通过 Internet 这根纽带紧密地联系在一起。

6.1.2 IP 地址与硬件地址

1. MAC（Media Access Control，介质访问控制）地址

在每一个网络中的主机都有一个硬件地址，由于硬件地址已固化在网卡上的 ROM 中，因此常常将硬件地址称为物理地址。因为在局域网的 MAC 帧中的源地址和目的地址都是硬件地址，因此硬件地址又称为 MAC 地址。

802 标准为局域网规定了一种 48 位的 MAC 地址，即局域网中每个主机的网卡地址。每个网卡的 MAC 地址都固化在它的只读存储器（ROM）中。MAC 地址的前 24 位代表

生产厂商的唯一标识符，后 24 位代表生产厂商分配给网卡的唯一编码。计算机中“硬件地址”、“物理地址”、“MAC 地址”是同一概念。

形象地说，MAC 地址就如同身份证号码，具有全球唯一性。

要想获取本机的 MAC 地址，可在 Windows 2000/XP 中，依次单击“开始”→“运行”→输入“cmd”→回车→输入“ipconfig /all”→回车，即可看到 MAC 地址。如图6-3所示，Physical Address 行后面的编号就是本机的 MAC 地址，用十六进制数表示。网卡用检查 MAC 地址的方法来确定网络上的帧是否是发给本站的。网卡从网络上每收到一个帧，就检查帧中的 MAC 地址，如果是发往本站的则收下，否则丢弃此帧。

图 6-3　查看本机网卡 MAC 地址

2. IP 地址与 MAC 地址的关系

IP 地址与 MAC 地址之间并没有什么必然的联系，MAC 地址是 Ethernet NIC（网卡）上带的地址，为 48 位长。每个 Ethernet NIC 厂家必须向 IEEE 组织申请一组 MAC 地址，在生产 NIC 时编程于 NIC 卡上的串行 EEPROM 中。因此每个 Ethernet NIC 生产厂家必须申请一组 MAC 地址。任何两个 NIC 的 MAC 地址，不管是哪一个厂家生产的都不应相同。Ethernet 芯片厂家不必负责 MAC 地址的申请，MAC 地址存在于每一个 Ethernet 包中，是 Ethernet 包头的组成部分，Ethernet 交换机根据 Ethernet 包头中的 MAC 源地址和 MAC 目的地址实现包的交换和传递。

IP 地址是 Internet 协议地址，每个 Internet 包必须带有 IP 地址，每个 Internet 服务提供商（ISP）必须向有关组织申请一组 IP 地址，然后一般是动态分配给其用户，当然用户也可向 ISP 申请一个 IP 地址（根据接入方式）。

IP 地址现是 32 位长，正在扩充到 128 位。IP 地址与 MAC 地址无关，因为 Ethernet 的用户，仍然可通过 Modem 连接 Internet。IP 地址通常工作于广域网，通常所说的 Router（路由器）处理的就是 IP 地址。

MAC 地址工作于局域网，局域网之间的互连一般通过现有的公用网或专用线路，需要进行网间协议转换。可以在 Ethernet 上传送 IP 信息，此时 IP 地址只是 Ethernet 信息包数据域的一部分，Ethernet 交换机或处理器看不见 IP 地址，只是将其作为普通数据处理，网络上层软件才会处理 IP 地址。

图 6-4 说明了这两种地址的区别。从层次的角度看，MAC 地址是数据链路层和物理层使用的地址，而 IP 地址是网络层和以上各层使用的地址。

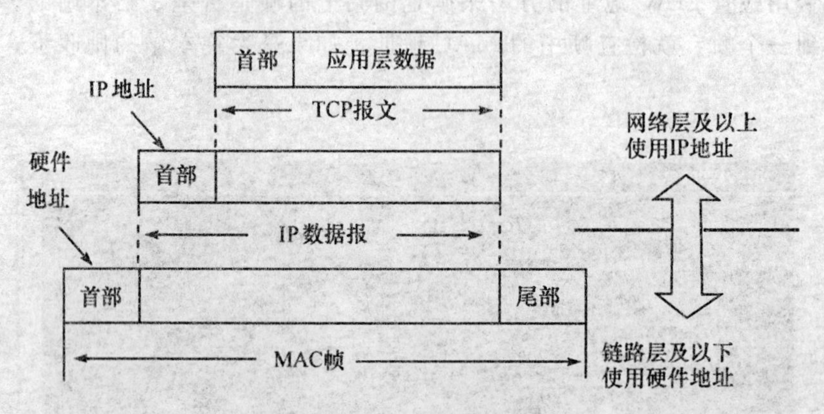

图 6-4　IP 地址与物理地址的区别

在发送数据时，数据从高层下到低层，然后才到通信链路上传输。使用 IP 地址的 IP 数据包一旦交给了数据链路层，就被封装成 MAC 帧了。MAC 帧在传送时使用的源地址和目的地址都是硬件地址，这两个硬件地址都定在 MAC 帧的首部中。

连接在通信链路上的设备（主机或路由器）在接收 MAC 帧时，其根据是 MAC 帧首部中的硬件地址。在数据链路层看不见隐藏在 MAC 帧的数据中的 IP 地址。只有在剥去 MAC 帧的首部和尾部后将 MAC 层的数据上交给网络层后（这时 MAC 层的数据就变成了 IP 数据包），网络层才能在 IP 数据包的首部中找到源 IP 地址和目的 IP 地址。

总之，IP 地址放在 IP 数据包的首部，而硬件地址放在 MAC 帧的首部。在网络层及以上使用的是 IP 地址，而链路层及以下使用的是硬件地址。在图 6-4 中，当 IP 数据包放入数据链路层的 MAC 帧中以后，整个的 IP 数据包就成为 MAC 帧的数据，因而在数据链路层看不见数据包的 IP 地址。

6.1.3　IP 数据包的格式

IP 是 TCP/IP 协议族中最为核心的协议。所有的 TCP、UDP、ICMP 及 IGMP 数据都以 IP 数据包格式传输。许多刚开始接触 TCP/IP 的人对 IP 提供不可靠、无连接的数据包传送服务感到很奇怪。不可靠（unreliable）的意思是它不能保证 IP 数据包能成功地到达目的地。IP 仅提供最好的传输服务。如果发生某种错误时，如某个路由器暂时用完了缓冲区，IP 有一个简单的错误处理算法：丢弃该数据包，然后发送 ICMP 消息报给信源端。任何要求的可靠性必须由上层来提供（如 TCP）。无连接（connectionless）这个术语

的意思是IP并不维护任何关于后续数据包的状态信息。每个数据包的处理是相互独立的。这也说明，IP数据包可以不按发送顺序接收。如果一信源向相同的信宿发送两个连续的数据包（先是A，然后是B)，每个数据包都是独立地进行路由选择，可能选择不同的路线，因此B可能在A到达之前先到达。

IP数据包的格式能够说明IP协议都具有什么功能。在TCP/IP的标准中，各种数据格式常常以32bit（即4字节）为单位来描述。图6-5是IP数据包的完整格式。

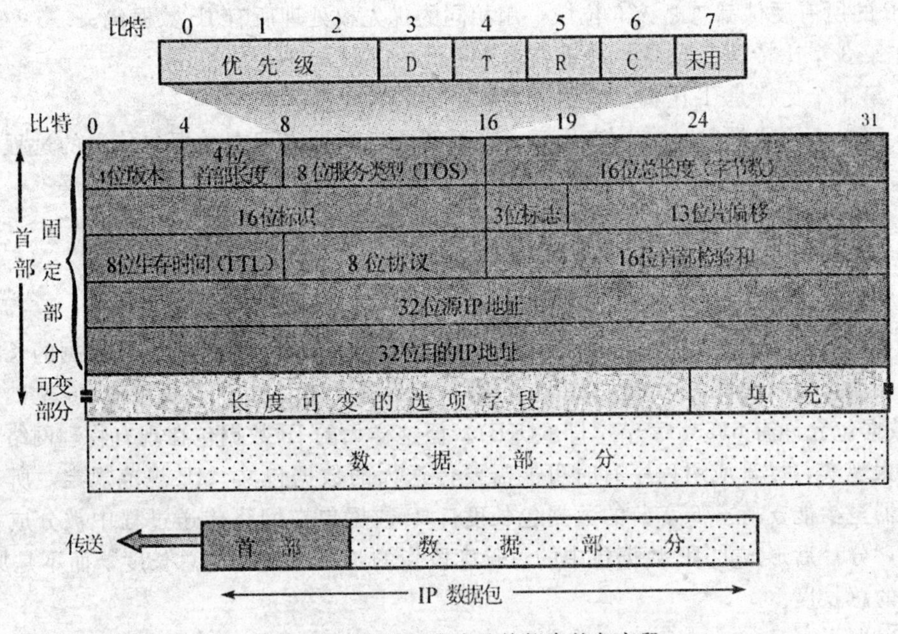

图6-5 IP数据包格式及首部中的各字段

从图6-5可看出，一个IP数据包由首部和数据两部分组成。普通的IP首部长为20个字节，除非含有选项字段。以下对首部的字段逐个加以解释。

1. IP数据包首部的固定部分中的各字段

(1) 版本号

该4位段表示协议支持的IP版本号。在处理IP数据包之前，所有IP软件都要检查数据包的版本段，以便保证数据包格式与软件期待的格式一样。如果标准不同，机器将拒绝与其协议版本不同的IP数据包。目前的协议版本号是4，版本1～3现已过时不用。因此IP有时也称为IPv4。6.5节将对一种新版的IP协议进行讨论。

(2) 首部长度

该4位表示IP数据包的首部长度，可取值的范围是5～15（缺省值是5）个单位（1个单位为4个字节)，因此IP的首部长度的最大值是60字节，由于IP首部的长度是可变的，故这个段是必不可少的。当IP数据包的首部长度不是4字节的整数倍时，必须利用最后一个填充字段加以填充。因此数据部分永远在4字节的整数倍时开始，这样在实现IP协议时较为方便。首部长度限制为60字节的缺点是有时（如源站路由选择）不够用。

但这样做是希望用户尽量减少开销。最常用的首部长度就是 20 字节，即不使用任何选项。

(3) 服务类型 TOS（Type Of Service）

该 8 位段说明数据包所希望得到的服务质量。它允许主机指定在网络上传输数据包的服务种类，也允许选择数据包的优先级，以及希望得到的可靠性和资源消耗，该段的目的是请求网络提供所希望的服务，其意义见图 6-5 的上面部分所示。

① 前三个比特表明 IP 数据包的优先权，该值在 0（正常）到 7（网络控制）之间变化，代表 8 个优先级，数值越大则 IP 数据包越重要。但大多数 TCP/IP 产品和实际使用 TCP/IP 的所有硬件都忽略该 3 位域，用相同的优先权处理所有 IP 数据包。

② 第 3 个比特是 D 比特，表示要求有更低的时延。

③ 第 4 个比特是 T 比特，表示要求有更高的吞吐量。

④ 第 5 个比特是 R 比特，表示要求有更高的可靠性（即在数据包传送的过程中，被路由器丢弃的概率要更小些）。

⑤ 第 6 个比特是 C 比特，是新增加的，表示要求选择代价更小的路由。

⑥ 最后一个比特目前尚未使用，置为 0 即可。

(4) 总长度

该 16 位段给出 IP 数据包的总长度，单位是字节，包括数据包首部和数据的长度。数据段的长度可以从总长度中减去数据包首部长度计算出来。由于总长度有 16 位，所以最大 IP 数据包允许有 65535 字节（即 64KB）。但这样大的 IP 数据包在现有物理网络上传输可能不太现实，尽管应用程序有时可能需要传送大的数据包文。IP 规范规定，所有主机和路由器至少能支持 576 字节的数据包长度。IP 数据包在网络传送过程中被分成报片的情况下，分片后形成的 IP 数据包中的总长度段指的是单个报片的总长度，而不是原先 IP 数据包的总长度。

(5) 标识（identification）

16 位的标识是一个计数器，用来唯一的标识该 IP 数据包。但这里的“标识”并没有序号的意思，因为 IP 是无连接服务，数据包不存在按序接收的问题。当 IP 协议发送数据包时，它就将这个计数器的当前值复制到标识字段中。当数据包由于长度超过网络的 MTU（Maximum Transfer Unit，最大传送单元）而必须分片时，这个标识字段的值就被复制到所有的数据包片的标识字段中。相同的标识字段的值使分片后的各数据包片最后能正确地重装成为原来的数据包。

(6) 标志（flag）

3 位的标志段含有控制标志，目前只有低序的两个比特有意义。

① 标志字段中间的一位记为 DF（Don't Fragment，不可分片）。当 DF＝1 时，规定不要将 IP 数据包分片，只有当 DF＝0 时才允许分片。仅当完整的 IP 数据包才是有用的情况下，应用程序才可选择禁止分片。例如，考虑一台计算机的引导序列。在这个序列中，机器开始时执行 ROM 上的一个小程序，通过 Internet 去请求一个初始引导软件，作为响应，另一台机器送回来一个内存映象。如果该软件设计成要么需要整个映象，要么一点也不使用，那么就应将不可分片位置 1。

② 标志字段的最低位记为 MF（More Fragment，还有分片）。标明这个数据包片包含的数据是取自原始 IP 数据包中间，还是取自原始 IP 数据包的最后。MF＝1 即表示后

面还有分片的数据包；MF=0 表示这已是若干数据包片中的最后一个。

为什么需要这个“还有分片”位呢？在分片的情况下，在最终接收方的 IP 软件需要重新组合 IP 数据包。当一个数据包片到达时，数据包首部的总长度是指该数据包的长短，而不是原来数据包的长短，所以不能用这个总长度段判断该数据包的所有数据包片是否已收集齐全。有了“还有分片”位，这个问题就容易解决了。一旦收到一个数据包片，如果它的“还有分片”位置为 0，就知道这个包片中的数据取自原始数据包的尾部。

根据稍后即将说明的“片偏移”段和总长度段，接收端便可以知道，重组整个原始 IP 数据包需要的所有的数据包片是否都已到达。

（7）片偏移

13 位的片偏移标明：较长的数据包在分片后，某片在原数据包中的相对位置。也就是说，相对于用户数据字段的起点，该片从何处开始。为了重组 IP 数据包，接收方必须得收到从偏移 0 开始，直到最高偏移值之间的所有数据包片。这些数据包片不需要按顺序到达，接收数据包片的接收方与分割 IP 数据包的路由器之间不进行通信，接收方也能重新组合 IP 数据包。片偏移以 8 个字节为偏移单位。这就是说，每个分片的长度一定是 8 字节（64bit）的整数倍，取值范围 0～8191，缺省值是 0。

（8）生存时间 TTL（Time To Live）

8 位的生存时间段指定 IP 数据包能在互联网中停留的最长时间，即数据包在网络中的寿命，其单位原为秒，但现已将 TTL 改为数据包可以经过的最多路由器数。当该值降为 0 时，IP 数据包就应被舍弃。该段的值在 IP 数据包每通过一个路由器时都减 1。该段决定了源发 IP 数据包在网上存活时间的最大值，它保证 IP 数据包不会在一个互联网中无休止地往返传输，即使在路由表变乱形成路由器循环，为 IP 数据包选择路由时也不要紧。

（9）协议

8 位的协议段表示哪一个高层协议将用于接收 IP 数据包中的数据。高层协议中的号码由 TCP/IP 中央权威管理机构予以分配。常用的一些协议和相应的协议字段值如表 6-2 所示。

表 6-2　　　　协议字段对应值

协议名	ICMP	IGMP	TCP	EGP	IGP	UDP	IPv6	OSPF
协议字段值	1	2	6	8	9	17	41	89

（10）首部检验和

16 位的首部检验和字段只检验数据包的首部以保证其首部值的完整性，不包括数据部分。这是因为数据包每经过一个结点，结点处理机都要重新计算一下首部检验和（一些字段，如生存时间、标志、片偏移等都可能发生变化）。如将数据部分一起检验，计算的工作量就太大了。

检验和的计算十分简单。首先，将 IP 数据包首部划分为许多 16bit 的字序列，并将检验和字段置为 0；然后，对首部中每个 16 bit 进行二进制反码求和（整个首部看成是由一串 16 bit 的字序列组成），结果存在检验和字段中。当收到一份 IP 数据包后，同样对首部中每个 16 bit 进行二进制反码的求和。由于接收方在计算过程中包含了发送方存在首部中的检验和，因此，如果首部在传输过程中没有发生任何差错，那么接收方计算的结果应该为全 1；如果结果不是全 1（即检验和错误），那么 IP 就丢弃收到的数据包，但是不生成差错报文，由上层去发现丢失的数据包并进行重传。

（11）源地址

32 位的源地址段包含发送 IP 数据包的源主机的 IP 地址。

（12）目的地址

32 位的目标地址段包含 IP 数据包的目的地主机的 IP 地址。

2. IP 数据包首部的可变部分

（1）任选段

此字段的长度可变，从 1 个字节到 40 个字节不等，取决于所选择的项目。可变长的任选段提供了一种策略，允许今后的版本包含在当前设计的头中尚未出现的信息，也避免使用固定的保留长度，从而可以根据实际需要选用某些头部登录项。

（2）填充段

如前所述，IP 数据包首部必须是 4 个字节长的整数倍。填充段是为了使有任选项的 IP 数据包满足 4 个字节长度的整数倍而设计的，通常用 0 填入填充段来满足这一要求。填充段的有无或所需要的长度取决于选择项的使用情况。

6.1.4 地址解析协议 ARP

当用户在浏览器里面输入网址时，DNS 服务器会自动把它解析为 IP 地址，浏览器实际上查找的是 IP 地址而不是网址。那么 IP 地址是如何转换为第二层物理地址（即 MAC 地址）的呢？在局域网中，这是通过 ARP 协议来完成的。

1. 什么是 ARP 协议

ARP 协议是“Address Resolution Protocol”（地址解析协议）的缩写。在局域网中，网络中实际传输的是“帧”，帧里面是有目标主机的 MAC 地址的。在以太网中，一个主机要和另一个主机进行直接通信，必须要知道目标主机的 MAC 地址。但这个目标 MAC 地址是如何获得的呢？它就是通过地址解析协议获得的。所谓“地址解析”就是主机在发送帧前将目标 IP 地址转换成目标 MAC 地址的过程。

简单地说，ARP 协议主要负责将局域网中的 32 位 IP 地址转换为对应的 48 位物理地址，即网卡的 MAC 地址，比如 IP 地址为 192.168.0.1，网卡 MAC 地址为 00-03-0F-FD-1D-2B。整个转换过程是一台主机先向目标主机发送包含 IP 地址信息的广播数据包，即 ARP 请求，然后目标主机向该主机发送一个含有 IP 地址和 MAC 地址数据包，通过 MAC 地址两个主机就可以实现数据传输了。

2. ARP 协议的工作原理

在每台安装有 TCP/IP 协议的电脑里都有一个 ARP 缓存表，表里的 IP 地址与 MAC

地址是一一对应的，如表 6-3 所示。

表 6-3　　ARP 缓存表示例

主机	IP 地址	MAC 地址
A	192.168.1.1	00-AA-00-62-C6-09
B	192.168.1.2	00-AA-00-62-C5-03
C	192.168.1.3	03-AA-01-75-C3-06
……	……	……

以位于同一个物理网络上的主机 A 向主机 B 发送数据为例，主机 A 分配的 IP 地址是 192.168.1.1，主机 B 分配的 IP 地址是 192.168.1.2。如图 6-6 所示 ARP 如何将 IP 地址解析成同一本地网络上的主机的硬件地址。

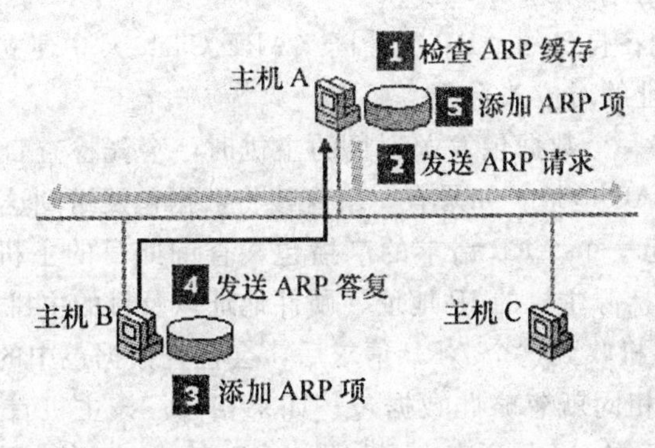

图 6-6　ARP 协议的工作原理

(1) 当发送数据时，主机 A 会在自己的 ARP 缓存表中寻找是否有目标主机 B 的 IP 地址。

(2) 如果找到了，也就知道了目标主机 B 的 MAC 地址，直接把目标 MAC 地址写入帧里面发送就可以了；如果在 ARP 缓存表中没有找到相对应的 IP 地址，主机 A 就会在网络上发送一个广播，目标 MAC 地址是“FF. FF. FF. FF. FF. FF”，这表示向同一网段内的所有主机发出这样的询问：“192.168.1.2 的 MAC 地址是什么?”源主机 A 的 IP 地址和 MAC 地址都包括在该 ARP 请求中。

本地网络上的每台主机都接收到 ARP 请求并且检查是否与自己的 IP 地址匹配。如果主机未找到匹配值，它将丢弃 ARP 请求。

(3) 主机 B 接收到这个帧时，将主机 A 的 IP 地址和 MAC 地址映射添加到本地 ARP 缓存中。

(4) 主机 B 向主机 A 做出这样的回应：“192.168.1.2 的 MAC 地址是 00-AA-00-62-C5-03”。

(5) 这样，主机 A 就知道了主机 B 的 MAC 地址，它就可以向主机 B 发送信息了。同时它还更新了自己的 ARP 缓存表，下次再向主机 B 发送信息时，直接从 ARP 缓存表里查找就可以了。

本机MAC缓存是有生存期的，生存期结束后，将再次重复上面的过程。ARP缓存表采用了老化机制，在一段时间内如果表中的某一行没有使用，就会被删除，这样可以大大减少ARP缓存表的长度，加快查询速度。

ARP协议并不只在发送了ARP请求后才接收ARP应答。当计算机接收到ARP应答数据包的时候，就会对本地的ARP缓存进行更新，将应答中的IP和MAC地址存储在ARP缓存中。因此，当局域网中的某台机器A向B发送一个自己伪造的ARP应答，而如果这个应答是A冒充C伪造来的，即IP地址为C的IP，而MAC地址是伪造的，则当B接收到A伪造的ARP应答后，就会更新本地的ARP缓存，这样在B看来C的IP地址没有变，而它的MAC地址已经不是原来那个了。由于局域网的网络流通不是根据IP地址进行，而是按照MAC地址进行传输。所以，那个伪造出来的MAC地址在B上被改变成一个不存在的MAC地址，这样就会造成网络不通，导致B不能Ping通C！这就是一个简单的ARP欺骗。

由上述可知ARP的工作原理如下：

(1) 每台主机都会先在自己的ARP缓冲区（ARP Cache）中建立一个ARP列表，以表示IP地址和MAC地址的对应关系。

(2) 当源主机需要将一个数据包发送到目的主机时，会先检查自己ARP列表中是否存在该IP地址对应的MAC地址，如果有，就直接将数据包发送到这个MAC地址；如果没有，就向本地网段发起一个ARP请求的广播包，查询此目的主机对应的MAC地址。此ARP请求数据包里包括源主机的IP地址、硬件地址以及目的主机的IP地址。

(3) 网络中所有的主机收到这个ARP请求后，会检查数据包中的目的IP是否和自己的IP地址一致。如果不相同就忽略此数据包；如果相同，该主机首先将发送端的MAC地址和IP地址添加到自己的ARP列表中，如果ARP表中已经存在该IP的信息，则将其覆盖，然后给源主机发送一个ARP响应数据包，告诉对方自己是它需要查找的MAC地址。

(4) 源主机收到这个ARP响应数据包后，将得到的目的主机的IP地址和MAC地址添加到自己的ARP列表中，并利用此信息开始数据的传输。如果源主机一直没有收到ARP响应数据包，表示ARP查询失败。

3. ARP命令

在Windows系列操作系统下使用ARP命令，能够查看本地计算机或另一台计算机的ARP高速缓存中的当前内容。此外，使用ARP命令，也可以用人工方式输入静态的网卡物理/IP地址对，可以使用这种方式为缺省网关和本地服务器等常用主机进行设置，有助于减少网络上的信息量。

按照缺省设置，ARP高速缓存中的项目是动态的，每当发送一个指定地点的数据包且高速缓存中不存在当前项目时，ARP便会自动添加该项目。一旦高速缓存的项目被输入，它们就已经开始走向失效状态。例如，在Windows NT/2000网络中，如果输入项目后不进一步使用，物理/IP地址对就会在2～10min内失效。因此，如果ARP高速缓存中项目很少或根本没有时，请不要奇怪，通过另一台计算机或路由器的ping命令即可添加。

所以，需要通过 arp 命令查看高速缓存中的内容时，请最好先 ping 此台计算机。

ARP 常用命令选项：

(1) arp -a 或 arp -g

用于查看高速缓存中的所有项目（如图 6-7 所示）。-a 和-g 参数的结果是一样的，多年来-g 一直是 UNIX 平台上用来显示 ARP 高速缓存中所有项目的选项，而 Windows 用的是 arp -a（-a 可被视为 all，即全部的意思），但它也可以接受比较传统的-g 选项。

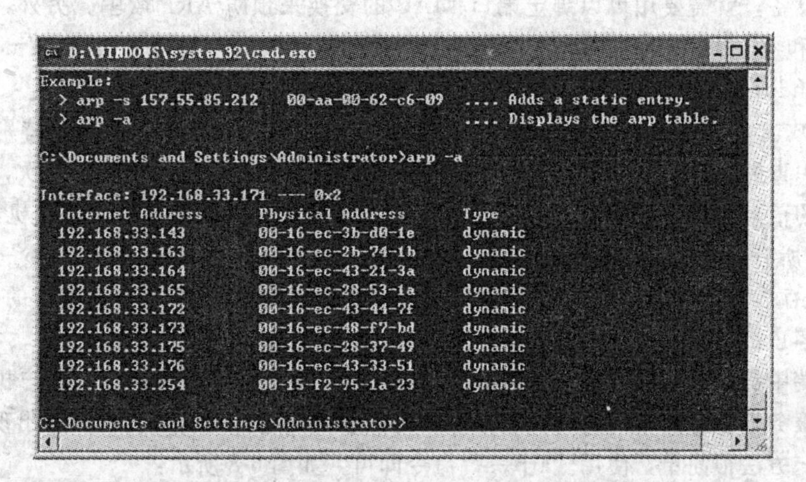

图 6-7 查看 ARP 缓存表

(2) arp -a IPaddress

如果有多个网卡，那么使用 arp-a 加上接口的 IP 地址，就可以只显示与该接口相关的 ARP 缓存项目。

(3) arp -s IPaddress 物理地址

可以向 ARP 高速缓存中人工输入一个静态项目。该项目在计算机引导过程中将保持有效状态，或者在出现错误时，人工配置的物理地址将自动更新该项目。

(4) arp -d IPaddress

使用本命令能够人工删除一个静态项目。

例如在命令提示符下，键入 arp-a；如果使用过 Ping 命令测试并验证从这台计算机到 IP 地址为 192.168.33.254 的主机的连通性，则 ARP 缓存显示以下项：

Interface：192.168.33.171—0x2

Internet Address	Physical Address	Type
192.168.33.254	00-15-f2-95-1a-23	dynamic

在此例中，缓存项指出位于 192.168.33.254 的远程主机解析成 00-15-f2-95-1a-23 的媒体访问控制地址，它是在远程计算机的网卡硬件中分配的。媒体访问控制地址是计算机用于与网络上远程 TCP/IP 主机物理通讯的地址。

至此可以用 Ipconfig 和 Ping 命令来查看自己的网络配置并判断是否正确、可以用 netstat 查看其他主机与本机所建立的连接并找出 ICQ 使用者所隐藏的 IP 信息、可以用

arp 查看网卡的 MAC 地址。

4. ARP 欺骗防御

ARP 欺骗可以导致目标计算机与网关通信失败，更可怕的是会导致通信重定向，所有的数据都会通过攻击者的机器，因此存在极大的安全隐患。

基与 PC 到 PC 的 IP-MAC 双向绑定可以解决 ARP 欺骗，但是对于不支持 IP-MAC 双向绑定的设备，就需要用可以绑定端口-MAC 的交换来预防 ARP 欺骗。另外，Windows 2000 SP4 和 Windows XP SP1 的“arp -s”绑定是无效的，需要升级到 Windows 2000 SP5 或 Windows XP SP2。

ARP 攻击主要是伪造网关的 IP 和 MAC，在一些游戏外挂中，此现象特别严重。原理是某台中毒的机器。欺骗了其他客户机让所有数据从中毒的机器中转了一次，然后拦截病毒想要的信息最后再把数据传给真正的网关。如果这台机器关机了，这台机器的 IP 和 MAC 失效所有客户机就出现掉线现象。典型特征是掉线时客户机执行“arp -d”命令清空 ARP 缓存表，再重新 ping 一下网关又通了。因为清除 ARP 缓存表后错误的网关 MAC 被清空，客户机重新又找到了真正的网关。

服务端中毒原理同样，客户机的 MAC 被欺骗更改。导致无法通信，客户机掉线，能做的就是服务端和客户端的对绑，这样基本可以解决问题。对绑后再也没有出现问题。客户端的绑定方法很简单，使用“arp -s”命令即可，如图 6-8 所示：

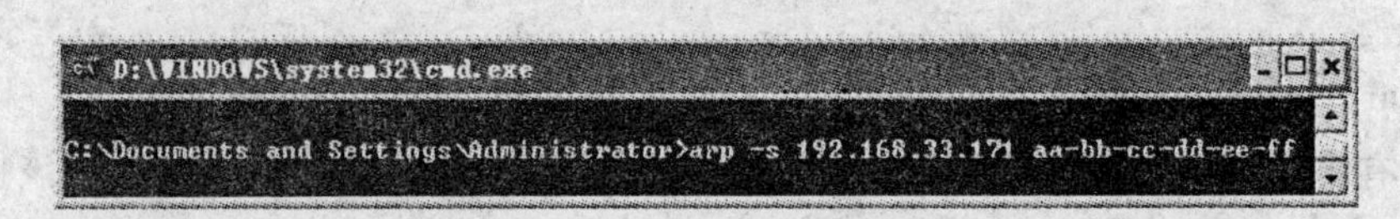

图 6-8 绑定 IP 与 MAC

6.1.5 Internet 控制信息协议 ICMP

ICMP 是“Internet Control Message Protocol”（Internet 控制消息协议）的缩写。如果一个网关不能为 IP 分组选择路由，或者不能递交 IP 分组，或者这个网关测试到某种不正常状态，例如网络拥挤影响 IP 分组的传递，那么就需要使用 ICMP 协议来通知源发主机采取措施，避免或纠正这类问题。

ICMP 是 TCP/IP 协议族的一个子协议，在 RFC 792“网际消息协议（ICMP)”中定义。用于在 IP 主机、路由器之间传递控制消息。控制消息是指网络通不通、主机是否可达、路由是否可用等网络本身的消息。这些控制消息虽然并不传输用户数据，但是对于用户数据的传递起着重要的作用。

在下列情况中，通常自动发送 ICMP 消息：

- IP 数据包无法访问目标；
- IP 路由器（网关）无法按当前的传输速率转发数据包；
- IP 路由器将发送主机重定向为使用到达目标的更佳路由。

在 IP 数据包中封装和发送 ICMP 消息，如图 6-9 所示。

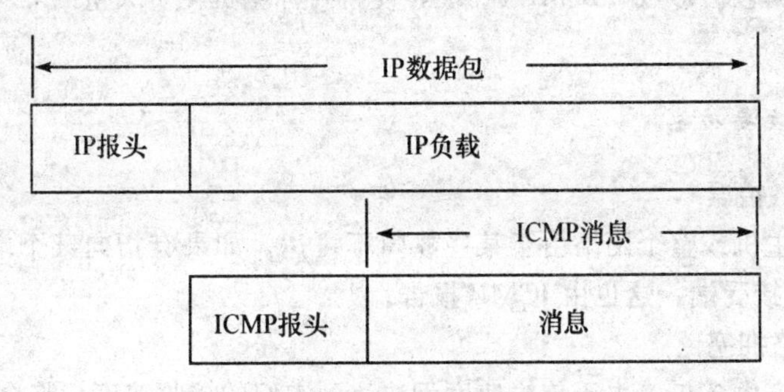

图 6-9 IP 数据包中携带消息

不同类型的 ICMP 消息在 ICMP 报头中标识。由于 ICMP 消息是在 IP 数据包中携带的，因此不可靠。在表 6-4 中列出并说明最常见的 ICMP 消息。

表 6-4 常见的 ICMP 消息

ICMP 消息	描 述
请求回显	确定 IP 结点（主机或路由器）能否在网络上使用
回显答复	回复 ICMP 回显请求
无法连接目标	通知主机数据包无法传递
源结束	通知主机由于拥塞而降低发送数据包的速率
重定向	通知首选路由的主机
超时	指明 IP 数据包的生存时间（TTL）已到期

在网络中经常会使用到 ICMP 协议，比如常常使用的用于检查网络通不通的 Ping 命令，可以使用该命令发送 ICMP 回显请求消息并记录收到 ICMP 回显答复消息。使用这些消息，可以检测网络或主机通信故障并解决常见的 TCP/IP 连接问题。还有其他的网络命令如跟踪路由的 Tracert 命令也是基于 ICMP 协议的。

1. ICMP 的重要性

ICMP 协议对于网络安全具有极其重要的意义。ICMP 协议本身的特点决定了它非常容易被用于攻击网络上的路由器和主机。例如，在 1999 年 8 月海信集团“悬赏”50 万元人民币测试防火墙的过程中，其防火墙遭受到的 ICMP 攻击达 334 050 次之多，占整个攻击总数的 90%以上。可见，ICMP 的重要性绝不可以忽视！

比如，可以利用操作系统规定的 ICMP 数据包最大尺寸不超过 64KB 这一规定，向主机发起“Ping of Death”（死亡之 Ping）攻击。“Ping of Death”攻击的原理是：如果 ICMP 数据包的尺寸超过 64KB 上限时，主机就会出现内存分配错误，导致 TCP/IP 堆栈崩溃，致使主机死机。

此外，向目标主机长时间、连续、大量地发送 ICMP 数据包，也会最终使系统瘫痪。

大量的 ICMP 数据包会形成“ICMP 风暴”，使得目标主机耗费大量的 CPU 资源处理，疲于奔命。

2. ICMP 的主要功能

（1）通告网络错误

比如，某台主机或整个网络由于某些故障不可达。如果有指向某个端口号的 TCP 或 UDP 包没有指明接受端，这也由 ICMP 报告。

（2）通告网络拥塞

当路由器缓存太多包，由于传输速度无法达到它们的接收速度，将会生成“ICMP 源结束”信息。对于发送者，这些信息将会导致传输速度降低。当然，更多的 ICMP 源结束信息的生成也将引起更多的网络拥塞，所以使用起来较为保守。

（3）协助解决故障

ICMP 支持 Echo 功能，即在两个主机间一个往返路径上发送一个包。Ping 是一种基于这种特性的通用网络管理工具，它将传输一系列的包，测量平均往返次数并计算丢失百分比。

（4）通告超时

如果一个 IP 包的 TTL（生存时间）降低到零，路由器就会丢弃此包，这时会生成一个 ICMP 包通告这一事实。TraceRoute 是一个工具，它通过发送小 TTL 值的包及监视 ICMP 超时通告可以显示网络路由。

ICMP 在 IPv6 定义中重新修订。此外，IPv4 组成员协议（IGMP）的多点传送控制功能也嵌入到 ICMPv6 中。

3. 应对 ICMP 攻击

虽然 ICMP 协议给黑客以可乘之机，但是 ICMP 攻击也并非无药可医。只要在日常网络管理中未雨绸缪，提前做好准备，就可以有效地避免 ICMP 攻击造成的损失。

对于“Ping of Death”攻击，可以采取两种方法进行防范：第一种方法是在路由器上对 ICMP 数据包进行带宽限制，将 ICMP 占用的带宽控制在一定的范围内，这样即使有 ICMP 攻击，它所占用的带宽也是非常有限的，对整个网络的影响非常少；第二种方法就是在主机上设置 ICMP 数据包的处理规则，最好是设定拒绝所有的 ICMP 数据包。

设置 ICMP 数据包处理规则的方法也有两种：一种是在操作系统上设置包过滤，另一种是在主机上安装防火墙。具体设置如下：

（1）在 Windows 2000 Server 中设置 ICMP 过滤

Windows 2000 Server 提供了“路由与远程访问”服务，但是默认情况下是没有启动的，因此首先要启动它：点击“管理工具”中的“路由与远程访问”，启动设置向导。在其中选择“手动配置服务器”项，点击“下一步”按钮。稍等片刻后，系统会提示“路由和远程访问服务现在已被安装。要开始服务吗？”点击“是”按钮启动服务。

服务启动后，在计算机名称的分支下会出现一个“IP 路由选择”，点击它展开分支，再点击“常规”，会在右边出现服务器中的网络连接（即网卡）。用鼠标右键点击要配置的网络连接，在弹出的菜单中点击“属性”，会弹出一个网络连接属性的窗口有两个按钮，一个是“输入筛选器”（指对此服务器接受的数据包进行筛选），另一个是“输出筛选器”

（指对此服务器发送的数据包进行筛选），这里应该点击“输入筛选器”按钮，会弹出一个“添加筛选器”窗口，再点击“添加”按钮，表示要增加一个筛选条件。

在“协议”右边的下拉列表中选择“ICMP”，在随后出现的“ICMP 类型”和“ICMP 编码”中均输入“255”，代表所有的 ICMP 类型及其编码。ICMP 有许多不同的类型（Ping 就是一种类型），每种类型也有许多不同的状态，用不同的“编码”来表示。因为其类型和编码很复杂，这里不再叙述。

点击“确定”按钮返回“输入筛选器”窗口，此时会发现“筛选器”列表中多了一项内容。点击“确定”按钮返回“本地连接”窗口，再点击“确定”按钮，此时筛选器就生效了，从其他计算机上 Ping 这台主机就不会成功了。

(2) 用防火墙设置 ICMP 过滤

现在许多防火墙在默认情况下都启用了 ICMP 过滤的功能。如果没有启用，只要选中“防御 ICMP 攻击”、“防止别人用 Ping 命令探测”就可以了。

6.2 子网划分

子网的划分，实际上就是设计子网掩码的过程，用于主机的一般为前 A、B、C 三类地址。其中 A 类网络有 126 个，每个 A 类网络可能有 16 777 214 台主机，它们处于同一广播域。一方面，在同一广播域中有这么多结点是不可能的，网络会因为广播通信而饱和，结果造成 16 777 214 个地址大部分没有分配出去，形成了浪费。而另一方面，随着互联网应用的不断扩大，IP 地址资源越来越少。为了实现更小的广播域并更好地利用主机地址中的每一位，可以把基于类的 IP 网络进一步分成更小的网络，每个子网由路由器界定并分配一个新的子网网络地址，子网地址是借用基于类的网络地址的主机部分创建的。

6.2.1 子网掩码

什么是子网掩码？为了确定 IP 地址的网络号和主机号是如何划分的。也就是说在一个 IP 地址中，通过子网掩码来决定哪部分表示网络，那部分表示主机。用“1”代表网络部分，用“0”代表主机部分，如图 6-10 所示。也就是说，计算机通过 IP 地址和掩码才

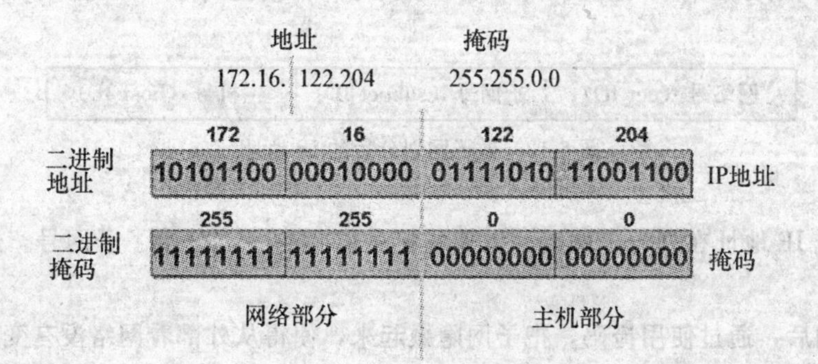

图 6-10 IP 地址和子网掩码

能知道自己是在哪个网络中。所以子网掩码很重要，必须配置正确，否则，就得出错误的网络地址了。

1. 子网掩码的概念

[RFC 950] 定义了子网掩码的使用，子网掩码是由 4 个十进制数值组成的地址，用于屏蔽 IP 地址的一部分，以区别网络 ID 和主机 ID，并说明该 IP 地址是在局域网上，还是在远程网上。子网掩码不能单独存在，它必须结合 IP 地址一起使用。

子网掩码的设定必须遵循一定的规则。与 IP 地址相同，子网掩码也是由 32 位二进制数组成，中间用“.”分隔，左边是网络位，用二进制数字“1”表示；右边是主机位，用二进制数字“0”表示。如图 6-10 所示的就是 IP 地址为“172.16.122.204”和子网掩码为“255.255.0.0”的二进制对照。其中，“1”有 16 个，代表与此相对应的 IP 地址左边 16 位是网络号；“0”有 16 个，代表与此相对应的 IP 地址右边 16 位是主机号。这样，子网掩码就确定了一个 IP 地址的 32 位二进制数字中哪些是网络号、哪些是主机号。这对于采用 TCP/IP 协议的网络来说非常重要，只有通过子网掩码，才能表明一台主机所在的子网与其他子网的关系，使网络正常工作。

2. 子网掩码的分类

(1) 缺省子网掩码，即未划分子网。对应的网络号的位都置 1，主机号都置 0。

- A 类网络缺省子网掩码：255.0.0.0
- B 类网络缺省子网掩码：255.255.0.0
- C 类网络缺省子网掩码：255.255.255.0

(2) 自定义子网掩码。将一个网络划分为几个子网，需要每一段使用不同的网络号或子网号，实际上可以认为是将主机号分为两个部分：子网号和子网主机号。形式如下：

- 未做子网划分的 IP 地址：网络号＋主机号（如图 6-11 所示）

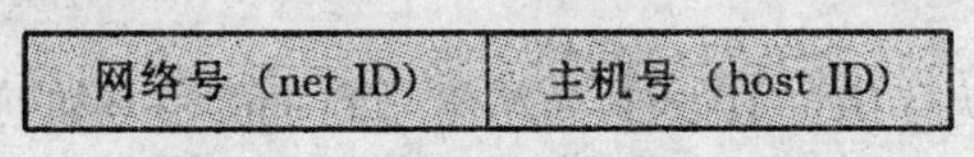

图 6-11 未做子网划分的 IP 地址

- 做子网划分后的 IP 地址：网络号＋子网号＋子网主机号（如图 6-12 所示）

图 6-12 做子网划分后的 IP 地址

也就是说 IP 地址在划分子网后，以前主机号位置的一部分给了子网号，余下的是子网主机号。

划分子网后，通过使用掩码，把子网隐藏起来，使得从外部看网络没有变化，这就是子网掩码。

3. 确定子网掩码数

用于子网掩码的位数决定于可能的子网数目和每个子网的主机数目。在定义子网掩码前，必须弄清楚本来使用的子网数和主机数目。

将子网掩码和IP地址按位进行逻辑“与”运算，得到IP地址的网络地址，剩下的部分就是主机地址，从而区分出任意IP地址中的网络地址和主机地址。子网掩码常用点分十进制表示，还可以用网络前缀法表示子网掩码，即“/〈网络地址位数〉”。如138.96.0.0/16表示B类网络138.96.0.0的子网掩码为255.255.0.0。

子网掩码告知路由器，地址的哪一部分是网络地址，哪一部分是主机地址，使路由器正确判断任意IP地址是否为本网段的，从而正确地进行路由。例如，有两台主机，主机一的IP地址为222.21.160.6，子网掩码为255.255.255.192，主机二的IP地址为222.21.160.73，子网掩码为255.255.255.192。现在主机一要给主机二发送数据，先要判断两个主机是否在同一网段。

主机一

222.21.160.6 即：11011110.00010101.10100000.00000110

255.255.255.192 即：11111111.11111111.11111111.11000000

按位逻辑与运算结果为：11011110.00010101.10100000.00000000

主机二

222.21.160.73 即：11011110.00010101.10100000.01001001

255.255.255.192 即：11111111.11111111.11111111.11000000

按位逻辑与运算结果为：11011110.00010101.10100000.01000000

两个结果不同，也就是说，两台主机不在同一网络，数据需先发送给默认网关，然后再发送给主机二所在网络。那么，假如主机二的子网掩码误设为255.255.255.128，会发生什么情况呢？

将主机二的IP地址与错误的子网掩码相“与”：

222.21.160.73 即：11011110.00010101.10100000.01001001

255.255.255.128 即：11111111.11111111.11111111.10000000

结果为11011110.00010101.10100000.00000000

这个结果与主机一的网络地址相同，主机一与主机二将被认为处于同一网络中，数据不再发送给默认网关，而是直接在本网内传送。由于两台主机实际并不在同一网络中，数据包将在本子网内循环，直到超时并抛弃。数据不能正确到达目的机，导致网络传输错误。

反过来，如果两台主机的子网掩码原来都是255.255.255.128，误将主机二的设为255.255.255.192，主机一向主机二发送数据时，由于IP地址与错误的子网掩码相与，误认为两台主机处于不同网络，则会将本来属于同一子网内的机器之间的通信当做是跨网传输，数据包都交给缺省网关处理，这样势必增加缺省网关的负担，造成网络效率下降。所以，子网掩码不能任意设置，子网掩码的设置关系到子网的划分。

6.2.2 子网划分

子网划分是通过借用IP地址的若干位主机位来充当子网地址从而将原网络划分为若

干子网而实现的。划分子网时，随着子网地址借用主机位数的增多，子网的数目随之增加，而每个子网中的可用主机数逐渐减少。以C类网络为例，原有8位主机位，2^8 即256个主机地址，默认子网掩码255.255.255.0。借用1位主机位，产生 2^1 个子网，每个子网有 2^7 个主机地址；借用2位主机位，产生 2^2 个子网，每个子网有 2^6 个主机地址……根据子网ID借用的主机位数，可以计算出划分的子网数、掩码、每个子网主机数。

子网划分可以说明这一点：在划分了子网后，IP地址的网络号是不变的，因此在局域网外部看来，这里仍然只存在一个网络，即网络号所代表的那个网络；但在网络内部却是另外一个景象，因为每个子网的子网号是不同的，当用划分子网后的IP地址与子网掩码（注意，这里指的子网掩码已经不是缺省子网掩码了，而是自定义子网掩码，是管理员在经过计算后得出的）做“与”运算时，每个子网将得到不同的子网地址，从而实现了对网络的划分（得到了不同的地址，就能区别出各个子网了）。

子网划分有助于以下问题的解决：

(1) 巨大的网络地址管理耗费：一个A类网络的管理员，需要管理数量庞大的主机，这样一定会耗费巨大的网络地址；

(2) 路由器中的选路表的急剧膨胀：当路由器与其他路由器交换选路表时，Internet的负载是很高的，所需的计算量也很高；

(3) IP地址空间有限并终将枯竭：这是一个至关重要的问题，高速发展的Internet，使原来的编址方法不能适应，而一些IP地址却不能被充分的利用，造成了浪费。

因此，在配置局域网或其他网络时，根据需要划分子网是很重要的，有时也是必要的。现在，子网编址技术已经被绝大多数局域网所使用。

如果希望在一个网络中建立子网，就要在这个默认的子网掩码中加入一些位，它减少了用于主机地址的位数。加入到掩码中的位数决定了可以配置的子网。因而，在一个划分了子网的网络中，每个地址包含一个网络地址、一个子网位数和一个主机地址，如图6-13所示。

在图6-13中，子网位来自主机地址的最高相邻位，并从一个网络位组的边界开始，因为默认的子网掩码总是在网络位组的边界处结束。随着主机位中加入子网位的增加，可以从左到右计数，并用和它们位置相关的值。将它们转换为十进制。

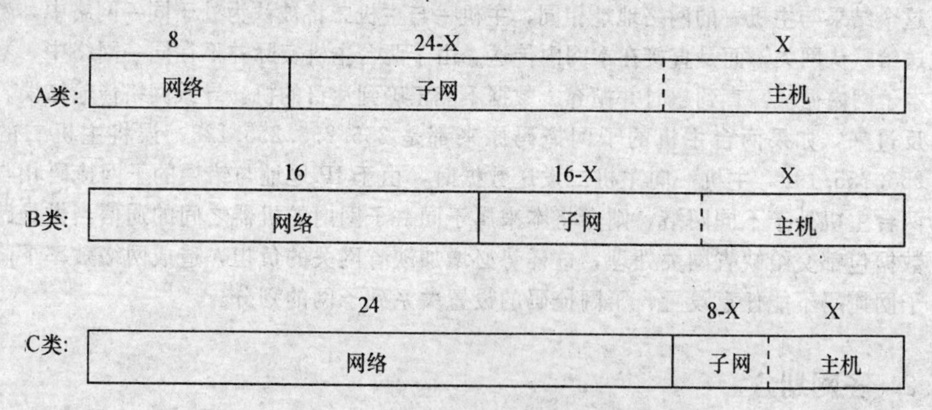

图6-13 子网划分时的地址位数

从每个主机位加入的子网位中，得到子网的对应十进制数，如表6-5所示。

表6-5 子网的对应二进制数、十进制数和可用子网数

加入到子网的位数	二进制数	十进制数	可用子网数
1	10000000	128	2
2	11000000	192	4
3	11100000	224	8
4	11110000	240	16
5	11111000	248	32

在表6-5中，子网数是根据子网位subnet-id计算出来的。若subnet-id有n bit，则共有2^n种可能的排列。

从表6-5可看出，若使用较少比特数的子网号，则每一个子网上可连接的主机数就较大；反之，若使用较多比特数的子网号，则子网的数目较多但每个子网上可连接的主机数就较小。因此可根据网络的具体情况（一共需要划分多少个子网，每个子网中最多有多少个主机）来选择合适的子网掩码。

下面举例说明使用没有子网的子网掩码和使用子网的子网掩码的区别。若有两个B类IP地址172.16.2.160，其默认的子网掩码是255.255.0.0，则完成下面任务。若不使用子网，即只使用默认的子网掩码，其运算过程如表6-6所示；若使用8位子网位，则其运算过程如表6-7所示。

注意：在表6-7中，使用了8位子网位，其子网掩码值从默认的255.255.0.0转变为255.255.255.0，从而使逻辑“与”之后的网络号发生了变化。

表6-6 使用子网掩码运算过程

	网络		主机	
172.16.2.160	10101100	00010000	00000010	10100000
255.255.0.0	11111111	11111111	00000000	00000000
网络号的二进制表示	10101100	00010000	00000000	00000000
网络号的十进制表示	172	16	0	0

表6-7 使用8位子网位运算过程

	网络		主机	
172.16.2.160	10101100	00010000	00000010	10100000
255.255.255.0	11111111	11111111	11111111	00000000
网络号的二进制表示	10101100	00010000	00000010	00000000
网络号的十进制表示	172	16	2	0

6.2.3 无类域间路由 CIDR

由于每年连入 Internet 的主机数成倍增长，因此 Internet 面临 B 类地址匮乏、路由表爆炸和整个地址耗尽等危机。无类域间路由就是为解决这些问题而开发的一种直接的解决方案，它使 Internet 得到足够的时间来等待新一代 IP 协议的产生。

无类别域间路由 CIDR（Classless Inter-Domain Routing）是一个防止 Internet 路由表膨胀的方法，它也称为超网（supernetting）。CIDR 的基本思想是取消 IP 地址的分类结构，将多个地址块聚合在一起生成一个更大的网络，以包含更多的主机。按 CIDR 策略，可采用申请几个 C 类地址取代申请一个单独的 B 类地址的方式来解决 B 类地址的匮乏问题。所分配的 C 类地址不是随机的，而是连续的，它们的最高位相同，即具有相同的前缀，因此路由表就只需用一个表项来表示一组网络地址，这种方法称为“路由表聚类”。CIDR 可以限制路由器中路由表的增大，减少路由通告。同时，CIDR 有助于 IPv4 地址的充分利用。

另外，除了“路由表聚类”措施外，还可以由每个 ISP 从 InterNIC 获得一段地址空间后，再将这些地址分配给用户。ISP 提供给客户 1 个块（block size），类似这样：192.168.10.32/28，这排数字告诉用户子网掩码是多少，/28 代表多少位为 1，最大/32。但是必须知道的一点是：不管是 A 类还是 B 类还是其他类地址，最大可用的只能为/30，即保留 2 位给主机位。

早在业界还在兴建 Internet 的时候，技术人员专注于理解 IP 寻址方法的重要性。人们研究的是 A 类、B 类和 C 地址、子网掩码以及如何计算这些掩码。人们对分类方案非常熟悉，以至经常把街道地址同 IP 地址混为一谈。

1. 分类方案的问题

起初，视网络规模而定，包括 IPv4 地址的 32 位地址空间被分成了五类（见表 6-8 的 IP 地址分类方法）。每类地址包括两个部分：第一个部分识别网络，第二个部分用来识别该网络上某个机器的地址。它们采用点分十进制记法表示，有四组数字，每组代表八位，中间用句点隔开。譬如说 xxx. xxx. xxx. yyy，其中 x 表示网络地址，y 表示该站的号码。分配用来识别网络的比特越多，该网络所能支持的站数就越少，反之亦然。

表 6-8　　原始的 IP 寻址方法主要基于三类地址：A 类、B 类和 C 类地址

IP 地址分类方法					
网络类别	应用	网络位数	主机位数	可提供的网络号	每个网络中的最大主机数
A 类	大型网络	8 位	24 位	1～126	16777214
B 类	中型网络	16 位	16 位	128～191	65534
C 类	小型网络	24 位	8 位	192～223	254
D 类	多播应用	N/A	N/A	224～239	N/A
E 类	保留将来使用	N/A	N/A	240～254	N/A

处在最上端的是A类网络，这专门留给那些结点数最多的网络——准确地说，是16 777 214个结点，A类网络只有126个。B类网络则针对中等规模的网络，但照今天的标准来看，规模仍然相当大：拥有65 534个结点，B类网络有16 384个。然而，大多数分配的地址属于C类地址空间，它最多可以包括254个主机，C类网络超过200万个。

最后两类地址：D类和E类有着特别用途。D类网络用于多播应用；E类网络留给将来使用。

地址分类法带来了两个问题：

(1) 最大一个问题就是这些类别无法体现顾客的需求。一方面，A类地址实在过大，以至浪费了大部分空间；另一方面，C类网络对大多数组织来说实在太小，这意味着大多数组织会请求B类地址，但又没有足够的B类地址可以满足需求。

随着网络地址数量不断增加，ISP和运营商面临的棘手问题也在随之增多。20世纪90年代初促使Internet流量猛增的主角：主干网路由器必须跟踪每一个A类、B类和C类网络，有时建立的路由表长达1万个条目。从理论上来说，路由表大小最多可以设成6万个条目。如果当初网络界不是迅速采取行动的话，估计Internet到1994年就到达极限了。

(2) 第二个问题就是浪费了地址空间。小规模独立网络（譬如20个结点）获得C类地址后，剩余的234个地址却闲置不用。此外，大组织会想方设法采用子网化技术(subnetting)，把自己的A类或B类地址分成更小、更容易管理的地址群。子网能够建立一群群通常与单一网络段相关的网络站，而不是让100万个站连接在一条线路或一个集线器上。更确切地说，子网重新分配了原先用于表示主机地址的部分比特，改而用来表示子网。

假设把一个C类网络当做64个拥有两个结点的网络。头24位则表示C类网络地址，随后6位表示子网，最后2位就表示某机器的号码。Internet上其余设备只会注意C类网络，让内部网络跟踪子网及该站地址。

这办法相当巧妙，但存在一个问题：子网也会导致站地址减少。在每个子网内，两个地址用于广播流量。视结构配置而定，地址数量最多有可能会减少一半。举例说明，一个C类网络通常支持254个末端主机，然而，把C类网络分成64个子网会把可能的地址数量减少到128个末端主机——大约只有可能的地址总数的3%。

2. 淘汰分类方案

解决这些寻址问题的办法就是丢弃分类地址概念。

CIDR利用表示用来识别网络的比特数量的“网络前缀”，取代了A类、B类和C类地址。前缀长度不一，从13位到27位不等，而不是分类地址的8位、16位或24位。这意味着地址块可以成群分配，主机数量既可以少到32个，也可以多到50万个以上。CIDR不再使用“子网”的概念而使用“网络前缀”，使IP地址从三级编址（使用子网掩码）又回到了两级编址，但这已是无分类的两级编址。

CIDR采用“斜线记法”，又称CIDR记法，即在IP地址后面加上一个斜线“/”，然后写上网络前缀所占的比特数（这个数值对应于三级编码中子网掩码中比特1的个数）。例如，128.14.46.34/20，表示在这个32bit的IP地址中，前20bit表示网络前缀，而后面的12bit为主机号。

CIDR 记法有几种等效的形式，例如，10.0.0.0/10 可简写为 10/10，也就是将点分十进制中低位连续的 0 省略。10.0.0.0/10 相当于指出 IP 地址 10.0.0.0 的掩码是 255.192.0.0。

比较清楚的表示方法是直接使用二进制。例如，10.0.0.0/10 可写为

00001010 00xxxxxx xxxxxxxx xxxxxxxx

这里的 22 个可以是任意值的主机号（但全 0 和全 1 的主机号一般不使用）。因此 10/10可表示包含有 2^{22} 个 IP 地址的地址块，这些地址块都具有相同的网络前缀 00001010 00。

另一种简化表示方法是在网络前缀的后面加一个星号 *，如

00001010 00 *

意思是：在星号 * 之前是网络前缀，而星号 * 表示 IP 地址中的主机号，可以是任意值。

对于前缀比特数不是 8 的整数倍时，需要比较小心地对待。

表 6-9 给出了最常用的 CIDR 地址块。表中的 K 表示 2^{10} 即 1 024。网络前缀小于 13 或大于 27 都较少用。

表 6-9　　常用的 CIDR 地址块

CIDR 前缀长度	点分十进制	包含的地址数	包含的分类网络数
/13	255.248.0.0	512K	8 个 B 类或 2 048 个 C 类
/14	255.252.0.0	256K	4 个 B 类或 1 024 个 C 类
/15	255.254.0.0	128K	2 个 B 类或 512 个 C 类
/16	255.255.0.0	64K	1 个 B 类或 256 个 C 类
/17	255.255.128.0	32K	128 个 C 类
/18	255.255.192.0	16K	64 个 C 类
/19	255.255.224.0	8K	32 个 C 类
/20	255.255.240.0	4K	16 个 C 类

从表 6-9 可看出，CIDR 地址块都包含了多个 C 类地址，这就是“构成超网”这一名词的来源。

因为各类地址在 CIDR 中有着类似的地址群，两者之间的转移就相当简单。所有 A 类网络可以转换成/8 CIDR 表项目。B 类网络可以转换成/16，C 类网络可以转换成/24。

CIDR 的优点解决了困扰传统 IP 寻址方法的两个问题，因为以较小增量单位分配地址，这就减少了浪费的地址空间，还具有可伸缩性优点；路由器能够有效地聚合 CIDR 地址。所以，路由器用不着为 8 个 C 类网络广播地址，改而只要广播带有/21 网络前缀的地址，这相当于 8 个 C 类网络，从而大大缩减了路由器的路由表大小。

这办法可行的唯一前提是地址是连续的。不然，就不可能设计出包含所需地址、但排除不需要地址的前缀。为了达到这个目的，超网块（supernet block）即大块的连续地址

就分配给ISP，然后ISP负责在用户当中划分这些地址，从而减轻了ISP自有路由器的负担。

对企业的网络管理人员来说，这意味着他们要证明自己的IP地址分配方案是可行的。在CIDR出现之前，获得网络地址相当容易。但随着可用地址的数量不断减少，顾客只好详细记载预计需求，这过程通常长达3个月。此外，如果是分类地址方法，公司要向Internet注册机构购买地址。然而有了CIDR，就可以向服务提供商租用地址。这就是为什么更换ISP需要给网络设备重新编号，不然就要使用新老地址之间进行转换的代理服务器，这又会严重制约可伸缩性。

CIDR同时还使用一种技术，使最佳匹配总是最长的匹配：即在32bit掩码中，它具有最大值。例如，欧洲的一个服务提供商可能会采用一个与其他欧洲服务提供商不同的接入点，如果给该提供商分配的地址组是从194.0.16.0到194.0.31.255（16个C类网络号），那么可能只有这些网络的路由表项的IP地址是194.0.16.0，掩码为255.255.240.0（0xFFFFF000）。发往194.0.22.1地址的数据包将同时与这个路由表表项和其他欧洲C类地址的表项进行匹配。但是由于掩码255.255.240比254.0.0.0更“长”，因此将采用具有更长掩码的路由表表项。

CIDR是一种新技术，可以减小Internet路由表的大小。该技术最初是针对新的C类地址提出的。这种变化将使Internet路由表增长的速度缓慢下来，但对于现存的选路则没有任何帮助。这是一个短期解决方案。作为一个长期解决方案，如果将CIDR应用于所有IP地址，并根据各洲边界和服务提供商对已经存在的IP地址进行重新分配（且所有现有主机重新进行编址!），那么目前包含10 000网络表项的路由表将会减少成只有200个表项。

6.3 路由选择协议

在通常的术语中，路由就是在所连网络之间转发数据包的过程。对于基于TCP/IP的网络，路由是IP协议的一部分，它与其他网络协议服务结合使用，提供在基于TCP/IP的大型网络中单独网段上的主机之间互相转发的能力。

Internet采用的路由选择协议主要是自适应的（即动态的）分布式路由选择协议。由于以下两个原因，Internet采用分层次的路由选择协议：

(1) Internet的规模非常大，目前已有几百万个路由器互连在一起。如果让所有的路由器知道所有的网络应怎样到达，则这种路由表将非常大，处理起来也太花时间。而所有这些路由器之间交换路由信息所需的带宽就会使Internet的通信链路饱和。

(2) 许多单位不愿意外界了解自己单位网络的布局细节和本部门所采用的路由选择协议（这属于本部门内部的事情），但同时还希望连接到Internet上。

为此，Internet将整个互联网划分为许多较小的自治系统（Autonomous System，AS)。一个自治系统就是一个互联网，其最重要的特点就是自治系统有权自主地决定在本系统内应采用何种路由选择协议。一个自治系统内的所有网络都属于一个行政单位（例如，一个公司，一所大学，政府的一个部门，等等）来管辖。但一个自治系统的所有路由器在本自治系统内都必须是连通的。如果一个部门管辖两个网络，但这两个网络要通过其他的主干网才能互连起来，那么这两个网络并不能构成一个自治系统。它们还是两个自治系统。这样，Internet 就把路由选择协议划分为两大类，即：

(1) 内部网关协议 IGP (Interior Gateway Protocol) 即在一个自治系统内部使用的路由选择协议，而这与在互联网中的其他自治系统选用什么路由选择协议无关。目前这类路由选择协议使用得最多，如 RIP、OSPF 和 IGRP 协议。

(2) 外部网关协议 EGP (External Gateway Protocol) 若源站和目的站处在不同的自治系统中（这两个自治系统使用不同的内部网关协议），当数据包传到一个自治系统的边界时，就需要使用一种协议将路由选择信息传递到另一个自治系统中。这样的协议就是外部网关协议 EGP。在外部网关协议中目前使用最多的是 BGP-4。

6.3.1 路由器和路由表

路由是指把数据从一个地方传送到另一个地方的行为和动作，而路由器，正是执行这种行为动作的机器，它的英文名称为 Router，是一种连接多个网络或网段的网络设备，它能将不同网络或网段之间的数据信息进行“翻译”，以使它们能够相互“读懂”对方的数据，从而构成一个更大的网络。

1. 路由器

TCP/IP 网段由 IP 路由器互相连接，IP 路由器是从一个网段向其他网段传送 IP 数据包的设备。这个过程叫做 IP 路由。

路由器的一个作用是连通不同的网络，另一个作用是选择信息传送的线路。选择通畅快捷的近路，能大大提高通信速度，减轻网络系统通信负荷，节约网络系统资源，提高网络系统畅通率，从而让网络系统发挥出更大的效益来。

简单地来讲，路由器主要有以下几种功能：

① 网络互连。路由器支持各种局域网和广域网接口，主要用于互连局域网和广域网，实现不同网络互相通信。

② 数据处理。提供包括分组过滤、分组转发、优先级、复用、加密、压缩和防火墙等功能。

③ 网络管理。路由器提供包括配置管理、性能管理、容错管理和流量控制等功能。

(1) 路由器的工作原理

下面简单地说明路由器的工作原理，现在假设有这样一个简单的网络。如图 6-14 所示，A、B、C、D 四个网络通过路由器连接在一起。

现在来看一下在如图 6-14 所示网络环境下路由器又是如何发挥其路由、数据转发作用的。现假设网络 A 中一个用户 A1 要向 C 网络中的 C3 用户发送一个请求信号时，信号传递的步骤如下：

第 1 步：用户 A1 将目的用户 C3 的地址 C3，连同数据信息以数据帧的形式通过集线器或交换机以广播的形式发送给同一网络中的所有结点，当路由器 A5 端口侦听到这个地址后，分析得知所发目的结点不是本网段的，需要路由转发，就把数据帧

接收下来。

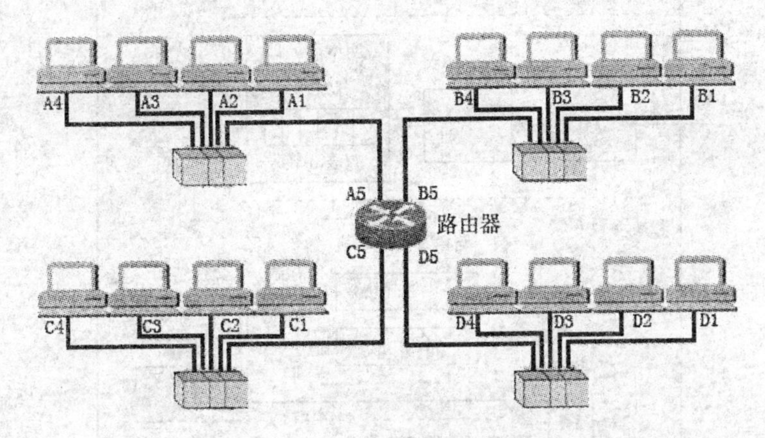

图 6-14 路由器连接的简单网络

第2步：路由器A5端口接收到用户A1的数据帧后，先从包头中取出目的用户C3的IP地址，并根据路由表计算出发往用户C3的最佳路径。因为从分析得知到C3的网络ID号与路由器的C5网络ID号相同，所以由路由器的A5端口直接发向路由器的C5端口应是信号传递的最佳途径。

第3步：路由器的C5端口再次取出目的用户C3的IP地址，找出C3的IP地址中的主机ID号，如果在网络中有交换机则可先发给交换机，由交换机根据MAC地址表找出具体的网络结点位置；如果没有交换机设备则根据其IP地址中的主机ID直接把数据帧发送给用户C3，这样一个完整的数据通信转发过程就完成了。

从上面可以看出，不管网络有多么复杂，路由器其实所做的工作就是这么几步，所以整个路由器的工作原理基本都差不多。当然在实际的网络中还远比图6-14所示的要复杂许多，实际的步骤也不会像上述那么简单，但总的过程是这样的。

从过滤网络流量的角度来看，路由器的作用与交换机和网桥非常相似。但是网桥工作在数据链路层，由于传统局域网采取的是广播方式，因此容易产生“广播风暴”；而路由器工作在网络层可以有效地将多个局域网的广播通信量相互隔离开来，使得互联的每一个局域网都是独立的子网；路由器与工作在网络物理层，从物理上划分网段的交换机也不同，路由器使用专门的软件协议从逻辑上对整个网络进行划分。例如，一台支持IP协议的路由器可以把网络划分成多个子网段，只有指向特殊IP地址的网络流量才可以通过路由器。对于每一个接收到的数据包，路由器都会重新计算其校验值，并写入新的物理地址。因此，使用路由器转发和过滤数据的速度往往要比只查看数据包物理地址的交换机慢。但是，对于那些结构复杂的网络，使用路由器可以提高网络的整体效率。路由器的另外一个明显优势就是可以自动过滤网络广播。从总体上说，在网络中添加路由器的整个安装过程要比即插即用的交换机复杂很多。

(2) 路由器的构成

路由器具有四个要素（如图6-15所示）：输入端口、输出端口、交换开关和路由处理器。

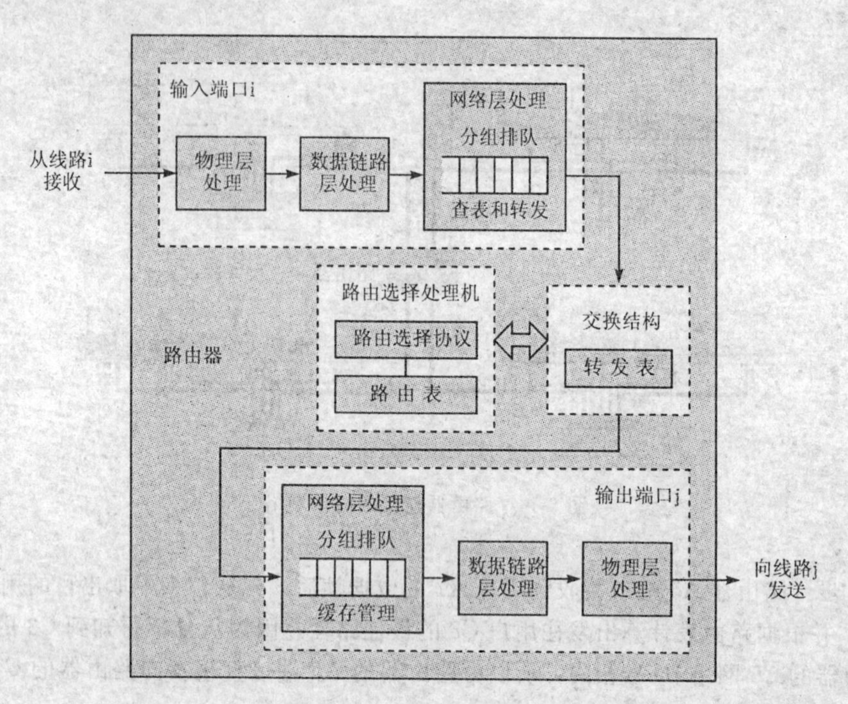

图 6-15　路由器的结构

① 输入端口，是物理链路和输入包的进口处。端口通常由线卡提供，一块线卡一般支持 4、8 或 16 个端口，一个输入端口具有许多功能。第一，进行数据链路层的封装和解封装；第二，在转发表中查找输入包目的地址从而决定目的端口（称为路由查找），路由查找可以使用一般的硬件来实现，或者通过在每块线卡上嵌入一个微处理器来完成。第三，为了提供 QoS（服务质量），端口要对收到的包分成几个预定义的服务级别。第四，端口可能需要运行诸如 SLIP（串行线网际协议）和 PPP（点对点协议）这样的数据链路级协议或者诸如 PPTP（点对点隧道协议）这样的网络级协议。一旦路由查找完成，必须用交换开关将包送到其输出端口。如果路由器是输入端加队列的，则有几个输入端共享同一个交换开关。这样输入端口的最后一项功能是参加对公共资源（如交换开关）的仲裁协议。

② 交换开关，可以使用多种不同的技术来实现。迄今为止使用最多的交换开关技术是总线、交叉开关和共享存储器。最简单的开关使用一条总线来连接所有输入和输出端口，总线开关的缺点是其交换容量受限于总线的容量以及为共享总线仲裁所带来的额外开销。交叉开关通过开关提供多条数据通路，具有 $N \times N$ 个交叉点的交叉开关可以被认为具有 $2N$ 条总线。如果一个交叉是闭合，输入总线上的数据在输出总线上可用，否则不可用。交叉点的闭合与打开由调度器来控制，因此，调度器限制了交换开关的速度。在共享存储器路由器中，进来的包被存储在共享存储器中，所交换的仅是包的指针，这提高了交换容量，但是，开关的速度受限于存储器的存取速度。尽管存储器容量每 18 个月能够翻一番，但存储器的存取时间每年仅降低 5%，这是共享存储器交换开关的一个固有限制。

③ 输出端口，在包被发送到输出链路之前对包存储，可以实现复杂的调度算法以支

持优先级等要求。与输入端口一样，输出端口同样要能支持数据链路层的封装和解封装，以及许多较高级协议。

④ 路由处理器，计算转发表实现路由选择协议，并运行对路由器进行配置和管理的软件。同时，它还处理那些目的地址不在线卡转发表中的包。

目前，生产路由器的厂商，国外主要有 CISCO（思科）公司、北电网络等，国内厂商包括华为等。

不管使用哪种类型的 IP 路由器，所有的 IP 路由都依靠路由表在网段之间通信。

2. 路由表

路由器的主要工作就是为经过路由器的每个数据帧寻找一条最佳传输路径，并将该数据有效地传送到目的站点。由此可见，选择最佳路径的策略即路由算法是路由器的关键所在。为了完成这项工作，在路由器中保存着各种传输路径的相关数据——路由表(routing table)，供路由选择时使用。打个比方，路由表就像平时使用的地图一样，标识着各种路线，路由表中保存着子网的标志信息、网上路由器的个数和下一个路由器的名字等内容。

TCP/IP 主机使用路由表维护有关其他 IP 网络及 IP 主机的信息。网络和主机用 IP 地址和子网掩码来标识。另外，由于路由表对每个本地主机提供关于如何与远程网络和主机通信的所需信息，因此路由表是很重要的。

对于 IP 网络上的每台计算机，可以使用与本地计算机通信的其他每个计算机或网络的项目来维护路由表。通常这是不实际的，因此可改用默认网关（IP 路由器）。

当计算机准备发送 IP 数据包时，它将自己的 IP 地址和接收者的目标 IP 地址插入到 IP 包头。然后计算机检查目标 IP 地址，将它与本地维护的 IP 路由表相比较，根据比较结果执行相应操作。该计算机将执行以下三种操作之一：

- 将数据包向上传到本地主机 IP 之上的协议层；
- 经过其中一个连接的网络接口转发数据包；
- 丢弃数据包。

IP 在路由表中搜索与目标 IP 地址最匹配的路由。从最特定的路由到最不特定的路由，按以下顺序进行搜索：

- 与目标 IP 地址匹配的路由（主机路由）；
- 与目标 IP 地址的网络 ID 匹配的路由（网络路由）；
- 默认路由。

如果没有找到匹配的路由，则 IP 丢弃该数据包。

路由表可以是由系统管理员固定设置好的，也可以由系统动态修改，可以由路由器自动调整，也可以由主机控制。在路由器中涉及两个有关地址的名字概念，那就是：静态路由表和动态路由表。

(1) 静态路由表

由系统管理员事先设置好固定的路由表称之为静态（static）路由表，一般是在系统安装时就根据网络的配置情况预先设定的，它不会随未来网络结构的改变而改变。

(2) 动态路由表

动态（dynamic）路由表是路由器根据网络系统的运行情况而自动调整的路由表。路由器根据路由选择协议（Routing Protocol）提供的功能，自动学习和记忆网络运行情况，在需要时自动计算数据传输的最佳路径。

路由器通常依靠所建立及维护的路由表来决定如何转发。路由表能力是指路由表内所容纳路由表项数量的极限。由于 Internet 上执行 BGP 协议的路由器通常拥有数十万条路由表项，所以该项目也是路由器能力的重要体现。

运行 TCP/IP 的每台计算机都要决定路由。这些决定由 IP 路由表控制。要显示运行计算机上的 IP 路由表，请在命令提示行中键入“route print”。

表 6-10 就是 IP 路由表的一个典型示例。此示例中的计算机配置如下：

IP 地址：10.0.0.169

子网掩码：255.0.0.0

默认网关：10.0.0.1

表 6-10 **IP 路由表**

描述	网络目标	网络掩码	网关	接口	跃点数
默认路由	0.0.0.0	0.0.0.0	10.0.0.1	10.0.0.169	30
环回网络	127. 0.0.0	255.0.0.0	127. 0.0.1	127. 0.0.1	1
本地网络	10.0.0.0	255.0.0.0	10.0.0.169	10.0.0.169	30
本地 IP 地址	10.0.0.169	255.255.255.255	127. 0.0.1	127. 0.0.1	30
多播地址	224.0.0.0	240.0.0.0	10.0.0.169	10.0.0.169	30
受限的广播地址	255.255.255.255	255.255.255.255	10.0.0.169	10.0.0.169	1

路由表根据计算机的当前 TCP/IP 配置自动建立。每个路由在显示的表中占一行。计算机将在路由表中搜索与目标 IP 地址最匹配的项。

如果没有其他主机或网络路由符合 IP 数据包中的目标地址，您的计算机将使用默认路由。默认路由通常将 IP 数据包（没有匹配或明确的本地路由）转发到本地子网上的路由器的默认网关地址。在前面的范例中，默认路由将数据包转发到网关地址为 10.0.0.1 的路由器。

由于默认网关对应的路由器包含大型 TCP/IP 网际内部其他 IP 子网的网络 ID 的信息，因此它将数据包转发到其他路由器，直到数据包最终传递到连接指定目标主机或子网的 IP 路由器为止。

以下各节说明 IP 路由表中显示的每一列：网络目标、网络掩码、网关、接口和跃点数。

- 网络目标。使用网络掩码与目标 IP 地址匹配。网络目标地址的范围可以从用于默认路由的 0.0.0.0 到用于受限广播的 255.255.255.255，后者是到同一网段上所有主机的特殊广播地址。
- 网络掩码。当子网掩码符合网络目标地址中的值时，应用到目标 IP 地址的子网掩码。用二进制写入网络掩码时，1 必须匹配，而 0 不需要匹配。例如，默认路

由使用可转换为二进制值 0.0.0.0 的网络掩码 0.0.0.0，所以不需要匹配位。主机路由使用可转换为二进制值 11111111.11111111.11111111.11111111 的网络掩码 255.255.255.255，所以所有位都必须匹配。

- 网关。网关地址是本地主机用于向其他 IP 网络转发 IP 数据包的 IP 地址。可以是本地网络适配器的 IP 地址，也可以是本地网段上 IP 路由器（如默认网关路由器）的 IP 地址。
- 接口。是本地计算机上为 IP 数据包在网络上转发时所使用的本地网络适配器配置的 IP 地址。
- 跃点数。表示使用路由的开销，通常是到 IP 目标位置的跃点数目。本地子网上的任何设备都是一个跃点，其后经过的每个路由器是另一个跃点。如果到同一目标有不同跃点数的多个路由，则选择跃点数最低的路由。

6.3.2 静态路由

1. 静态路由

静态路由是指由网络管理员手工配置的路由信息。当网络的拓扑结构或链路的状态发生变化时，网络管理员需要手工去修改路由表中相关的静态路由信息。静态路由信息在缺省情况下是私有的，即它不会传递给其他的路由器。当然，也可以通过对路由器进行设置使之成为共享的。静态路由一般适用于比较简单的网络环境，因为在这样的环境中，网络管理员易于清楚地了解网络的拓扑结构，便于设置正确的路由信息。

在图 6-16 中，假设 Network1 之外的其他网络需要访问 Network1 时必须经过路由器 A 和路由器 B，则可以在路由器 A 中设置一条指向路由器 B 的静态路由信息，这样做的好处在于可以减少路由器 A 和路由器 B 之间 WAN 链路上的数据传输量，因为使用静态路由后，路由器 A 和 B 之间没有必要进行路由信息的交换。

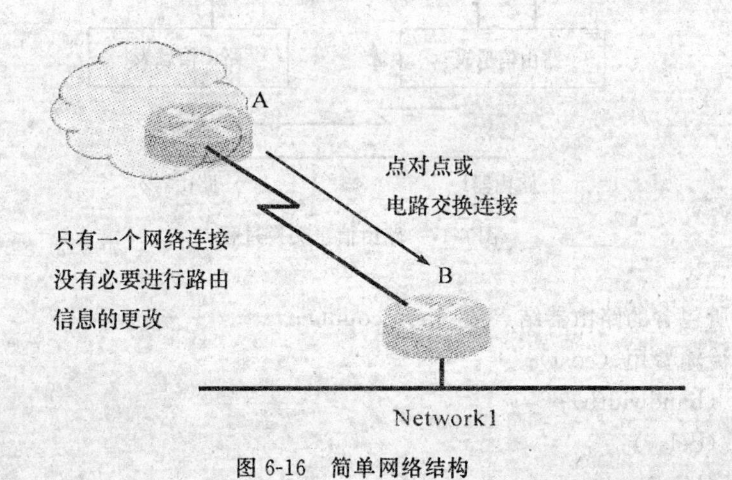

图 6-16 简单网络结构

在一个支持 DDR（dial-on-demand routing）的网络中，拨号链路只在需要时才拨通，因此不能为动态路由信息表提供路由信息的变更情况。这种情况下，也适合使用静态路由。

使用静态路由的另一个好处在于其安全保密性。使用动态路由时，需要路由器之间频繁地交换各自的路由表，而通过对路由表的分析可以揭示网络的拓扑结构和网络地址等信息，因此，出于安全方面的考虑也可以采用静态路由。

在大型和复杂的网络环境中，往往不宜采用静态路由。一方面，因为网络管理员难以全面地了解整个网络的拓扑结构；另一方面，当网络的拓扑结构和链路状态发生变化时，需要大范围地调整路由器中的静态路由信息，这一工作的难度和复杂程度是可想而知的。

2. 动态路由

动态路由使路由器能够自动地建立起自己的路由表，并且能够根据情况的变化适时地进行调整。

动态路由机制的运作依赖路由器的两个基本功能：

- 对路由表的维护；
- 路由器之间适时的路由信息交换。

前面提到，路由器之间的路由信息交换是基于路由协议实现的。通过图 6-17 可以直观地看到路由信息交换的过程。交换路由信息的最终目的在于通过路由表找到一条数据交换的“最佳”路径。每一种路由算法都有其衡量“最佳”的一套原则。大多数算法使用一个量化的参数来衡量路径的优劣，一般说来，参数值越小，路径越好。该参数可以通过路径的某一特性进行计算，也可以在综合多个特性的基础上进行计算，几个比较常用的特征是：

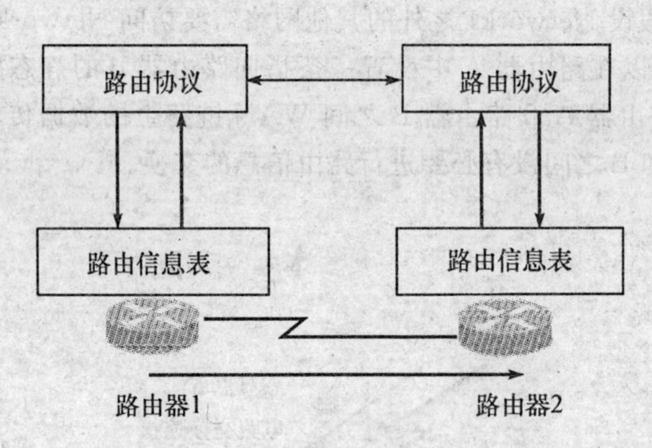

图 6-17　路由信息交换过程

- 路径所包含的路由器结点数（hop count）；
- 网络传输费用（cost）；
- 带宽（bandwidth）；
- 延迟（delay）；
- 负载（load）；
- 可靠性（reliability）；

- 最大传输单元 MTU（maximum transmission unit）。

静态路由相比较于动态路由更能够在路由选择行为上进行控制。可以人为的控制数据的行走路线，所以在某些场合必须使用（如军队通信等）。

6.3.3 内部网关协议

在主干 IP 网际网中，可以使用一些不同的路由协议。这些协议允许状态和拓扑信息在 IP 路由器之间共享，以此提高吞吐量和运行效率。表 6-11 列出了主要的内部网关协议。

1. 路由信息协议 RIP

路由信息协议（Routing Information Protocol，RIP）是一种古老但仍被广泛使用的内部网关协议。RIP 基于一个简单的向量-距离算法。路由表中每个到达目的地的路径都有一个预期的距离，以路径上所有驿站的个数来计算。协议提供对本地路由表的更新，以便能选择到达目的主机的最短路径。

RIP 将协议的参加者分为两大类：主动机（active）和被动机（passive）。主动结点通常是路由器，每隔 30s 向网络广播路由刷新报文，被动结点（通常是主机）和主动结点都收听 RIP 报文，必要时更新它们自己的路由表。报文内容来自发送者本地的路由表，包含许多项（即，IP 地址和以驿站数计的距离）。如果到达某目的地址的新路径具有更短的距离，则以新路径代替旧路径。在每个报文中指定了所有的路径。如果在 3min 内未收到该路由的刷新信息，则认为该路径崩溃，并将它从路由表中删除。

表 6-11　　主要的内部网关协议

主要的内部网关协议 IGP	说　明
路由信息协议 RIP	是 IGP 中使用得最广泛的一个，基于距离向量的分布式路由选择协议。 优点：简单； 缺点：网络规模受限，不能将网络扩大到大型或特大型网际网络，好消息传播得快，坏消息传播得慢
HELLO 协议	基于路由的网络时延，而不是基于路由的距离。 优点：有利于网络响应时间敏感的用户； 缺点：路由表需要人工配置
开放最短路径优先 OSPF	新一类链路状态内部协议的一部分。 优点：更新过程收敛得快； 缺点：复杂
内部网关路由协议 IGRP	基于距离向量算法的 IGP。 优点：可靠的路由方案，允许多路径路由，利用计时器来控制路由选择

RIP 具有一些严重的局限性，并且可能不稳定，尤其是在大型的和/或变化快速的网络中。一个不稳定的主要因素是由它发送路由表刷新报文的延时引起的。这可能导致网络

信息的不一致性。

如前所述，RIP 使用到达目的地的距离（驿站的个数）的概念。到达任何目的地的最大距离是 15，如果大于 15，就被认为该路径是不可到达的。在实际中，驿站数 16 被用来表示一个不可到达的目的地。这个数目限制了使用 RIP 的网络的规模。即使符合这个限制的中等规模的网络，RIP 的工作也可能会产生问题。

有两个方法来提高 RIP 的操作：

(1) 触发刷新法（trigger updates）——要求一个参与的结点在检测到一个距离度量变化后立即发送刷新信息，从而加速刷新过程。

(2) 分割范围法（split horizon）——这个技术涉及从结点的路由表中删除冗余项。

RIP 使用广播技术。意思是说网关每隔一定时间要把路由表广播给其他网关。这也是 RIP 的一个问题，因为这会增加网络流量，降低网络性能。

2. 开放最短路径优先算法

开放路径优先算法（Open Shortest Path First，OSPF）是更先进的链路状态路由协议的一个例子。

为了使 OSPF 能够用于规模很大的网络，OSPF 使用层次结构的区域划分，将一个自治系统再分成几个区，叫做区域。

- 划分区域的好处就是将利用洪泛法交换链路状态信息的范围局限于每一个区域而不是整个的自治系统，这就减少了整个网络上的通信量。
- 在一个区域内部的路由器只知道本区域的完整网络拓扑，而不知道其他区域的网络拓扑的情况。

每个区域按顺序编号，0 区被指定为 OSPF 主干区（backbone area）。主干区的标识符规定为 0.0.0.0。主干区域的作用是用来连通其他在下层的区域，如图 6-18 所示。每个区中的路由器一起工作来维护它们自己区域中的拓扑结构，而与其他区无关。这个拓扑信息保存在一个链路状态数据库中，相同的拷贝存储在区域中的每个结点中。拓扑数据库由记录组成，每个记录以指定的度量来描述每个链路，在这方面，OSPF 比 RIP 能对路由施加更多的控制。

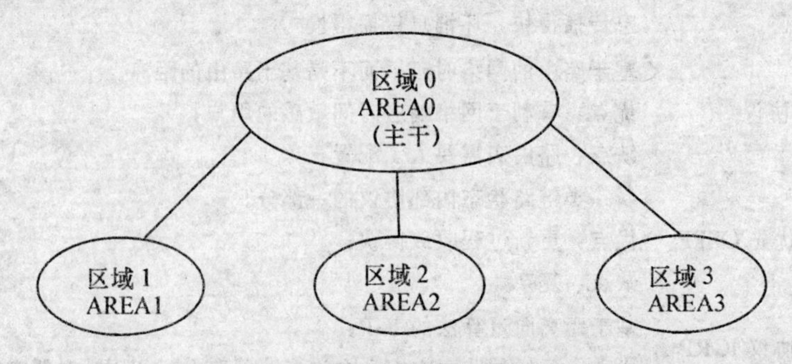

图 6-18　自治系统中的 OSPF 区概念

描述网络改变状态的报文在路由器之间交换时，不像 RIP 那样广播完整的路由表更新，而只报告必要的网络拓扑修改。每个结点上的拓扑数据库随后就可以被更新。

在一个本地物理网络中，功能职责可以再被细分。当多个路由器连到一个网络上时(即，多路存取网络)，只有一个路由器被选择作为指定路由器，这个路由器与其他路由器建立连接，使它们知道网络变化。当网络启动时，参与的路由器要经过五个步骤，包括查找本地路由器、选择一个指定的路由器（并且建立邻接关系）、多路数据库同步以及建立本地路由表。

一个OSPF区内的路由器共享它们区内的公共信息。区域通过自治系统的边界路由器相连接。这里，区与区之间只有有限的信息需要交换，由边界路由器来连接分离的自治系统。

3. 内部网关路由协议

内部网关路由协议（IGRP）是一种在自治系统（AS）中提供路由选择功能的路由协议。在20世纪80年代中期，最常用的内部路由协议是路由信息协议（RIP)。尽管RIP对于实现小型或中型同机种互联网络的路由选择是非常有用的，但是随着网络的不断发展，其受到的限制也越加明显。思科路由器的实用性和IGRP的强大功能性，使得众多小型互联网络组织采用IGRP取代了RIP。早在20世纪90年代，思科就推出了增强的IGRP，进一步提高了IGRP的操作效率。

IGRP是一种距离向量（distance vector）内部网关协议（IGP)。距离向量路由选择协议采用数学上的距离标准计算路径大小，该标准就是距离向量。距离向量路由选择协议通常与链路状态路由选择协议（Link-State Routing Protocols）相对，这主要在于：距离向量路由选择协议是对互联网中的所有结点发送本地连接信息。

IGRP使用组合计量标准（向量)，它将互联网络的延迟、带宽、可靠性和负载通过加权计入路由选择向量。IGRP既可以使用管理员设置的加权系数，也可以使用缺省的加权系数自动计算优化路由。IGRP为这些计量标准提供了一个很宽的选择范围，网络的可靠性和负载可用1～255来衡量，带宽可在1 200bps～10Gbps之间，延迟可分为1～24个等级。网络管理员能通过设置这些权值因子来影响路由选择。

IGRP允许多路径路由，两条同样带宽的线路可轮流传数据，如果一条线路关闭，它将自动切换到另一条线路。在路径量度标准不同的情况下，多路径路由仍可以使用。例如，一条路径的计量标准是其他路径的1/3，那么它比其他路径好3倍，即它比其他路径的利用率高3倍。只有用最佳路由计量标准计算出的路径才能作为多路径使用。

IGRP协议利用计时器来控制路由选择，如更新计时器、无效计时器、占线计时器和清除计时器。更新计时器指定了路由更新消息发送的频率，IGRP更新周期为90s。无效计时器指定一个路由器等待的时间，时间一过即宣布这个指定的路由无效，这一变量的缺省值3倍于更新周期，即270s。占线时间变量为指定占线的期限，IGRP中缺省值为更新周期×3＋10s，即280s。清除计时器指定了一个路由从路由选择表中被清除之前占线的时间，IGRP中该值默认为路由选择更新周期的7倍。

6.3.4 外部网关协议

外部网关协议（EGP）用于在非核心的相邻网关之间传输信息。非核心网关包含互联网络上所有与其直接相邻的网关的路由信息及其所连机器信息，但是它们不包含 Internet 上其他网关的信息。对绝大多数 EGP 而言，只限制维护其服务的局域网或广域网信息。这样可以防止过多的路由信息在局域网或广域网之间传输。EGP 强制在非核心网关之间交流路由信息。在外部网关协议中目前使用最多的是 BGP 协议。

BGP 是一个对外网关协议（EGP），它假定自治系统内部的选路已经通过自治系统内的选路协议完成，这意味着它在自治系统或域间执行路由选择，并交换其他 BGP 系统的路由选择和可达性信息。BGP 是侧重于确定地址路径的协议。

BGP 用来在不同自治系统的路由器之间交换路由信息。从 BGP 路由器的观点来看，整个 Internet 由一些 BGP 路由器及其连接线路组成。若两个 BGP 路由器共享一个公共的网络，则称它们是连接在一起的。BGP 将网络划分为以下三类：

与 BGP 只有一个连接的网络，它不能用来转发数据包。

- 与 BGP 有两个或更多连接的网络，它可用来转发数据包。
- 能够转发第三方数据包的转发网络，例如主干网。当然这也可能有某些限制。

两个 BGP 路由器在进行通信时先要建立 TCP 连接。这种可靠的通信将底层网络中的所有细节都屏蔽了。

BGP 基本上是一个距离向量协议，它和其他的距离向量协议（如 RIP）有很大的区别。BGP 不是保留到每一个目的站的完整路由，也不是把到每一个可能的目的站的费用周期性地通知其邻站，而是将它使用的每一个路由告诉其邻站。

BGP 具备以下三个功能过程。即

- 邻站探测；
- 邻站可达性；
- 网络可达性。

开发 BGP 是为了替代它先前的产品，即已经过时的对外网关协议（EGP），BGP 作为标准的对外网关路由协议已在全球互联网络上使用。BGP 解决了 EGP 的一系列问题。现在 BGP 协议已发展到第 4 版 BGP-4。

BGP-4 共使用四种报文，即

- Open 报文，用来与相邻的另一个路由器建立关系；
- Update 报文，用来发送某一路由的信息以及列出要撤销的多条路由；
- Keepalive 报文，用来确认 Open 报文，和周期性地证实邻站关系；
- Notification 报文，用来发送检测到的差错。

6.4 IP 组播

IP 组播是把数据传输给一些主机，一个或多个主机由一个 IP 地址表示。组播像平常的 IP 传输一样以最佳的方式将数据传输给所有的主机。组的成员中动态的，成员可以在任何时间加入一个组或离开一个组。组的大小和位置没有限制。一个主机可以是多个组的成员。组可以是永久的，也可以是临时的，永久的组有一个公证的分配好的 IP 地址，组内的成员数也可以为 0。有一些组播地址是保留用于临时组的，只有组内有成员时组才存

在。网络上传输组播数据包时是通过组播路由器进行的，组播路由器可以和网关一起，也可以和网关分离。主机在传输IP组播数据包时将它作为本地网络组播进行，本地网络组播向直接相邻的主机传送数据包。如果数据包的IP生存期大于1，组播路由器负责转发此数据包到组内的其他成员所在的网络。在IP生存期内能够达到的网络上，相应的组播路由器进行本地组播完成全部的组播过程。

近年来，随着Internet的迅速普及和爆炸性发展，在Internet上产生了许多新的应用，其中不少是高带宽的多媒体应用，譬如网络视频会议、网络音频/视频广播、AOD/VOD、股市行情发布、多媒体远程教育、CSCW协同计算、远程会诊。这就带来了带宽的急剧消耗和网络拥挤问题。为了缓解网络瓶颈，人们提出各种方案，归纳起来，主要包括以下四种：

- 增加互连带宽；
- 服务器的分散与集群，以改变网络流量结构，减轻主干网的瓶颈；
- 应用QoS机制，把带宽分配给一部分应用；
- 采用IP Multicast（译为组播、多播或多路广播）技术。

比较而言，IP组播技术有其独特的优越性——在组播网络中，即使用户数量成倍增长，主干带宽不需要随之增加。这个优点使它成为当前网络技术中的研究热点之一。

6.4.1 IP组播及应用

1. IP组播的概念

IP组播是利用一种协议将IP数据包从一个源传送到多个目的地，将信息的拷贝发送到一组地址，到达所有想要接收它的接收者。IP组播是将IP数据包“尽最大努力”传输到一个构成组播群组的主机集合，群组的各个成员可以分布于各个独立的物理网络上。IP组播群组中成员的关系是动态的，主机可以随时加入和退出群组，群组的成员关系决定了主机是否接收送给该群组的组播数据包，不是某群组的成员主机也能向该群组发送组播数据包。

同单播（unicast）或广播（broadcast）相比，组播效率非常高，因为任何给定的链路至多用一次，可以节省网络带宽和资源。以一个例子来说明，建立一个视频服务器和远端网络的通信，网络中有N个用户，对于一个全动全屏图像，一个视频信息流需要占用1.5Mbps的带宽。

一个单播（unicast）环境里，视频服务器依次送出N个信息流，由网络中的用户接收，共需要1.5M×Nbps的带宽；如果服务器处于10M的以太网内，6～7个信息流就占满了带宽；若在一个高速的以太网里，最多只能容纳250～300个1.5Mbps的视频流，所以服务器与主机接口间的容量是一个巨大的瓶颈。

在一个组播（multicast）环境里，不论网络中的用户数目有多少，服务器发出的一个视频流，由网络中的路由器或交换器同时复制出N个视频流，广播到每个用户，仅需1.5Mbps的带宽。

可见，IP组播能够有效地节省网络带宽和资源，管理网络的增容和控制开销，大大减轻发送服务器的负荷，达到发送信息的高性能。

另外，组播传送的信息能同时到达用户端，时延小，且网络中的服务器不需要知道每个客户机的地址，所有的接收者使用一个网络组播地址，可实现匿名服务；并且 IP 组播具有可升级性，与新的 IP 协议和业务能相兼容。

2. IP 组播技术的特点

(1) 群地址

在组播网中，每个组播群组拥有唯一的组播地址（D类地址），一部分 IP 组播地址是由 Internet 管理机构分配的，其他的组播地址作为暂时地址被用户使用；组播数据包可以送到标识目的组机的组地址，发送者不必知道有哪些组成员，它自己不必是组成员，对组成员中的主机的数目和位置也没有限制。主机不需和组成员以及发送者商量，可以任意加入和离开组播组；使用组地址，不必知道主机指定的位置，可以找到具有此组播地址的任何资源和服务器，在动态变化的信息提供者中搜寻到需要的信息，或者发布信息到任意大小的可选用户群。

(2) 规模可扩展性

如果网络速率提高，广域组播网络的容量需要扩大，后来产生的组播路由算法和协议如 PIM-DM、PIM-SM、CBT 都支持网络规模的扩展，而上述的群地址和动态性也是适应规模可扩展性的另一方面。

(3) 健壮性

IP 组播网络使用的路由协议和算法能适应网络路由动态变化，它采用软件状态刷新机制，制作路由备份等方法，来维护群组成员之间的连接，加强网络的健壮性。

(4) 路由算法的独立性

组播路由算法和协议独立于单播路由使用的协议，但又依靠现存的单播路由表，在域内适应网络拓扑的变化，动态生成组播树。

(5) 组播生成树的灵活性

组播生成树的形成与发送者和接收者的分布、网络的流量状况及组成员的动态性有关，且组播生成树也反映了不同的组播路由算法和组播应用。灵活的组播生成树有利于数据包的传送，不容易造成网络的拥塞。

3. IP 组播技术

IP 组播地址分配

在组播网内，一个组播群组指定为一个 D 类地址。使用点分十进制表示发来描述组播地址的范围是：224.0.0.0 到 239.255.255.255。但是地址 224.0.0.0 是保留的，它不能赋给任何群组。

在组播通信模型中，需要两种新型地址：一个 IP 组播地址和一个 Ethernet 组播地址，IP 组播地址表示着一组接收者，它们要接收发给整个组的数据；由于 IP 包封装在 Ethernet 帧内，所以还需要一个 Ethernet 组播地址。为使组播模型正常工作，主机应能同时接收单播和组播数据，主机需要多个 IP 地址和 Ethernet 地址，其中单播 IP 和 Ethernet 地址用于单播通信，而 Ethernet 组播地址用于组播通信；如果主机不准备接收

组播地址，就设置为零组播地址。所以，单播和组播地址之间的主要差异在于每个主机都有一个唯一的单播地址，组播地址则不然。

将D类IP地址映射为Ethernet MAC地址是由数据链路层完成的。从组播映射到令牌环网络第2层地址的过程，是CISCO路由器采取的工作程序，而Ethernet及FDDI网络从组播到第2层的映射相当直接。

在映射过程中，组IP地址中共有9位不参与替换，包括高位字节8位以及紧接在该字节后面的一个标志位，其中最开始的四位1110表示属于D类IP地址，剩下23位进行替换，将IP组播地址中的低23位取代Ethernet组播地址01：00：5E：00：00：00的低23位。因此，有5位真正不参与映射，无论这些位的值是什么，组播Ethernet地址都是相同的。由于5个位共可以有32种不同的组合，所以映射并不具有唯一性。

4. IP组播的应用

随着各种业务在Internet上的相继开展。IP组播技术和应用开始快速发展。这里主要分析IP组播技术在视频业务中的应用。

如果要将组播通信应用在视频网络中，网络里的发送和接收主机、网络路由器以及它们之间的网络结构必须支持组播，防火墙设置成允许组播通过。

如图6-19所示，每个结点主机需有一个网络接口卡（NIC）要能支持组播，能有效滤出由网络层IP组播地址被映射成的数据链路层地址；需装有加入组播组请求的IGMP协议的软件以和路由器通信加入组播群；需有支持IP组播传送和接收的TCP/IP协议栈；再装上如视频会议这样的组播应用软件，主机就可以进入组播组进行组播通信。若发送音频，主机需要一个麦克风和相应的音频软件；若发送视频，主机需要帧控制卡和摄像机。例如，SUN工作站需要VideoPix卡发送视频流，另外帧控制卡的品牌有Parallax和J300型。

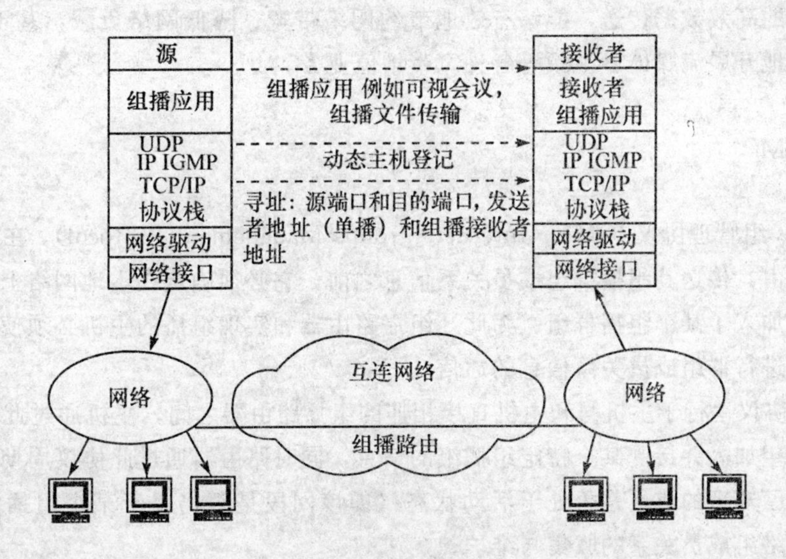

图6-19 IP组播通信应用

如图 6-20 所示，在视频网络中 IP 组播通信过程如下：

(1) 主机送出一条 IGMP 加入消息到相邻路由器，主机的 MAC 地址映射为将要加入的 D 类组地址，并包含在 IGMP 数据包中，路由器知道主机想加入组播组。

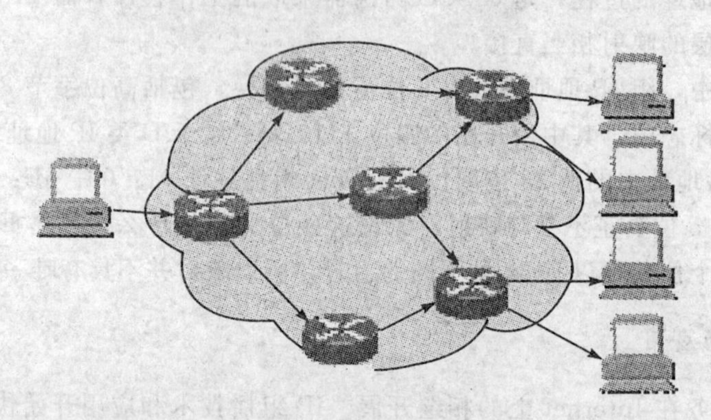

图 6-20　IP 组播通信过程

(2) 相邻路由器接收加入消息后，动态跟踪这些组播组，使用组播路由协议，在源端和接收端各个路由器之间建立组播生成树，从每个发送者伸展到所有接收者。

(3) 在源端和接收端建立组播路由后，源就开始沿着组播路由发送数据给各个接收者。

主机接收到了源发送来的数据，网络接口卡滤出组播群组的 MAC 地址，网络驱动器对此地址作出反应后，把数据传递到 TCP/IP 协议线，进入用户的应用层，就可以进行视频通信了。

IP 组播技术有效地解决了单点发送到多点、多点发送到多点的问题，实现了 IP 网络中点到多点的高效数据传送，能够有效地节约网络带宽、降低网络负载，基于 IP 组播技术可以很好地开展流媒体、视频等各种宽带增值业务。

6.4.2　IGMP

Internet 组管理协议 IGMP（Internets groups Management Protocol），在一个组播路由器建立路由，传送其组播群组成员关系信息之前，它必须确定在本地网络上有一个或多个主机是否加入了某个组播群组。为此，组播路由器和实现组播的主机必须使用互联网组管理协议来进行群组成员关系信息的通信。

IGMP 协议运行于主机与和主机直接相连的组播路由器之间，主机通过此协议告诉本地路由器希望加入并接受某个特定组播组的信息，同时路由器通过此协议周期性地查询局域网内某个已知组的成员是否处于活动状态（即该网段是否仍属于某个组播组的成员），实现所连网络组成员关系的收集与维护。

IGMP 可分为两个阶段。

第一阶段：当某个主机加入新的多播组时，该主机应向多播组的多播地址发送 IGMP

报文，声明自己要成为该组的成员。本地的多播路由器收到IGMP报文后，将组成员关系转发给Internet上的其他多播路由器。

第二阶段：因为组成员关系是动态的，因此本地多播路由器要周期性地探询本地局域网上的主机，以便知道这些主机是否还继续是组的成员。

只要对某个组有一个主机响应，那么多播路由器就认为这个组是活跃的。

但一个组在经过几次的探询后仍然没有一个主机响应，则不再将该组的成员关系转发给其他的多播路由器。

1. IGMP的版本

IGMP有三个版本，IGMPv1由RFC1112定义，目前通用的是IGMPv2，由RFC2236定义。

最初的IGMP规范是在RFC 1112文件里详细定义的，通常将这套规范称为“IGMP版本1”，由斯坦福大学的S. Deering成文于1989年8月。后来又由施乐公司的W. Fenner对最早的IGMP版本1进行了大幅更新，更新的结果就是RFC 2236文件即IGMP版本2。两个版本的IGMP相互间可进行少许操作。在IGMP版本2临近正式批准时。IDMR已经开始IGMP版本3的研究工作。IGMPv1中定义了基本的组成员查询和报告过程，IGMPv2在此基础上添加了组成员快速离开的机制，IGMPv3中增加的主要功能是成员可以指定接收或指定不接收某些组播源的报文。

IGMPv3目前仍然是一个草案。IGMPv1中定义了基本的组成员查询和报告过程，IGMPv2在此基础上添加了组成员快速离开的机制，IGMPv3中增加的主要功能是成员可以指定接收或指定不接收某些组播源的报文。这里着重介绍IGMPv2协议的功能。

IGMPv2通过查询器选举机制为所连网段选举唯一的查询器。查询器周期性的发送普遍组查询消息进行成员关系查询；主机发送报告消息来应答查询。当要加入组播组时，主机不必等待查询消息，主动发送报告消息。当要离开组播组时，主机发送离开组消息；收到离开组消息后，查询器发送特定组查询消息来确定是否所有组成员都已离开。

另外，对于作为组成员的路由器而言，该路由器的行为和普通的主机一样，它响应其他路由器的查询。通常本协议中，“接口”指在一个所连网络上的主接口，若一个路由器连在同一个网络上的接口有多个，则只需要在其中一个接口上运行此协议即可。另一方面，对主机而言，则需要在有组成员的所有的接口上都运行此协议。

通过上述IGMP机制，在组播路由器里建立起一张表，其中包含路由器的各个端口以及在端口所对应的子网上都有哪些组的成员。当路由器接收到某个组G的数据包文后，只向那些有G的成员的端口上转发数据包文。至于数据包文在路由器之间如何转发则由路由协议决定，IGMP协议并不负责。

2. IGMP数据包文的格式

IGMP报文只有8个字节，共分为四个字段（如图6-21所示）。

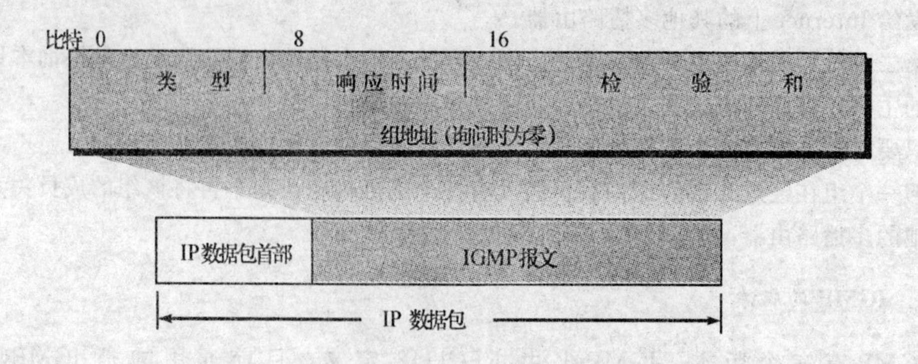

图 6-21 IGMP 的报文格式

(1) 类型：见表 6-12。目前有三种 IGMPv2 类型和一种 IGMPv1 类型。

表 6-12 **IGMP 报文的类型**

类 型	组地址	意 义	版 本
0x11	不使用（填入 0）	一般的成员关系询问	IGMPv2 使用
	使用	特定的成员关系询问	IGMPv2 使用
0x16	使用	成员关系报告	IGMPv2 使用
0x17	使用	离开组	IGMPv2 使用
0x12	使用	成员关系报告	IGMPv1 使用

(2) 响应时间：以十分之一秒为单位。默认值是 10s。

(3) 校验和：对整个 IGMP 报文进行检验，其算法和 IP 数据包的相同。

(4) 组地址：当对所有的组发出询问时，组地址字段就填入零。当询问特定的组时，路由器就填入该组的组地址。主机发送成员关系的报告时填入自己的组地址。

6.5 下一代网际协议 IPv6

当前版本的 Internet 协议（也称为 IPv4）自 1981 年发布 RFC 791 后就未做实质性的更改，IPv4 已经被证明极具可靠性，易于实施和交互，并经受了从最初的网络一直发展到当今全球规模的 Internet 的发展考验。这是献给其初始设计的礼物。

但是，初始设计没有预见到：

(1) 近期 Internet 呈指数发展，IPv4 地址空间即将用尽。IPv4 地址空间是 20 世纪 70 年代末设计的，当时几乎没有人（如果有，也只是极少数）会想到那些地址会用完。但是，由于基于 Internet 地址类别的网络 ID 的原始分配和近来 Internet 中主机的迅速增长，IPv4 地址空间就要耗尽了；到 1992 年，情况已经非常明朗，实施替代方案已经是势在必

行。某些组织不得不使用网络地址转换器（NAT）将多个专用地址映射到一个公用 IP 地址。尽管网络地址转换器促进了专用地址空间的重复使用，但是它们不支持基于标准的网络层安全，也不支持所有更高层协议的正确映射，当连接两个使用专用地址空间的组织时，便会遇到问题。

另外，Internet 连接设备和连接装置的显著增长使人确信，公用 IPv4 地址空间将最终被用尽。

(2) Internet 的增长和 Internet 骨干网路由器维护大型路由表的能力。根据 IPv4 网络 ID 过去和现在的分配方式判断 Internet 骨干网路由器的路由表中一般具有大约 70 000 多个路由。当前 IPv4 Internet 的路由基础结构是由平面路由和分层路由共同构成的。

(3) 对更简单配置的需求。目前，多数 IPv4 的实现方案必须手动配置，或通过控制状态的地址配置协议来配置，例如通过动态主机配置协议（DHCP）进行配置。随着使用 IP 的计算机和设备不断增多，更加需要更为简单，更加自动化的地址配置和其他不依赖于 DHCP 基础结构管理的配置设置。

(4) IP 层的安全需求。通过公共媒体（如 Internet）实现的专用通讯需要加密服务，这种服务可防止发送的数据在传输时被查看和修改。尽管目前已有提供 IPv4 数据包安全性的标准（称为 Internet 协议安全性或 IPSec)，但是这个标准是可选的，而专用解决方案却很流行。

(5) 更好支持实时数据传输（也称为服务质量）的需求。虽然 IPv4 具有服务质量（QoS）标准，但是实时通信支持依赖于 IPv4 服务类型（TOS）字段和负载的标识，通常使用 UDP 或 TCP 端口。但是，IPv4 TOS 字段的功能有限，并具有不同的解释。另外，当 IPv4 数据包负载被加密后，负载标识便不可能使用 TCP 和 UDP 端口。

为解决这些问题，Internet 工程任务组（IETF）已经开发了一组协议和标准，即 IP 版本 6 (IPv6)。这个过去称为下一代 IP（IPng）的新版本综合了许多建议更新 IPv4 协议的方法概念。通过避免新特性的随意增加，IPv6 在设计上实现了最大限度减少对上层和下层协议的影响。

6.5.1 IPv6 的基本包头格式

基本包头是 IPv6 包头的核心，如图 6-22 所示。

4bit 版本号	4bit 优先级	24bit 流量标识
数据长度（16bit）	下一包头（8bit）	跳数限制（8bit）
起始地址（128bit）		
目的地址（128bit）		

图 6-22 IPv6 包头格式

与 IPv4 包头相比，IPv6 包头简单了很多，这样有利于提高路由器等的工作效率。另外两者的区别还在于：在 IPv4 和 IPv6 包头中都保留了版本号，但数值分别为 4 和 6。

由于 IPv4 包头的长度是不固定的，因此有一个头长度字段，而 IPv6 基本包头的长度是固定的 40 个字节，因此取消了这一字段。同时，IPv4 中数据包总长度字段被 IPv6 中的负载长度所替代。固定长度的包头也有利于提高软件处理包头的效率，加快了路由器处理速度。

- IPv4 包头中的业务类型在 IPv6 包头中更名为流量类型。利用这一字段可以将 IP 包分为若干个级别，当网络发生拥塞时，可根据 IP 包优先级的高，采取丢弃或保留等不同手段实现 QOS。
- IPv4 包头中的 TTL 在 IPv6 包头中更名为跳数限制。该字段是为了防止路由循环设置的，更名后使其名称和作用更加相符。
- IPv6 包头中删除了 IPv4 包头中分段偏移量、标识符、flags 等字段，而将它们移到扩展包头中去了。路由器不处理扩展头部，提高了路由器的处理效率。

由于坏包将在链路层或传输层的校验下被丢弃，因此在网络层就没有必要再进行校验。故 IPv6 包头中取消了 IPv4 包头中的校验项。

- IPv4 包头中的选项是为了提供安全、源路由等信息而设的。而在 IPv6 中这些功能都将在扩展包头中实现，因此在基本包头中删除了此字段。
- IPv6 中的数据流标记是用于为不同的数据流预留资源而设的，目前 RSVP 协议就已经定义了该字段的使用。
- IPv6 的下一包头字段用于说明下一扩展包头的类型。
- IPv6 中的源和目的地址不同于 IPv4 的 32bits，是 128bits。
- IPv6 扩展包头实现了 IPv4 包头中选项字段的功能，并进行了扩展。每一个扩展包头都有一个 next header 字段，用于指明下一个扩展包头的类型。

基本包头：

- next header＝routing　路由包头
- next header＝AH　认证包头
- next header＝TCP　TCP 数据段

目前 IPv6 定义的扩展包头有：逐跳选项包头、路由包头、分段包头、目的地选项包头、认证包头、负载安全封装包头，等等。

6.5.2 IPv6 的地址结构

IPv6 地址结构最早在 RFC 1884 [i] 中发表，目前 RFC 1884 已经被 RFC 2373 [ii] 取代，并对 RFC 1884 的内容作了很多澄清、更正和修改。

1. IPv6 地址的表示形式

IPv6 地址使用冒号十六进制法，它把每个 16bit 的值用十六进制表示，各值之间用冒号分隔。有三种规范的形式：

(1) 优先选用的形式是 X：X：X：X：X：X：X：X，表示 8 个 16 位地址段的十六进制值。例如：

FEDC：BA98：7654：4210：FEDC：BA98：7654：3210

2001：0：0：0：0：8：800：201C：417A

每一组数值前面的0可以省略。如0008写成8。

(2) 在分配某种形式的IPv6地址时，会发生包含长串0位的地址。为了简化包含0位地址的书写，可以使用“::”符号简化多个0位的16位组。“::”符号在一个地址中只能出现一次。该符号也可以用来压缩地址中前部和尾部的0。举例如下：

FF01：0：0：0：0：0：0：101 多点传送地址

0：0：0：0：0：0：0：1 回送地址

0：0：0：0：0：0：0：0 未指定地址

可用下面的压缩形式表示：

FF01::101 多点传送地址

::1 回送地址

::未指定地址

(3) 在涉及IPv4和IPv6结点混合的这样一个结点环境时，有时需要采用另一种表达方式，即X：X：X：X：X：X：D. D. D. D，其中6个X是地址中6个高阶16位段的十六进制值，4个D是地址中4个低阶8位字段的十进制值（即公用IPv4地址的点分十进制表示形式），供那些使用IPv6进行通信的IPv6/IPv4结点使用。

例如，下面两种嵌入IPv4地址的IPv6地址：

0：0：0：0：0：0：202.201.32.29

0：0：0：0：0：FFFF：202.201.32.30

写成压缩形式分别为：

::202.201.32.29

::FFFF. 202.201.32.30

上面的表达形式，在实际中经常用到，尤其是压缩简化的形式。

2. 地址空间

IPv4与IPv6地址最大的差别在于长度：IPv4地址长度是32位，而IPv6的地址长度是128位。这样IPv6就可以有2^{128}个地址。这样的地址长度，即使考虑到以后向其他星球移民也够用了。

IPv6将128bit地址空间分为两大部分。第一部分是可变长度的类型前缀，它定义了地址的目的。第二部分是地址的其余部分，其长度也是可变的。图6-23表示了IPv6的地址结构。IPv6的地址类型前缀如表6-13所示。

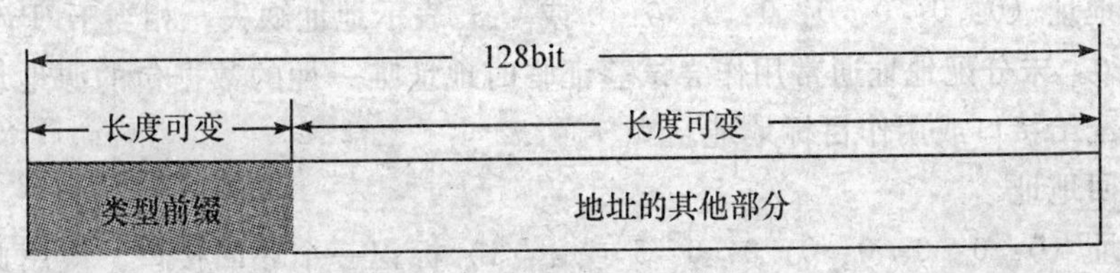

图6-23 IPv6的地址结构

表 6-13　　IPv6 的地址分配方案

类型前缀（二进制）	地址的类型	占地址空间的份额
0000 0000	保留	1/256
0000 0001	未分配	1/256
0000 001	为 NSAP 分配保留	1/128
0000 010	为 IPX 分配保留	1/128
0000 0011	未分配	1/128
0000 1	未分配	1/32
0001	未分配	1/16
001	可聚集全球单点传送（单播）地址	1/8
010	未分配	1/8
011	未分配	1/8
100	未分配	1/8
101	未分配	1/8
110	未分配	1/8
1110	未分配	1/16
1111 0	未分配	1/32
1111 10	未分配	1/64
1111 110	未分配	1/128
1111 1110 0	未分配	1/512
1111 1110 10	链路本地单点传送（单播）地址	1/1024
1111 1110 11	站点本地单点传送（单播）地址	1/1024
1111 1111	组播（多点传送）地址	1/256

从表 6-13 可以看到，IPv6 最初只使用了大约 15％的地址空间，其余的地址空间留做将来使用。

以下是特殊 IPv6 地址：

(1) 未分配地址

未分配地址（0：0：0：0：0：0：0：0 或 ::）表示地址缺失，相当于 IPv4 的未分配地址 0.0.0.0。未分配地址通常用作尝试验证临时地址唯一性的数据包的源地址。未分配地址从不分配给接口或用作目标地址。

(2) 环回地址

环回地址（0：0：0：0：0：0：0：1 或 ::1）标识一个环回接口。使用此地址，一个结点可以向自己发送数据包；此地址相当于 IPv4 的环回地址 127. 0.0.1。定址到环回

地址的数据包从不在链路上发送，也不会由 IPv6 路由器转发。

值得注意的是保留地址和未分配地址是不一样的，保留地址占地址空间的 1/256 (FP=0000 0000)，是用做未分配地址、回送地址和嵌入 IPv4 地址的 IPv6 地址。

其他的保留地址是 NSAP 地址（FP=0000 001），可以从 ISO/OSI 网络服务访问点 (Network Service Access Point，NSAP）中获得。

同样，IPX 地址也保留下来（FP=0000 010），这些地址可以从 Novell IPX 地址获得。

除了多点传送地址（FP=1111 1111），格式前缀从 001 到 111 都需要 EUI64 格式中具有 64 位的接口标识符。

3. 地址类型

IPv6 中地址有三种类型：单点传送（unicast）、多点传送（multicast）和任意点传送 (anycast)。也有文献称之为单播、多播、任意广播。IPv6 地址总是标识接口，而不标识结点。结点由分配给其接口之一的任意单播地址标识。IPv6 中不再有像 IPv4 中那样的广播（broadcast）地址，它的功能由多点传送地址来实现。

(1) 单播。单播地址用于从一个源到单个目标进行通信。

(2) 多播。是一点对多点的通信，数据包交付到一组计算机中的每一个。

(3) 任意广播。这是 IPv6 增加的一种类型。任意广播的目的站是一组计算机，但数据包在交付时只交付给其中的一个，通常是距离最近的一个。

6.5.3 IPv6 的扩展包头

IPv4 的数据包如果在其首部中使用了选项，那么沿数据包传送的路径上的每一个路由器都必须对这些选项进行一一检查，然而实际上很多的选项在途中的路由器上是不需要检查的（因为它们并不使用这些选项的信息）。这就降低了路由器处理数据包的速度。IPv6 将原来 IPv4 首部中选项的功能都放在扩展首部中，并将扩展首部留给路径两端的源站和目的站的主机来处理。而数据包途中经过的路由器都不处理这些扩展首部（只有一个首部例外，即逐跳选项扩展首部）。这样就大大提高了路由器的处理效率。

在［RFC 2640］中定义了以下六种扩展首部：

逐跳选项，路由选择，分片，鉴别，封装安全有效载荷，目的站选项。

每一个扩展首部都由若干个字段组成，它们的长度也各不同。但所有扩展首部的第一个字段都是 8bit 的“下一个首部”字段。此字段的值指出了在该扩展首部后面的字段是什么。当使用多个扩展首部时，应按以上的先后顺序出现。高层首部总是放在最后面。

图 6-24（a）图表示当数据包不包含扩展首部，固定首部中的下一个首部字段就相当于 IPv4 首部中的协议字段，此字段的值指出后面的有效载荷应当交付给上一层的哪一个进程。例如，当有效载荷是 TCP 报文段时（固定首部中下一个首部字段的值就是 6，这个数值和 IPv4 中协议字段填入的值一样)，后面的有效载荷就被交付给上层的 TCP 进程。

图 6-24（b）图表示在基本首部后面有两个扩展首部的情况。所有扩展首部中的第一

个字段“下一个首部”的值都是指出了跟随在此扩展首部后面的是何种首部。例如，第一个扩展首部是路由选择首部，其“下一个首部字段”的值就指出后面的扩展首部是分片扩展首部，而分片扩展首部的“下一个首部字段”的值又指出再后面的首部是 TCP/UDP 的首部。

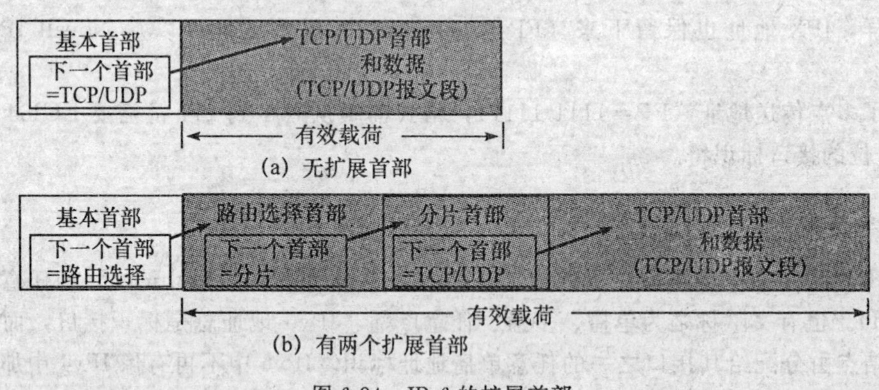

图 6-24　IPv6 的扩展首部

下面以分片扩展首部为例来说明扩展首部的作用。

IPv6 将分片限制为由源站来完成。源站可采用保证的最小 MTU（1 280 字节），或者在发送数据前完成路径最大传送单元发现（Path MTU Discovery），以确定沿着该路径到目的站的最小 MTU。当需要分片时，源站在发减灾前先将数据包分片，保证每个数据包片都小于此路径的 MTU。因此，分片是端到端的，路径途中的路由器不允许进行分片。

IPv6 基本首部中不包含用于分片的字段，而是在需要分片时，源站在每一数据包片的基本首部的后边插入一个小的分片扩展首部，它的格式如图 6-25 所示。

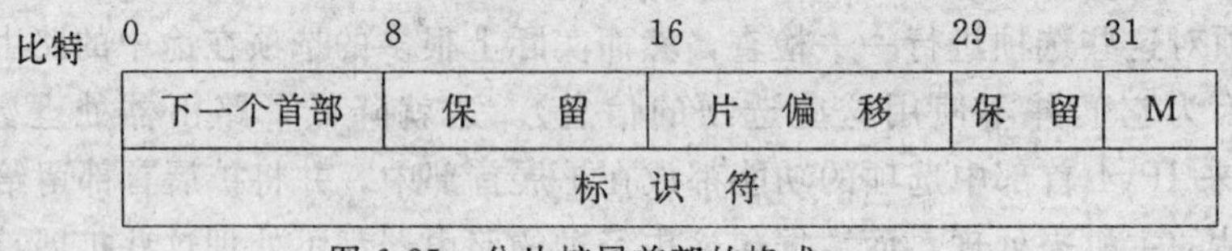

图 6-25　分片扩展首部的格式

IPv6 保留了 IPv4 分片的大部分特征，其分片扩展首部共有以下几个字段：

- 下一个首部（8 bit）：指明紧接着这个扩展首部的下一个首部。
- 保留（10 bit）：为今后使用。该字段在第 8～15 bit 和第 29～30bit。
- 片偏移（13 bit）：指明本数据包片在原来的数据包中的偏移量，以 8 个字节为表示单位。可见每个数据包片的长度必须是 8 个字节的整数。
- M（1 bit）：M＝1 表示后面还有数据包片，M＝0 则表示这已是最后一个数据包片。
- 标识符（32 bit）：由源站产生的、用来唯一地标志数据包的一个 32 bit 数。每产生一个新数据，就将这个标识符加 1。采用 32bit 标识符，可使得在源站发送到同样的目的站的数据包中，在数据包的生存时间内无相同的标识符（即使是高速网络）。

下面用具体数字加以说明。假定有一个 IPv6 数据包，其有效载荷长度为 3 000 字节。现在要将此数据包用下层的以太网传送，而以太网的最大传送单元 MTU 是 1 500 字节，因此必须进行分片。将数据包分成三个数据包片，两个 1 400 字节长，最后一个是 200 字节长。分片需要在 IPv6 的基本首部后面增加一个分片扩展首部。分片的结果如图 6-26 所示。

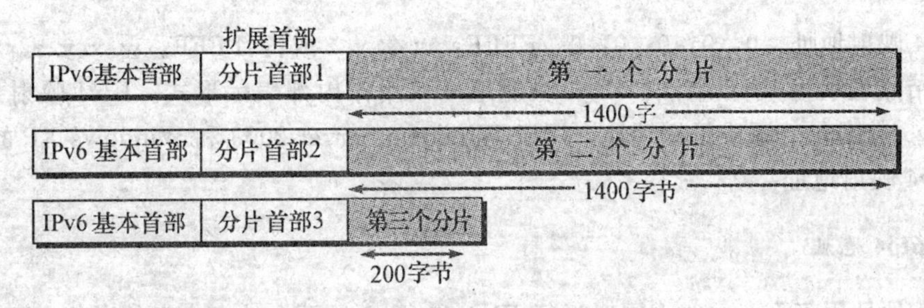

图 6-26 IPv6 数据包分片举例

采用端到端分片的方法可以减少路由器的开销，因而允许路由器在单位时间内处理更多的数据包。然而，端到端的分片方法有一个重要的后果：它改变了 Internet 的基本假设。

Internet 原来被设计为允许在任何时候改变路由。例如，如果说一个网络或者路由器出故障，那么就可以重新选择另一条不同的路由。这样做的主要好处是它的灵活性。然而 IPv6 就不能这样容易地改变路由，因为改变路由可能也要改变路径的最大传送单元 MTU。如果新路径的 MTU 小于原来路径的 MTU，那么就要想办法解决这个问题。

为此，IPv6 允许中间的路由器采用隧道技术来传送太长的数据包。当路径途中的路由器需要对数据包进行分片时，路由器既不插入数据包片扩展首部，也不改变基本首部中的各个字颂。相反，这个路由器创建一个全新的数据包，然后将这个新的数据包分片，并在各个数据片中插入扩展首部和新的基本首部。最后，路由器将每个数据包片发送给最终的目的站，而在目的站将收到的各个数据包片收集起来，组装成原来的数据包，再从中抽取出数据部分。

6.5.4 从 IPv4 向 IPv6 过渡

IPv6 作为 Internet Protocol 的新版本，其根本目的是继承和取代 IPv4。但从 IPv4 到 IPv6 的演进是一个逐渐的过程，而不是彻底改变的过程。因此，在 IPv6 完全取代 IPv4 之前，不可避免地，这两种协议要有一个可能是相当长的共存时期。为了帮助从 IPv4 向 IPv6 过渡，定义了以下地址：

1. 与 IPv4 兼容的地址

与 IPv4 兼容的地址，0：0：0：0：0：0：w. x. y. z 或 :: w. x. y. z（其中的 w. x. y. z 是公用 IPv4 地址的点分十进制表示形式），供那些使用 IPv6 进行通信的 IPv6/IPv4 结点

使用。IPv6/IPv4 结点是兼用 IPv4 和 IPv6 协议的结点。当 IPv4 兼容地址用作 IPv6 目标时，IPv6 通信量自动使用 IPv4 标头进行封装，然后发送到使用 IPv4 基础结构的目标。用于 Windows Server 2003 和 Windows XP IPv6 能够支持 IPv4 兼容地址，但默认情况下禁用这类地址。

2. IPv4 映射地址

IPv4 映射地址，0：0：0：0：0：FFFF：w. x. y. z 或：：FFFF：w. x. y. z，将仅使用 IPv4 的结点表示为 IPv6 结点。IPv4 映射地址仅用作内部表示形式。IPv4 映射地址从不用作 IPv6 数据包的源或目标地址。用于 Windows Server 2003 和 Windows XP 的 IPv6 不支持 IPv4 映射地址。

3. 6to4 地址

6to4 地址用于 Internet 上同时运行 IPv4 和 IPv6 的两个结点之间的通信。可以通过将全局前缀 2002：：/16 与结点的 32 位公用 IPv4 地址组合成 48 位前缀，来构成 6to4 地址。6to4 是 RFC 3056 中描述的 IPv6 过渡技术。

4. ISATAP 地址

标题为“站点间自动隧道寻址协议（ISATAP）”的 Internet 草案定义了在专用 Intranet 上同时运行 IPv4 和 IPv6 的两个结点之间使用的 ISATAP 地址。ISATAP 地址使用本地管理的接口 ID ：：0：5EFE：w. x. y. z，其中 w. x. y. z 是任意单播 IPv4 地址（无论是公用的还是专用的）。可以将 ISATAP 接口 ID 与任何对 IPv6 单播地址有效的 64 位前缀组合在一起，包括链路本地地址前缀（FE80：：/64）、站点本地前缀和全局前缀。

5. Teredo 地址

当终结点之一或两个终结点都位于 IPv4 网络地址转换（NAT）设备之后时，Teredo 地址用于在 Internet 上同时运行 IPv4 和 IPv6 的两个结点之间进行通信。可以将一个 32 位的 Teredo 前缀与 Teredo 服务器的公用 IPv4 地址及其他元素组合在一起，构成 Teredo 地址。Teredo 是一种 IPv6 过渡技术，Internet 草案“Teredo：Tunneling IPv6 over UDP through NATs”（Teredo：通过 NAT 使用 IPv6 over UDP 进行隧道传输）中详细描述了这种技术。

在 IPv6 的网络流行于全球之前，总是有一些网络首先具有 IPv6 的协议栈。这时，这些网络就像 IPv4 海洋中的小岛。过渡的问题可以分成两大类：

（1）第一类就是解决这些 IPv6 的小岛之间互相通信的问题；

（2）第二类就是解决 IPv6 的小岛与 IPv4 的海洋之间通信的问题。

下面介绍两种向 IPv6 过渡的策略：双协议栈（Dual Stack）、隧道（Tunnel）。

（1）通过双协议栈实现过渡

在实践当中，最典型的是 IETF 提出的叫“双协议栈”的方案。对网络端来说，双协议栈是保证能对 IPv6 和 IPv4 服务访问的关键，运营商网络中的边缘路由器也应该变成双栈路由器。在没有翻译器的网络中，移动终端必须采用双协议栈才能同时访问 IPv6 和

IPv4 服务。

双协议栈方案的工作方式如下：

① 如果应用程序使用的目的地址是 IPv4 地址，则使用 IPv4 协议；

② 如果应用程序使用的目的地址是 IPv6 中的 IPv4 兼容地址，则同样使用 IPv4 协议，所不同的是，此时 IPv6 就封装（encapsulated）在 IPv4 当中；

③ 如果应用程序使用的目的地址是一个非 IPv4 兼容的 IPv6 地址，那么此时将使用 IPv6 协议，而且很可能此时要采用隧道等机制来进行路由、传送；

④ 如果应用程序使用域名来作为目标地址，那么此时先要从 DNS 服务器那里得到相应的 IPv4/IPv6 地址，然后根据地址的情况进行相应的处理。

(2) 隧道技术

所谓隧道，就是在一方将 IPv6 的包封装在 IPv4 包里，然后在目的地将其解封，得到 IPv6 包。前文已经提到，在 IPv6 的网络流行于全球之前，总是有一些网络首先具有 IPv6 的协议栈，这些网络就像 IPv4 海洋中的小岛，隧道就是通过"海底"连接这些小岛的通道，因此而得其名。

由于隧道上的链路是逻辑的，或称为虚拟的，因此，这些"小岛"所互连而成的网络就被看做是一个虚拟网络。在 IPv6 Native Network 之间需要通信或 IPv6 结点需要与 IPv4 的结点通信时，IPv4 协议就被当做 IPv6 数据传输的一个隧道。通过隧道，IPv6 分组被作为无结构无意义的数据，封装在 IPv4 数据包中，被 IPv4 网络传输。由于 IPv4 网络把 IPv6 数据当做无结构无意义数据传输，因此不提供帧自标示能力，所以只有在 IPv4 连接双方都同意时才能交换 IPv6 分组，否则收方会将 IPv6 分组当成 IPv4 分组而造成混乱。网络从 IPv4 向 IPv6 演进的过程就是这些"小岛"渐渐扩大而成为"大陆"的过程。

在相当时间内，IPv6 结点之间的通信还要依赖于原有 IPv4 网络的设施，而且 IPv6 结点也必不可少地要与 IPv4 结点通信。同时，IPv4 已经应用了十多年，基于 IPv4 的应用程序和设施已经相当成熟而完备，如果希望以最小的代价来实现这些程序在 IPv6 环境下的应用，就提出了从 IPv4 网络向 IPv6 网络高效无缝互连的问题。目前，对于过渡问题和高效无缝互连问题的研究，已经取得了许多成果，形成了一系列的技术和标准。

6.6 网络互连案例

路由器的软件配置相对于它的硬件来说要复杂许多，它与其他网络接入设备不一样的是，不仅在硬件结构上相当复杂，而且还集成了相当丰富的软件系统。路由器有自己独立、功能强大的软件操作系统，而且这个操作系统的功能相当复杂、强大，因为它要面对全世界各种网络协议，就像一个会讲各种语言的人一样。但是各种不同品牌的操作系统不尽相同，它们的配置方法也有所区别，但是总的来说在路由器方面 Cisco 这一品牌始终是其他品牌的模板，其他多数品牌都是在一定程度上的模仿，所以在这一节主要介绍 Cisco 路由器的 IOS 操作系统的基本操作。

路由器在计算机网络中有着举足轻重的地位，是计算机网络的桥梁。通过它不仅可以连通不同的网络，还能选择数据传送的路径，并能阻隔非法的访问。

1. 路由器的启动过程

因为路由器要实现它的路由功能，必须进行适当的配置，然而要明白路由器的 IOS 发生作用的原理，还是先来看看路由器的启动过程，就像启动计算机一样。

路由器开机时，先执行 ROM 中的程序，自检，再去查一个叫做 config-register 的内存单元，判断是去 ROM 监控程序、去 IOS 子集，还是去引导 IOS。然后，再检查 NVRAM 中是否有配置文件，接着装载 IOS，解压缩 IOS（这时出现许多#）。如果此时按下〈control〉+〈break〉组合键，装载和引导 IOS 的过程就被终止，进入 ROM 监控程序状态。否则，引导完 IOS 后，就把控制权交给 IOS。IOS 读取 config-register，判断是忽略现有的配置文件（0×2142），还是使用现有的配置文件（0×2102）。接着，根据配置文件设置各接口，建立工作环境。最后，显示提示符，等待用户键入命令。在提示符"〈主机名〉"下就可以直接键入命令了。

如果是台全新的机器，没有配置文件，路由器会进入一个自动对话式配置状态，向用户提出许多问题，回答完比配配置也就完成了。当然，也可以跳过它，以后自己再用命令一条条配置。也可以在提示符下，键入 setup，再次进入对话式配置状态。

2. 路由器的几种配置方式

由于路由器没有自己的输入设备，所以在对路由器进行配置时，一般都是通过另一台计算机连接到路由器的各种接口上进行配置。又因为路由器所连接的网络情况可能是千变万化，为了方便对路由器的管理，必须为路由器提供比较灵活的配置方法。一般来说对路由器的配置可以通过以下几种方法来进行：

（1）控制台方式

这种方式一般是对路由器进行初始化配置时采用，它是将 PC 机的串口直接通过专用的配置连线与路由器控制台端口"Console"相连，在 PC 计算机上运行终端仿真软件（如 Windows 系统下的超有终端），与路由器进行通信，完成路由器的配置。在物理连接上也可将 PC 的串口通过专用配置连线与路由器辅助端口 AUX 直接相连，进行路由器的配置。

（2）远程登录（telnet）方式

这是通过操作系统自带的 Telnet 程序进行配置的（如 Windows \ Unix \ Linux 等系统都自带有这样一个远程访问程序）。如果路由器已有一些基本配置，至少要有一个有效的普通端口，就可通过运行远程登录（telnet）程序的计算机作为路由器的虚拟终端与路由器建立通信，完成路由器的配置。

（3）网管工作站方式

路由器除了可以通过以上两种方式进行配置外，一般还提供一个网管工作站配置方式，它是通过 SNMP 网管工作站来进行的。这种方式是通过运行路由器厂家提供的网络管理软件来进行路由器的配置，如 Cisco 的 CiscoWorks，也有一些是第三方的网管软件，如 HP 的 OpenView 等，这种方式一般是路由器都已经是在网络上的情况下，只不过想对路由器的配置进行修改时采用。

（4）TFTP 服务器方式

这是通过网络服务器中的TFTP服务器来进行配置的，TFTP（Trivial File Transfer Protocol）是一个TCP/IP简单文件传输协议，可将配置文件从路由器传送到TFTP服务器上，也可将配置文件从TFTP服务器传送到路由器上。TFTP不需要用户名和口令，使用非常简单。

上面介绍了路由器的配置方式，但在这里要说明的是路由器的第一次配置必须是采用第一种方式，即通过连接在路由器的控制端口（Console）进行，此时终端的硬件设置为，波特率：9600，数据位：8，停止位：1，奇偶校验：无。

然而，路由器的配置对初学者来说，并不是件十分容易的事。现将路由器的一般配置和简单调试介绍给大家，供朋友们在配置路由器时参考，本文以Cisco2501为例。

Cisco2501有一个以太网口（AUI）、一个Console口（RJ45）、一个AUX口（RJ45）和两个同步串口，支持DTE和DCE设备，支持EIA/TIA-232、EIA/TIA-449、V.35、X.25和EIA-530接口。

(1) 配置

① 配置以太网端口

conf t（从终端配置路由器）

int e0（指定E0口）

IP addr ABCD XXXX（ABCD为以太网地址，XXXX为子网掩码）

IP addr ABCD XXXX secondary（E0口同时支持两个地址类型。如果第一个为A类地址，则第二个为B或C类地址）

no shutdown（激活E0口）

exit

完成以上配置后，用ping命令检查E0口是否正常。如果不正常，一般是因为没有激活该端口，初学者往往容易忽视。用no shutdown命令激活E0口即可。

② 动态路由的配置

conf t

router eigrp 20（使用EIGRP路由协议。常用的路由协议有RIP、IGRP、IS-IS等）

passive-interface serial0（若S0与X.25相连，则输入本条指令）

passive-interface serial1（若S1与X.25相连，则输入本条指令）

network ABCD（ABCD为本机的以太网地址）

network XXXX（XXXX为S0的IP地址）

no auto-summary

exit

③ 静态路由的配置

IP router ABCD XXXX YYYY 90（ABCD为对方路由器的以太网地址，XXXX为子网掩码，YYYY为对方对应的广域网端口地址）

dialer-list 1 protocol IP permail

(2) 综合调试

当路由器全部配置完毕后，可进行一次综合调试。

① 首先将路由器的以太网口和所有要使用的串口都激活。方法是进入该口，执行 no shutdown。

② 将和路由器相连的主机加上缺省路由（中心路由器的以太地址）。方法是在 Unix 系统的超级用户下执行：router add default XXXX 1（XXXX 为路由器的 E0 口地址）。每台主机都要加缺省路由，否则，将不能正常通讯。

③ ping 本机的路由器以太网口，若不通，可能以太网口没有激活或不在一个网段上。ping 广域网口，若不通，则没有加缺省路由。ping 对方广域网口，若不通，路由器配置错误。ping 主机以太网口，若不通，对方主机没有加缺省路由。

④ 在专线卡 X. 25 主机上加网关（静态路由）。方法是在 Unix 系统的超级用户下执行：router add X. X. X. X Y. Y. Y. Y 1（X. X. X. X 为对方以太网地址，Y. Y. Y. Y 为对方广域网地址）。

⑤ 使用 Tracert 对路由进行跟踪，以确定不通网段。

3. 静态路由的配置实例

静态路由的操作可分为以下三个部分：

- 网络管理员配置静态路由；
- 路由器添加配置的静态路由到路由表中；
- 路由器使用这条静态路由转发数据包。

配置实例：

在图 6-27 中，所有设备都通过主机名为 it168 的路由器转发数据包到 Internet 上。路由器 it168 用串行线路连接到 ISP 提供的 DNS 服务器。这是一个非常常用的例子，在笔者见到过的网络环境中，大部分都用一条静态路由来连接到广域网。以下是具体的配置步骤：

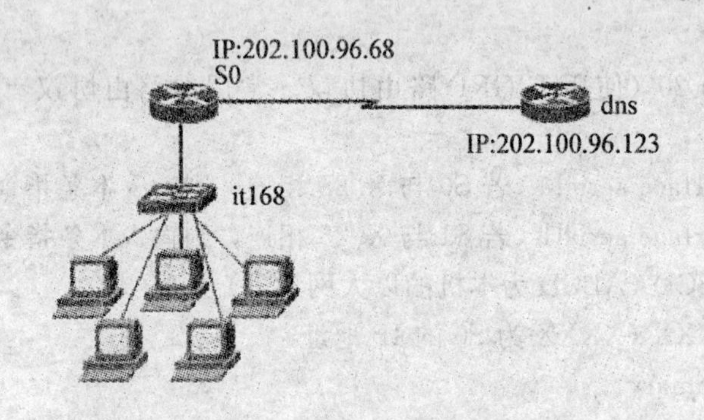

图 6-27　静态路由配置实例

在全局模式键入命令 IP route [目的地址] [子网掩码] [网络出口/下一跳地址]

配置串行接口 S0 作为静态路由的出口：168 (config) # IP route 202. 100. 96. 123 255. 255. 255. 0 S0

配置下一跳地址 202. 100. 96. 68 为静态路由出口：it168 (config) # IP route 202. 100. 96. 123 255. 255. 255. 0 202. 100. 96. 68

在默认情况下，静态路由的出口是 S0 的优先级会比下一跳地址高，但是这里建议网络管理者使用下一跳地址作为静态路由，因为如果 S0 是在关闭状态下，那么这条静态路由便不会被装载到路由表中。

静态路由的另一个作用是作动态路由的备份路由选项，如果已经配置了动态路由，可以手动的更改静态路由的优先级，当动态路由出现问题的时候路由器便可以选择这条静态路由来转发数据包。

本章小结

本章在介绍了 IP 协议的基本知识后，重点讨论了子网划分的方法以及路由协议的工作原理，另外还对 IP 组播技术和下一代网际协议 IPv6 进行了简要介绍，最后通过一个网络互连案例介绍了如何对简单网络互连进行相应的配置。

练 习 题

1. IP 地址有几种类型？它们是怎样分类的？请判断下列地址是哪种类型的 IP 地址？
   (1) 96.1.4.100　　(2) 133.12.6.50
   (3) 192.168.1.1　　(4) 233.2.5.9
2. Ping 的作用是什么？
3. 概述 Traceroute、Netstat、IPconfig 命令的作用。
4. 试分析路由表各字段的含义。
5. ARP 协议的作用是什么？
6. 请说明引入子网掩码概念的意义。设一个网络的掩码为 255.255.255.248，请问网络最多能连接多少台主机？
7. 请说明 IP 地址与物理地址的区别，为什么要使用这两种不同的地址？
8. 某单位申请到一个 B 类 IP 地址，其网络号为 136.53.0.0，现进行子网划分，若选用的子网掩码为 255.255.224.0，则可划分为多少个子网？每个子网的主机数最多为多少？请列出全部子网地址。
9. OSPF 报文格式中有一个校验和字段，而 RIP 报文则没有此项，这是为什么？
10. 假设有一组 C 类地址为 192.168.8.0～192.168.15.0，如果用 CIDR 将这组地址聚合为一个网络，其网络地址和子网掩码应该是什么？

第7章 传输层

本章主要讲解有关传输层的一些概念和基础知识。介绍传输层协议（Transport Protocol）在整个网络体系结构中的一个重要作用，分析传输层与网络体系结构中的其他层次的关系，同时，对传输层在应用程序通信中的连接端口管理、流量控制、错误处理、数据重发等方面的原理进行阐述。学习本章的内容将会对传输层的作用、功能、实现原理的理解有很大的帮助。

本章学习重点

- 了解传输层的功能与服务以及端口的基本概念；
- 掌握 UDP 的基本知识；
- 掌握 TCP 的基本知识。

7.1 传输层协议概述

在 OSI 参考模型中，传输层位于网络高层和低层之间。传输层利用低 3 层提供的服务向高层用户提供端到端的可靠的透明传输，它是通信子网和资源子网的界面。传输层和网络层，会话层的关系如图 7-1 所示。

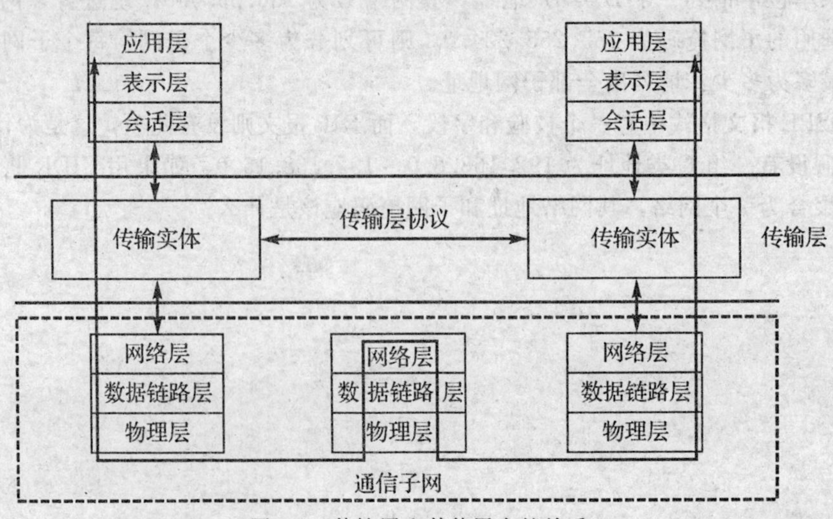

图 7-1 传输层和其他层次的关系

传输层位于网络体系结构的第4层，如果将其上的各层均作为应用层，则传输层直接与上层应用层进行数据通信，是整个网络体系结构的核心部分。需要注意的是在通信子网中没有传输层。它只存在于通信子网以外的各主机中，如果将整个网络体系结构从网络功能和用户功能角度来划分，传输层不包括在网络功能部分，而是属于用户功能层的最低层。

传输层的主要作用是，为用户（应用进程）提供可靠的、透明的、有效的数据传输，使高层用户在相互通信时不必关心通信子网的细节。可靠是指传输层要处理并隔离低层的错误，透明是指高层用户不涉及点对点间通信的任何细节。

传输层对网络高层用户屏蔽了网络层及其以下的各种数据传输操作。传输层的设置可以使网络用户在和另一个网络用户进行端到端传输时不必考虑如何处理不同子网接口。另外，传输层可以检测到网络层发生差错（如丢失报文分组，数据损坏，甚至网络的再启动）并得到补偿，这使得传输服务更为可靠。作为低3层的服务用户以及高3层服务提供者，传输层处在一个关键位置。

7.1.1 传输层的功能和服务

1. 传输层的基本功能

(1) 传输层在协议层次结构中的位置

传输层的目标是向应用层应用程序进程之间的通信，提供有效、可靠、保证质量的服务；传输层在网络分层结构中起着承上启下的作用，通过执行传输层协议，屏蔽通信子网在技术、设计上的差异和服务质量的不足，向高层提供一个标准的、完善的通信服务。

从通信和信息处理的角度看，应用层是面向信息处理的，而传输层是为应用层提供通信服务的。

传输层可以使源与目标主机之间以点对点的方式简单地连接起来。真正实现端-端间可靠通信。传输层服务是通过服务原语提供给传输层用户（可以是应用进程或者会话层协议），传输层用户使用传输层服务是通过传送服务端口 TSAP 实现的。当一个传输层用户希望与远端用户建立连接时，通常定义传输服务访问点 TSAP。提供服务的进程在本机 TSAP 端口等待传输连接请求，当某一结点机的应用程序请求该服务时，向提供服务的结点机的 TSAP 端口发出传输连接请求，并表明自己的端口和网络地址。如果提供服务的进程同意，就向请求服务的结点机发确认连接，并对请求该服务的应用程序传递消息，应用程序收到消息后，释放传输连接。

(2) 传输协议数据单元

传输层之间传输的报文叫做传输协议数据单元（ Transport Protocol Unit，TPDU)；

TPDU 有效载荷是应用层的数据。典型的 TPDU 结构以及它与 IP 分组，帧的结构关系如图 7-2 所示。

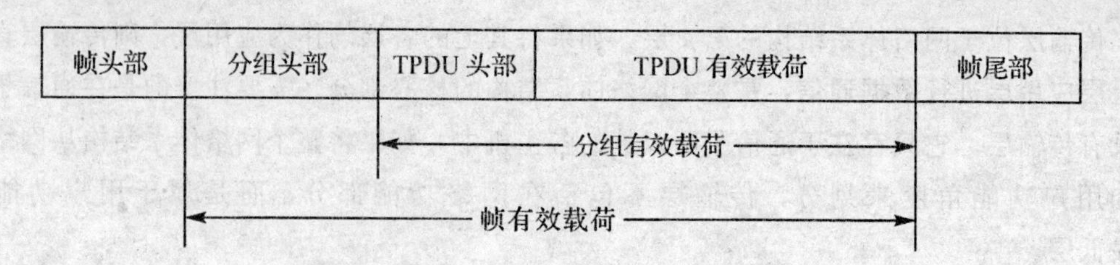

图 7-2　TPDU 结构以及与 IP 分组，帧的结构关系

2. 服务和服务质量

网络层次结构中，各层之间有严格的依赖关系各层次的分工和协作集中地体现在相邻层之间的界面上，服务是一个描述相邻层之间关系的重要概念，网络服务体现在低层向相邻上层提供的一组操作，低层是服务提供者，高层是服务的用户。在计算机网络中，服务质量称为 QoS（quality of service）

传输层提供的基本服务包括：寻址，连接管理，数据传输，流量控制以及缓冲。下面分别对它们做简单的介绍。

(1) 寻址

传输层负责在一个结点内对一个特定的进程进行连接。所有的更低层只需考虑把自身与网络地址联系起来——一个结点一个地址。但是可能在一个给定结点上有许多个进程，它们在同一时间内都在进行通信。例如，一个用户可能正在进行向文件服务器传送信息的进程，另一个用户可能正在访问同一服务器上的 Web 页面。传输层是通过使用端口号码来处理结点上的进程寻址的（有关端口的详细描述参见 7.1.2 节）。为了处理牵涉到多端口的通信，传输层使用一种复用的技术。图 7-3 表示了传输层的复用原理。

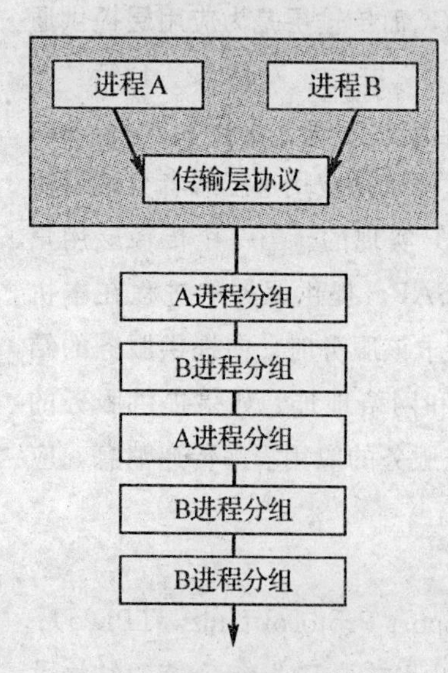

图 7-3　传输层的复用原理

(2) 连接管理

TCP 协议的传输层负责建立和释放连接，由于存在丢失和重发包的可能性，因此这是一个复杂的过程。

在网络层有面向连接和无连接的网络服务，与之相似，在传输层也有两种服务，即面向连接的传输服务与无连接的传输服务。这两层的面向连接的服务方式也十分相似。由于通信子网是用户无法控制的，当不能确保其传输质量时，就必须在通信子网上增加一层，即传输层。由用户来控制通信的质量，传输层的存在使传输服务比低层服务更可靠。当然如果仅从传输质量方面看，当通信子网绝对可靠时传输层是不必要的。但事实上，通信子网既不是绝对可靠，各种类型网络的通信子网又彼此不同，只有靠传输层来解决。

释放传输连接包括正常释放和突发性终止两种情况。后者是指拒绝建立连接或单方面终止连接。

(3) 数据传输

传输层提供三种类型的数据传输服务。它们分别是：

- 常规数据传输。允许传输任意长度数据。当数据过长时，可将其分割成较小的单元分别传送。
- 加速数据传输。在正常的数据之外，再加传有限量的数据。
- 单元数据传输。是一种无连接的服务，即连接、传输、释放过程一次完成，这是一种不可靠的传输方法。

(4) 流量控制和缓冲。网络上的每个结点都能以一个特定的速率接收信息

这一速率由计算机的计算能力和其他因素决定。每个结点还具有一定数量的处理器内存用于缓冲。传输层负责确保在接收方结点有足够的缓冲区，以及数据传输的速率不能超过接收方结点可以接收数据的速率。

3. 衡量服务质量的主要参数

传输层的作用是为应用进程提供可靠的传输服务。更广泛地说，是提高网络层的服务质量。服务质量应该用一些量化参数加以定义，在通信之前，由通信双方通过磋商确定具体质量参数。传输层提供的服务质量参数主要有：连接建立延迟/连接释放延迟、连接建立/释放失败概率、吞吐率、传输时延、残留误码率和传输失败概率等。这些服务质量参数是传输用户在请求建立连接时设置的。它表明希望值和最小可接受的值。对这些参数的解释分别如下：

(1) 连接建立延迟

从传输服务用户要求建立连接到收到连接确认之间所经历的时间，它包括了远端传输实体的处理延迟；连接建立延迟越短，服务质量越好。

(2) 连接建立失败的概率

在最大连接建立延迟时间内，连接未能建立的可能性；由于网络拥塞，缺少缓冲区或其他原因造成的失败。

(3) 吞吐率

吞吐率是在某个时间间隔内测得的每秒钟传输的用户数据的字节数；每个传输方向分别用各自的吞吐率来衡量。

(4) 传输延迟

传输延迟是指从源主机传输用户发送报文开始到目的主机传输用户接收到报文为止的时间，每个方向的传输延迟是不同的。

(5) 残余误码率

残余误码率用于测量丢失或乱序的报文数占整个发送的报文数的百分比；理论上残余误码率应为零，实际上它可能是一较小的值。

(6) 安全保护

安全保护为传输用户提供了传输层的保护，以防止未经授权的第三方读取或修改数据。

(7) 优先级

为传输用户提供用以表明哪些连接更为重要的方法；当发生拥塞事件时，确保高优先

级的连接先获得服务。

(8) 恢复功能

当出现内部问题或拥塞情况下，传输层本身自发终止连接的可能性。在讨论传输层服务质量参数时需要注意以下几个问题：

- 服务质量参数是传输用户在请求建立连接时设定的，表明希望值和最小可接受的值；
- 传输层通过检查服务质量参数可以立即发现其中某些值是无法达到的，传输层可以不去与目的主机连接，而直接通知传输用户连接请求失败与失败的原因；
- 有些情况下，传输层发现不能达到用户希望的质量参数，但可以达到稍微低一些的要求，然后再请求建立连接；
- 并非所有的传输连接都需要提供所有的参数，大多数仅仅是要求残余误码，而其他参数则是为了完善服务质量而设置的。

7.1.2 端口

进程通信的概念最初来源于单机系统。由于每个进程都在自己的地址范围内运行，为保证两个相互通信的进程之间既互不干扰又协调一致工作，操作系统为进程通信提供了相应设施，如 UNIX BSD 中的管道（pipe）、命名管道（named pipe）和软中断信号（signal），UNIX system V 的消息（message）、共享存储区（shared memory）和信号量（semaphore）等，但都仅限于用在本机进程之间通信。网间进程通信要解决的是不同主机进程间的相互通信问题（可把同机进程通信看做是其中的特例）。为此，首先要解决的是网间进程标识问题。同一主机上，不同进程可用进程号（process ID）唯一标识。但在网络环境下，各主机独立分配的进程号不能唯一标识该进程。例如，主机 A 赋予某进程号 5，在 B 机中也可以存在 5 号进程，因此，“5 号进程”这句话就没有意义了。

根据 TCP/IP 五层协议的描述，传输层与网络层在功能上的最大区别是传输层提供进程通信能力。从这个意义上讲，网络通信的最终地址就不仅仅是主机地址了，还包括可以描述进程的某种标识符。为此，TCP/IP 协议提出了协议端口（protocol port，简称端口）的概念，用于标识通信的进程。

端口是一种抽象的软件结构（包括一些数据结构和 I/O 缓冲区）。应用程序（即进程）通过系统调用与某端口建立连接（binding）后，传输层传给该端口的数据都被相应进程所接收，相应进程发给传输层的数据都通过该端口输出。在 TCP/IP 协议的实现中，端口操作类似于一般的 I/O 操作，进程获取一个端口，相当于获取本地唯一的 I/O 文件，可以用一般的读写原语访问之。

类似于文件描述符，每个端口都拥有一个叫端口号（port number）的整数型标识符，用于区别不同端口。由于 TCP/IP 传输层的两个协议 TCP 和 UDP 是完全独立的两个软件模块，因此各自的端口号也相互独立，如 TCP 有一个 255 号端口，UDP 也可以有一个 255 号端口，二者并不冲突。

端口号的分配是一个重要问题。有两种基本分配方式：第一种叫全局分配，这是一种集中控制方式，由一个公认的中央机构根据用户需要进行统一分配，并将结果公布于众。

第二种是本地分配，又称动态连接，即进程需要访问传输层服务时，向本地操作系统提出申请，操作系统返回一个本地唯一的端口号，进程再通过合适的系统调用将自己与该端口号联系起来（绑扎）。TCP/IP 端口号的分配中综合了上述两种方式。TCP/IP 将端口号分为两部分：①少量的作为保留端口，以全局方式分配给服务进程。每一个标准服务器都拥有一个全局公认的端口（即周知口，well-known port)，即使在不同机器上，其端口号也相同。②剩余的为自由端口，以本地方式进行分配。TCP 和 UDP 均规定，小于 256 的端口号才能作保留端口。

端口号通常是在 0 到 65535 之间的整数，客户程序随机选取的临时端口号，每一种服务器程序被分配了确定的全局一致的熟知端口号，每一个客户进程都知道相应的服务器进程的熟知端口号。UDP 使用的熟知端口号如表 7-1 所示。

表 7-1 **UDP 使用的熟知端口号**

端口号	服务进程	说　明
53	Name server	域名服务
67	Bootps	下载引导程序信息的服务器端口
68	Bootpc	下载引导程序信息的客户机端口
69	TFTP	简单文件阐述协议
111	RPC	远程过程调用
123	NTP	网络时间协议
161	SNMP	简单网络管理协议

TCP 使用的熟知端口号如表 7-2 所示。

表 7-2 **TCP 使用的熟知端口号**

端口号	服务进程	说　明
20	FTP	文件传输协议（数据连接）
21	FTP	文件传输协议（控制连接）
23	Telnet	虚拟终端网络
25	SMTP	简单邮件传输协议
53	DNS	域名服务器
80	HTTP	超文本传输协议

端口号和 IP 地址连接在一起构成一个套接字（socket)，套接字分为发送套接字和接收套接字。

发送套接字 ＝ 源 IP 地址 ＋ 源端口号

接收套接字 ＝ 目的 IP 地址 ＋ 目的端口号

一对套接字唯一地确定了一个 TCP 连接的两个端点。也就是说，TCP 连接的端点是套接字而不是 IP 地址。

在 TCP 协议中，有些端口号已经保留给特定的应用程序来使用（大多为 256 号之前），这类端口号称为公共端口，其他的号码称为用户端口。Internet 标准工作组规定，数值在 1 024 以上的端口号可以由用户自由使用。

7.2 用户数据报协议 UDP

用户数据报协议提供了两种数据传输服务方式：TCP 和 UDP，它们之间是平行的，都是构建在 IP 协议之上，以 IP 协议为基础。

- UDP 在传送数据之前不需要先建立连接。对方的运输层在收到 UDP 报文后，不需要给出任何确认。虽然 UDP 不提供可靠交付，但在某些情况下 UDP 是一种最有效的工作方式。
- TCP 则提供面向连接的服务。TCP 不提供广播或多播服务。由于 TCP 要提供可靠的、面向连接的运输服务，因此不可避免地增加了许多的开销。这不仅使协议数据单元的首部增大很多，还要占用许多的处理机资源。

使用 UDP 协议进行数据传输具有非连接性和不可靠性，这与 TCP 协议正好相反，因此，UDP 所提供的数据传输服务，其服务质量没有 TCP 来得高。UDP 没有提供流量控制，省去了在流量控制方面的传输开销，因而传输速度快，适用于实时、大量但对数据的正确性要求不高的数据传输。由于 UDP 采用了面向非连接的、不可靠的数据传输方式，因此可能会造成 IP 包未按次序到达目的地或 IP 包重复甚至丢失，这些问题都需要靠上层应用程序来解决。

设计比较简单的 UDP 协议的目的是希望以最小的开销来达到网络环境中的进程通信目的，如果进程发送的报文较短，同时对报文的可靠性要求不高，那么就可以考虑使用 UDP 协议。

7.2.1 用户数据报的报头格式

UDP 协议非连接的、不可靠的数据传输，不提供流量控制功能的特点，使得 UDP 协议不需要额外的字段来做传输控制，所以 UDP 的报头相对 TCP 要简单一些，如图 7-4 所示。

1. UDP 包的位置

UDP 包的位置和 TCP 包的位置相同，它是作为 IP 包的数据部分封装在 IP 包中，而 IP 包又是作为以太包的数据部分封装在以太包中。UDP 包在以太包中的封装如图 7-4 所示。

2. UDP 包的格式

(1) Source Port（源端口号）

字段大小：16 位；此字段用来定义来源主机的 Port 号码，它和来源主机的 IP 地址结合后，称为完整的 UDP 传送端地址。源端口是一个大于 1 023 的位数字，该数字是由基于 UDP 应用程序的用户选择的。因为只在连接的持续时间内使用，所以这些端口称为暂

时端口（"暂时"意味着生存时间短）。暂时的源端口号由IP堆栈选择，传输层使用它向上层应用程序传送数据。它们本质上与以太网的以太类型和IP协议的ID字段相同。当源端主机用UDP向目的端主机发送数据时，它会选择一个大于1 023的未被使用的源端口号，将它放置在UDP源端口字段中。当目的端点的应用程序将数据发送回源端主机时，会依次使用目的端口字段中的这些端口号。

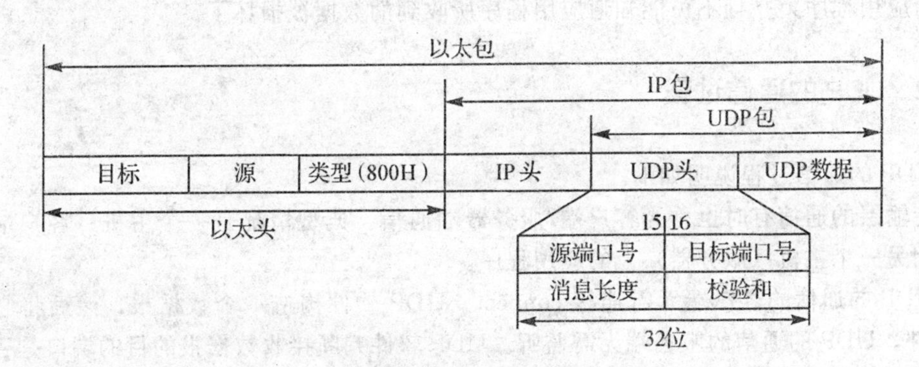

图7-4 UDP包在以太包中的封装一起UDP包头格式

(2) Destination Port（目标端口，指接收端端口）

字段大小：16位；此字段用来定义目的主机的Port号码，它和目的主机的IP地址结合后，称为完整的UDP接收端地址。它可能大于或小于1 023。在早期的TCP/IP中，大部分应用程序使用的是通用的端口号。与暂时端口不同的是，只要应用程序运行通用端口就会一直保持开放。通用端口号的范围是0～1 023。主机所用的这些应用程序使用一个大于1 023的源（暂时）端口和一个0～1 023之间的目的（通用）端口。例如，DNS使用的UDP端口是53，DNS服务器分配了端口53在本地服务器上使用，当客户端向服务器发送DNS请求时，它将使用源端暂时端口和目的端口53；当DNS服务器响应请求时，会使用客户端的暂时端口作为目的端UDP端口，而使用端口53作为源端口。现在很多应用程序使用TCP和UDP，以至于应用程序所使用的端口之间的分界线变得模糊。应用程序使用的典型的端口范围为0～65 535。

(3) Message Length（消息长度）

字段大小：16位；此字段为UDP包的总长度（包含包标头及数据区），最小值为8，表示只有包标头而无数据区。UDP长字段的值是UDP报文头的长度（8字节）与UDP所携带数据长度的总和。确定UDP长字段值的快速方法是将IP长字段的值减去20个字节。因为IP报文头的长度始终是20字节，所以结果就总是取决于UDP报文头及UDP数据的长度。例如，如果IP所带数据为1 480字节，则可以知道UDP所带的数据是1 452字节（1 480－20（IP）－8（UDP报头）＝UDP数据）。当然，可以查看UDP长字段，不过有时进行减法运算更容易。

(4) Checksum（校验和）

字段大小：16位；用于检查数据的传输是否正确。UDP检验和的检验范围：伪头部、UDP头和应用层数据。UDP报文头的校验和是可选的，应用程序可以不使用该校验和。取消UDP校验和计算有时可以加快运行缓慢的主机上的报文处理。如果没有使用校验和，则发送方传输的校验和必须是全 1。当接收方站点在校验和字段发现都是 1 时，就不会试图重新计算校验和。

注意：当决定不使用 UDP 校验和时，应用程序所具有的保证数据完整性的功能就显得很重要了。通常有可能数据在经过 MAC 层到达目的地时已经被损坏了。在这个例子中，如果既不使用 UDP 校验和，应用程序又没有保证数据完整性的功能，那么数据将被传输给应用程序，并且不可能知道应用程序所收到的数据被损坏了。

7.2.2 UDP 的通信过程

UDP 的通信过程说明如下。

传输层的通信有时也称为客户端/服务器端通信。典型情况是一个主机（客户端）需要使用另一个主机（服务器）上的应用程序。

UDP 的通信的客户端无需连接 connect。UDP 软件构造一个数据报，然后将它交给 IP 软件。UDP 的通信的服务端无需监听。UDP 软件判断接收数据报的目的端口是否与当前使用的某个端口匹配。若匹配，将数据报放入相应接收队列；若不匹配，抛弃该报文，并向源端发送"端口不可到达"报文。因此 UDP 中 server 和 client 的区别相对较模糊。只需要简单使用系统调用 sendto 和 recvfrom 就可以给指定的地址收发数据，但并不保证收发的数据的完整性和可靠性。

虽然实际上并没有要求任何一台主机作为服务器类型的机器，但是按照客户和服务器模式可以更容易地观察通信过程。

当客户端需要用到一个使用 UDP 协议的远程主机上的应用程序时，它需要知道两方面的信息：

- 应用程序所在主机的 IP 地址；
- 应用程序目的端的 UDP 端口号。

主机可以用多种不同的方法来获得目的端主机的 IP 地址。其中一种方法是域名系统（Domain Name System，DNS），另一种方法是 Windows 互联网命名系统（Windows Internet Naming System，WINS）。

以一个实际的例子来说明 UDP 通信的过程，假设一台主机知道应用程序在另一台 IP 地址为 172.16.1.15 的主机上。在获得了 IP 地址后，它还需要知道应用程序的目的端口号。所有的 UDP 端口号和 TCP 端口号都存放在一种称为服务文件（Service File）的文件中。在 UNIX 系统中，服务文件通常位于/etc/services 下。在 Windows 2000 主机中，可以在 c:\windows\system32\drivers\etc 下找到服务文件。服务文件包括了应用程序到 TCP 端口号和到 UDP 端口号的所有映射。当一个主机需要知道应用程序的目的 UDP 端口号和目的 TCP 端口号时，它会搜索服务文件来找出正确的端口号。通常应用程序将它们各自的 UDP 端口号或 TCP 端口号安装在这个服务文件中。

当一个应用程序找出了应用程序的目的端 UDP 端口后，会发生以下的情况：

(1) 它会选择一个大于 1 023 的端口号在源端 UDP 端口字段使用；

(2) 根据收到的数据报，目的端主机会检查目的 UDP 端口号，以确定应该由哪个应用程序接收 UDP 数据；

(3) 当应用程序响应源端主机时，它倒置UDP端口号，将目的站点的源端UDP端口号放置在目的端UDP端口字段，并将自己的源端UDP端口号放置在源端UDP端口字段。

7.3 传输控制协议TCP

TCP协议是TCP/IP协议组中最重要的协议之一，在本节中，探讨TCP协议的包格式、传输特性和重要功能等。

TCP协议在TCP/IP协议簇中的位置如图7-5所示。

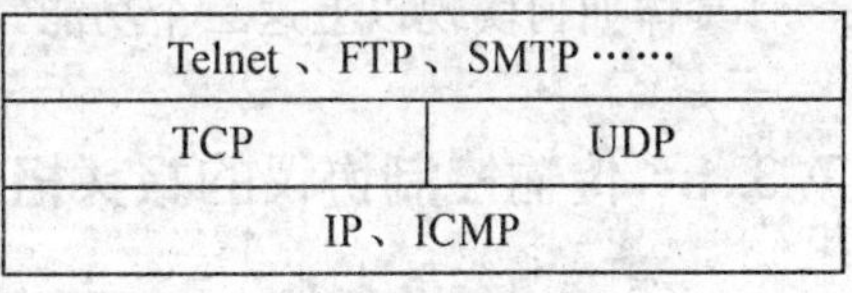

图7-5 TCP协议在TCP/IP协议簇中的位置

由图7-5可以看出，传输层中的两个协议TCP和UDP处于对等的地位，分别提供了不同的传输服务方式，但这两个协议必须建立在IP协议之上。

通过前面章节的学习知道，IP协议只是单纯地负责将数据分割成包，并根据指定的IP地址通过网络传送到目的地。它必须配合不同的传输层协议——TCP（提供面向连接的可靠的传输服务）或UDP（提供非连接的不可靠的传输服务），才能在发送端和接收端建立主机间的连接，完成端到端的数据传输。

TCP是面向连接的、可靠的传输层协议。由于TCP协议建立在不可靠的网络层IP协议之上，IP不能提供任何可靠性机制，所以TCP的必须可靠性完全由自己实现。TCP采用的最基本的可靠性技术是：确认与超时重传、流量控制等。

TCP协议的主要功能可以概括为：TCP协议提供具有连接性的、可靠的数据流式的传输服务。

1. 连接性

连接性表示要传输数据的双方必须事先沟通，在建立好连接之后，才能正式开始传输数据。两台主机之间要想完成一次数据传输，必须经历连接的建立、数据传输以及连接拆除三个阶段。无连接性是指两台主机在进行信息交换之前，无须事先呼叫来建立通信连接，各个分组独立地各自传送到目的地。

连接性与非连接性数据传输方式的区别如下。

①路由选择：在具有连接性的传输方式中，路由的选择仅仅发生在连接建立的时候，在以后的传输过程中路由不再改变；在具有非连接性的传输方式中，每传送一个分组都要进行路由选择。

②在具有连接性的传输方式中，各分组是按顺序到达的；在非连接性的传输方式中，分组可能会失序到达，甚至丢失。

③具有连接性的传输方式便于实现差错控制和流量控制；非连接性的传输方式一般不实行流量控制和差错控制。

④具有连接性的传输方式一般应用于较重要的数据传输；非连接性的传输方式一般应用于较不重要的数据传输。

2. 可靠性

TCP 协议用来在两个端用户之间提供可靠的数据传输服务，其可靠性是由 TCP 协议提供的确认重传机制实现的。

3. 数据流量控制

在讨论 TCP 协议保证数据传输的可靠性时提到，发送端每次都要等到收到对应的确认包后才传送下一个数据包。发送端用于等待确认包的时间是闲置的时间，从而造成整个数据传输效率低下，造成带宽浪费。因此，在 TCP 协议中，使用了一种叫做滑动窗的技术来解决这一问题。

具体如何实现以上这三个功能，将在下面的章节中作详细的介绍。

7.3.1 传输控制协议的报头格式

1. TCP 包的位置

把在数据链路层上传输的数据单元称为帧，把在网络层上传输的数据单元称为包。TCP 包是 IP 包的一部分，以以太网为例，IP 包又是以太网数据帧的一部分。换句话说，IP 包封装了 TCP 包，而以太网的数据帧又分头改装了 IP 包。封装过程如图 7-6 所示。

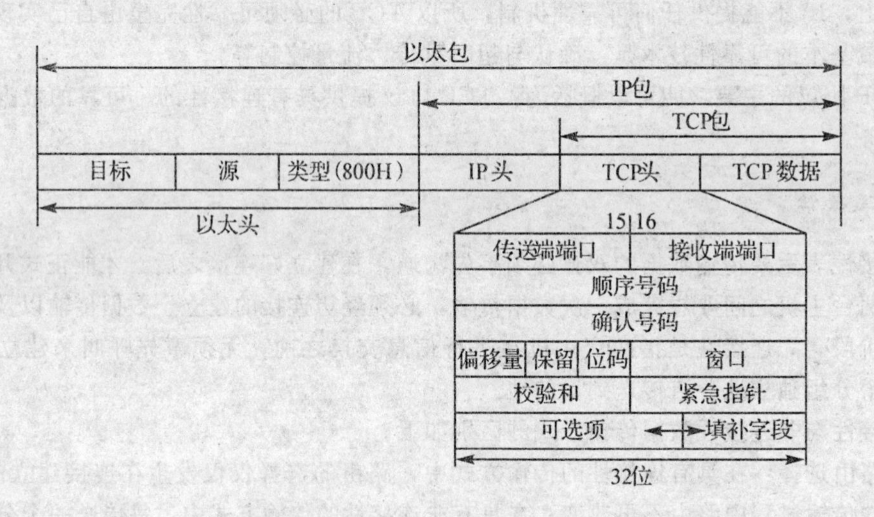

图 7-6 TCP 包的位置及其报头格式

2. TCP Header（标头）

TCP 标头包含了 TCP 协议在传输数据时的字段信息，其格式如图 7-6 所示。

(1) 传送端端口（Source Port）

字段大小：16 位；此字段用来定义来源主机的 Port 号码，其与来源主机的 IP 地址相

结合后，称为完整 的 TCP 传送端地址。

(2) 接收端端口 (Destination Port)

字段大小：16 位；此字段用来定义目的主机的 Port 号码，其与目的主机的 IP 地址结合后，称为完整的 TCP 包标头格式 TCP 接收端地址。

(3) 顺序号码 (Sequence Number)

字段大小：32 位；表示包的顺序号码，利用随机数的方式产生其初始值。

(4) 确认号码 (Acknowledge Number)

字段大小：32 位；响应对方传送包的确认号码，其表示希望下一次应该送出哪个顺序号码的数据。表示下一次应该送出的包的顺序号码，它是一个对想要接收的字节之前的所有字节的一个确认。

(5) 数据偏移量 (Data Offset)

字段大小：4 位；由于 TCP 的 Option 字段长度不固定，该字段指出 TCP 数据开始的位置。

(6) Reservation (保留)

字段大小：6 位；此字段保留，供日后需要时使用，目前设为 0。

(7) Codes bits (位码)

位码也叫标志字段，此字段由 6 个单一二进制位的字段组成。此字段主要说明其他字段是否包含了有意义的数据以及某些控制功能，相当于控制字段，其中的每一位称为标志位，从左到右，6 个标志位的意义分别说明如下：

- URK (紧急标志)：说明紧急数据指针字段是否有效，当 URK=1 时，表明此 TCP 报文段应尽快传输。
- ACK (确认标志)：ACK=0 时确认标志没有意义，只有当 ACK=1 时确认标志才有意义。
- PUS (推送标志)：当 PUS=1 时，表明请求源端 TCP 将本报文段立即传送给其应用层。
- RST (复位标志)：用于复位相应的 TCP 连接。
- SYN (同步标志)：当 SYN=1 且 ACK=0 时，表明这是一个连接请求报文；对方若同意建立连接，则在发回的报文段中使 SYN=1 并且 ACK=1。
- FIN (终止标志)：当 FIN=1 时，表明欲发送的字节流已经发完，并要求释放连接。

(8) Windows (窗口)

此字段用来控制流量，表示数据缓冲区的大小。当一个 TCP 应用程序激活时，会同时产生两个缓冲区：接收缓冲区和发送缓冲区。接收缓冲区用来保存发送端发送来的数据，并等待上层应用程序提取；发送缓冲区用来保存准备要发送的数据。TCP 协议利用此字段来通知对方现在本身的接收缓冲区大小有多少，这样对方才不会送出超过接收缓冲区所能接收的数据量而造成数据流失。

(9) Checksum (校验和)

字段大小：16 位；用来检查数据的传输是否正确。

(10) Urgent Pointer (紧急指针)

字段大小：16 位；当 Code bits 中的 URG=1 时，该字段才有效。当 URG 标志设置为1时，就向接收方表明，目前发送的TCP包中包含有紧急数据，需要接收方的TCP协议尽快将它送到高层上去处理。紧急指针的值和顺序号码相加后就会得到最后的紧急数据字节的编号，TCP协议以此来取得紧急数据。

(1) Option（可选项）

字段大小自定；表示接收端能够接收的最大区段的大小，一般在建立连接时规定此值。如果此字段不使用，可以使用任意的数据区段大小。

(2) Padding（填补字段）

字段大小依Option字段的设置而有所不同。设置此字段的目的在于和Option字段相加后，补足32位的长度。

7.3.2 TCP的流量控制

TCP的流量控制是通过滑动窗口技术实现的。

两用户进程间的流量控制和链路层两相邻结点间的流量控制类似，都要防止快速的发送数据时超过接收者的能力，采用的方法都是基于滑动窗口的原理。设想在发送端发送数据的速度很快而接收端接收速度却很慢的情况下，为了保证数据不丢失，显然需要进行流量控制，协调好通信双方的工作节奏。所谓滑动窗口，可以理解成接收端所能提供的缓冲区大小。TCP利用一个滑动的窗口来告诉发送端对它所发送的数据能提供多大的缓冲区。由于窗口由16位bit所定义，所以接收端TCP能最大提供65 535个字节的缓冲。由此，可以利用窗口大小和第一个数据的序列号计算出最大可接收的数据序列号。

利用滑动窗口技术，可以一次先发送多个包后再等待确认包，如此便可以减少闲置时间，增加传输效率。利用滑动窗技术，还可以对信息在链路上的流量进行控制，通过在发送端设置一个窗口宽度值来设置发送帧的最大数目，控制链路上的信息流量。窗口宽度规定了允许发送方发送的最大帧数。

和链路层常采用固定大小窗口的不同，传输层采用的是可变窗口大小和使用动态缓冲分配。在TCP报文段首部的窗口字段写入的数值就是当前设定的接收窗口的大小。假设发送端要发送的数据为10个报文段，每个报文段的长度为100个字节，而此时接收端许诺的发送窗口为400个字节，具体情况如图7-7所示。

图7-7 (a) 中，窗口中有4个报文段，表示已送出的包，窗口宽度W=4。

图7-7 (b) 中，当传送端收到确认序列号201时，窗口向右移动2格，并送出报文段5和6。

图7-7 (c) 中，当传送端收到确认序列号401时，窗口向右移动2格，接收端通知发送端滑动窗口增大为500B，可以比原先多发送100B，这时，送出去的报文段是7、8和9。

简单说，在窗口右方的包表示要准备送出去的包，而位于窗口里面的包，表示已经送出的包。但传送端尚未收到相应的确认包，而窗口左边的包，表示已经送出去而且也已经收到确认的包。窗口在滑动时，其宽度不能超过规定的窗口宽度。

实际上实现流量控制并非仅仅为了使得接收方来得及接收而已，还要有控制网络拥塞的作用。比如接收端正处于较空闲的状态，而整个网络的负载却很多，这时如果发送方仍然按照接收方的要求发送数据就会加重网络负荷，由此会引起报文段的时延增大，使得主

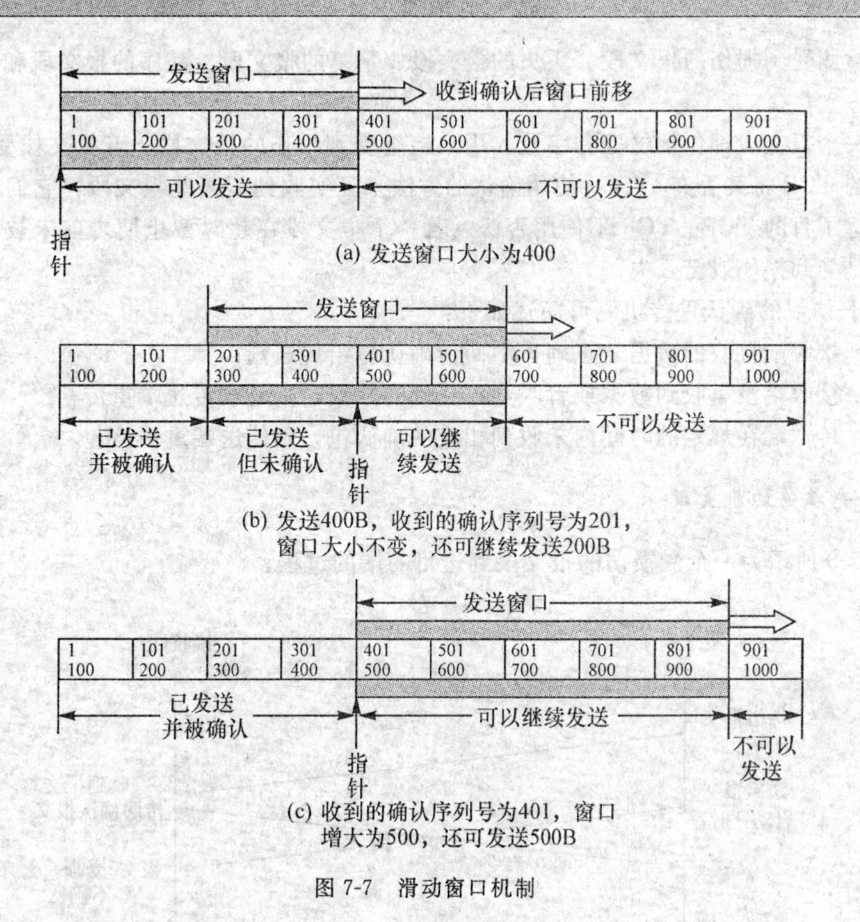

图 7-7 滑动窗口机制

机不能及时地收到确认，因此会重发更多的报文段，更加剧了网络的阻塞，形成恶性循环。为了避免发生这种情况，主机应该及时地调整发送速率。

发送端主机在发送数据时，既要考虑到接收方的接收能力，也要考虑网络目前的使用情况，发送方发送窗口大小应该考虑以下几点：

- 通知窗口（advertised window）：这是接收方根据自己的接收能力而确定的接收窗口的大小。
- 拥塞窗口（congestion window）：这是发送方根据目前网络的使用情况而得出的窗口值，也就是来自发送方的流量控制。

当中最小的一个最为适宜，即：发送窗口＝Min［通知窗口，拥塞窗口］进行拥塞控制，Internet 标准推荐使用三种技术，即慢启动（slow-start），加速递减（multiplicative decrease）和拥塞避免（congestion avoidance）。

7.3.3 TCP 的差错控制

TCP 协议用来在两个端用户之间提供可靠的数据传输服务，其可靠性（差错控制）是由 TCP 协议提供的确认重传机制实现的。

TCP 中的差错检测和纠正通过 3 种简单工具来完成：检验和、确认和超时。差错控制包括检测受到损伤的报文段、丢失的报文段、重复的报文段、乱序的报文段和丢失的确认。

每一个报文段都包括检验和字段，用来检查受到损伤的报文段；若报文段受到损伤，就由目的 TCP 将其丢弃。TCP 使用确认的方法来证实收到了某些报文段，它们已经无损伤地到达了目的 TCP。TCP 不使用否认。若一个报文段在超时截止期之前未被确认，则被认为是受到损伤或已丢失。

TCP 协议的确认重传机制可简述如下：

- 接收端接收的数据若正确，则回传确认包给传送端；
- 接收端没有收到数据或者收到不正确的数据，则要求传送端重传；
- 传送端在规定的时间内未收到相应的确认包，则传送端重传该包。

1. 受损伤的报文段

图 7-8 所示为一个受损伤的报文段到达目的端的过程。

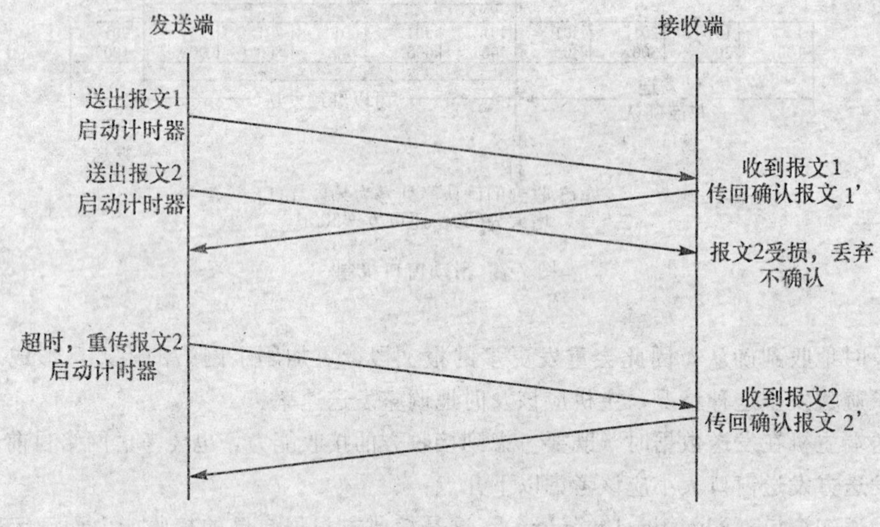

图 7-8　受损伤的报文段到达目的端的过程

2. 丢失的报文段

对于一个丢失的报文段。这与受损报文段的情况基本一样，图 7-9 给出了丢失的报文段到达目的端的过程。

3. 重复的报文段

对于 TCP 的接收端来说，处理重复的报文段是很简单的，当含有同样序号的报文段作为另一个收到的报文段到达时，目的 TCP 丢弃这个分组。

4. 失序的报文段

对失序的报文段不确认，直到收到所有它以前的报文段为止。不确认乱序报文段会导

致确认超时的情况，发送端会重新发送该报文段。

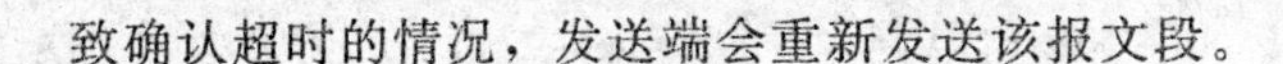

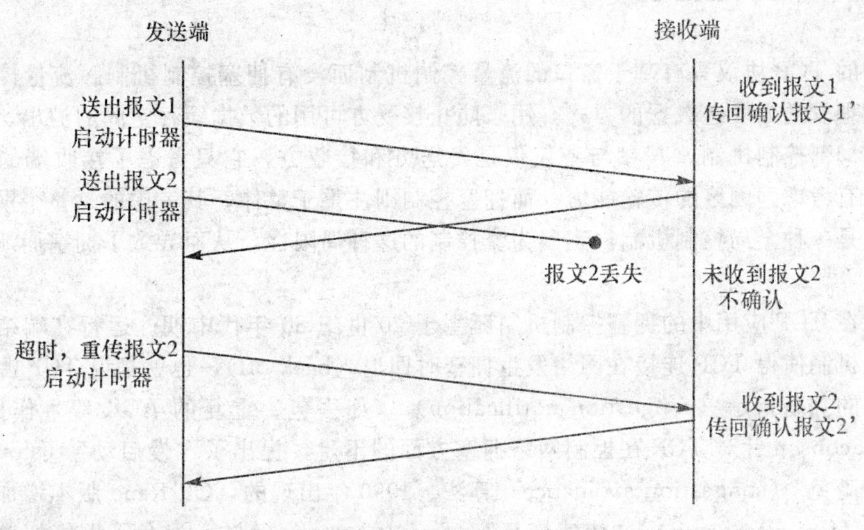

图 7-9　丢失的报文段到达目的端的过程

5. 丢失的确认

丢失确认的现象出现并不代表报文没有抵达目的端，因此，这种情况应该避免重传报文以提高数据传输的速率。在 TCP 连接中，确认丢失的现象是这样处理的：假设丢失了报文 A 的确认，在这个确认超时之前，只有收到了它下一个报文 B 的确认，就说明 B 报文之前的所有报文都被正确接收，发送端此时就忽略之前的确认丢失。图 7-10 说明了确认丢失的过程和处理方式。

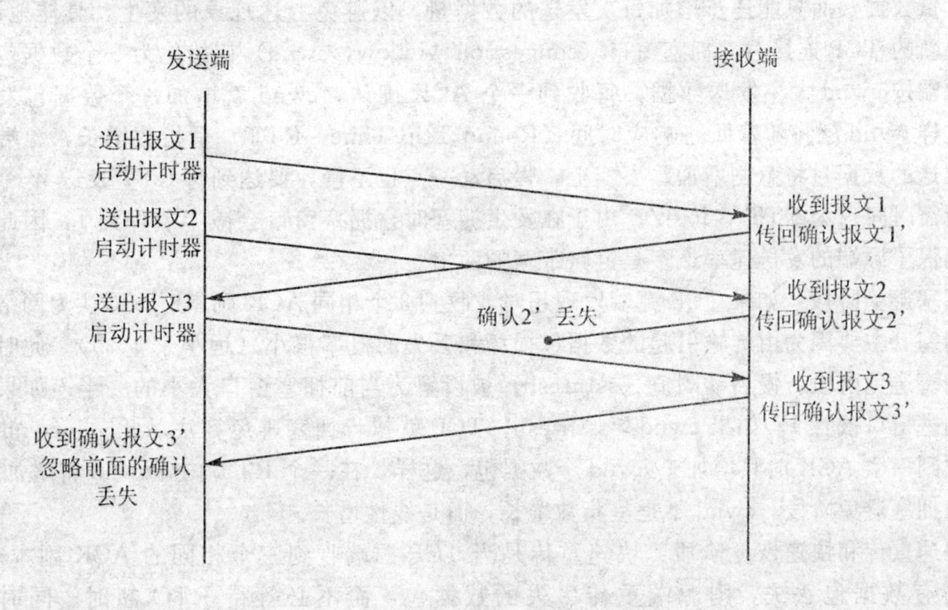

图 7-10　确认丢失的过程和处理方式

7.3.4 TCP 的拥塞控制

早期的 TCP 协议只有基于窗口的流量控制机制而没有拥塞控制机制。流量控制作为接受方管理发送方发送数据的方式，用来防止接受方可用的数据缓存空间的溢出。流量控制是一种局部控制机制，其参与者仅仅是发送方和接收方，它只考虑了接收端的接收能力，而没有考虑到网络的传输能力；而拥塞控制则注重于整体，其考虑的是整个网络的传输能力，是一种全局控制机制。正因为流控制的这种局限性，从而导致了拥塞崩溃现象的发生。

现在在 TCP 应用中的拥塞控制机制诞生于 20 世纪 80 年代中期。运行在端结点主机中的这些机制使得 TCP 连接在网络发生拥塞时回退（back off），也就是说 TCP 源端会对网络发出的拥塞指示（congestion notification）（如丢包、重复的 ACK 等）作出响应。1988 年 Jacobson 针对 TCP 在控制网络拥塞方面的不足，提出了“慢启动”（slow start）和“拥塞避免”（congestion avoidance）算法。1990 年出现的 TCP Reno 版本增加了“快速重传 ”（fast retransmit）、“快速恢复”（fast recovery）算法，避免了网络拥塞不严重时采用“慢启动”算法而造成过大地减小发送窗口尺寸的现象，这样 TCP 的拥塞控制就由这 4 个核心部分组成。近几年又出现 TCP 的改进版本如 NewReno 和选择性应答（selective acknowledgement，SACK）等。正是这些拥塞控制机制防止了今天网络的拥塞崩溃。

TCP 拥塞控制四个主要过程简要介绍如下：

慢启动阶段：早期开发的 TCP 应用在启动一个连接时会向网络中发送大量的数据包，这样很容易导致路由器缓存空间耗尽，网络发生拥塞，使得 TCP 连接的吞吐量急剧下降。由于 TCP 源端无法知道网络资源当前的利用状况，因此新建立的 TCP 连接不能一开始就发送大量数据，而只能逐步增加每次发送的数据量，以避免上述现象的发生。具体地说，当建立新的 TCP 连接时，拥塞窗口（congestion window，cwnd）初始化为一个数据包大小。源端按 cwnd 大小发送数据，每收到一个 ACK 确认，cwnd 就增加一个数据包发送量，这样 cwnd 就将随着回路响应时间（Round Trip Time，RTT）呈指数增长，源端向网络发送的数据量将急剧增加。事实上，慢启动一点也不慢，要达到每 RTT 发送 W 个数据包所需时间仅为 RTT $\times \log W$。由于在发生拥塞时，拥塞窗口会减半或降到 1，因此慢启动确保了源端的发送速率最多是链路带宽的两倍。

拥塞避免阶段：如果 TCP 源端发现超时或收到 3 个相同 ACK 副本时，即认为网络发生了拥塞（主要因为由传输引起的数据包损坏和丢失的概率很小（远小于 1%））。此时就进入拥塞避免阶段。慢启动阈值（ssthresh）被设置为当前拥塞窗口大小的一半；如果超时，拥塞窗口被置 1。如果 cwnd＞ssthresh，TCP 就执行拥塞避免算法，此时，cwnd 在每次收到一个 ACK 时只增加 1/cwnd 个数据包，这样，在一个 RTT 内，cwnd 将增加 1，所以在拥塞避免阶段，cwnd 不是呈指数增长，而是线性增长。

快速重传和快速恢复阶段：快速重传是当 TCP 源端收到三个相同的 ACK 副本时，即认为有数据包丢失，则源端重传丢失的数据包，而不必等待 RTO 超时。同时将 ssthresh设置为当前 cwnd 值的一半，并且将 cwnd 减为原先的一半。快速恢复是基于“管道”模型（pipe model）的“数据包守恒”的原则（conservation of packets principle），即同一时刻在网络中传输的数据包数量是恒定的，只有当“旧”数据包离开网络后，才能发送“新”数据包进入网络。如果发送方收到一个重复的ACK，则认为已经有一个数据包离开了网络，于是将拥塞窗口加1。如果“数据包守恒”原则能够得到严格遵守，那么网络中将很少会发生拥塞。本质上，拥塞控制的目的就是找到违反该原则的地方并进行修正。

7.4 Socket编程

本节介绍socket（套节字）编程的基本原理，并以一个实际的编程案例说明如何使用socket编程实现网络中的通信过程。

7.4.1 Socket编程基本概念

1. 网间进程通信

(1) 地址。网络通信中通信的两个进程分别在不同的机器上。在互连网络中，两台机器可能位于不同的网络，这些网络通过网络互连设备（如网关，网桥，路由器等）连接。因此需要三级寻址：

①某一主机可与多个网络相连，必须指定一特定网络地址；

②网络上每一台主机应有其唯一的地址；

③每一主机上的每一进程应有在该主机上的唯一标识符。

通常主机地址由网络ID和主机ID组成，在TCP/IP协议中用32位整数值表示；TCP和UDP均使用16位端口号标识用户进程。

(2) 网络字节顺序。不同的计算机存放多字节值的顺序不同，有的机器在起始地址存放低位字节（低价先存），有的存高位字节（高价先存）。为保证数据的正确性，在网络协议中须指定网络字节顺序。TCP/IP协议使用16位整数和32位整数的高价先存格式，它们均含在协议头文件中。

(3) 连接。两个进程间的通信链路称为连接。连接在内部表现为一些缓冲区和一组协议机制，在外部表现出比无连接高的可靠性。

(4) 半相关。综上所述，网络中用一个三元组可以在全局唯一标志一个进程：（协议，本地地址，本地端口号）。这样一个三元组，叫做一个半相关（half-association），它指定连接的每半部分。

(5) 全相关。一个完整的网间进程通信需要由两个进程组成，并且只能使用同一种高层协议。也就是说，不可能通信的一端用TCP协议，而另一端用UDP协议。因此一个完整的网间通信需要一个五元组来标识：（协议，本地地址，本地端口号，远地地址，远地端口号）。这样一个五元组，叫做一个相关（association），即两个协议相同的半相关才能组合成一个合适的相关，或完全指定组成一个连接。

2. Socket 的服务模式

在 TCP/IP 网络应用中，通信的两个进程间相互作用的主要模式是客户/服务器模式(Client/Server model)，即客户向服务器发出服务请求，服务器接收到请求后，提供相应的服务。客户/服务器模式的建立基于以下两点：首先，建立网络的起因是网络中软硬件资源、运算能力和信息不均等，需要共享，从而造就拥有众多资源的主机提供服务，资源较少的客户请求服务这一非对等作用。其次，网间进程通信完全是异步的，相互通信的进程间既不存在父子关系，又不共享内存缓冲区，因此需要一种机制为希望通信的进程间建立联系，为二者的数据交换提供同步，这就是基于客户/服务器模式的 TCP/IP。

客户/服务器模式在操作过程中采取的是主动请求方式：

服务器端：

首先服务器方要先启动，并根据请求提供相应服务。

①打开一个通信通道并告知本地主机，它愿意在某一公认地址上（如 FTP 端口号 21）接收客户请求。

②等待客户请求到达该端口。

③接收到重复服务请求，处理该请求并发送应答信号。接收到并发服务请求，要激活一个新进程来处理这个客户请求（如 UNIX 系统中用 fork、exec)。新进程处理此客户请求，并不需要对其他请求作出应答。服务完成后，关闭此新进程与客户的通信链路，并终止。

④返回第②步，等待另一客户请求。

⑤关闭服务器。

客户端：

①打开一个通信通道，并连接到服务器所在主机的特定端口。

②向服务器发服务请求报文，等待并接收应答；继续提出请求。

③请求结束后关闭通信通道并终止。

从上面所描述过程可知：

(1) 客户与服务器进程的作用是非对称的，因此编码不同。

(2) 服务进程一般是先于客户请求而启动的。只要系统运行，该服务进程一直存在，直到正常或强迫终止。

3. socket 系统调用

常见的 socket 系统调用如下：

(1) 创建套接字 socket()

应用程序在使用套接字前，首先必须拥有一个套接字，系统调用 socket()向应用程序提供创建套接字的手段，其调用格式如下：

SOCKET PASCAL FAR socket (int af, int type, int protocol)

该调用要接收三个参数：af、type、protocol。参数 af 指定通信发生的区域，UNIX 系统支持的地址族有：AF_UNIX、AF_INET、AF_NS 等，而 DOS、WINDOWS 中仅支持 AF_INET，它是网际网区域。因此，地址族与协议族相同。参数 type 描述要建

立的套接字的类型。参数 protocol 说明该套接字使用的特定协议，如果调用者不希望特别指定使用的协议，则置为 0，使用默认的连接模式。根据这三个参数建立一个套接字，并将相应的资源分配给它，同时返回一个整型套接字号。因此，socket()系统调用实际上指定了相关五元组中的"协议"这一元。

(2) 指定本地地址 bind()

当一个套接字用 socket()创建后，存在一个名字空间（地址族），但它没有被命名。bind()将套接字地址（包括本地主机地址和本地端口地址）与所创建的套接字号联系起来，即将名字赋予套接字，以指定本地半相关。其调用格式如下：

int PASCAL FAR bind（SOCKET s，const struct sockaddr FAR * name，int namelen)；

参数 s 是由 socket()调用返回的并且未作连接的套接字描述符（套接字号）。参数 name 是赋给套接字 s 的本地地址（名字），其长度可变，结构随通信域的不同而不同。namelen 表明了 name 的长度。如果没有错误发生，bind()返回 0。否则返回值SOCKET _ ERROR。

地址在建立套接字通信过程中起着重要作用，作为一个网络应用程序设计者对套接字地址结构必须有明确认识。例如，UNIX BSD 有一组描述套接字地址的数据结构，其中使用 TCP/IP 协议的地址结构为

```
struct sockaddr _ in
{
    short sin _ family; / * AF _ INET * /
    u _ short sin _ port; / * 16 位端口号，网络字节顺序 * /
    struct in _ addr sin _ addr; / * 32 位 IP 地址，网络字节顺序 * /
    char sin _ zero [8]; / * 保留 * /
}
```

(3) 建立套接字连接 connect()与 accept()

这两个系统调用用于完成一个完整相关的建立，其中 connect()用于建立连接。无连接的套接字进程也可以调用 connect()，但这时在进程之间没有实际的报文交换，调用将从本地操作系统直接返回。这样做的优点是程序员不必为每一数据指定目的地址，而且如果收到的一个数据报，其目的端口未与任何套接字建立"连接"，便能判断该端口不可操作。而 accept()用于使服务器等待来自某客户进程的实际连接。

connect()的调用格式如下：

int PASCAL FAR connect（SOCKET s，const struct sockaddr FAR * name，int namelen)；

参数 s 是欲建立连接的本地套接字描述符。参数 name 指出说明对方套接字地址结构的指针。对方套接字地址长度由 namelen 说明。如果没有错误发生，connect()返回 0；否则返回值 SOCKET _ ERROR。在面向连接的协议中，该调用导致本地系统和外部系统之间连接实际建立。

由于地址族总被包含在套接字地址结构的前两个字节中，并通过 socket()调用与某个协议族相关。因此 bind()和 connect()无须协议作为参数。accept()的调用格式如下：

SOCKET PASCAL FAR accept（SOCKET s，struct sockaddr FAR * addr，int

FAR * addrlen);

参数 s 为本地套接字描述符，在用做 accept()调用的参数前应该先调用过 listen()。addr 指向客户方套接字地址结构的指针，用来接收连接实体的地址。addr 的确切格式由套接字创建时建立的地址族决定。addrlen 为客户方套接字地址的长度（字节数）。如果没有错误发生，accept()返回一个 SOCKET 类型的值，表示接收到的套接字的描述符；否则返回值 INVALID_SOCKET。

accept()用于面向连接服务器。参数 addr 和 addrlen 存放客户方的地址信息。调用前，参数 addr 指向一个初始值为空的地址结构，而 addrlen 的初始值为 0；调用 accept()后，服务器等待从编号为 s 的套接字上接受客户连接请求，而连接请求是由客户方的 connect()调用发出的。当有连接请求到达时，accept()调用将请求连接队列上的第一个客户方套接字地址及长度放入 addr 和 addrlen，并创建一个与 s 有相同特性的新套接字号。新的套接字可用于处理服务器并发请求。

四个套接字系统调用——socket()、bind()、connect()、accept()，可以完成一个完全五元相关的建立。socket()指定五元组中的协议元，它的用法与是否为客户或服务器、是否面向连接无关。bind()指定五元组中的本地二元，即本地主机地址和端口号，其用法与是否面向连接有关：在服务器方，无论是否面向连接，均要调用 bind()；在客户方，若采用面向连接，则可以不调用 bind()，而通过 connect()自动完成。若采用无连接，客户方必须使用 bind()以获得一个唯一的地址。

以上讨论仅对客户/服务器模式而言，实际上套接字的使用是非常灵活的，唯一需遵循的原则是进程通信之前，必须建立完整的相关。

(4) 监听连接 listen()

此调用用于面向连接服务器，表明它愿意接收连接。listen()需在 accept()之前调用，其调用格式如下：

int PASCAL FAR listen (SOCKET s, int backlog);

参数 s 标识一个本地已建立、尚未连接的套接字号，服务器愿意从它上面接收请求。backlog 表示请求连接队列的最大长度，用于限制排队请求的个数，目前允许的最大值为 5。如果没有错误发生，listen()返回 0；否则它返回 SOCKET_ERROR。listen()在执行调用过程中可为没有调用过 bind()的套接字 s 完成所必需的连接，并建立长度为 backlog 的请求连接队列。调用 listen()是服务器接收一个连接请求的四个步骤中的第三步。它在调用 socket()分配一个流套接字，且调用 bind()给 s 赋予一个名字之后调用，而且一定要在 accept()之前调用。

(5) 数据传输 send()与 recv()

当一个连接建立以后，就可以传输数据了。常用的系统调用有 send()和 recv()。send()调用用于在参数 s 指定的已连接的数据报或流套接字上发送输出数据，格式如下：

int PASCAL FAR send (SOCKET s, const char FAR * buf, int len, int flags);

参数 s 为已连接的本地套接字描述符。buf 指向存有发送数据的缓冲区的指针，其长度由 len 指定。flags 指定传输控制方式，如是否发送带外数据等。如果没有错误发生，send()返回总共发送的字节数；否则它返回 SOCKET_ERROR。

recv()调用用于在参数 s 指定的已连接的数据报或流套接字上接收输入数据，格式如下：

int PASCAL FAR recv (SOCKET s, char FAR *buf, int len, int flags);

参数 s 为已连接的套接字描述符。buf 指向接收输入数据缓冲区的指针，其长度由 len 指定。flags 指定传输控制方式，如是否接收带外数据等。如果没有错误发生，recv() 返回总共接收的字节数。如果连接被关闭，返回 0；否则它返回 SOCKET_ERROR。

(6) 关闭套接字 closesocket()

closesocket()关闭套接字 s，并释放分配给该套接字的资源；如果 s 涉及一个打开的 TCP 连接，则该连接被释放。closesocket()的调用格式如下：

BOOL PASCAL FAR closesocket (SOCKET s);

参数 s 待关闭的套接字描述符。如果没有错误发生，closesocket()返回 0；否则返回值 SOCKET_ERROR。

7.4.2 Socket 编程实例

本节以编程实例说明 Linux 操作系统（Fedora Core 5.0）中 Socket 编程的实现方法。实例实现的功能是：服务器通过 socket 连接向客户端发送字符串" Hello, Welcome to You!"。只要在服务器上运行该服务器软件，在客户端运行客户软件，客户端就会收到该字符串。

1. 服务端程序 server. c

```
#include <stdio.h>
#include <stdlib.h>
#include <errno.h>
#include <string.h>
#include <sys/types.h>
#include <netinet/in.h>
#include <sys/socket.h>
#include <sys/wait.h>
#define SERVPORT 3333 /* 服务器监听端口号 */
#define BACKLOG 10 /* 最大同时连接请求数 */
main()
{
    int sockfd, client_fd; /* sock_fd: 监听 socket; client_fd: 数据传输 socket */
    struct sockaddr_in my_addr; /* 本机地址信息 */
    struct sockaddr_in remote_addr; /* 客户端地址信息 */
    int sin_size;
    if ( (sockfd = socket (AF_INET, SOCK_STREAM, 0)) == -1)
    {
        perror (" socket 创建出错!"); exit (1);
    }
```

```
my_addr.sin_family=AF_INET;
my_addr.sin_port=htons (SERVPORT);
my_addr.sin_addr.s_addr = INADDR_ANY;
bzero (& (my_addr.sin_zero), 8);
if (bind (sockfd, (struct sockaddr *) &my_addr, sizeof (struct sockaddr)) =
= -1)
{
    perror (" bind 出错!");
    exit (1);
}
if (listen (sockfd, BACKLOG) == -1)
{
    perror (" listen 出错!");
    exit (1);
}
while (1)
{
    sin_size = sizeof (struct sockaddr_in);
    if ( (client_fd = accept (sockfd, (struct sockaddr *) &remote_addr, &sin
    _size)) == -1)
    {
        perror (" accept 出错");
        continue;
    }
    printf (" received a connection from %s\n", inet_ntoa (remote_addr.sin
    _addr));
    if (! fork())
    { /* 子进程代码段 */
        if (send (client_fd, " Hello, Welcome to You! \n", 26, 0) == -1)
        perror (" send 出错!");
        close (client_fd);
        exit (0);
    }
    close (client_fd);
}
}
```

服务器的工作流程是这样的：首先调用 socket 函数创建一个 Socket，然后调用 bind 函数将其与本机地址以及一个本地端口号绑定，然后调用 listen 在相应的 socket 上监听，当 accept 接收到一个连接服务请求时，将生成一个新的 socket。服务器显示该客户机的

IP地址，并通过新的socket向客户端发送字符串“Hello，you are connected!”。最后关闭该socket。

代码实例中的fork()函数生成一个子进程来处理数据传输部分，fork()语句对于子进程返回的值为0。所以包含fork函数的if语句是子进程代码部分，它与if语句后面的父进程代码部分是并发执行的。

2. 客户端程序client. c

```
#include<stdio. h>
#include <stdlib. h>
#include <errno. h>
#include <string. h>
#include <netdb. h>
#include <sys/types. h>
#include <netinet/in. h>
#include <sys/socket. h>
#define SERVPORT 3333
#define MAXDATASIZE 100 /*每次最大数据传输量 */
main (int argc, char *argv [])
{
    int sockfd, recvbytes;
    char buf [MAXDATASIZE];
    struct hostent *host;
    struct sockaddr_in serv_addr;
    if (argc<2)
    {
        fprintf (stderr," Please enter the server's hostname! \ n");
        exit (1);
    }
    if ( (host=gethostbyname (argv [1])) ==NULL)
    {
        herror (" gethostbyname 出错!");
        exit (1);
    }
    if ( (sockfd = socket (AF_INET, SOCK_STREAM, 0)) == -1)
    {
        perror (" socket 创建出错!");
        exit (1);
    }
    serv_addr. sin_family=AF_INET;
```

```
    serv_addr. sin_port=htons (SERVPORT);
    serv_addr. sin_addr = * ( (struct in_addr *) host->h_addr);
    bzero (& (serv_addr. sin_zero), 8);
    if (connect (sockfd, (struct sockaddr *) &serv_addr, sizeof (struct sockaddr))
    == -1)
    {
        perror (" connect 出错!");
        exit (1);
    }
    if ( (recvbytes=recv (sockfd, buf, MAXDATASIZE, 0)) ==-1)
    {
        perror (" recv 出错!");
        exit (1);
    }
    buf [recvbytes] = '\0';
    printf (" Received: %s", buf);
    close (sockfd);
}
```

客户端程序首先通过服务器域名获得服务器的 IP 地址，然后创建一个 socket，调用 connect 函数与服务器建立连接，连接成功之后接收从服务器发送过来的数据，最后关闭 socket。

函数 gethostbyname()是完成域名转换的。由于 IP 地址难以记忆和读写，所以为了方便，人们常常用域名来表示主机，这就需要进行域名和 IP 地址的转换。无连接的客户/服务器程序的在原理上和连接的客户/服务器是一样的，两者的区别在于无连接的客户/服务器中的客户一般不需要建立连接，而且在发送接收数据时，需要指定远端机的地址。

假设编译之后的可执行程序分别被命名为 server 和 client，运行方式如下：首先在 Linux 系统中运行命令“./server”，启动服务端程序，这时计算机开放了 3333 端口，等待客户端的连接；在另外一个计算机的命令行终端（或同一台计算机的另外一个命令行终端）中输入“./client + 服务端计算机名”或“./client + 服务端 IP”，可以在服务端看到输出“received a connection from + IP”，在客户端看到输出“Received: Hello, Welcome to You!”

本章小结

网络最本质的活动是实现分布在不同地理位置的主机之间的进程通信；传输层的主要功能就是为网络环境中分布式进程通信提供服务；网络中应用程序进程间相互作用的模式是客户/服务器（Client/Server）模式；Internet 传输层采用了 TCP 协议与 UDP 协议；TCP 是一种面向连接的、可靠的传输层协议，它在网络层 IP 服务的基础上，向应用层提供面向连接、可靠的流传输；

UDP是一种无连接的、不可靠的传输层协议；学习Socket编程有助于理解是传输层数据通信的过程。

练 习 题

一、单项选择题

1. 计算机网络最本质的活动是分布在不同地理位置的主机之间的（ ）。
   A. 数据交换 B. 网络连接 C. 进程通信 D. 网络服务
2. 考虑到进程标识和多重协议的识别，网络环境中进程通信是要涉及两个不同主机的进程，因此一个完整的进程通信标识需要一个（ ）来表示。
   A. 半相关 B. 三元组 C. 套接字 D. 五元组
3. Linux Socket调用中，Accept（）调用是为（ ）的传输服务设计的。
   A. 无连接 B. 无连接或面向连接 C. 面向连接 D. 可靠
4. 设计传输层的目的是弥补通信子网服务的不足，提高传输服务的可靠性与保证（ ）。
   A. 安全性 B. 进程通信 C. 保密性 D. 服务质量QoS
5. 传输层的作用是向源主机与目的主机进程之间提供（ ）数据传输。
   A. 点到点 B. 点对多点 C. 端到端 D. 多端口之间
6. TCP协议规定HTTP（ ）进程的端口号为80。
   A. 客户 B. 分布 C. 服务器 D. 主机

二、简答题

1. 网络环境中的进程通信与单机系统内部的进程通信的主要区别是什么？
2. 为什么在TCP/IP协议体系中，进程间的相互作用主要采用了客户/服务器模式？
3. TCP协议通过哪些差错检测和纠正方法来保证传输的可靠性？

第 8 章 应用层协议

在 TCP 和 IP 协议的基础上，已经构建起了具有端到端通信能力的计算机网络，但是还没有讨论这些通信服务是如何提供给应用进程使用的。本章将讨论各种应用进程通过何种应用层协议来使用网络所提供的这些通信服务。应用层是网络体系结构中的最高层，在应用层之上不存在其他的层，因此应用层的任务不是为上层提供服务，而是为最终用户提供服务。本章通过对常见应用层协议的讨论，使读者对网络所能提供的服务有一定的了解。

本章学习重点

- 掌握域名系统 DNS 的结构和工作原理；
- 掌握超文本传输协议 HTTP 的格式和工作过程；
- 掌握文件传输协议 FTP 的工作原理和相关命令；
- 了解远程终端系统实现方法；
- 掌握电子邮件系统的工作模式和相关协议。

8.1 域名系统 DNS

8.1.1 域名系统概述

域名系统 DNS（Domain Name System）是一个分布式的数据库，它是为了定义 Internet 上的主机而提供的一个层次性的命名系统。利用 DNS 能进行域名的解析，主要用来把主机名转换为 IP 网络地址，并控制 Internet 的电子邮件的发送。大多数 Internet 服务器依赖于 DNS 而工作，一旦 DNS 出错，就无法下载 Web 站点并且会中止电子邮件的发送。

为什么有了 IP 地址，还需要域名？

DNS 是用于 TCP/IP 网络（如 Internet）的名称解析协议。DNS 服务器存放能使客户端计算机将可记忆的字母数字的 DNS 名称解析为 IP 地址的信息，计算机使用 IP 地址彼此通信。域名系统在互联网的作用是：把域名转换成为网络可以识别的 IP 地址。首先要知道互联网的网站都是多台服务器的形式存在的，但是怎样到要访问的网站服务器呢？这就需要给每台服务器分配 IP 地址，互联网上的网站无穷多，用户不可能记住每个网站的 IP 地址，这就产生了方便记忆的域名管理系统 DNS，可以把输入的好记的域名转换为

要访问的服务器的 IP 地址，例如，在浏览器中输入 www. tencent. com 会自动转换成为 210. 22. 23. 227。

由于需要为 Internet 上的计算机提供名称到地址的映射服务，因此开发了域名系统(DNS)。DNS 系统用于命名组织到域层次结构中的计算机和网络服务。DNS 命名通过用户友好的名称查找计算机和服务。域名是有意义的，容易记忆的 Internet 地址。因为支持一个集中式的域名列表是不现实的，所以域名和 IP 地址是分布式存放的。DNS 的分布式机制支持有效且可靠的名字到 IP 地址的映射。多数名字可以在本地转换，不同站点的服务器相互合作能够解决大网络的名字与 IP 地址的映射问题。单个服务器的故障不会影响 DNS 的正确操作。DNS 是基本目标协议，并不受网络设备名限制。

域名解析过程如下：

DNS 客户向本地的 DNS 服务器发出查询请求，如果该 DNS 本身具有客户想要查询的数据，则直接返回给客户；如果没有，则该服务器和其他命名服务器联系，从其他服务器上获取信息，然后返回给用户。最坏的情况是，本地的 DNS 服务器查询了所有其他的命名服务器才获得用户要查询的信息。

例如，多数用户喜欢使用友好的名称（如 example. microsoft. com）来查找计算机，如网络上的邮件服务器或 Web 服务器。友好名称更容易了解和记住。但是，计算机使用数字地址在网络上进行通讯。为更容易地使用网络资源，DNS 等命名系统提供了一种方法，将计算机或服务的用户友好名称映射为数字地址。图 8-1 显示了 DNS 的基本用途，即根据计算机名称查找其 IP 地址。

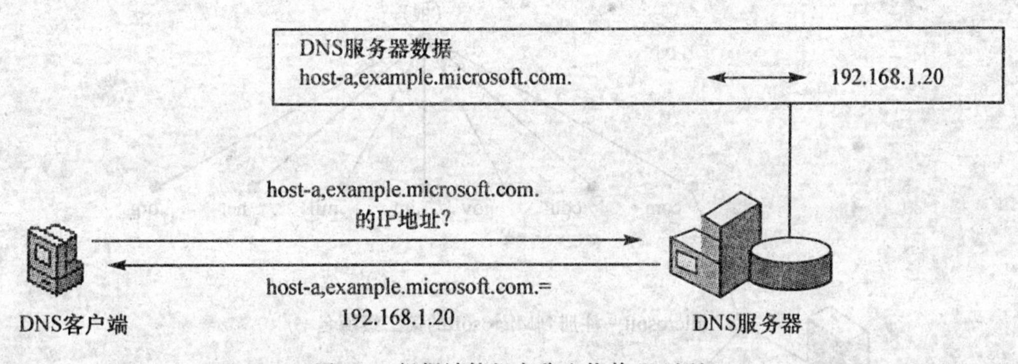

图 8-1　根据计算机名称查找其 IP 地址

本例中，客户端计算机查询 DNS 服务器，要求获得某台计算机（已将其 DNS 域名配置为 host-a. example. microsoft. com）的 IP 地址。由于 DNS 服务器能够根据其本地数据库应答此查询，因此，它将以包含所请求信息的应答来回复客户端，即一条主机 A 资源记录，其中含有 host-a. example. microsoft. com 的 IP 地址信息。

此例显示了单个客户端与 DNS 服务器之间的简单 DNS 查询。

概念上可以把 DNS 分为三个部分：

(1) 域名空间。这是标识一组主机并提供相关信息的树结构的详细说明。树上的每一个结点都有它控制下的主机的有关信息的数据库。查询命令试图从这个数据库中提取适当的信息。简单地说，这只是所有不同类型信息的列表，这些信息是域名、IP 地址、邮件别名和那些在 DNS 系统中能查到的内容。

（2）域名服务器。它们是保持并维护域名空间中的数据的程序。每个域名服务器含有一个域名空间子集的完整信息，并保存其他有关部分的信息。一个域名服务器拥有它控制范围的完整信息。控制的信息按区进行划分，区可以分布在不同的域名服务器上，以便为每个区提供服务。每个域名服务器都知道每个负责其他区的域名服务器。如果来了一个请求，它请求给定域名服务器负责的那个区的信息，那么这个域名服务器只是简单地返回信息。但是，如果请求是不同区的信息，那么这个域名服务器就要与控制该区的相应服务器联系。

（3）解析器。解析器是简单的程序或子程序库，它从服务器中提取信息以响应对域名空间中主机的查询。

8.1.2 Internet 的域名结构

Internet 采用层次树状结构的命名方法，将所有连网主机的名字空间划分为许多不同的域（Domain）。如图 8-2 所示，域名系统的数据库结构中，整个数据库将根放在顶端，画出来就像一棵倒立的树。树中的每一结点都表示域名系统中的一个域，每个域可进一步划分子域，如二级域、三级域等，每个域有一个名字，简单说来，域即为树状域名空间中的一棵子树。

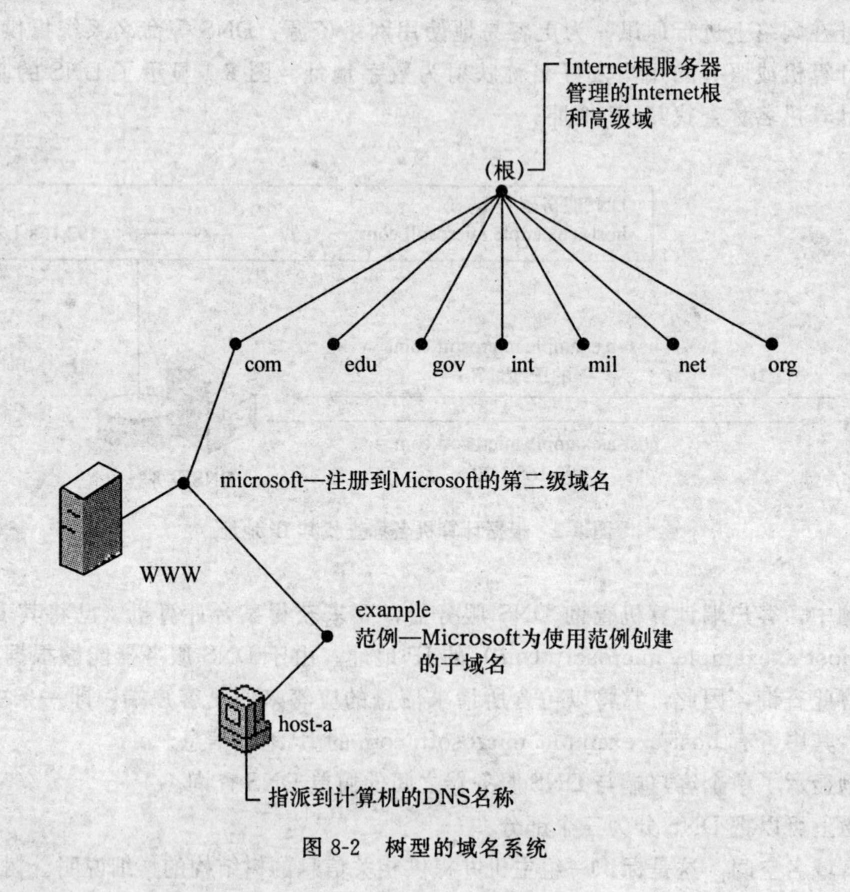

图 8-2 树型的域名系统

前面的图形显示了如何通过 Internet 根服务器将 Microsoft 指派为 Internet 上的 DNS

域命名空间树中自己部分的授权机构。

在树中使用的任何 DNS 域名从技术上说都是域。例如，注册到 Microsoft（microsoft. com.）的 DNS 域名称为二级域。

除二级域之外，表 8-1 介绍了根据其在命名空间中的功能来描述 DNS 域名所用的其他术语。

表 8-1　　DNS 域名的术语

名称类型	描　述	示　例
域根	这是树的顶级，它表示未命名的等级。它有时显示为两个空引号（""），以表示空值。在 DNS 域名中使用时，它由尾部句点（.）表示，以指定该名称位于域层次结构的最高层或根。在这种情况下，DNS 域名被认为是完整名称并指向名称树中的确切位置。以这种方式表示的名称称为完全限定的域名（FQDN）	在名称末尾使用的单个句点（.），如“example. microsoft. com.”
顶级域	由两三个字母组成的名称用于指示国家/地区或使用名称的单位类型	“.com”，它表示在 Internet 上从事商业活动的公司注册的名称
二级域	为了在 Internet 上使用而注册到个人或单位的长度可变名称。这些名称始终基于相应的顶级域，这取决于单位的类型或使用的名称所在的地理位置	“microsoft. com.”，它是由 Internet DNS 域名注册人员注册到 Microsoft 的二级域名
子域	单位可创建的其他名称，这些名称从已注册的二级域名中派生。包括为扩大单位中名称的 DNS 树而添加的名称，并将其分为部门或地理位置	“example. microsoft. com.”是由 Microsoft 指派的虚拟子域，用于文档示例名称中
主机或资源名称	代表名称的 DNS 树中的叶结点并且标识特定资源的名称。DNS 域名最左边的标号一般标识网络上的特定计算机。例如，如果位于该层的名称在主机 A 中使用，则使用它可以根据其主机名搜索计算机的 IP 地址	“host-a. example. microsoft. com.”，其中第一个标号（“host-a”）是网络上特定计算机的 DNS 主机名

在域名系统中，域名全称是一个从该域到根的分量序列，以“.”分隔这些分量。基本语法是：

…. 三级域名. 二级域名. 顶级域名。

各分量分别代表不同级别的域名。每一级的域名都由英文字母和数字组成（不超过 63 个字符，并且不区分大小写字母），级别最低的域名写在最左边，而级别最高的顶级则写在最右边。完整的域名不超过 255 个字符。域名系统既不规定一个域名需要包含多少个下级域名，也不规定每一级的域名代表什么意思。各级域名由其上一级的域名管理机构管理，而最高的顶级域名则由 Internet 的有关机构管理。用这种方法可使每一个名字都是唯一的，并且也容易设计出一种查找域名的机制。需要注意的是：

- 域名只是个逻辑概念，并不代表计算机所在的物理地点；
- 自治性：允许每个组织自己维护自己的域名及域名服务器

在 DNS 命名方式中，采用了分散和分层的机制来实现域名空间的委派授权以及域名与地址相转换的授权。通过使用 DNS 的命名方式来为遍布全球的网络设备分配域名，而这则是由分散在世界各地的服务器实现的。在域名系统中，每个域分别由不同的组织进行管理。每个组织都可以将它的域再分成一定数目的子域，并将这些子域委托给其他组织去管理。例如，管理 NET 域的美国将 CN. NET 子域授权给中国来管理。这样，只要每个域内的主机或子域保持唯一，那么就不会发生主机或子域的名字冲突。

在 1998 年以后，非赢利组织 ICANN 成为 Internet 的域名管理机构。现在顶级域名 TLD（Top Level Domain）有三大类：

（1）国家顶级域名 nTLD：如 . cn 表示中国，. us 表示美国，. uk 表示英国，等等。

（2）国际顶级域名 iTLD：采用 . int。国际性的组织可在 . int 下注册。

（3）通用顶级域名 gTLD：最早的顶级域名是：

- . com 表示公司企业；
- . net 表示网络服务机构；
- . org 表示非赢利性组织；
- . edu 表示教育机构（美国专用）；
- . gov 表示政府部门（美国专用）；
- . mil 表示军事部门（美国专用）；

由于 Internet 上用户急剧增加，从 2000 年 11 月起，ICANN 又新增加了七个通用顶级域名，即：

- . aero 用于航空运输企业；
- . biz 用于公司和企业；
- . coop 用于合作团体；
- . info 适用于各种情况；
- . museum 用于博物馆；
- . name 用于个人；
- . pro 用于会计、律师和医师等自由职业者。

在国家顶级域名下注册的二级域名均由该国家自行确定。例如，荷兰就不再设有二级域名，其所有机构均注册在顶级域名 . nl 之下。又如顶级域名为 . jp 的日本，将其教育和企业机构的二级域名定为 . ac 和 . co（而不用 . edu 和 . com）。

在理解了域名系统后，理解域名就会非常容易，例如：

① cave. ce. bupt. edu. cn

bupt. edu. cn 为北京邮电大学域，ce 为 bupt. edu. cn 的 computerengineer 子域，cave 为该域中的一台主机。

② psdp. corp. legend. co. cn

legend. co. cn 为中国联想公司域，corp 为联想公司总部，psdp 为该域中的一台主机。

③ fernwood. mpk. ca. us

ca. us 是美国加利福尼亚子域，mpk 是 menlopark 子域，fernwood 是该域中的一台

主机。

与IP地址相比，人们更喜欢使用具有一定含义的字符串来标识Internet网上的计算机，因此，在Internet中，用户可以用各种各样的方式来命名自己的计算机，这样就可能在Internet网上出现重名的机会，如提供WWW服务的主机都命名为WWW，提供E-mail服务的主机都命名为MAIL等，但它们在Internet中的域名却都必须是唯一的。

8.1.3　域名解析过程

1. 什么是域名解析

域名解析就是域名到IP地址的转换过程。IP地址是网路上标识站点的数字地址，为了简单好记，采用域名来代替IP地址标识站点地址。域名的解析工作由DNS服务器完成。

下面的例子来形象地说明一个CN域名解析的过程。假设客户机想获得域名"www. sina. com. cn"的服务器的IP地址，此客户本地的域名服务器是nm. cnnic. cn (159. 226. 1. 8)，域名解析的过程如下所示：

(1) 客户机发出请求解析域名www. sina. com. cn的报文。

(2) 本地的域名服务器收到请求后，查询本地缓存，假设没有该记录，则本地域名服务器nm. cnnic. cn则向根域名服务发出请求解析域名www. sina. com. cn。

(3) 根域名服务器收到请求后，判断该域名属于. cn域，查询到6条NS记录及相应的A记录（或AAAA记录，IPv6使用），得到如下结果并返回给服务器nm. cnnic. cn：

cn. 172800 IN NS NS. CNC. AC. cn.
cn. 172800 IN NS DNS2. CNNIC. NET. cn.
cn. 172800 IN NS NS. CERNET. NET.
cn. 172800 IN NS DNS3. CNNIC. NET. cn.
cn. 172800 IN NS DNS4. CNNIC. NET. cn.
cn. 172800 IN NS DNS5. CNNIC. NET. cn.
NS. CNC. AC. cn. 172800 IN AAAA 2001：dc7：：1
NS. CNC. AC. cn. 172800 IN A 159. 226. 1. 1
DNS2. CNNIC. NET. cn. 172800 IN AAAA 2001：dc7：1000：：1
DNS2. CNNIC. NET. cn. 172800 IN A 202. 97. 16. 196
NS. CERNET. NET. 172800 IN A 202. 112. 0. 44
DNS3. CNNIC. NET. cn. 172800 IN A 210. 52. 214. 84
DNS4. CNNIC. NET. cn. 172800 IN A 61. 145. 114. 118
DNS5. CNNIC. NET. cn. 172800 IN A 61. 139. 76. 53

(4) 域名服务器nm. cnnic. cn收到回应后，先缓存以上结果，再向. cn域的服务器之一如NS. CNC. AC. cn发出请求解析域名www. sina. com. cn的报文。

(5) 域名服务器NS. CNC. AC. cn收到请求后，判断该域名属于. com. cn域，开始查询本地的记录，找到如下6条NS记录及相应的A记录：

com. cn. 172800 IN NS sld-ns1. cnnic. net. cn.

com. cn. 172800 IN NS sld-ns2. cnnic. net. cn.

com. cn. 172800 IN NS sld-ns3. cnnic. net. cn.

com. cn. 172800 IN NS sld-ns4. cnnic. net. cn.

com. cn. 172800 IN NS sld-ns5. cnnic. net. cn.

com. cn. 172800 IN NS cns. cernet. net.

cns. cernet. net. 68025 IN A 202. 112. 0. 24

sld-ns1. cnnic. net. cn. 172800 IN A 159. 226. 1. 3

sld-ns2. cnnic. net. cn. 172800 IN A 202. 97. 16. 197

sld-ns3. cnnic. net. cn. 172800 IN A 210. 52. 214. 85

sld-ns4. cnnic. net. cn. 172800 IN A 61. 145. 114. 119

sld-ns5. cnnic. net. cn. 172800 IN A 61. 139. 76. 54

然后将这个结果返回给服务器 nm. cnnic. cn。

(6) 域名服务器 nm. cnnic. cn 收到回应后，先缓存以上结果，再向 . com. cn 域的服务器之一如 sld-ns1. cnnic. net. cn. 发出请求解析域名 www. sina. com. cn 的报文。

(7) 域名服务器 sld-ns1. cnnic. net. cn. 收到请求后，判断该域名属于 . sina. com. cn 域，开始查询本地的记录，找到 3 条 NS 记录及对应的 A 记录：

sina. com. cn. 43200 IN NS ns1. sina. com. cn.

sina. com. cn. 43200 IN NS ns2. sina. com. cn.

sina. com. cn. 43200 IN NS ns3. sina. com. cn.

ns1. sina. com. cn. 43200 IN A 202. 106. 184. 166

ns2. sina. com. cn. 43200 IN A 61. 172. 201. 254

ns3. sina. com. cn. 43200 IN A 202. 108. 44. 55

然后将结果返回给服务器 nm. cnnic. cn。

(8) 服务器 nm. cnnic. cn 收到回应后，先缓存以上结果，再向 sina. com. cn 域的域名服务器之一如 ns1. sina. com. cn. 发出请求解析域名 www. sina. com. cn 的报文。

(9) 域名服务器 ns1. sina. com. cn. 收到请求后，开始查询本地的记录，找到如下 CNAME 记录及相应的 A 记录，附加的 NS 记录及相应的 A 记录：

www. sina. com. cn. 60 IN CNAME jupiter. sina. com. cn.

jupiter. sina. com. cn. 60 IN CNAME libra. sina. com. cn.

libra. sina. com. cn. 60 IN A 202. 106. 185. 242

libra. sina. com. cn. 60 IN A 202. 106. 185. 243

libra. sina. com. cn. 60 IN A 202. 106. 185. 244

libra. sina. com. cn. 60 IN A 202. 106. 185. 248

libra. sina. com. cn. 60 IN A 202. 106. 185. 249

libra. sina. com. cn. 60 IN A 202. 106. 185. 250

libra. sina. com. cn. 60 IN A 61. 135. 152. 65

libra. sina. com. cn. 60 IN A 61. 135. 152. 66

libra. sina. com. cn. 60 IN A 61. 135. 152. 67

libra. sina. com. cn.　60 IN A 61. 135. 152. 68
libra. sina. com. cn.　60 IN A 61. 135. 152. 69
libra. sina. com. cn.　60 IN A 61. 135. 152. 70
libra. sina. com. cn.　60 IN A 61. 135. 152. 71
libra. sina. com. cn.　60 IN A 61. 135. 152. 72
libra. sina. com. cn.　60 IN A 61. 135. 152. 73
libra. sina. com. cn.　60 IN A 61. 135. 152. 74
sina. com. cn.　86400 IN NS ns1. sina. com. cn.
sina. com. cn.　86400 IN NS ns2. sina. com. cn.
sina. com. cn.　86400 IN NS ns3. sina. com. cn.
ns1. sina. com. cn.　86400 IN A 202. 106. 184. 166
ns2. sina. com. cn.　86400 IN A 61. 172. 201. 254
ns3. sina. com. cn.　86400 IN A 202. 108. 44. 55

并将结果返回给服务器 nm. cnnic. cn。

(10) 服务器 nm. cnnic. cn 将得到的结果保存到本地缓存，同时将结果返回给客户机。这样就完成了一次域名解析过程，图 8-3 描述了解析的过程。

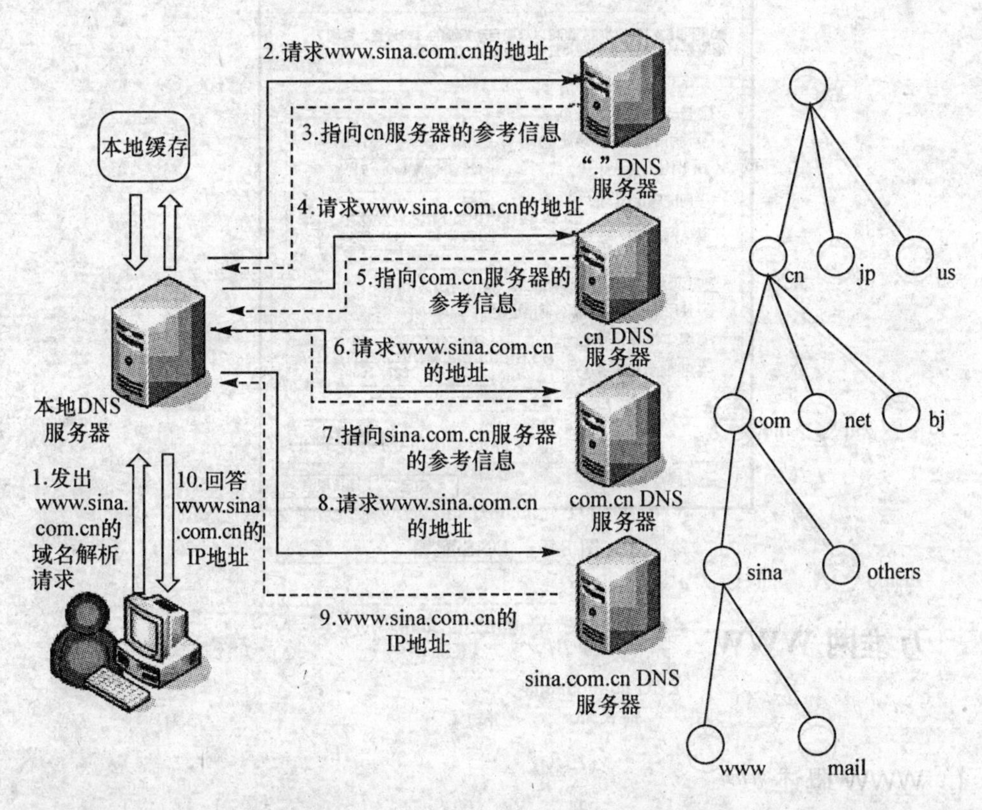

图 8-3　www. sina. com. cn 域名解析过程

2. 配置 DNS

必须与 Internet 上其他主机通信的任何主机都有必要知道如何查找自己的名称服务

器。尽管一些组织只使用一个域名服务器，但规模大的组织经常维护两种域名服务器——主控和辅助域名服务器，以确保 Internet 连接。如果主控域名服务器突然出问题，网络上所有设备可以使用辅助域名服务器。网络上每台设备都依赖域名服务器，因而也必须知道如何找到辅助域名服务器。当配置工作站的 TCP/IP 属性时，有必要给域名服务器指定 IP 地址，这样当工作站需要查找主机时可知道查询哪台机器。

为查看或更改 Windows XP 计算机之上的域名服务器信息，可以按照以下步骤实现：

(1) 用鼠标右键单击“本地连接”图标，然后单击快捷菜单中的“属性”菜单项。这时，“属性”对话框会打开。

(2) 在已安装网络组件的列表中，双击“Internet 协议（TCP/IP）”。TCP/IP 属性对话框会打开。

(3) 单击“使用下面的 DNS 服务器地址”，如图 8-4 所示。

(4) 输入首选 DNS 服务器的 IP 地址和备用 DNS 服务器的 IP 地址（如果有备用 DNS 服务器的话）。

(5) 单击“确定”以保存 DNS 服务器的 IP 地址。

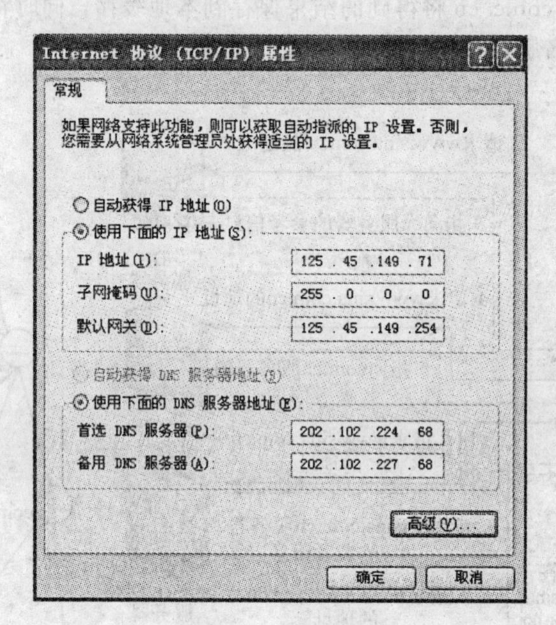

图 8-4 DNS 配置

8.2 万维网 WWW

8.2.1 WWW 概述

WWW（World Wide Web）简称 3W，有时也称为万维网，它并非某种特殊的计算机网络。万维网是一个大规模的、联机式的信息储藏所，含义是“环球网”，能用链接的方法能非常方便地从 Internet 上的一个站点访问另一个站点（也就是所谓的“链接到另一个

站点"），从而主动地按需获取丰富的信息。

万维网 WWW 为用户提供了一个可以轻松驾驭的图形化界面以查阅 Internet 上的文档，这些文档与它们之间的链接一起构成了一个庞大的信息网，如图 8-5 所示。

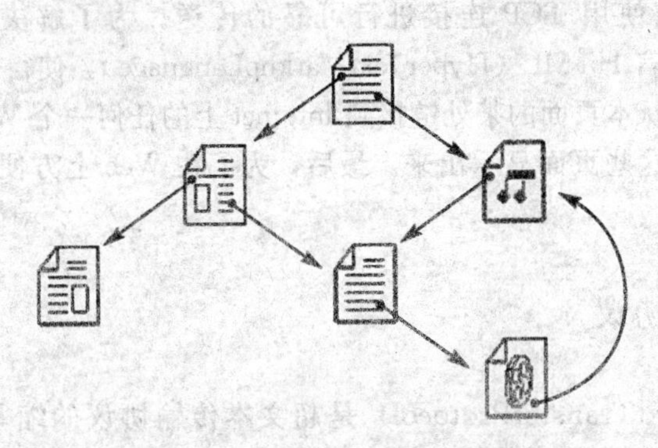

图 8-5 WWW 信息网

Web 允许用户通过跳转或"超级链接"从某一页跳到其他页。可以把 Web 看做一个巨大的图书馆，Web 结点就像一本本书，而 Web 页好比书中特定的页。页可以包含新闻、图像、动画、声音、3D 世界以及其他任何信息，而且能存放在全球任何地方的计算机上。一旦与 Web 连接，用户就可以使用相同的方式访问全球任何地方的信息，而不用支付额外的"长距离"连接费用或受其他条件的制约。

Web 正在逐步改变全球用户的通信方式。这种新的大众传媒比以往的任何一种通讯媒体都要快，因而受到人们的普遍欢迎。在过去的两年中，Web 飞速增长，融入了大量的信息——从商品报价到就业机会、从电子公告牌到新闻、电影预告、文学评论以及娱乐。不管是微不足道的小事，还是系关全球的大事。人们常常谈论 Web"冲浪"和访问新的结点。"冲浪"意味着沿超级链接转到那些用户从未听说过的页和专题、会见新朋友、参观新地方以及从全球学习新的东西。

Web 是一个分布式的超媒体（hypermedia）系统，它是超文本（hypertext）系统的扩充。一个超文本由多个信息源链接成，而这些信息源的数目实际上是不受限制的。利用一个链接可使用户找到另一个文档，而这又可链接到其他的文档（依此类推）。这些文档可以位于世界上任何一个接在 Internet 上的超文本系统中。超文本是万维网的基础。

Web 以客户服务器方式工作。而浏览器就是在用户计算机上的 Web 客户程序。Web 文档所驻留的计算机则运行服务器程序，因此这个计算机也称为 Web 服务器。客户程序向服务器程序发出请求，服务器程序向客户程序送回客户所要的 Web 文档。在一个客户程序主窗口上显示出的网文档称为页面（page）。

从以上所述可以看出，Web 必须解决以下几个问题：

(1) 怎样标志分布在整个 Internet 上的万维网文档。

(2) 用什么样的协议来实现 Web 上各种超链的链接。

(3) 怎样使不同作者创作的不同风格的 Web 文档都能在 Internet 上的各种计算机上显示出来，同时使用户清楚地知道在什么地方存在着超链。

(4) 怎样使用户能够方便地找到所需的信息。

为了解决第一个问题，WWW 使用统一资源定位符 URL（UniformResourceLocator）

来标志万维网上的各种文档，并使每一个文档在整个 Internet 的范围内具有唯一的标识 URL。为了解决上述的第二个问题，就要使 Web 客户程序与 Web 服务器程序之间的交互遵守严格的协议，这就是超文本传送协议 HTTP（HyperTextTransferProtocol）。HTTP 是一个应用层协议，它使用 TCP 连接进行可靠的传送。为了解决上述的第三个问题，Web 使用超文本标记语言 HTML（HyperTextMarkupLanguage），使得 Web 页面的设计者可以很方便地用一个超链从本页面的某处链接到 Internet 上的任何一个 Web 页面。并且能够在自己的计算机屏幕上将这些页面显示出来。最后，为了在 Web 上方便地查找信息，用户可使用各种的搜索工具。

8.2.2 超文本传输协议

HTTP（HyperTextTransferProtocol）是超文本传输协议的缩写，它用于传送 Web 方式的数据，采用请求/响应模型。

HTTP 是应用层协议，由于其简捷、快速的方式，适用于分布式和合作式超媒体信息系统。自 1990 年起，HTTP 就已经被应用于 Web 全球信息服务系统。

HTTP 的第一版本 HTTP/0.9 是一种简单的用于网络间原始数据传输的协议。而由 RFC1945 定义的 HTTP/1.0，在原 HTTP/0.9 的基础上，有了进一步的改进，允许消息以类 MIME 信息格式存在，包括请求/响应范式中的已传输数据和修饰符等方面的信息。但是，HTTP/1.0 没有充分考虑到分层代理服务器、高速缓冲存储器、持久连接需求或虚拟主机等方面的效能。相比之下，HTTP/1.1 要求更加严格以确保服务的可靠性。

1. HTTP 协议的主要特点

(1) 支持客户/服务器模式。

(2) 简单快速。客户向服务器请求服务时，只需传送请求方法和路径。请求方法常用的有 GET、HEAD、POST。每种方法规定了客户与服务器联系的类型不同。

由于 HTTP 协议简单，使得 HTTP 服务器的程序规模小，因而通信速度很快。

(3) 灵活。HTTP 允许传输任意类型的数据对象。正在传输的类型由 Content-Type 加以标记。

(4) 无连接。无连接的含义是限制每次连接只处理一个请求。服务器处理完客户的请求，并收到客户的应答后，即断开连接。采用这种方式可以节省传输时间。

(5) 无状态。HTTP 协议是无状态协议。无状态是指协议对于事务处理没有记忆能力。一方面，缺少状态意味着如果后续处理需要前面的信息，则它必须重传，这样可能导致每次连接传送的数据量增大；另一方面，在服务器不需要先前信息时它的应答就较快。

2. HTTP 的操作过程

为了使超文本的链接能够高效率地完成，需要用 HTTP 协议来传送一切必须的信息。从层次的角度看，HTTP 是面向事务的（Transaction-Oriented 所谓事务就是指一系列的信息交换，而这一系列的信息交换是一个不可分割的整体，即要么所有的信息交换都完成，要么一次交换都不进行）应用层协议，它是 Web 上能够可靠地交换文件（包括文本、声音、图像等各种多媒体文件）的重要基础。

Web 的大致工作过程如图 8-6 所示。

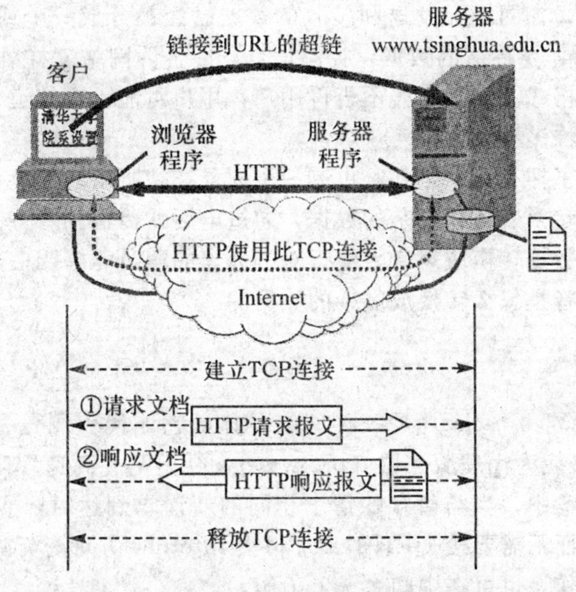

图 8-6　万维网的工作过程

每个 Web 网点都有一个服务器进程，它不断地监听 TCP 的 80 端口，以便发现是否有浏览器（即客户进程）向它发出连接建立请求。一旦监听到连接请求并建立了 TCP 连接之后，浏览器就向服务器发出浏览某个页面的请求，服务器接着就返回所请求的页面作为响应。最后，TCP 连接被释放。在浏览器和服务器之间的请求和响应的交互，必须按照规定的格式和遵循一定的规则。这些格式和规则就是超文本传送协议 HTTP。

这个过程就好像用户打电话订货一样，用户可以打电话给商家，告诉商家需要什么规格的商品，然后商家再告诉用户什么商品有货，什么商品缺货。用户是通过电话线用电话联系（HTTP 是通过 TCP/IP），当然用户也可以通过传真，只要商家也有传真。

HTTP 规定在 HTTP 客户与 HTTP 服务器之间的每次交互都由一个 ASCII 码串、构成的请求和一个“类 MIME（MIME-like)”的响应组成。虽然大家都使用 TCP 连接进行传送，但标准没有这样明确规定。

用户浏览页面的方法有两种：一种方法是在浏览器的地址窗口中键入所要找的页面的 URL；另一种方法是在某一个页面中用鼠标点击一个可选部分，这时浏览器自动在 Internet 上找到所要链接的页面。

以上简要介绍了 HTTP 协议的宏观运作方式，下面介绍一下 HTTP 协议的内部操作过程。

在 Web 中，“客户”与“服务器”是一个相对的概念，只存在于一个特定的连接期间，即在某个连接中的客户在另一个连接中可能作为服务器。基于 HTTP 协议的客户/服务器模式的信息交换过程，它分四个过程：建立连接、发送请求信息、发送响应信息和关闭连接。这就好像上面的例子，用户电话订货的全过程。

其实简单说就是任何服务器除了包括 HTML 文件以外，还有一个 HTTP 驻留程序，用于响应用户请求。用户的浏览器是 HTTP 客户，向服务器发送请求，当浏览器中输入了一个开始文件或点击了一个超级链接时，浏览器就向服务器发送了 HTTP 请求，此请求被送往由 IP 地址指定的 URL。服务器接收到请求，在进行必要的操作后回送所要求的文件。在这一过程中，在网络上发送和接收的数据已经被分成一个或多个数据包（packet），每个数据包包括：要传送的数据；控制信息，即告诉网络怎样处理数据包。TCP/IP 决定了每个数据包的格式。如果事先不告诉用户，用户可能不会知道信息被分成用于传输和再重新组合起来的许多小块。

也就是说商家除了拥有商品之外，也有一个职员在接听用户的电话，当用户打电话的时候，用户的声音被转换成各种复杂的数据，通过电话线传输到对方的电话机，对方的电话机又把各种复杂的数据转换成声音，使得对方商家的职员能够明白用户的请求。这个过程用户不需要明白声音是怎么转换成复杂的数据的。

3. Web 高速缓存

Web 高速缓存（Web cache）是一种网络实体，它能代表浏览器发出 HTTP 请求，因此 Web 高速缓存又换为代理服务器（proxy server）。Web 高速缓存将最近的一些请求和响应暂存在本地磁盘中，当与暂存的请求相同的新请求到达时，Web 高速缓存就将暂存的响应发送出去，而不需要按 URL 的地址再去 Internet 访问该资源。Web 高速缓存可在客户或服务器端工作，也可在中间系统上工作。

高速缓存通过分布式地放置服务器及合理分配缓存，从而降低广域网的带宽负荷，并提高网站内容的响应速度。从计算机刚出现起，高速缓存就开始用于本机存储。最近访问过的信息存储在高速缓存中，以防用户需要再次访问它。如果这样，客户端将从高速缓冲存储器（而不是从较慢的硬盘驱动器）中获取数据，从而减少等待时间。然而，存储高速缓存占用磁盘空间。用户可以通过清空高速缓存来释放硬盘驱动器的空间。

在 Web 上，如果可以从本地或附近的高速缓存服务器而不是请求信息所源自的 Web 服务器（称为“源”服务器）上获取刚访问过的信息，则等待时间和通信量将会减少。该信息可能存储于用户的本机、企业内的专用高速缓存服务器或地理上靠近企业的高速缓存服务器（通常位于附近的 Internet 服务提供商处）上。

本地 Web 浏览器高速缓存在第一次访问源服务器期间，Web 页对象和信息存储在用户的硬盘驱动器上。用户第二次请求 Web 页时，如果高速缓存的信息仍在高速缓冲存储器中，则使用该信息。通常的客户机高速缓冲存储器的大小有限，并且它会在新信息到来时删除最旧的信息。

高速缓存有时是作为服务器（当接受浏览器的 HTTP 请求时），但有时却作为客户（当向 Internet 上的源点服务器发送 HTTP 请求时）。

高速缓冲存储器的有效性以“命中率”来衡量，“命中率”是高速缓冲存储器可以响应器的请求数与总的请求数之比。Web 通信的一般命中率为 40%～50%。命中率越高越好，但高比率可能表示高速缓冲存储器中有些信息已陈旧。

为了保证 CPU 访问时有较高的命中率，Cache 中的内容应该按一定的算法替换。一种较常用的算法是“最近最少使用算法”（LRU 算法），它是将最近一段时间内最少被访问过的行淘汰出局。因此需要为每行设置一个计数器，LRU 算法是把命中行的计数器清零，其他各行计数器加 1。当需要替换时淘汰行计数器计数值最大的数据行出局。这是一种高效、科学的算法，其计数器清零过程可以把一些频繁调用后再不需要的数据淘汰出

Cache，提高 Cache 的利用率。

另外，有些对象从不进行高速缓存，如安全信息和加密信息。Web 服务器可能会在某些对象的报头中将它们标记为不可高速缓存，以确保始终从源服务器中检索这些对象。

4. HTTP 的报文结构

了解 HTTP 功能最好的方法就是研究 HTTP 的报文结构图 8-7。HTTP 有两类报文：

(1) 请求报文——从客户向服务器发送请求报文，见图 8-7 (a)。

(2) 响应报文——从服务器到客户的回答，见图 8-7 (b)。

由于 HTTP 是面向文本的 (text-oriented)，因此在报文中的每一个字段都是一些 ASCII 码串，因而每个字段的长度都是不确定的。

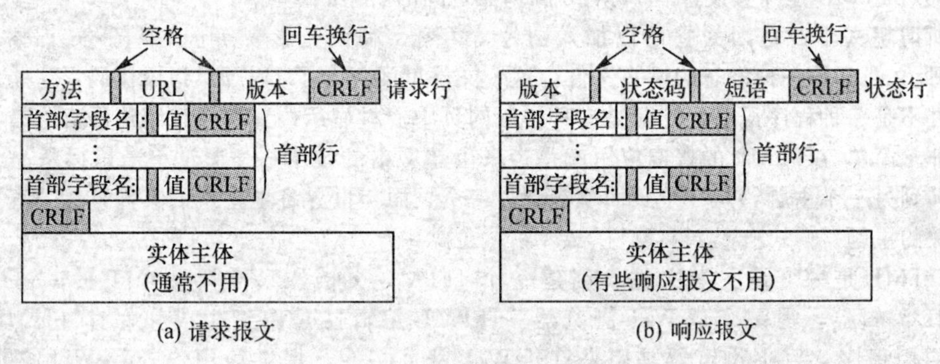

图 8-7　HTTP 的报文结构

HTTP 请求报文和响应报文都是由三个部分组成。可以看出，这两种报文格式的区别就是开始行不同。

(1) 开始行，用于区分是请求报文还是响应报文。在请求报文中的开始行叫做请求行 (Request-Line)，而在响应报文中的开始行叫做状态行 (status-line)。在开始行的三个字段之间都以空格分隔开，最后的“CR”和“LF”分别代表“回车”和“换行”。

(2) 首部行，用来说明浏览器、服务器或报文主体的一些信息。首部可以有好几行，但也可以不使用。在每一个首部行中都有首部字段名和它的值，第一行在结束的地方都要有“回车”和“换行”。整个首部行结束时还有一空行将首部行和后面的实体主体分开。

(3) 实体主体 (entity body)，在请求报文中一般都不用这个字段，而在响应报文中也可能没有这个字段。

HTTP 是一种通用协议，它规定了浏览器在运行 HTML 文档时所遵循的规则和进行的操作。HTTP 协议的制定使浏览器在运行超文本时有了统一的规则和标准。

8.2.3　超文本标记语言

1. 超文本标记语言 (HTML) 简介

超文本文件由超文本标记语言 (Hypertext Markup Language，HTML) 格式写成，

超文本标记语言 HTML（Hyper Text Markup Language）中的 Markup 的意思就是“设置标记”。因此 HTML 也常译为超文本置标语言。这就像在出版社图书编辑经常要在书稿文档上写上各版式记号，指明在何处应当用何种字体等。因此也有人将 HTML 译为超文本排版语言。这种语言是欧洲粒子物理实验室（CERN）提出的 Web 描述语言。它包括一套定义文档结构和类型的标记。

HTML 是一种用来制作超文本文档的简单标记语言。用 HTML 编写的超文本文档称为 HTML 文档，它能独立于各种操作系统平台，自 1990 年以来 HTML 就一直被用作 Web 的信息表示语言，使用 HTML 语言描述的文件，需要通过 Web 浏览器显示出效果。

HTML 具有以下特点：

(1) 标记：HTML 是一系列标准化的标记的集合；

(2) 超文本：HTML 文档可以描述各种媒体表达的文档；

(3) HTML 是网页设计者和 Web 浏览器之间的桥梁。

所谓超文本，是因为它可以加入图片、声音、动画、影视等内容，事实上每一个 HTML 文档都是一种静态的网页文件，这个文件里面包含了 HTML 指令代码，这些指令代码并不是一种程序语言，它只是一种排版网页中资料显示位置的标记结构语言，易学易懂，非常简单。HTML 的普遍应用就是带来了超文本的技术——通过单击鼠标从一个主题跳转到另一个主题，从一个页面跳转到另一个页面与世界各地主机的文件链接，直接获取相关的主题。

HTML 是一个纯文本文件。创建一个 HTML 文档，只需要两个工具：一个是 HTML 编辑器，另一个是 Web 浏览器。HTML 编辑器是用于生成和保存 THML 文档的应用程序。Web 浏览器是用来打开 Web 网页文件，提供给用户查看 Web 资源的客户端程序。

虽然编写多媒体文档不一定要直接使用 HTML 语言，而且目前市场上已有很多很优秀的所见即所得（what you see is what you get，WYSIWYG）编辑器（如微软公司的 FrontPage 和 Macromedia 公司的 Dreamweaver)，它们都是用于编写 HTML 多媒体文档的工具。但是，HTML 是最基本的语言，掌握了它，可以编写任何 Web 文档，很多“高手”只使用 HTML 语言，也就是说，只要掌握了 HTML 语言，就可以解决建立在 Web 文档中的任何问题。此外，用其他软件建立的 Web 文档都具有 HTML 视图，可以通过 HTML 对其进行修改。因此，为了建立 Web 文档，不管从哪一方面来说，都必须掌握 HTML。

2. HTML 文档基本结构

一个 HTML 文档包含若干个命令，每个命令是一个或一对标记，因此 HTML 也称为标记语言，每个标记都出现在尖括号中。一个 HTML 文档一般以<HTML>开始，以</HTML>结束。通常把这种成对出现的标记称为匹配标记。前面是文档的头标记段，头标记段可以省略。后面是文档的主体内容段。大部分标记都是成对表示。HTML 中的标记不区分大小写，也就是说，<HTML>，<html>，或<Html>是同一个标记，效果完全一样。除开始和结束标记外，HTML 用其他标记把文档分为几个相对的独立的部分，同时在<HTML>标记之前还可以有页眉。HTML 文档的一般结构可以用表 8-2 表示。其中文档头的部分可以省略。

表 8-2　　**HTML 文档基本结构**

标记注释	
<Html>	表示 Html 文档的开始
<Head>	文档头开始标记
<Title>	标题开始标记
标题内容	在此键入标题
</Title>	标题结束标记
</Head>	头结束标记
<Body>	页面主体开始标记
页面主体内容	键入页面上显示的内容
</Body>	页面主体结束标记
</Html>	Html 文档结束标记

表 8-2 中左侧为 HTML 标记和结构，右侧为标记说明。在 HTML 文档中常用标记不是很多，所以记忆和使用都比较方便。上述代码放到任何文本编辑器（如 Windows 的记事本 NotePad）中，然后把它保存到文件 htmltest1. htm，在浏览器中找到该文件并双击它，即可执行。

从上面的 HTML 文档中可以看出，一个 HTML 文档大体上可以包含以下几部分：

- <HTML></HTML>在文档的最外层，文档中的所有文本和 html 标签都包含在其中，它表示该文档是以超文本标识语言（HTML）编写的。事实上，现在常用的 Web 浏览器都可以自动识别 HTML 文档，并不要求有 <html>标签，也不对该标签进行任何操作，但是为了使 HTML 文档能够适应不断变化的 Web 浏览器，还是应该养成不省略这对标签的良好习惯。
- <HEAD></HEAD>是 HTML 文档的头部标签，在浏览器窗口中，头部信息是不被显示在正文中的，在此标签中可以插入其他标记，用以说明文件的标题和整个文件的一些公共属性。若不需头部信息则可省略此标记，良好的习惯是不省略。
- <title>和</title>是嵌套在<HEAD>头部标签中的，标签之间的文本是文档标题，它被显示在浏览器窗口的标题栏。
- <BODY> </BODY>标记一般不省略，标签之间的文本是正文，是在浏览器要显示的页面内容。

上面的这几对标签在文档中都是唯一的，HEAD 标签和 BODY 标签是嵌套在 HTML 标签中的说明：

① HTML 文档也称 Web 文档，执行 HTML 文档所产生的结果称为 Web 页面。在保存 HTML 文档时，必须以 . htm 或 . html 作为其存盘文件的扩展名。如 HTML 文档改换以 . txt 为其后缀，则 HTML 解释程序就不对标签进行解释，而浏览器只能看见原来的文本文件。

② HTML 文档可以用任何文本编辑器，通常使用 Windows 下的“记事本”（NotePad），而为了执行 HTML 文档，则必须安装浏览器应用程序，例如 Microsoft 公司的 Internet Explorer（IE6.0 或 IE7.0）。在浏览器中双击 HTML 文档的存盘文件名，即可执行该文档。

③ 在 HTML 文档中，标记都放在尖括号中，不在标记中的文本一般照原样显示，标记的各属性之间用空格隔开，文档中代码的书写格式没有具体规定，一个标记的内容可以分在多行中，在一行中也可以有多个标记。

④ HTML 的标记分单标记和成对标记两种。成对标记是由首标记<标记名> 和尾标记</标记名>组成的，成对标记的作用域只作用于这对标记中的文档例如<HTML>与</HTML>，其中</HTML>称为<HTML>的匹配标记。单独标记的格式<标记名>，例如<p>、
等，这类标记没有匹配标记。单独标记在相应的位置插入元素就可以了。

大多数标记都有自己的一些属性，属性要写在始标记内，属性用于进一步改变显示的效果，各属性之间无先后次序，属性是可选的，属性也可以省略而采用默认值；其格式如下：

<标记名字 属性 1 属性 2 属性 3 … >内容</标记名字>

作为一般的原则，大多数属性值不用加双引号。但是包括空格、%号，#号等特殊字符的属性值必须加入双引号。为了好的习惯，提倡全部对属性值加双引号。如：

<font color=" #ff00ff" face=" 宋体" size=" 30" >字体设置</font>

注意事项：输入始标记时，一定不要在“<”与标记名之间输入多余的空格，也不能在中文输入法状态下输入这些标记及属性，否则浏览器将不能正确的识别括号中的标志命令，从而无法正确地显示用户的信息。

8.3 文件传输协议 FTP

8.3.1 FTP 概述

文件传输协议 FTP（FileTransferProtocol）是 Internet 上使用得最广泛的文件传送协议。FTP 提供交互式的访问，允许客户指明文件的类型与格式（如指明是否使用 ASCII 码），并允许文件具有存取权限（如访问文件的用户必须经过授权，并输入有效的口令）。FTP 屏蔽了各计算机系统的细节，因而适合于在异构网络中任意计算机之间传送文件。

在 Internet 发展的早期阶段，用 FTP 传送文件约占整个 Internet 的通信量的三分之一，而由电子邮件和域名系统所产生的通信量还要小于 FTP 所产生的通信量。只是到了 1995 年，Web 的通信量才首次超过 FTP。

FTP 是在 Internet 网络上最早用于传输文件的一种通信协议，用来在两台计算机之间互相传送文件，将本地计算机通过登录注册成为远程主机的客户端。相比于 HTTP，FTP 协议要复杂得多。FTP 协议采用两个 TCP 连接来传输一个文件：一个是命令链路，用来在 FTP 客户端与服务器之间传递命令；另一个是数据链路，用来上传或下载数据。FTP 协议有两种工作方式：PORT 方式（主动式）和 PASV 方式（被动式）。

PORT（主动）方式的连接过程是：客户端向服务器的 FTP 端口（默认是 21）发送

连接请求，服务器接受连接，建立一条命令链路。当需要传送数据时，客户端在命令链路上用 PORT 命令告诉服务器：“我打开了 XX 端口，你过来连接我”。于是服务器从 20 端口向客户端的 XX 端口发送连接请求，建立一条数据链路来传送数据。

PASV（被动）方式的连接过程是：客户端向服务器的 FTP 端口（默认是 21）发送连接请求，服务器接受连接，建立一条命令链路。当需要传送数据时，服务器在命令链路上用 PASV 命令告诉客户端：“我打开了 XX 端口，你过来连接我”。于是客户端向服务器的 XX 端口发送连接请求，建立一条数据链路来传送数据。

从上面可以看出，两种方式的命令链路连接方法是一样的，而数据链路的建立方法就完全不同。所有 FTP 服务器软件（通常将采用该协议传输文件的程序称为 FTP 软件，FTP 软件界面如图 8-8 所示）。都支持 PORT 方式。至于 PASV 方式，大部分 FTP 服务器软件都支持。支持 PASV 方式的 FTP 服务器软件，也可以设置为只工作在 PORT 方式上。

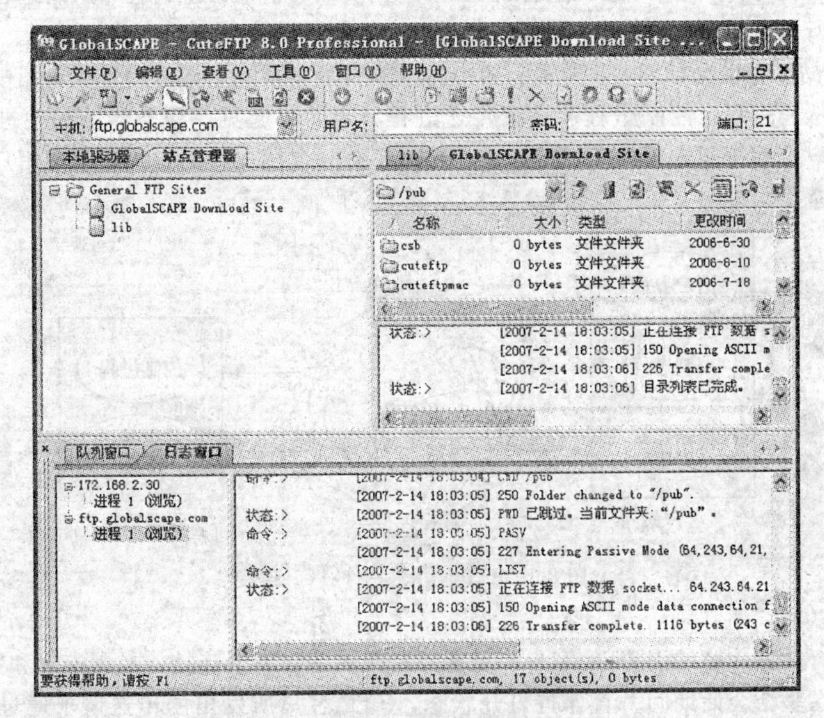

图 8-8　FTP 软件界面

8.3.2　FTP 的工作原理

网络环境中的一项基本应用就是将文件从一台计算机中复制到另一台可能相距很远的计算机中。初看起来，在两个主机之间传送文件是很简单的事情。其实这往往非常困难。原因是众多的计算机厂商研制出的文件系统多达数百种，且差别很大。经常遇到的问题是：

(1) 计算机存储数据的格式不同；

(2) 文件的目录结构和文件命名的规定不同；

(3) 对于相同的文件存取功能，操作系统使用的命令不同；

(4) 访问控制方法不同。

文件传送协议 FTP 只提供文件传送的一些基本的服务，它使用 TCP 可靠的运输服务。FTP 的主要功能是减少或消除在不同操作系统下处理文件的不兼容性。

FTP 使用客户服务器方式。一个 FTP 服务器进程可同时为多个客户进程提供服务。FTP 的服务器进程由两大部分组成：一个主进程，负责接受新的请求；另外有若干个从属进程，负责处理单个请求。

主进程的工作步骤如下：

(1) 打开熟知端口（端口号为 21），使客户进程能够连接上。

(2) 等待客户进程发出连接请求。

(3) 启动从属进程来处理客户进程发来的请求。从属进程对客户进程的请求处理完毕后即终止，但从属进程在运行期间根据需要还可能创建其他一些子进程。

(4) 回到等待状态，继续接受其他客户进程发来的请求。主进程与从属进程的处理是并发地进行的。

FTP 的工作情况如图 8-9 所示。图中的圆圈表示在系统中运行的进程。图中的服务器端有两个从属进程：控制进程和数据传送进程。为简单起见，服务器端的主进程没有画上。在客户端除控制进程和数据传送进程外，还有一个用户界面进程用来和用户接口。

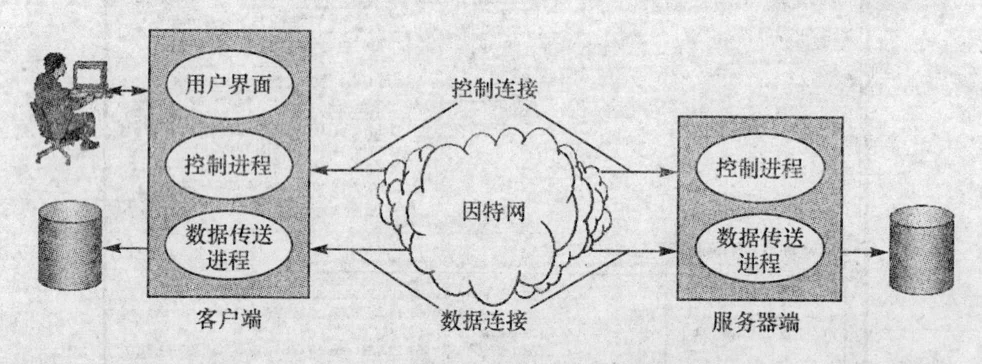

图 8-9　FTP 使用的两个 TCP 连接

在进行文件传输的 FTP 的客户和服务器之间要建立两个连接：控制连接和数据连接。控制连接在整个会话期间一直保持打开状态，FTP 客户所发出的传送请求通过控制连接传给服务器端的控制进程，但控制连接并不用来传送文件。实际用于传输文件的是数据连接。服务器端的控制进程在接收到 FTP 客户发送来的文件传输请求后就创建数据传送进程和数据连接，数据连接用来连接到客户端和服务器端的数据传送进程，数据传送进程实际完成文件的传送，在传送完毕后关闭数据传送连接，并结束运行。

当用户启动与远程主机间的一个 FTP 会话时，FTP 客户首先发起建立一个与 FTP 服务器端口号 21 之间的控制 TCP 连接，然后经由该控制连接把用户名和口令发送给服务器。客户还经由该控制连接把本地临时分配的数据端口告知服务器，以便服务器发起建立一个从服务器端口号 20 到客户指定端口之间的数据 TCP 连接；为便于绕过防火墙，较新的 FTP 版本允许客户告知服务器改由客户来发起建立到服务器端口号 20 的数据 TCP 连接。用户执行的一些命令也由客户经由控制连接发送给服务器，如改变远程目录的命令。

当用户每次请求传送文件时（不论哪个方向），FTP 将在服务器端口号 20 上打开一个数据 TCP 连接（其发起端既可能是服务器，也可能是客户）。在数据连接上传送完本次请求需传送的文件之后，有可能关闭数据连接，到再有文件传送请求时重新打开。因此在 FTP 中，控制连接在整个用户会话期间一直打开着，而数据连接则有可能为每次文件传送请求重新打开一次（即数据连接是非持久的）。

在整个会话期间，FTP 服务器必须维护关于用户的状态。具体地说，服务器必须把控制连接与特定的用户关联起来，必须随用户在远程目录树中的游动跟踪其当前目录。为每个活跃的用户会话保持这些状态信息极大地限制了 FTP 能够同时维护的会话数。无状态的 HTTP 却不必维护任何用户状态信息。

FTP 数据连接有以下三大用途：

- 从客户向服务器发送一个文件；
- 从服务器向客户发送一个文件；
- 从服务器向客户发送文件或目录列表。

FTP 服务器把文件列表从数据连接上发回，而不是控制连接上的多行应答。这就避免了行的有限性对目录大小的限制，而且更易于客户将目录列表以文件形式保存，而不是把列表显示在终端上。

控制连接一直保持到客户-服务器连接的全过程，但数据连接可以根据需要随时来，随时走。那么需要怎样为数据连接选端口号，以及谁来负责主动打开和被动打开？

FTP 一般都是交互式地工作。作为例子，图 8-10 给出了用户机器上显示出的信息。

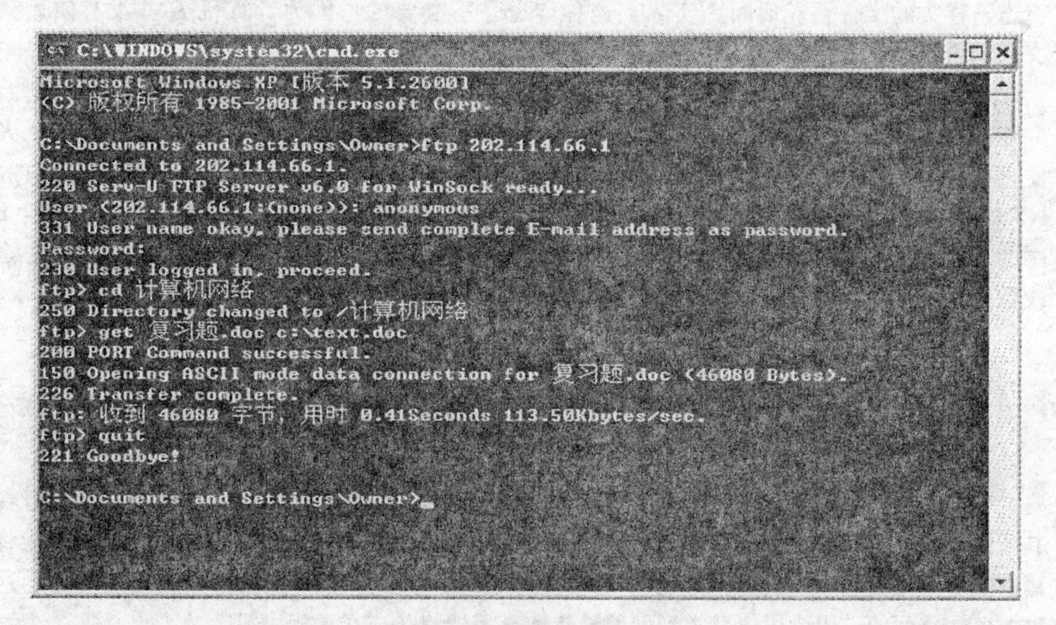

图 8-10　FTP 的屏幕信息举例

图中的各行信息解释如下：

[01] 用户要用 FTP 和远地主机（202.114.66.1）建立连接。

[02] 本地 FTP 发出连接成功信息。

[03] 从远地服务器返回的信息，220 表示“服务就绪”。

[04] 本地 FTP 提示用户键入名字 User。用户键入的名字 anonymous 表示“匿名”。在 Internet 上有许多文件免费向公众提供。用户不需要键入自己的真实姓名而只需键入 anonymous即可。

[05] 数字 331 表示“用户名正确”，需要口令。

[06] 本地 FTP 提示用户键入口令 Password。用户这时可直接回车输入口令。

[07] 数字 230 表示用户已经注册完毕。

[08]“ftp>”是 FTP 的提示信息。用户键入的是将目录改变为包含计算机网络文件夹的目录。

[09] 用户使用 get 命令将名为复习题 .doc 的文件复制到本地主机 C 盘上，并改名为 text. doc。

[10] 字符 PORT 是 FTP 的标准命令，表示要建立数据连接。200 表示“命令正确”。

[11] 数字 150 表示“文件状态正确，即将建立数据连接”。

[12] 数字 226 是“释放数据连接”。现在一个新的本地文件已产生。

[13] 用户键入退出命令 quit。

[14] 数字 221 表明 FTP 工作结束。

FTP 并非对所有的数据传输都是最佳的。例如，计算机 A 上运行的应用程序要在远地计算机 D 的一个很大的文件末尾添加一行信息。若使用 FTP，则应先将此文件从计算机 B 传送到计算机 A，添加上这一行信息后，再用 FTP 将此文件传送到计算机 B。来回传送这样大的文件很花时间，实际上这种传送是不必要的，因为计算机 A 并没有使用该文件的内容。

然而网络文件系统 NFS 则采用另一种思路，NFS 允许应用进程打开一个远地文件，并能在该文件的某一个特定的位置上开始读写数据。这样，NFS 可使用户只复制一个大文件中的一个很小的片段，而不需要复制整个大文件。对于上述例子，计算机 A 中的 NFS 客户软件，将要添加的数据和在文件后面写数据的请求一起发送到远地的计算机 B 中的 NFS 服务器。NFS 服务器更新文件后返回应答信息。在网络上传送的只是少量的修改数据。

8.4 远程终端 Telnet

Telnet 是一个简单的远程终端协议，它也是 Internet 的正式标准。用户用 Telnet 就可在其所在地通过 TCP 连接登录到远地的另一台主机上（使用主机名或 IP 地址）。Telnet 能将用户的击键传到远地主机，同时也能将远地主机的输出通过 TCP 连接返回到用户屏幕。这种服务是透明的，因为用户感觉到好像键盘和显示器直接连在远程主机上。

Telnet 并不复杂，以前应用得很多，现在由于 PC 机的功能越来越强，用户已较少使用 Telnet 了。Telnet 也使用客户服务器方式，在本地系统运行 Telnet 客户进程，而在远地主机则运行 Telnet 服务器进程。和 FTP 的情况相似，服务器中的主进程等待新的请示，并产生从属进程来处理每一个连接。

简单地说，Telnet 是一个执行远程登录的工具，把本地计算机作为远程终端与网络

上其他计算机相连接。

Telnet 最初是在局域网上使用的，现在即使在以 TCP/IP 为基础的 Internet 中，也可以利用 Telnet 登录。Internet 中的用户远程登录是指用户使用 Telnet 命令，使计算机暂时成为一个仿真终端。一旦用户的计算机成功地实现了远程登录，就可以像一台与远程计算机直接连接的本地终端一样进行工作。

远程登录允许任意类型的计算机之间进行通信。远程登录之所以能提供这种功能，主要是因为所有的运行操作都是在远程计算机上完成的，用户的计算机仅仅是作为一台仿真终端向远程计算机传送击键命令信息和显示命令执行结果。

利用 Internet 提供的远程登录服务可以实现以下功能：

(1) 本地用户与远程计算机上运行的程序交互。

(2) 用户登录到远程计算机时，可以执行远程计算机上的任何应用程序（只要该用户具有足够的权限），并且能屏蔽不同型号计算机之间的差异。

(3) 用户可以利用个人计算机完成许多只有大型计算机才能完成的任务。

Telnet 协议可以工作在任何主机（如任何操作系统）或任何终端之间。RFC 854 定义了该协议的规范，其中还定义了一种通用字符终端叫做网络虚拟终端 NVT（Network Virtual Terminal)。NVT 是虚拟设备，连接的双方，即客户机和服务器，都必须把它们的物理终端和 NVT 进行相互转换。也就是说，不管客户进程终端是什么类型，操作系统必须把它转换为 NVT 格式。同时，不管服务器进程的终端是什么类型，操作系统必须能够把 NVT 格式转换为终端所能够支持的格式。

NVT 是带有键盘和打印机的字符设备。用户击键产生的数据被发送到服务器进程，服务器进程回送的响应则输出到打印机上。在默认情况下，用户击键产生的数据是发送到打印机上的，但是可以看到这个选项是可以改变的。

对于大多数 Telnet 的服务器进程和客户端进程，共有 4 种操作方式。

(1) 半双工。这是 Telnet 的默认方式，但现在却很少使用。NVT 默认是一个半双工设备，在接收用户输入之前，它必须从服务器进程获得 GO AHEAD (GA) 命令。用户的输入在本地回显，方向是从 NVT 键盘到 NVT 打印机，所以客户进程到服务器进程只能发送整行的数据。虽然该方式适用于所有类型的终端设备，但是它不能充分发挥目前大量使用的支持全双工通信的终端功能。RFC 857 定义了 ECHO 选项，RFC 858 定义了 SUPPRESS GO AHEAD（抑制继续进行）选项。如果联合使用这两个选项，就可以支持下面将讨论的方式：带远程回显的一次一个字符方式。

(2) 一次一个字符方式。用户所键入的每个字符都单独发送到服务器进程，服务器进程回显大多数的字符，除非服务器进程端的应用程序去掉了回显功能。该方式的缺点也是显而易见的。当网络速度很慢，而且网络流量比较大的时候，那么回显的速度也会很慢。虽然如此，目前大多数 Telnet 实现都把这种方式作为默认方式。

(3) 一次一行方式。该方式通常叫做准行方式（kludge line mode)，该方式的实现是遵照 RFC 858 的。该 RFC 规定：如果要实现带远程回显的一次一个字符方式，ECHO 选项和 SUPPRESS GO AHEAD 选项必须同时有效。准行方式采用这种方式来表示当两个选项的其中之一无效时，Telnet 就是工作在一次一行方式。在下节中将介绍一个例子，可以看到如何协商进入该方式，并且当程序需要接收每个击键时如何使该方式失效。

(4) 行方式。用这个术语代表实行方式选项，这是在 RFC 1184 定义的。这个选项也是通过客户进程和服务器进程进行协商而确定的，它纠正了准行方式的所有缺陷，目前比较新的 Telnet 实现支持这种方式。

Telnet 命令允许用户与使用 Telnet 协议的远程计算机通讯。运行 Telnet 时可不使用参数，以便输入由 Telnet 提示符（Microsoft Telnet>）表明的 Telnet 上下文。可从 Telnet 提示符下，使用 Telnet 命令管理运行 Telnet 客户端的计算机。

Telnet 客户端命令提示符接受以下命令（如表 8-3 所示）

表 8-3　**Telnet 客户端命令**

命令	说明
open	使用 open hostname portnumber 可以建立到主机的 Telnet 连接
close	使用命令 close 可以关闭现有的 Telnet 连接
display	使用命令 display 可以查看 Telnet 客户的当前设置 命令 display 可以列出当前的操作参数。如果正在进行一个 Telnet 会话（即连接到 Telnet 服务器），则按 CTRL+} 可以修改参数。这将退出 Telnet 会话。（要返回 Telnet 会话，请按 ENTER。）可用的操作参数如下： ● WILL AUTH (NTLM Authentication) ● WONT AUTH ● WILL TERM TYPE ● WONT TERM TYPE ● LOCALECHO off ● LOCALECHO on
quit	使用命令 quit 可以退出 Telnet
set	使用命令 SET 可以设置连接的终端类型，打开本地回显，设置 NTLM 身份验证、转义字符和登录 ● SET NTLM 可以打开 NTLM，使用 NTLM 身份验证时，系统会提示用户提供从远程计算机连接所需的登录名和密码； ● SET LOCALECHO 可以打开本地回显； ● SET TERM {ANSI | VT100 | VT52 | VTNT} 可以设置合适的终端类型，如果正在运行正常的命令行应用程序，请使用终端类型 VT100，如果正在运行像 edit 这样的高级命令行应用程序，请使用终端类型 VTNT； ● ESCAPE *Character* 可以设置从会话切换到命令模式所使用的按键顺序，例如，要将 CTRL+P 设为转义字符，请键入 set escape，按 CTRL+P，然后按 ENTER； ● LOGFILE *FileName* 可以设置用于记录 Telnet 活动的文件，日志文件必须位于本地计算机上，设置此选项时，自动开始记录； ● LOGGING 用于打开日志，如果没有设置日志文件，将会出现错误信息
unset	使用 unset 可以关闭本地回显或设置登录名/密码提示验证 ● UNSET NLM 可以关闭 NLM； ● UNSET LOCALECHO 可以关闭本地回显
status	使用 status 命令可以确定 Telnet 客户是否已成功连接
CTRL+}	按 CTRL+ } 可以从已连接的会话转向 Telnet 命令提示符
enter	使用 enter 命令可以从命令提示符转向已连接的会话（如果存在）
? /help	打印帮助信息

(1) 运行 Telnet 的第一种方法是输入下列命令："Telnet 主机网络地址"

例如，假设用户要连接一台名叫 Auroa 的计算机，它的网络地址为 aurora. liunet. edu，则连接时应输入命令：

telnet aurora. liunet. edu

如果用户要登录的主机与用户的计算机在同一个本地网络上，通常可以只输入主机的名字，而不用输入全地址。如对上例可只输入命令：

telnet aurora

(2) 运行 Telnet 程序的第二种方法：运行远程登录的联机过程

telnet aurora. liunet. edu

Trying 148. 4. 29. 5... Connected to AURORA. LIUNET. EDU

Escape character is '^]'

Welcome to open VMS AXP (TM) Operating System，Version V6. 1

Username：

假如 Telnet 的运行不能与主机确定连接，则用户将会看到主机找不到的信息。例如，假设用户想要连接的远程主机为 nipper. come，而用户的输入为：telnet nippet. come

则在屏幕上用户将会看到：nippet. com：unknown host

telnet>

此时，用户可以另输入正确的主机名进行连接，或者用 Quit 命令中止 telnet 程序的执行。导致 telnet 不能与远程主机连接的因素很多，常见的因素有三类：计算机地址输入有错，如上面例子所示；远程计算机暂时不能使用（如发生故障等）；用户指定的计算机不在 Internet 网。

8.5 电子邮件

电子邮件（E-mail）是 Internet 上使用得最多的和最受用户欢迎的一种应用。电子邮件将邮件发送到 ISP 的邮件服务器，并放在其中的收信人邮箱（mailbox）中，收信人可随时上网到 ISP 的邮件服务器进行读取。上述的性质相当于利用 Internet 为用户设立了存放邮件的信箱，因此 E-mail 有时也称为"电子信箱"。电子邮件不仅使用方便，而且还具有传递迅速和费用低廉的优点。据有的公司报道，使用电子邮件后可提高劳动生产率 30%以上。现在电子邮件不仅可传送文字信息，而且还可附上声音和图像。由于电子邮件的广泛使用，现已很少有人愿意到邮局去打电报，因为这种传统电报既贵又慢，且十分不方便。

最初的电子邮件系统的功能很简单，邮件无标准的内部结构格式，计算机很难对邮件进行处理。用户接口也不好，用户将邮件编辑完毕后必须退出邮件编辑程序，再调用文件传送程序方能传送已编辑好的邮件。经过人们的努力，在 1982 年就制定出 ARPANET 上的电子邮件标准：简单邮件传送协议 SMTP（Simple Mail Transfer Protocol）[RFC821] 和 Internet 文本报文格式 [RFC822]，它们都已成为 Internet 的正式标准。两年以后，CCITT 制定了报文处理系统 MHS 的标准，即 X. 400 建议书。以后 OSI 又在此基础上制定了一个面向报文的电文交换系统 MOTHF（Message Oriented Text Interchange System）的标准。在 1988 年，CCITT 参照 MOTIF 修改了 X. 400。

由于 Internet 的 SMTP 只能传送可打印的 7 位 ASCII 码邮件，因此在 1993 年又提出了通用 Internet 邮件扩充 MIME（Multipurpose Internet Mail Extensions）。1996 年经修订后已成为 Internet 的草案标准［RFC2045～2049］。MIME 在其邮件首部中说明了邮件的数据类型（如文本、声音、图像、视像等）。在 MIME 邮件中可同时传送多种类型的数据。这在多媒体通信的环境下是非常有用的。

用户代理 UA（User Agent）就是用户与电子邮件系统的接口，在大多数情况下它就是在用户 PC 机中运行的程序。用户代理使用户能够通过一个很友好的接口来发送和接邮件，现在可供大家选择的用户代理有很多种。例如，微软公司的 Outlook Express 和我国张小龙制作的 Foxmail，都是很受欢迎的电子邮件用户代理。

8.5.1 E-mail 工作原理

1. 电子邮件的工作原理

电子邮件的工作过程遵循客户-服务器模式。每份电子邮件的发送都要涉及发送方与接收方，发送方式构成客户端，而接收方构成服务器，服务器含有众多用户的电子信箱。发送方通过邮件客户程序，将编辑好的电子邮件向邮局服务器（SMTP 服务器）发送。邮局服务器识别接收者的地址，并向管理该地址的邮件服务器（POP3 服务器）发送消息。邮件服务器只将消息存放在接收者的电子信箱内，并告知接收者有新邮件到来。接收者通过邮件客户程序连接到服务器后，就会看到服务器的通知，进而打开自己的电子信箱来查收邮件。

通常 Internet 上的个人用户不能直接接收电子邮件，而是通过申请 ISP 主机的一个电子信箱，由 ISP（网络服务供应商）主机负责电子邮件的接收。一旦有用户的电子邮件到来，ISP 主机就将邮件移到用户的电子信箱内，并通知用户有新邮件。因此，当发送一条电子邮件给另一个客户时，电子邮件首先从用户计算机发送到 ISP 主机，再到 Internet，再到收件人的 ISP 主机，最后到收件人的个人计算机。

ISP 主机起着“邮局”的作用，管理着众多用户的电子信箱。每个用户的电子信箱实际上就是用户所申请的账号名。每个用户的电子邮件信箱都要占用 ISP 主机一定容量的硬盘空间，由于这一空间是有限的，因此用户要定期查收和阅读电子信箱中的邮件，以便腾出空间来接收新的邮件，如果邮箱已满，则无法继续接收邮件。

2. 电子邮件的发送和接收过程

（1）浏览器方式，大多数的邮箱都支持浏览器方式收取信件，并且都提供一个友好的管理界面，只要在提供免费邮箱的网站登录界面，输入自己的用户名和口令，就可以收发信件并进行邮件的管理。

（2）专用邮箱工具方式，就是用一个邮件管理软件来收发邮件，这样的软件有 Outlook、Foxmail 等。

不管使用哪种方式来收发电子邮件，首先都要申请一个邮箱（目前有收费和免费邮箱），才能收发电子邮件。例如，xywangkun1@163.com，@符号前面的字母表示邮箱的用户名，后面表示邮箱的域名。

(3) 下面以163网站为例来讲述如何申请电子信箱，并如何收发电子邮件。

① 在IE浏览器地址栏输入 http://www.163.com，打开网易首页。单击“请登录163邮箱”打开如图8-11所示的邮箱登录界面。

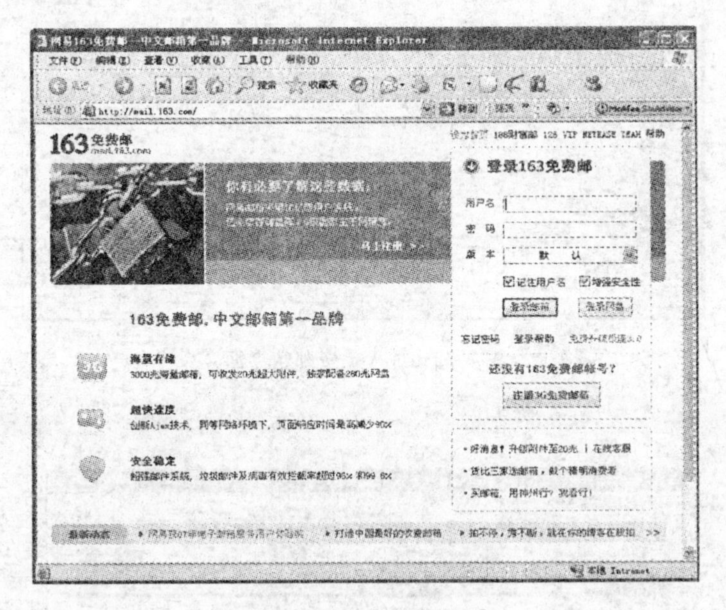

图8-11 邮箱登录界面

② 单击“马上注册”按钮。如果已经申请过163网站的免费邮箱，就可以直接输入用户名和密码进行登录。

以下的操作步骤中，主要是根据页面的提示填写用户名、密码和个人资料等。由于简单，具体的操作步骤省略。

③ 完成个人信息的设置后，单击“完成”按钮，打开申请成功的窗口提示。

注意：有时候在申请注册免费邮箱时，不会成功，很可能是因为申请的用户名已经被别人申请过，所以需要重新返回再以新的用户名申请。

(4) 下面仍然以163的网站邮箱为例来讲述收发电子邮件的操作方法：

① 打开163邮件中心的界面如图8-11所示。在免费邮箱类型里，输入已经申请的用户名和密码，单击“登录”按钮。

② 登录后进入如图8-12所示的邮件管理界面。有时点击“登录”按钮后，会打开显示广告的内容，可以直接再点击“进入邮箱”按钮即可。

在邮件管理界面里，左边的栏目主要是邮件管理和操作的文件夹，有收邮件、发邮件、收件箱和草稿箱等。右边主要是邮件的编辑操作，可以阅读和编写邮件。

③ 点击“写信”按钮，打开如图8-13所示的发邮件页面，可以编写邮件的各栏目相关内容，例如，收件人、主题、附件、内容等。

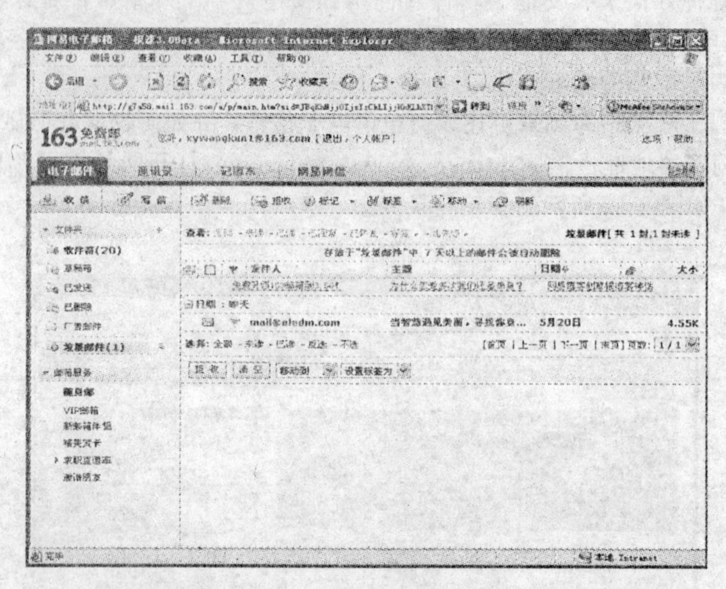

图 8-12 进入免费邮箱界面

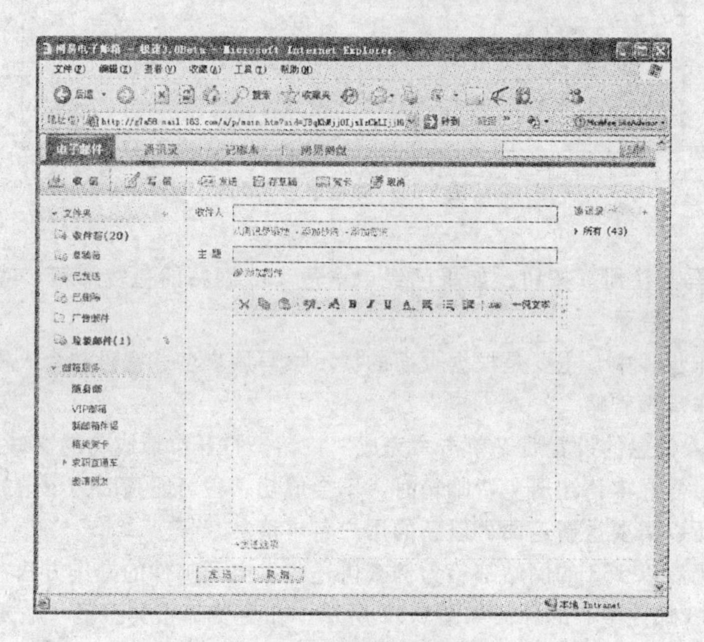

图 8-13 编辑发送的邮件

④ 写完邮件后，点击“发送”按钮就可以把邮件发送出去了。

在使用邮件客户端工具收发邮件时，先要设置邮箱的 POP3 和 SMTP 协议。

下面以 Outlook Express 工具（常用的工具还有 Foxmail）为例讲述邮箱的设置。

Outlook Express 客户端工具一般是集成在 Windows 的操作系统里，在这里不再讲述其安装过程。下面主要讲述利用 Outlook Express 来设置邮箱和收发邮件的方法。

（5）设置邮箱

① 选择系统命令“开始”→“程序”→“Outlook Express”，打开如图 8-14 所示的 Outlook Express 软件界面。

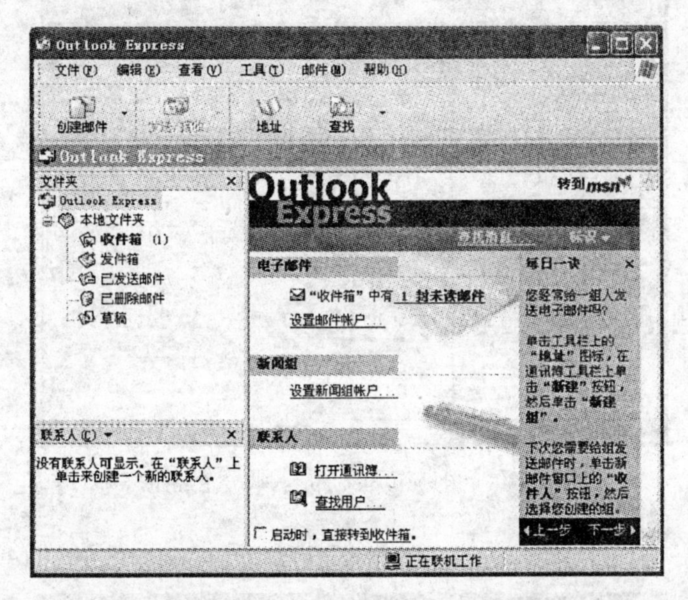

图 8-14 Outlook Express 启动界面

② 点击“工具”，然后选“账户”，进入“Internet 账户”对话框；

③ 单击“添加”，在弹出菜单中选择“邮件”，进入 Internet 连接向导；

④ 在“显示名”字段中输入用户的姓名，然后单击“下一步”；

⑤ 在“电子邮件地址”字段中输入完整电子邮件地址，然后单击“下一步”；

⑥ 在“接收邮件（POP3、IMAP 或 HTTP）服务器”和“发送邮件服务器(SMTP)”字段中输入相应服务器地址，单击“下一步”；

⑦ 在“账户名”字段中输入电子邮箱用户名（仅输入@ 前面的部分），在“密码”字段中输入邮箱密码，然后单击“下一步”；

⑧ 点击“完成”。

⑨ 在第 1 步“Internet 账户”对话框中选择“邮件”选项卡，选中刚才设置的账号，单击“属性”，点击“服务器”标签，勾选“我的服务器需要身份验证”，并点击“设置”按钮；

⑩ 在“登录信息”中选择“使用与接收邮件服务器相同的设置”，确保用户在每一字段中输入了正确信息，点击“确定”，返回“属性”对话框后，再点击“确定”。

（6）收发邮件

① 在 Outlook 界面，单击“发送/接收”按钮，自动接收邮件。

② 点击左边的文件夹“收件箱”，所有接收到的邮件都列出在右边的窗口里，如图 8-15所示。如果要查看信件的内容，可直接点击某一个邮件，其内容就会显示在下面的文本框里。

③ 单击“创建邮件”按钮，就弹出如图 8-16 所示的新邮件编辑窗口。

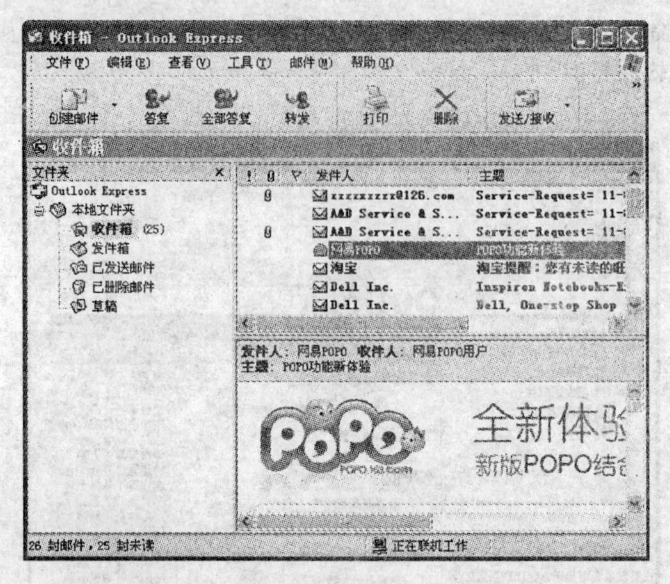

图 8-15 用 Outlook Express 收发 E-mail

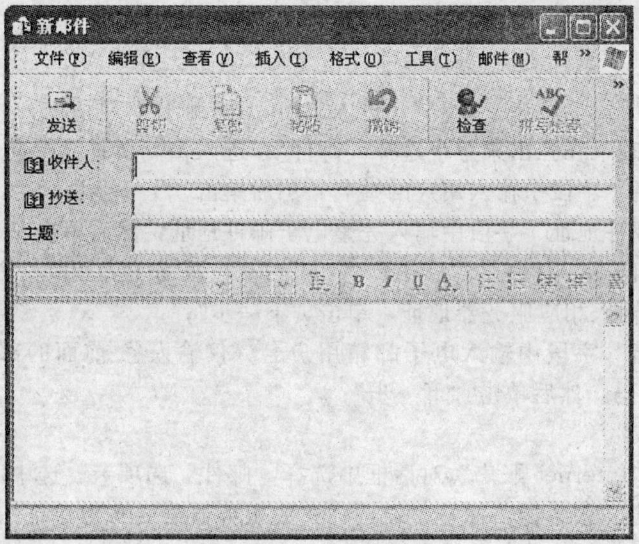

图 8-16 撰写新邮件

在新邮件窗口里，必须要在“收件人”文本框里写上收件人的邮件地址，其他的文本框里如果不填写内容也可以进行发送。邮件的内容编写在下面的大文本框里。

如果事先用别的软件已经撰写好要发送的文件，也可以发送给别人。例如，做好的作业需要提交给教师，作业是 Word 文档形式，就可以用附件的形式发送给教师。添加附件的方法是，选择菜单命令“插入”→“文件附件”，然后在弹出的窗口找到自己要发送的附件，或者直接拖拽要发送的附件到新邮件窗口。

8.5.2　SMTP 和 POP3

使用 E-mail 在 Internet 上将一段文本信息从一台计算机传送到另一台计算机上，可通过两种协议来完成，即 SMTP（Simple Mail Transfer Protocol，简单邮件传输协议）和 POP3（Post Office Protocol 3，邮局协议 3）。其中，SMTP 负责电子邮件的发送，而 POP3 则用于接收 Internet 上的电子邮件。

SMTP 是 Internet 协议集中的邮件标准。在 Internet 上能够接收电子邮件的服务器都有 SMTP。电子邮件在发送前，发件方的 SMTP 服务器与接收方的 SMTP 服务器联系，确认接收方准备好了，则开始邮件传递；若没有准备好，发送服务器便会等待，并在一段时间后继续与接收方邮件服务器联系。这种方式在 Internet 上称为“存储—转发”方式。POP3 可允许 E-mail 客户向某一 SMTP 服务器发送电子邮件，另外，也可以接收来自 SMTP 服务器的电子邮件。换句话说，电子邮件在客户 PC 机与服务提供商之间的传递是通过 POP3 来完成的，而电子邮件在 Internet 上的传递则是通过 SMTP 来实现。

1. SMTP

邮件服务器是电子邮件系统的核心构件，Internet 上所有的 ISP 都有邮件服务器。邮件服务器的功能是发送和接收邮件，同时还要向发信人报告邮件传送的情况（已交付、被拒绝、丢失等）。邮件服务器按照客户服务器方式工作。

这里应当注意，一个邮件服务器既可以作为客户，也可以作为服务器。例如，当邮件服务器 A 向另一个邮件服务器 B 发送邮件时，邮件服务器 A 就作为 SMTP 客户，而 B 是 SMTP 服务器。当邮件服务器 A 从另一个邮件服务器 B 接收邮件时，邮件服务器 A 就作为 SMTP 服务器，而 B 是 SMTP 客户。

使用 SMTP 时，收信人可以是和发信人连接在同一个本地网络上的用户，也可以是 Internet 上其他网络的用户，或者是与 Internet 相连但不是 TCP/IP 网络上的用户。

SMTP 没有规定发信人应如何将邮件提交给 SMTP，以及 SMTP 应如何将邮件投递给收信人。至于邮件内部了格式，邮件如何存储，以及邮件系统应以多快的速度来发送邮件，SMTP 也都未做出规定。SMTP 所规定的就是在两个相互通信的 SMTP 进程之间应如何交换信息。由于 SMTP 使用客户服务器方式，因此负责发送邮件的 SMTP 进程就是 SMTP 客户，而负责接收邮件的 SMTP 进程就是 SMTP 服务器。

(1) SMTP 的工作方式

简单邮件传输协议是核心 Internet 协议（IP）之一，其设计主旨是可靠有效地传输电子邮件。

SMTP 的最初构想相对来说比较简单。用户或应用程序撰写邮件，其中包含收件人电子邮件地址（如“johndoe@somecompany. com”）、邮件主题及邮件内容。

传递邮件的第一步是将邮件传送至指定的 SMTP 服务器。SMTP 服务器根据收件人电子邮件地址的域名（如“somecompany. com”），开始与域名系统（DNS）服务器通信，DNS 服务器将查找并返回该域的目标 SMTP 服务器的主机名（如“mail. somecompany. com”）。

最终，启动邮件传递的 SMTP 服务器将通过传输控制协议/Internet 协议的端口 25 直接与目标 SMTP 服务器进行通信。如果收件人电子邮件地址的用户名与目标服务器中的一个授权用户账户匹配，则原始电子邮件将最终传送至该服务器，等待收件人通过客户程序收取。

如果启动邮件传递的 SMTP 服务器无法与目标服务器直接通信，则 SMTP 协议能够提供通过一个或多个中继 SMTP 服务器传送邮件的机制。中继服务器将接收原始邮件，然后尝试将其传递至目标服务器，或重定向至另一中继服务器。此过程将一直重复，直到邮件传递至目标服务器，或超过指定的超时时间为止。

(2) 安装 SMTP 服务

从 Microsoft Windows NT 版本开始，SMTP 服务就一直作为 Internet 信息服务的一个组件。若要安装 SMTP 服务，请执行以下操作：

① 单击“开始”→“控制面板”。双击“添加/删除程序”，单击“添加/删除 Windows 组件”。

②“在 Windows 组件向导”中选择 Internet 信息服务（IIS），然后单击详细信息，如图 8-17 所示。

③ 选择 SMTP 服务组件，然后单击确定，如图 8-18 所示。

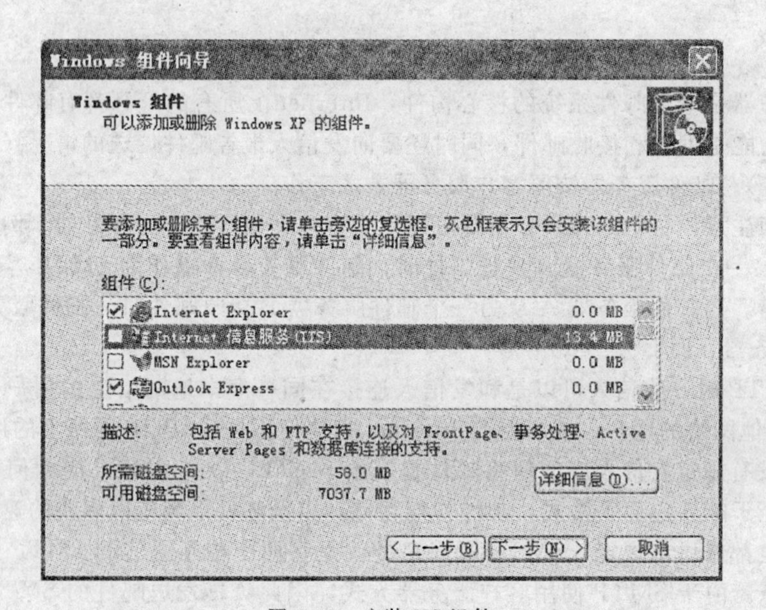

图 8-17 安装 IIS 组件

注：要支持 SMTP 服务，还需要其他几个 IIS 组件。它们是 Internet 信息服务管理单元、万维网服务器和公用文件组件。这些组件均是自动选定的，且随 SMTP 服务组件一起安装。

(3) 配置 SMTP 服务

如果 SMTP 服务安装在连接 Internet 的主机上，且面向 Internet 的防火墙不阻止 SMTP 通信访问端口 25，则 SMTP 服务的默认设置应能传递所有待发电子邮件。不过，可能仍有一些要为 SMTP 服务器考虑的安全设置。其中大多数设置都可以通过“Internet 服务管理器”管理控制台进行更改。

若要启动 IIS 管理控制台，请执行以下操作：

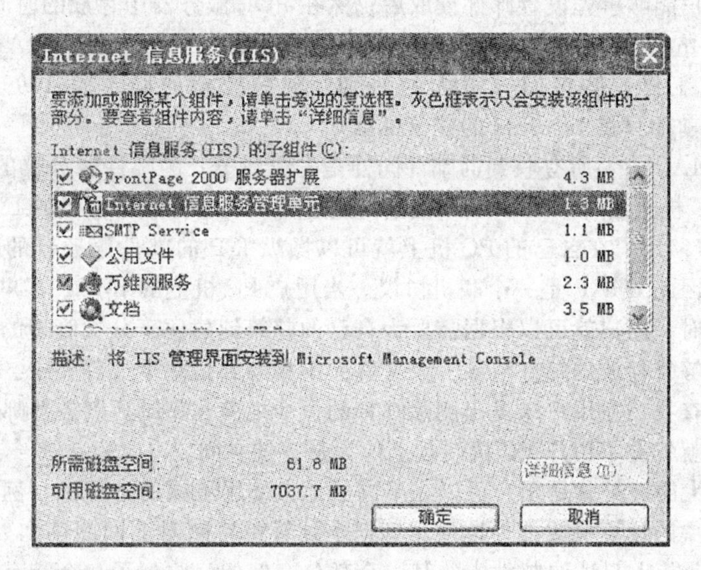

图 8-18 选中 SMTP Service

① 从开始菜单，指向程序→管理工具；

② 单击 Internet 服务管理器以启动管理控制台。

2. POP3 协议

现在常用的邮件读取协议有两个，即邮局协议第 3 个版本 POP3 和 Internet 报文存取协议 IMAP（Internet Message Access Protocol）。现在分别讨论如下。

邮局协议 POP（Post Office Protocol）是一个非常简单、但功能有限的邮件读取协议。邮局协议 POP 最初公布于 1984 年。经过几次的更新，现在使用的是它的第 3 个版本 POP3（Post Office Protocol 3），它已成为 Internet 的正式标准。大多数的 ISP 都支持 POP。

POP 也使用客户服务器的工作方式，在接收邮件的用户 PC 机中必须运行 POP 客户程序，而在用户所连接的 ISP 的邮件服务器中则运行 POP 服务器程序。当然，这个 ISP 的邮件服务器还必须运行 SMTP 服务器程序，以便接收发送方邮件服务器的 SMTP 客户程序发来的邮件。POP 服务器只有在用户输入鉴别信息（用户名和口令）后才允许对邮箱进行读取。应当注意的是，邮件服务器只能向其他邮件服务器传输电子邮件，但 POP 服务器还能向用户提供邮箱内容的信息。

对依靠拨号连接的用户来说，POP 协议是使用得最普遍的。当用户拨号上网连接成功后，就可以运行 POP 客户程序，并与所连接的 ISP 邮件服务器的 POP 服务器程序建立 TCP 连接（POP 客户和 POP 服务器之间要交互一些命令与响应，但对收信人来说都是透明的），然后就可以接收电子邮件了。

POP3 协议的一个特点就是只要用户从 POP 服务器读取了邮件，POP 服务器就将该邮件删除，这在某些情况下就不够方便。例如，某用户在办公室的计算机上接收了一些邮件，还来不及写回信，就马上携带笔记本电脑出差。当用户打开笔记本电脑写回信时，却无法再看到原先在办公室收到的邮件。为了解决这一问题，POP3 进行了一些功能扩充，其中包括使用户能够事先设置邮件读取后仍然在 POP 服务器中存放的时间。

下面介绍 Internet 报文存取协议 IMAP，它比 POP3 复杂得多。IMAP 和 POP 都按客户服务器方式工作，但它们有很大的差别。现在较新的版本是 1996 年的版本 4 即 IMAP4，它目前还只是 Internet 的建议标准。

在使用 IMAP 时，所有收到的邮件同样是先送到 ISP 的邮件服务器的 IMAP 服务器。而在用户的 PC 机上运行 IMAP 客户程序，然后与 ISP 邮件服务器上的 IMAP 服务器程序建立 TCP 连接。用户在自己的 PC 机上就可以操纵 ISP 的邮件服务器的邮箱，就像在本地操纵一样，因此 IMAP 是一个联机协议。当用户 PC 机上的 IMAP 客户程序打开 IMAP 服务器的邮箱时，用户就可以根据需要为自己的邮箱创建便于分类管理的层次式的邮箱文件夹，并且能够将存放的邮件从某一个文件夹中移动到另一个文件夹中。用户也可按某种条件邮件进行查找。在用户未发出删除邮件的命令之前，IMAP 服务器邮箱中的邮件一直保存着。这样就省去了用户 PC 机硬盘上的大量存储空间。

IMAP 最大的好处就是用户可以在不同的地方使用不同的计算机（例如，使用办公室的计算机、家中的计算机或在外地使用笔记本计算机）随时上网阅读和处理自己的邮件。IMAP 还允许收信人只读取邮件中的某一个部分。例如，收到了一个带有视像附件（此文件可能很大）的邮件。用户使用的是无线上网，信道的传输速率很低。为了节省时间，可以先下载邮件的正文部分，待以后有时间再读取或下载这个很长的附件。

IMAP 的缺点是如果用户没有将邮件复制到自己的 PC 机上，则邮件一直是存放在 IMAP 服务器上的。因此用户需要经常与 IMAP 服务器建立连接。

最后再强调一下，不要将邮件读取协议 POP 或 IMAP 与邮件传送协议 SMTP 弄混。发信人的用户代理向源邮件服务器发送邮件，以及源邮件服务器向目的邮件服务器发送邮件，都是使用 SMTP 协议。而 POP 或 IMAP 则是用户从目的邮件服务器上读取邮件所使用的协议。

8.5.3 通用 Internet 邮件扩展协议

1. MIME 概述

MIME（Multipurpose Internet Mail Extentions），一般译作通用 Internet 邮件扩展协议。现在它已经演化成一种指定文件类型（Internet 的任何形式的消息：E-mail、Usenet 新闻和 Web）的通用方法。在使用 CGI 程序时可能接触过 MIME 类型，其中有一行叫做 Content-type 的语句，它用来指明传递的就是 MIME 类型的文件（如 text/html 或 text/plain）。

RFC 822 在消息体的内容中做了一点限制：就是只能使用简单的 ASCII 文本。所以，MIME 信息由正常的 Internet 文本邮件组成，文本邮件拥有一些特别的符合 RFC 822 的信息头和格式化过的信息体（用 ASCII 的子集来表示的附件)。这些 MIME 头给出了一种在邮件中表示附件的特别的方法。

2. MIME 和 SMTP 的关系

前面所述的电子邮件协议 SMTP 有以下缺点：

(1) SMTP 不能传送可执行文件或其他的二进制对象。人们曾试图将二进制文件转换为 SMTP 使用的 ASCII 文本，但这些均未形成正式标准或事实上的标准。

(2) SMTP 限于传送 7 位的 ASCII 码。许多其他非英语国家的文字（如中文、俄文，甚至带重音符号的法文或德文）就无法传送。即使在 SMTP 网关将 EBCDIC 码（即扩充的二/十进制交换码）转换为 ASCII 码时也会遇到一些麻烦。

(3) SMTP 服务器会拒绝超过一定长度的邮件。

(4) 某些 SMTP 的实现并没有完全按照 SMTP 标准。常见的问题如下：

- 回车、换行删除和增加；
- 超过 76 个字符时的处理：截断或自动换行；
- 后面多余空格的删除；
- 将制表 tab 转换为若干个空格。

于是在这种情况下就提出了通用 Internet 邮件扩充 MIME。MIME 并没有改动 SMTP 或取代它。MIME 的意图是继续使用目前的格式，但增加了邮件主体的结构，并定义了传送非 ASCII 码的编码规则。也就是说，MIME 邮件可在现有的电子邮件程序和协议下传送。图 8-19 表示 MIME 和 SMTP 的关系。

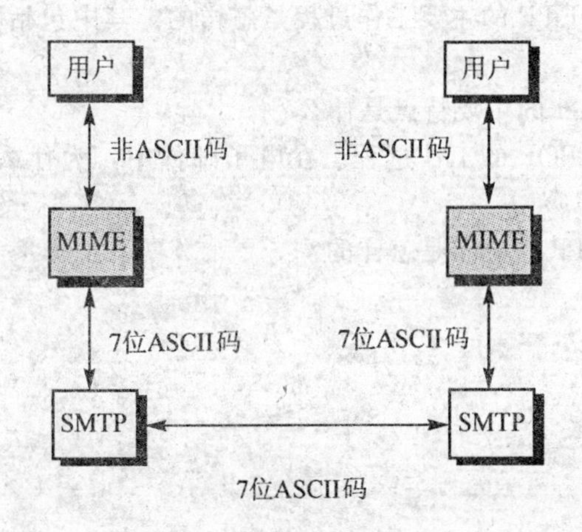

图 8-19　MIME 和 SMTP 的关系

3. MIME 的主要内容

MIME 主要包括以下三部分：

(1) 5 个新的邮件首部字段，它们可包含在 [RFC822] 首部中。这些字段提供了有关邮件主体的信息；

(2) 定义了许多邮件内容的格式，对多媒体电子邮件的表示方法进行了标准化；

(3) 定义了传送编码，可对任何内容格式进行转换，而不会被邮件系统改变。

为适应于任意数据类型和表示，每个 MIME 报文包含告知收信人数据类型和使用编码的信息。MIME 将增加的信息加入到 [RFC822] 邮件首部中。下面是 MIME 增加 5 个新的邮件首部的名称及其意义（有的可以是选项）。

MIME-Version：标志 MIME 的版本。现在的版本号是 1.0。若无此行，则为英文文本。

Content-Description：这是可读字符串，说明此邮件是什么，和邮件的主题差不多。

Content-Id：邮件的唯一标识符。

Content-Transfer-Encoding：在传送时邮件的主体是如何编码的。

Content-Type：说明邮件的性质。

本章小结

本章首先介绍了域名系统 DNS 的结构和域名解析过程，然后对应用层常用服务如 Web、FTP、Telnet、E-mail 等进行了详细的介绍，并对其中所用到的协议进行了具体的分析，从而使读者对平时用到的 Internet 服务的工作原理有所了解。

练习题

1. Internet 的域名结构是怎样的？
2. 使用哪种协议可以在 WWW 服务器和 WWW 浏览器之间传输信息？
3. 文件传输协议 FTP 的主要工作过程是怎样的？其中包括哪两个进程？分别起什么作用？
4. 远程登录 Telnet 的主要特点是什么？
5. 试述邮局协议 POP 的工作过程。在电子邮件中，为什么必须使用 POP 和 SMTP 这两个协议？
6. MIME 与 SMTP 的关系是怎样的？

第9章 广 域 网

根据网络分布的地域范围不同，可以把网络分为局域网、城域网和广域网。局域网的分布范围应局限在和校园相当的地域范围内。城域网的分布范围应在一个大城市所应有的地域内，广域网的分布范围应该大于城域网的分布范围，可以是一个国家甚至全球。由此可以知道，广域网是一种地域分布极其广大，其分布范围可以覆盖一个国家、一个洲甚至全球的网络。本章简要介绍广域网的构成和接入到广域网。先讨论广域网的基本概念，接着介绍几种常用的接入到广域网上的技术，包括DDN、帧中继、ISDN和ADSL，最后针对这几年广泛使用的ADSL技术，介绍一个网吧ADSL接入案例。

本章学习重点

- 了解广域网的概念；
- 了解接入广域网的各种技术；
- 熟练ADSL接入方法。

9.1 广域网的基本概念

当主机之间的距离较远时，如相隔几百、几千甚至上万千米时，局域网无法完成主机之间的通信任务时，就需要另一种结构的网络——广域网。

广域网由一些结点交换机以及连接这些交换机的链路组成。结点交换机执行将分组存储转发的功能。结点之间都是点到点连接，但为了提高网络的可靠性，通常一个结点交换机往往与多个结点交换机相连。受经济条件的限制，广域网都不使用局域网普遍采用的多点接入技术。从层次上考虑，广域网和局域网的区别很大，因为局域网使用的协议主要在数据链路层（还有少量在物理层），而广域网使用的协议在网络层。在广域网中一个重要问题就是路由选择和分组转发。

然而广域网并没有严格的定义，通常广域网是指覆盖范围很广的长距离网络。为了连接多个城市的局域网，往往既需要本地公用设备，也需要使用长途公用设备。图9-1给出了一个典型的跨越多个城市的广域网。在每个城市中，可能有局域网和城域网连接。网络的广域网部分是提供城市间通信的连接。当有信息发送给另外一个城市的计算机时，信息才通过网络的广域网部分传输。由于广域网的造价较高，一般都是由国家或较大的电信公司出资建造。广域网是Internet的核心部分，其任务是通过长距离运送主机所发送的数据。连接广域网各结点交换机的链路都是高速链路，其距离可以是几千公里的光缆线路，也可以是几万公里的点对点卫星链路。因此广域网首先考虑的问题是它的通信容量必须足够大，以便支持日益增长的通信量。

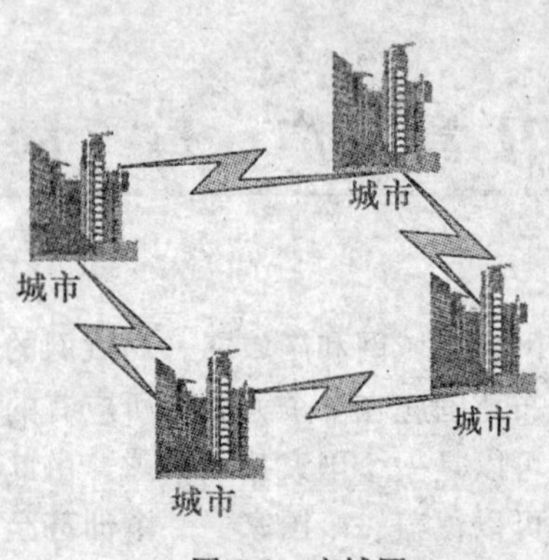

图 9-1　广域网

构建广域网和构建局域网不同，构建局域网必须由企业、学校等完成传输网络的建设，传输网络的传输速率可以很高，如吉比特以太网。但构建广域网由于受到各种条件的限制，必须借助公共传输网络。公共传输网络的内部结构和工作机制是用户不关心的，用户只需了解公共传输网络提供的接口，如何实现和公共传输网络之间的连接，并通过公共传输网络实现远程端点之间的报文交换。因此，设计广域网并连入广域网必须掌握各种公共传输网络的特性，公共传输网络和用户网络之间的互连技术。

在应用上，局域网强调的是资源共享，而广域网则着重数据传输。对于局域网，人们更多关注的是如何根据应用需求来规划、建立和应用；对于广域网，侧重的则是网络能够提供什么样的数据传输业务以及用户如何接入网络等。

图 9-2 表示相距较远的局域网通过路由器与广域网相连，组成了一个覆盖范围很广的互联网。这样局域网就可以通过广域网与另一个相隔很远的局域网进行通信，如图 9-2 所示的互联网，即使覆盖范围很广，一般不称它为广域网，因为这种网络中，不同网络的“互连”才是它的最主要的特征。互联网必须使用路由器来连接，而广域网指的是单个网络，它使用结点交换机连接各主机而不是路由器来连接网络。结点交换机和路由器都是用来转发分组，它们的工作原理相似。但区别是：结点交换机是在单个网络中转发分组，而路由器是在多个网络构成的互联网中转发分组。

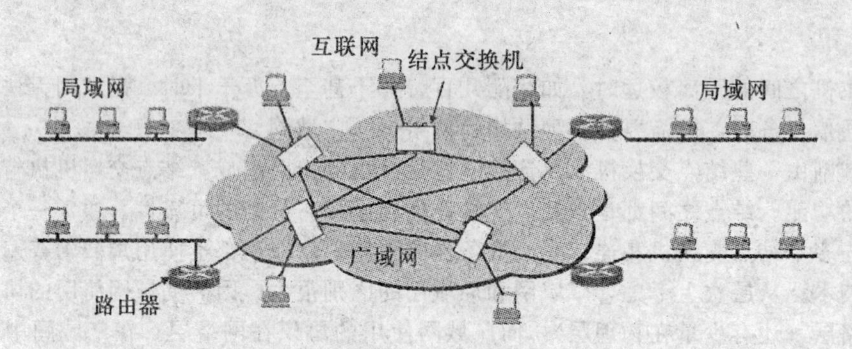

图 9-2　由局域网和广域网组成的互联网

9.2　广域网接入技术

根据国际电信联盟（ITU-T）的建议：接入网是由服务结点接口和用户网络接口之间的一系列传送实体组成。为给电信业务提供所需的传送承载能力的实施系统，可通过管理接口实现接入网的配置和管理。普通用户借助公共数据通信网接入广域网，有多种方案，如 DDN、帧中继、ISDN 和 ADSL 等，以下分别加以介绍。

9.2.1 DDN接入

DDN是英文Digital Data Network的缩写，它是随着数据通信业务发展而迅速发展起来的一种新型网络，是一种利用数字信道提供数据信号传输的数据传输网，也是面向所有专线用户或专网用户的基础电信网。它为专线用户提供中、高速数字点点传输电路，或为专网用户提供数字型传输网通信平台。DDN由数字通道、DDN结点、网管控制和用户环路组成。由DDN提供的业务又称DDS（数字数据业务）。DDN实际上是人们常说的数据租用专线，有时简称专线。是近年来广泛使用的数据通信服务。

DDN的主干网传输媒介有光纤、数字微波、卫星信道等，用户端多使用普通电缆和双绞线。DDN主干及延伸至用户端的线路铺设十分灵活、便利。现代DDN网采用了计算机管理的数字交叉连接技术，为用户提供半永久性连接电路，即DDN提供信道是非交换型的为用户独占的永久型虚电路。一旦用户提出申请，网络管理员便可以通过软件命令改变用户专线的路由或专网的结构，而无需经过物理线路的改造扩建工程，因此极易根据用户的需要，在约定的时间内接通所需带宽的线路。信道容量的分配和接续在计算机控制下进行，为用户专线或专网的发展与扩容、修改网络拓扑结构、开通种类繁多的信息传输业务带来了极大的灵活性。

DDN具有支持数据、语音、图像等信息传输，传输速率高、时延小、传输质量高、信道利用率高、传输距离远和网络运行管理简便等特点。DDN以全数字、高速率和灵活的功能为用户提供大容量的数据通信平台，也为用户建立自己的专用数据网提供了方便。DDN将数字通信技术、计算机技术、光纤通信技术以及数字交叉连接技术有机地结合在一起，提供了高速度、高质量的通信环境，可以向用户提供点对点、点对多点透明传输的数据专线出租电路，为用户传输数据、图像、声音等信息。DDN的通信速率可根据用户需要在$N\times 64$Kbps（$N=1, 2, \cdots, 32$）之间进行选择，当然速度越快租用费用也越高。

用户租用DDN业务需要申请开户。DDN的收费一般可以采用包月制和计流量制，这与一般用户拨号上网的按时计费方式不同。DDN的租用费较贵，普通个人用户负担不起，DDN主要面向集团公司等需要综合运用的单位。DDN按照不同的速率带宽收费也不同，例如在中国电信申请一条128Kbps的区内DDN专线，月租费大约为1 000元。因此它不适合社区住户的接入，只对社区商业用户有吸引力。

图9-3显示了一个局域网络通过DDN接入Internet。

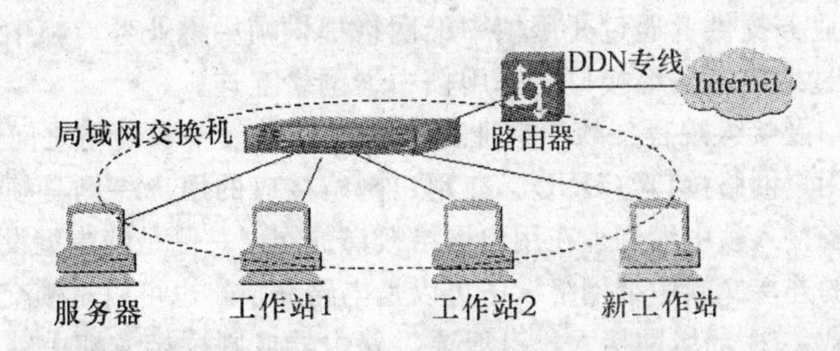

图9-3 通过DDN进行网络连接示例

9.2.2 Frame Relay（帧中继）接入

1. 概述

帧中继是在数字光纤中传输线路逐渐代替原有的模拟线路，且用户终端智能化，许多应用都迫切要求增加分组交换服务的速率的情况下，由 X.25 分组交换技术发展起来的一种传输技术。帧中继是一种快速、数据报长度可变、数字化的数据报交换技术。在这种技术中，设计者抛弃了 X.25 中的许多计账和检查功能，这些在可靠、安全的光纤电路环境中不是必须的。

帧中继以简化的方式传送数据，把流量控制、纠错、重发等第三层及更高层的功能转移到智能终端中，从而简化了结点之间的网络资源。它舍去了 X.25 协议的分组层，采用物理层和链路层二级结构。它以尺寸更大的帧（frame）为单位而不是以分组（pcket）为单位进行传输。而且，它在网络上的中间结点对数据不进行误码纠错，从而提高了传输速度。帧中继能按需分配带宽。采用虚电路技术，适用于突发性业务的使用。不采用存储转发技术，时延小，传输速率高。兼容 X.25、SNA、Decnet、TCP/IP 等多种网络协议。帧中继向用户提供的进网速率可由低速到高速，帧长度可变，非常适合大容量、突发性数据业务，是远程 LAN 间互连的一个理想选择。

接入设备的基本业务类型：PVC（永久虚电路），在发送和接受用户之间建立固定的虚电路连接。SVC（交换虚电路），根据用户的网络请求在发送和接受用户之间通过虚呼叫建立临时的交换电路。步骤是：虚电路建立—数据传输—虚电路拆除 3 个阶段。

提供帧中继业务的方式：可利用分组交换网提供帧中继数据传输业务。也可在数字数据网上提供帧中继数据传输业务。还可组建帧中继网，通过在 DDN 结点机上配置帧中继模块来实现，可以让 DDN 上存在一个虚拟的帧中继网络。

2. 帧中继的系统结构

帧中继网由三部分组成，即帧中继接入设备（FRAD）、帧中继交换设备和公用帧中继业务。其结构如图 9-4 所示。接入设备是具有帧中继接口的任何类型的接入设备，如主机、分组交换机、路由器等，通常采用 56kbps 或 64kbps 链路入网。帧中继交换设备有帧中继交换机、具有帧中继接口的分组交换机及其他复用设备。它们为用户提供标准的帧中继接口。帧中继业务提供者通过公用帧中继网络提供帧中继业务。帧中继接入设备和专用设备之间可以通过标准帧中继接口与公用帧中继网络互连。

用户网络接口及接入规程：帧中继业务是通过用户设备和网络之间的标准接口来提供的，该接口称为用户网络接口（UNI）。在用户网络接口的用户一侧是帧中继接入设备，用于将本地用户设备接入帧中继网。在用户网络接口的网络一侧是帧中继设备，用于帧中继接口与骨干网之间的连接。帧中继网络设备可以是电路交换，也可以是帧交换或信元交换。

用户接入方式：① 局域网接入，一般通过路由器或网桥接入帧中继网。其路由器或网桥有标准的 UNI 接口规程。当 LAN 的服务器具有 UNI 接口规程时，LAN 用户也可通过其他帧中继接入设备接口。② 终端接入，终端计算机接入是通过帧中继设备，将非标准的接口规程转换为标准接口规程后接入帧中继网络中的。如果终端计算机处自身具有标准的 UNI

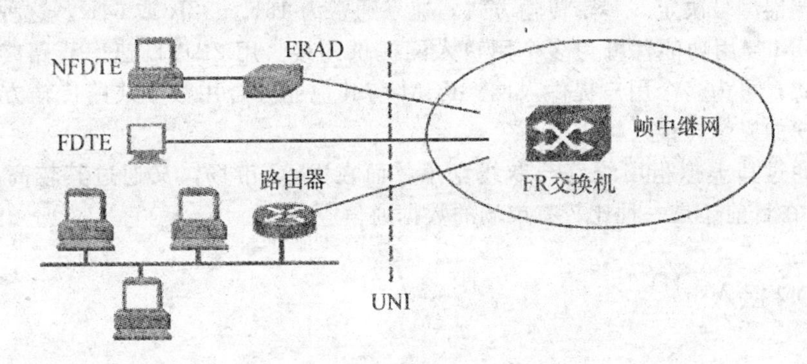

图 9-4 帧中继网接入形式

规程，也可作帧中继终端直接接入帧中继网络。图 9-4 中 FDTE 指帧中继终端，NFDTE 指非帧中继终端如各类计算机。用户帧中继交换机接入公用帧中继网，将一台交换机作为公用帧中继网的用户，以标准的 UNI 规程接入。

帧中继网络的工作过程：

当用户在局域网上传输的 MAC 帧传到帧中继网络相连的路由器时，该路由器就剥去 MAC 帧的首部，将 IP 数据报交给路由器的网络层。网络层再将 IP 数据报传给帧中继接口卡。帧中继接口卡将 IP 数据报加以封装，加上帧中继帧的首部（其中包括帧中继的虚电路号），进行 CRC 检验和加上帧中继帧的尾部。然后帧中继接口卡将封装好的帧通过向电信公司租来的专线发送给帧中继网络中的帧中继交换机。帧中继交换机在收到一个帧时，就虚电路号对帧进行转发（若检查出有差错则丢弃）。当这个帧被转发到虚电路的终点路由器时，该路由器剥去帧中继帧的首部和尾部，加上局域网的首部和尾部，交付给连接在此局域网上的目的主机。目的主机若发现有差错，则报告上层的 TCP 协议处理。

帧中继网的主要优点如下：

(1) 减少了网络互连的代价。将不同的源站产生的通信量复用到专用的主干网上，可以减少在广域网中使用的电路数。多条逻辑连接复用到一条物理连接上可以减少接入代价。

(2) 网络的复杂性减少但性能却提高了。与 X.25 相比，把流量控制，纠错，重发等第三层及更高层的功能转移到智能终端中，网络结点的处理量减少，不采用存储转发技术，时延小，传输速率高，更加有效地利用高速数据传输线路，帧中继明显改善了网络的性能和响应时间。

(3) 协议的独立性。帧中继可以很容易地配置成容纳多种不同的网络协议（如 IP、IPX 和 SNA 等）的通信量。可以用帧中继作为公共的主干网，这样可统一所使用的硬件，也更加便于进行网络管理。

此外由于使用了国际标准，帧中继的简化的链路协议实现起来不难。接入设备通常只需要一些软件修改或简单的硬件改动就可支持接口标准。现有的分组交换设备和 T1/E1 复用器都可进行升级，以便在现有的主干网上支持帧中继，互操作性增强了。

根据帧中继的特点，可以知道帧中继适用于大文件的传输、多个低速率线路的复用，以及局域网的互连。

用户接入电路及速率：可用二线或四线调制解调器传输方式，支持用户速率由线路长度和调制解调器型号决定。基带传输方式，速率通常为16K，32K或64K。这种基带传输设备中有TDM复用功能，可为多个用户入网提供连接。用2B+D速率线路终接（LT）单元传输方式，可为多个用户提供入网。PCM与其他业务合用数字线路传输方式。该方式可连到用户的光缆，接入帧中继。

帧中继通过其虚拟租用线路与专线竞争，而在PVC市场，又通过其较高的速率与X2.5竞争。在目前还是一种比较有市场的数据通信服务。

9.2.3 ISDN接入

1. ISDN概述

ISDN英文全称是Integrated Services Digital Network，中文是“综合业务数字网”，是一个采用数字传输与数字交换的网络，它将电话、传真、数据和图像等多种电信业务综合在一个统一的数字网络进行传输和处理，用户需通过一个电话端口即可实现电话、传真、数据和图像等的传送。我国在20世纪90年代初建成了第一个ISDN模型网，并且在1996年正式向用户提供ISDN业务，被称之为“一线通”。

ISDN起源于1967年。CCITT（现ITU-T）对ISDN是这样定义的：ISDN是以综合数字电话网（IDN）为基础发展演变而成的通信网，能够提供端到端的数字连接，用来支持包括话音在内的多种电信业务，用户能够通过有限的一组标准化的多用途用户——网络接口接入网内。

ISDN主要应用于Internet接入、话音新业务、公司网络的互连或远程接入、大型商业用户专线连接备份和流量溢出备用、桌面可视系统及视频会议等应用。是专为高速数据传输和高质量语音通信而设计的一种高速、高质量的通信网络，用户可以用申请模拟电话线相同的方式申请ISDN线。作为一个全数字的网络，ISDN是与其他计算机系统、其他网络，诸如Internet、LAN进行通信的理想工具。

根据所提供带宽的不同，ISDN可分为窄带（N-ISDN）和宽带（B-ISDN）两种。目前与N-ISDN相关的标准已非常完善，技术也相关成熟，各类接入设备很丰富，是目前ISDN的主要应用领域。有关B-ISDN的技术相对较为复杂，主要是基于ATM（异步传输模式）提供150Mbit/s以上速度的业务，与之相关的技术和标准还需进一步完善，是将来的发展方向。现在国内推出的“一线通”即为N-ISDN中的一种服务，平时也将其简称为ISDN。

几十年来，电话通信使用的一直是模拟连接方式，而ISDN是第一部定义数字化通信的协议，该协议支持标准线路上的语音、数据、视频、图形等的高速传输服务。ISDN中有三种逻辑数字通信信道B、D和H，各执行以下功能：

(1) B信道：负责同时传送各种媒体，传送用户服务信息，包括数字数据、视频和语音。占用带宽为64Kb/s (有些交换机将带宽限制为56 Kb/s)。

(2) D信道：主要负责处理信令，传送用户和网络间的信号和数据包。传输速率从16 Kb/s到64 Kb/s不定，这主要取决于服务类型。

(3) H信道：与B信道执行相同的功能，但运行速率超过DS-0（64 Kbps)。具体执行为H0（384 Kb/s；6 B信道)，H10（1472 Kb/s；23 B信道)，H11（1536 Kb/s；24 B

信道）以及 H12（1920 Kb/s；只用于国际 E1）。

ISDN 不仅限于公共电话网络，其传输还可以通过分组交换网络、电报网或有线电视网络等完成。ISDN 有两种基本服务类型：BRI 和 PRI。BRI（Basic Rate Interface，基本速率接口）：由两个 B 信道和一个 16 Kb/s 的 D 信道构成，总速率为 144 Kb/s。该服务主要适用于个人计算机用户。PRI（Primary Rate Interface，主要速率接口）：能够满足用户的更高要求。典型的 PRI 由 23 个 B 信道和一个 64Kb/s 的 D 信道构成，总速率为 1536 Kb/s。在欧洲，PRI 由 30 个 B 信道和一个 64Kb/s 的 D 信道构成，总速率为 1984Kb/s。通过 NFAS（Non-Facility Associated Signaling），PRI 也支持具有一个 64 Kb/s D 信道的多 PRI 线路。

ISDN 入网具有以下特点：

（1）上网速度更快，最低传输速率 64Kbit/s（1B 信道），最高可到 128Kbit/s（2B 信道）。拨通时间只需几秒钟；

（2）上网的同时还可接、打电话或收发传真（ISDN 线有两个信道，利用一个信道上网时，另一个信道可以照常接听电话）；

（3）稳定可靠，数字传输比模拟传输更不会受到静电和噪音的干扰，更少错误和重传；

（4）可支持局域网或多台 PC 机单向接入互联网。

2. ISDN 系统结构

ISDN 系统结构主要讨论用户设备和 ISDN 交换系统之间的接口。如图 9-5 所示，用户通过 ISDN 接入 Internet。用户使用 ISDN 需要专用的终端设备，主要由网络终端 NT1 和 ISDN 适配器组成。网络终端 NT1 好像有线电视上的用户接入盒一样必不可少，它为 ISDN 适配器提供接口和接入方式。ISDN 适配器分为内置和外置两类，内置的一般称为 ISDN 内置卡或 ISDN 适配卡；外置的 ISDN 适配器则称之为 TA。

ISDN 终端设备主要有 NT（Network Termination，网络终端）、TA（Terminal Adapter，终端适配器）、TE（Terminal Equipment，终端设备）、ISDN 代理服务器和 ISDN 路由器等。

图 9-5　ISDN 接入形式

（1）网络终端 NT

即用户与网络连接的第一道接口设备，NT 又包括 NT1（第一类网络终端）和 NT2（第二类网络终端）。通过 NT1 用户可以同时在互不影响的情况下拨打电话和上网。

NT1 有两个接口，即"U 接口"和"S/T 接口"。U 接口与电信局电话线相接，S/T 接口则为用户端接口，可为用户接入数字电话或数字传真机等 TE1 设备、终端适配器 TA 和 PC 卡等多个 ISDN 终端设备。有些网络终端将 NT1 功能与 ISDN 终端集成在一起，其中比较常见的是 NT1+，它除了具备 NT1 所有功能外，还有两个普通电话的插口，一个可插普通电话机，另一个可插 G3 传真机。电话机和传真机的操作与现代普通通信设备的操作完全一样，并能同时使用，互不干扰。

NT2 具有 OSI 结构第二和三层协议处理和多路复用功能，相当于 PABX、LAN 等的终端控制设备，NT2 还具有用户室内线路交换和集线功能，原则上 ISDN 路由器、拨号服务器、反向服务器等都是 NT2 设备。因此，NT1 设备是家用用户应用的网络终端，而 NT2 是中小企业用户应用的网络终端。

(2) 终端适配器 TA

又叫 ISDN Modem，是将现有模拟设备的信号转换成 ISDN 帧格式进行传递的数模转换设备。由于从电信局到用户的电话线路上传输的信号是数字信号，而我们原来普遍应用的大部分通信设备，如模拟电话机、G3 传真机、PC 机以及 Modem 等都是模拟设备，这些设备如果需要继续在 ISDN 中使用，用户就必须购置终端适配器 TA。TA 实际上是位于网络终端 NT1 与用户自己的模拟通信设备之间的模数转换接口设备。

(3) 终端设备 TE

TE 又可分为 TE1（第一类终端设备）和 TE2（第二类终端设备）。其中，TE1 通常是指 ISDN 的标准终端设备，如 ISDN 数字电话机和 G4 传真机等。它们符合 ISDN 用户与网络接口协议，用户使用这些设备时可以不需要终端适配器 TA，直接连入网络终端 NT，但这些设备要求用户重新购买，且价格较贵。TE2 则是指非 ISDN 终端设备，也就是人们普遍使用的普通模拟电话机、G3 传真机、PC 机和调制解调器等，用户必须购买终端适配器 TA 才能接入网络终端 NT。

(4) ISDN 路由器

ISDN 路由器属于第二类网络终端 NT2。ISDN 路由器可以使局域网用户更快捷地在 Internet 上漫游或快速完成局域网间的互连。ISDN 路由器的功能类似于一个标准路由器，其接口多种多样，依据路由器所处位置和不同应用的组合，路由器的端口情况有所不同。采用 ISDN 路由器可以使 LAN 上的多台计算机共享一条 ISDN。

3. 宽带 ISDN (B-ISDN)

当今人们对通信的要求越来越高，除原有的语声、数据和传真业务外，还要求综合传输高清晰度电视、广播电视和高速数据传真等宽带业务。随着光纤传输、微电子技术、宽带通信技术和计算机技术的发展，为满足这些迅猛增长的要求提供了基础。由于 N-ISDN 还远未推广使用时一种新型的宽带综合业务数字网 B-ISDN 的思想就提出来了，早在 1985 年 1 月，CCITT 第 18 研究组就成立了专门小组着手研究宽带 ISDN，其研究结果见 1988 年通过的修订的 I-系列建议。

宽带综合业务数字网 B-ISDN 也是企图将各业务，如语音、数据、图像以及活动图像都综合在一个宽带网络中进行传送和交换，包括了 N-ISDN 所有的业务功能。B-ISDN 的最重要的任务就是要以全新的交换技术体制来支持所有可能的电信业务。由窄带 ISDN 向宽带 ISDN 的发展，可分为三个阶段。

第一阶段是进一步实现话音、数据和图像等业务的综合。它是由三个独立的网构成初步综合的 B-ISDN。由 ATM 构成的宽带交换网实现话音、高速数据和活动图像的综合传输。

第二阶段的主要特征是 B-ISDN 和用户/网络接口已经标准化，光纤已进入家庭，光交换技术已广泛应用，因此它能提供包括具有多频道的高清晰度电视 HDTV（High Definition Telecison）在内的宽带业务。

第三阶段的主要特征是在宽带 ISDN 中引入了智能管理网，由智能网控制中心来管理

三个基本网。智能网也可称作智能专家系统。

B-ISDN与N-ISDN相比，具有以下的一些重大区别：

(1) N-ISDN使用的是电路交换。只是在传送信令的D通路使用分组交换。B-ISDN使用的交换方式中快速分组交换，即异步传输方式ATM。

(2) N-ISDN是以目前正在使用的电话网为基础，其用户环路采用双绞线。但在B-ISDN中，其用户环路和干线都采用光缆（短距离的通信也可使用双绞线）。

(3) N-ISDN各通的传输率是预先设置的。如B通路传输率为64Kb/s。但B-ISDN使用虚通路的概念，其传输率只受到用户到网络接口的物理比特率的限制。

(4) N-ISDN无法传送高速图像，但B-ISDN可以传送服务质量有保证的高速图像。

虽然B-ISDN的想法看起来很不错，但由于使用IP技术和Internet的飞速发展，以及ATM设备的过于昂贵，因此B-ISDN的发展远远不如设想的那样快。到现在，人们更关心的是：传统电信网将如何演进到以IP为核心的下一代网络，而B-ISDN也已成为历史名词。

总之，最近几年，由于Internet、居家办公和远程接入等综合业务的发展，人们对信息传递方式的多样性和信息传递高速率的要求不断增加，ISDN的发展具有一定的应用前景。

9.2.4 ADSL接入

1. ADSL概述

ADSL（Asymmetrical Digital Subscriber Line，非对称数字用户环路）是一种能够通过普通电话线提供宽带数据业务的技术，也是目前极具发展前景的一种接入技术。因为上行（从用户到电信服务提供商方向，如上传动作）和下行（从电信服务提供商到用户的方向，如下载动作）频宽不对称（即上行和下行的速率不相同）因此称为非对称数字用户线路。它采用频分复用技术把普通的电话线分成了电话、上行和下行三个相对独立的信道，从而避免了相互之间的干扰。通常ADSL在不影响正常电话通信的情况下可以提供512K～1Mbps的上行信道和1.5M～8Mbps的下行信道。ADSL素有“网络快车”之美誉，因其下行速率高、频带宽、性能优、安装方便和不需交纳电话费等特点而深受广大用户喜爱，成为继Modem、ISDN之后的又一种全新的高效接入方式。

ADSL是DSL（Digital Subscriber Line，数字用户线路）大家庭中的一员。DSL包括HDSL、SDSL、VDSL、ADSL和RADSL等，一般统称为XDSL，它们主要的区别体现在信号传输速度和距离的不同以及上行速度和下行速度对称性的不同这两个方面。其中，ADSL因其技术较为成熟，且已经有确定的标准，所以发展较快，很受用户的欢迎。

ADSL是在现有的电话线上加装ADSL设备实现的宽带上网技术，利用ADSL，用户就可以在使用电话的同时，以512Kbps以上的速度上网或进行资料传输。ADSL方案不需要改造信号传输线路，完全可以利用普通铜质电话线作为传输介质，配上专用的Modem即可实现数据高速传输。ADSL支持上行速率640K～1Mbps，下行速率1M～8Mbps，其有效的传输距离在3～5km范围以内。这种非对称的传输方式，非常符合计算机网络互连、Internet接入、视频点播等业务的特点。在ADSL接入方案中，每个用户都有单独的一条线路与ADSL局端相连，它的结构可以看做是星型结构，数据传输带宽是由每一个用户独享的。

与 Modem、ISDN 等接入方式相比，ADSL 接入技术具有以下的优势：充分利用现有的电话线，保护了现有的投资；传输速率高，下行最大速度为 8Mbit/s，上行最大速度为 1Mbit/s，分别是普通 Modem 的 170 倍和 30 多倍；在一条线上可同时传送语音信号和数字信号，且互不干扰；由于每根线路由每个 ADSL 用户独有，因而带宽也由每个 ADSL 用户独占，不同 ADSL 用户之间不会发生带宽的共享，可获得很好的通信效果；技术成熟，标准化程度高，是目前投入商业化运行中速度较高的一种方案。但是，由于受到技术、设备价格及有关政策等方面的影响，目前还存在一些不足，主要有以下几点：由于技术原因以及我国用户线路质量较差等现状，ADSL 目前的使用范围还很小，仅在一些大中型城市使用；目前各地提供的 ADSL 接入，连接速率都不是太高，而且连接距离一般在 5km 之内；ADSL 设备目前相对比较贵，部分地区的收费过高，限制了用户数量的增长；ADSL 传输的可靠性目前还相对较低，所以主要适用于家庭用户和中小型商业用户。

2. ADSL 的工作过程

ADSL 是一种异步传输模式。在电信服务提供商端，需要将每条开通 ADSL 业务的电话线路连接在数字用户线路访问多路复用器（DSLAM）上。而在用户端，用户需要使用一个 ADSL 终端来连接电话线路。由于 ADSL 使用高频信号，所以在两端还都要使用 ADSL 信号分离器（又叫分频器）将 ADSL 数据信号和普通音频电话信号分离出来，避免打电话的时候出现噪音干扰。通常的 ADSL 终端有一个电话 Line-In 和一个以太网口，有些终端集成了 ADSL 信号分离器，还提供一个连接的 Phone 接口。图 9-6 是 ADSL 接入图。

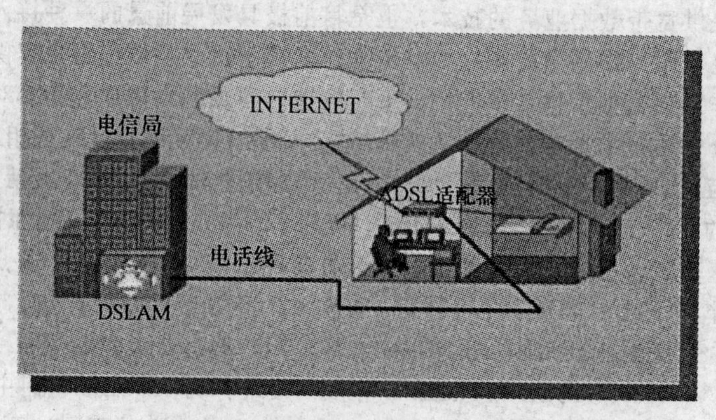

图 9-6　ADSL 接入形式

ADSL 的工作一般需要经过以下过程：Internet 网络主机的数据经光纤传输到电话公司的中心局（CO）。在中心局，ADSL 访问多路复用器（DSLAM），调制并编码用户数据，然后整合来自普通电话线路的语音信号。被整合后的语音和数据信号经普通电话线传输到用户家中。由用户端的分频器分离出数字信号和语音信号，然后数字信号通过解调和解码后传送到用户的计算机中，而语音信号则传送到电话机上，两者互不干扰。以上是用户接收信号时的情况，发信号时与之相反。图 9-7 是 ADSL 用户端常用的接入方式。

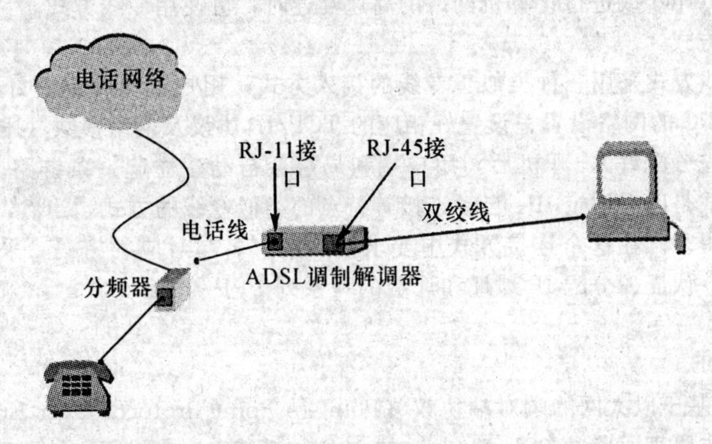

图 9-7　ADSL 接入方式

3. ADSL 的标准与协议

近年来，无论国内还是国外，ADSL 技术的发展都较快，与之相关的各项标准和协议也得到了完善。

传输标准，由于受到传输高频信号的限制，ADSL 需要电信服务提供商端接入设备和用户终端之间的距离不能超过 5km，也就是用户的电话线连到电话局的距离不能超过 5km。

目前，ADSL 执行的传输标准主要是国际电信联盟 ITU 于 1999 年 6 月颁布的两个国际标准 G. 992. 1 与 G. 992. 2。ADSL 设备在传输中需要遵循以下标准之一：

(1) ITU-T G. 992. 1（G. dmt）

全速率，最高可达下传 8Mbps 和上传 1. 5Mbps 的传输速度。要求用户安装 splitter 语音分离器，将通过电话线的语音和数据分离并分别传送至电话交换机或数据网络，采用的线路编码为 DMT。

(2) ITU-T G. 992. 2（G. lite）

不用使用 splitter（分离器），G. 992. 2 最高可达下传 1. 5Mbps 和上传 512Kbps 的传输速度。尽管 G. Lite 标准的数据传输速率有所降低，但由于省去了复杂的分离器，用户可以像使用普通 Modem 一样，直接购买用户端 ADSL Modem 自行安装，成本低、安装简便，也采用 DMT 线路编码。

(3) ITU-T G. 994. 1（G. hs）

可变比特率（VBR）。

(4) ANSI T1. 413 Issue ＃2

下行最高可达 8Mbps，上行最高可达 896Kbps。

还有一些更快更新的标准，但是目前还很少有电信服务提供商使用。当电信服务提供商的设备端和用户终端之间距离小于 1. 3km 的时候，还可以使用速率更高的 VDSL，它的速率可以达到下行 55. 2Mbps，上行 19. 2Mbps。

ADSL Modem 网络连接一般支持 3 种方式：专线方式、PPPOA 和 PPPOE。一般普通个人用户或小型计算机网络用户多使用 PPPOA 或 PPPOE 虚拟拨号方式，将较大型的计算机接入 Internet 或进行计算机网络的高速互连时，可使用专线方式。

(1) 专线方式

ADSL 专线方式采用一种类似于专线的接入方式，用户连接和配置好 ADSL Modem 后，在自己的 PC 的网络设置里设置好相应的 TCP/IP 协议及网络参数（IP 和掩码、网关等都由局端事先分配好），开机后，用户端和局端会自动建立起一条链路。所以，ADSL 的专线接入方式是以有固定 IP、自动连接等特点的类似专线的方式，当然，它的速率比某些低速专线快得多。在这个连接方式中要求输入用户名与对应的密码，采用虚拟专网技术，完成授权、认证、分配 IP 地址和计费的一系列 PPP（Point to Point Protocol）接入过程。

(2) PPPOE

PPPOE 是基于以太网的端对端协议（Point to Point Protocol Over Ethernet），它利用以太网的工作原理，将 ADSL Modem 的 10Base-T 接口与内部以太网互连。在 ADSL Modem 中采用 RFC1483 的桥接封装方式对终端发出的 PPP 数据包进行 LLC/SNAP 封装，通过连接两端的 PVC 在 ADSL Modem 与网络内的宽带接入服务器之间建立连接，实现 PPP 的动态接入。这个方式组网简单，成本较为低廉，是一种小型局域网（如家庭计算机网络、小型办公室、校园宿舍和网吧等）接入宽带（Internet）的最佳选择。

(3) PPPOA

PPPOA 是基于 ATM 的端对端协议（Point to Point Protocol Over ATM），它是将窄带拨号动态分配 IP 地址的 PPP 接入技术应用到 ADSL 中，从而实现宽带接入的一种新技术。目前，国内的电信部门还没有向普通用户提供 PPPOA 接入服务。采用 PPPOA 的接入技术，由 PC 终端直接发起 PPP 呼叫，用户侧 ATM25 网卡在收到上层的 PPP 包后，根据 RFC2364 封装标准对 PPP 包进行 AAL5 层封装处理形成 ATM 信元流。ATM 信元透过 ADSL Modem 传送到网络侧的宽带接入服务器上，完成授权、认证、分配 IP 地址和计费等一系列 PPP 接入过程。

其中 PPPOE 和 PPPOA 通常不提供静态 IP，而是动态地给用户分配网络地址。

9.3 网吧 ADSL 接入案例

网吧的网络应用要集先进性、多业务性、可扩展性和稳定性于一体，不仅满足顾客在宽带网络上同时传输语音、视频和数据的需要，而且还支持多种新业务数据处理能力，上网高速畅通，大数据流量下不掉线、不停顿。

下面就来简要介绍一个对规模扩展比较灵活的网吧 ADSL 接入方案。

9.3.1 需求分析

网吧是网络应用中一个比较特殊的环境。网吧中的结点经常同时不间断地在进行浏览、聊天、下载、视频点播和网络游戏，数据流量巨大，尤其是出口流量，来网吧消费的网民，上网的需求各异，应用十分繁杂。

网吧的网络应用类型非常的多样化，对网络带宽、传输质量和网络性能有更高的要

求。网络应用要集先进性、多业务性、可扩展性和稳定性于一体，不仅满足顾客在宽带网络上同时传输语音、视频和数据的需要，而且还支持多种新业务数据处理能力，上网高速畅通，大数据流量下不掉线、不停顿。这样的应用就要求网络设备具有丰富的网吧特色功能，兼顾高度的稳定性和可靠性，保证能长时间不间断稳定工作，而且配置简单易管理易安装用户界面友好易懂，并且要具有优异的性价比。

9.3.2 ADSL 接入方案

在众多的 Internet 接入方式中，网吧的经营者通常会选择 DDN 专线和 ADSL，DDN 现在自然不如 ADSL 的性价比高，而且 ADSL 通过多 WAN 口的捆绑技术很容易实现低成本、高带宽，如果是规模较大的网吧，对速度要求较高，采用支持 4WAN 口的多路捆绑，并且选择不同的 ISP，很容易就能实现各种网站的高速浏览。

网吧规模可大可中，配置灵活。设备选择上也十分灵活，有多种设备可供选择。规模可根据实际任意调节，相关技术十分成熟。图 9-8 是一种网吧 ADSL 接入方案的网络拓扑图。

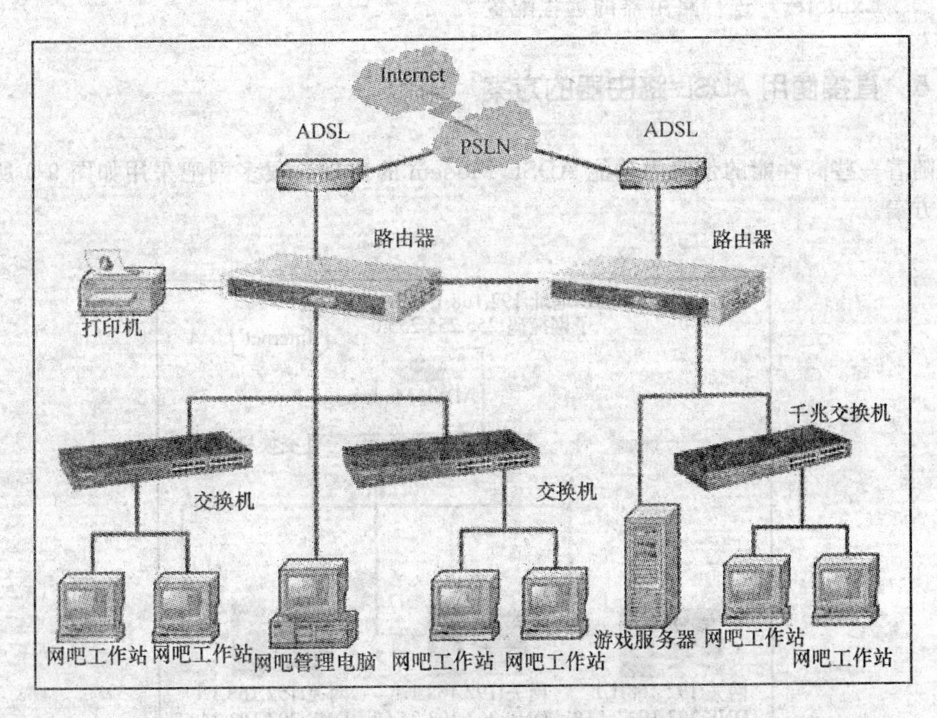

图 9-8 网吧 ADSL 接入网络拓扑图

9.3.3 方案说明

路由器要选择性能稳定、可靠性高、延迟小、速度快、成本低，符合网吧对速度的需求的路由器。网吧工作站采用高性能的 10M/100M 自适应网卡，提升网络速度，可以满足网络游戏玩家的要求。服务器部分采用千兆以太网交换机，满足游戏数据流量的需求。

局域网通过 ADSL 上网，性能高，价格便宜。对于大型网吧，由于网络中结点数较多，数据流量较大，此时可通过申请多条 ADSL 线路提升上网速度（如图 9-8 中为 2 条），同时还可以提高整个网络稳定可靠性，起一定的备份作用。

9.3.4 方案特点

- 可根据实际需要，灵活控制局域网内不同用户对 Internet 的不同访问权限；
- 内建防火墙，无需专门的防火墙产品，即可过滤掉所有来自外部的异常信息包，以保护内部局域网的信息安全；
- 集成 DHCP 服务器，网络中所有计算机可以自动获得 TCP/IP 设置，免除手工配置 IP 地址的烦恼；
- 灵活的可扩展性，根据实际连入的计算机数利用交换机或集线器进行相应的扩展；
- 经济适用，使用简单，可通过网络用户的 Web 浏览器（Netscape 或者 Internet Explorer）进行路由器的远程配置。

9.3.5 直接使用 ADSL 路由器的方案

随着一些高性能的带路由功能 ADSL Modem 的出现，很多网吧采用如图 9-9 所示的接入方案。

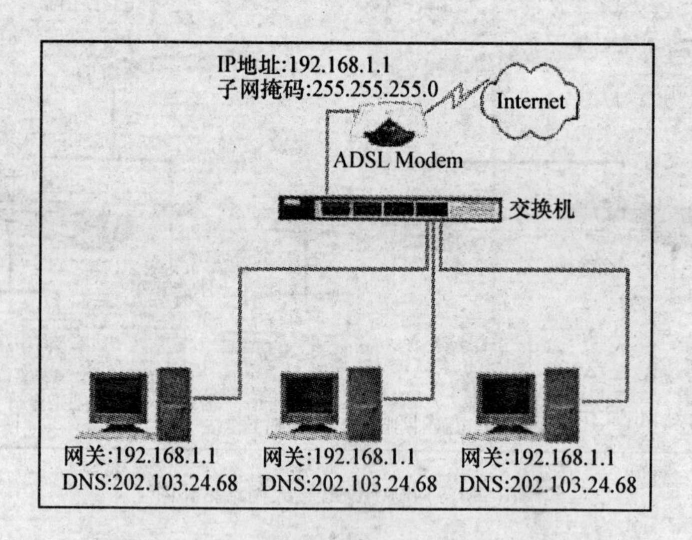

图 9-9 网吧使用 ADSL 路由器的接入图

在这个方案里，一个内部用户访问 Internet 的通路是：局域网用户→交换机→ADSL Modem→ISP（Internet）。与上一个方案相比有什么区别？少了一台服务器和它的两个网卡。

ADSL Modem 具有路由功能，完全可以当做一个路由器来用，完全可以替代那些软路由器。由于路由功能在 Modem 内部，稳定性好多了，避免了软路由的各种维护、配置

的故障和问题。把带路由功能的 ADSL Modem 往交换机任意端口上一插，连接好硬件，配置起来非常简单，只要把 PC 的网卡 IP 设成自动获取，网关设成 ADSL Modem 的 IP 地址，然后启动 ADSL Modem 去拨号。这样就可以连接到 Internet 上了。采用这种方案的网吧如果有 60 台左右的机器，一条 2M 的 ADSL 线，速度很快，能满足用户需求。

本章小结

本章先讨论广域网的基本概念，然后介绍了四种常用接入广域网的技术（DDN，帧中继、ISDN 和 ADSL）和它们各自的特点。目前，通过电信上网用的最广泛的是 ADSL 接入。介绍了网吧 ADSL 接入 Internet 方案。通过对本章的学习，读者应对广域网的概念和构成有所了解，对各种接入广域网技术应有一个清晰、完整的认识。

练 习 题

一、单项选择题

1. 一个多层建筑中一组计算机连接在一起，可以称之为（　　）。
   A. 广域网　　B. 城域网
   C. 局域网　　D. 以上都不是
2. 美国纽约的一组计算机与中国北京的一组计算机连接在一起，可以称其为（　　）。
   A. 广域网　　B. 城域网
   C. 局域网　　D. 以上都不是
3. 通常用于将局域网转换为广域网的连网设备是（　　）。
   A. 调制解调器和租用线路　　B. 网桥和路由器
   C. 集线器和交换机　　D. 交换机和网桥
4. 下列（　　）信息需要最大的带宽。
   A. 数字语音通信　　B. 文档镜像
   C. 压缩视频　　D. 实时视频
5. ADSL 最大的特点是（　　）。
   A. 在本地环路上进行模拟信号到数字信号的转换
   B. 在本地环路上进行数字信号到模拟信号的转换
   C. 高速到达用户，低速离开用户
   D. 高速离开用户，低速到达用户
6. 随着数据报从一个路由器传送到另一个路由器，数据链路层的源地址的目的地址被去掉又（　　）。
   A. 重新生成
   B. 数据报按字节长度向前传送
   C. 单独发送到目的地后再重新格式化
   D. 数据报按优先级向前传送

7. 话音级拨号线路（　　）。
   A. 之所以流行是因为它们和专用的光纤链路一样快，而且更加便宜
   B. 供不应求，因此很贵
   C. 使用广泛，但是不能提供每个会话一致的电路质量
   D. 使用同步调制解调器来访问计算机
8. 帧中继是点对点系统，选择最低成本的路径来传输（　　）。
   A. 物理层上固定长度的数据报
   B. 物理层上可变长度的数据报
   C. 数据链路层上固定长度的数据报
   D. 数据链路层上可变长度的数据报

二、简答题

1. 什么是广域网？
2. 试从多个方面比较虚电路和数据报两种服务的优缺点。
3. 如果一个网络中所有链路的数据层协议都能正确工作，试问从源结点到目的结点之间的端到端通信是否一定也是可靠的？
4. 为什么 X2.5 分组交换网会发展到帧中继？帧中继有什么优点？
5. ISDN 的终端设备有哪些？ISDN 适配器与普通 Modem 相比有何区别？
6. ADSL 在性能上有何特点？
7. 采用 ADSL 方式接入广域网通常需要哪些设备？

第 10 章　网络安全与防火墙技术

随着计算机网络的迅速发展和广泛流行，网络的安全性问题也日趋严重。当资源共享广泛用于政治、军事、经济以及科学的各个领域，网络的用户来自社会各个阶层与部门时，大量在网络中存储和传输的数据就需要保护。这些数据在存储和传输的过程中，都有可能被盗用或篡改。因此，对计算机网络安全系统采取措施，鉴别合法用户进行经过授权的操作就显得非常重要。简单地说，网络安全就是保护用户在网络上的程序、数据及设备免遭别人在非授权情况下使用或访问。目前防火墙技术被广泛应用于企业和个人用户，以保障网络安全，保证企业及个人的信息和重要数据不被非法获取。

本章学习重点

- 掌握网络安全的基本知识；
- 了解网络安全策略及措施；
- 了解常规密钥密码体制；
- 掌握防火墙的工作原理；
- 学会配置和使用个人防火墙。

10.1　网络安全概述

21 世纪的特征是数字化、网络化和信息化，它是一个以网络为核心的信息时代。随着网络和信息技术的迅猛发展和广泛应用，社会信息化进程不断加快，社会对信息化的依赖性也越来越强。但网络和信息技术的发展同样也带来了一系列的安全问题，网络与信息的安全面临着严重的挑战，例如，计算机网络病毒、黑客入侵、特洛伊木马、逻辑炸弹、各种形式的网络犯罪和重要情报泄露等。由于各种网络安全隐患和威胁的存在，使得信息安全面临严峻形势，并逐渐成为社会性问题，甚至还会危及政治、军事、经济和文化等各方面的安全。目前国内乃至全世界的网络安全形势都面临着严峻的考验，计算机网络的安全问题也显得愈加突出。

10.1.1　网络安全的定义

网络安全是一门涉及计算机科学、网络技术、通信技术、密码技术、信息安全技术、应用数学、数论和信息论等多种学科的综合性学科。

国际标准化组织（ISO）对计算机系统安全的定义是：为数据处理系统建立和采取技术上和管理上的安全保护，保护计算机硬件、软件和数据不因偶然和恶意的原因遭到破坏、更改和泄露。由此可以将计算机网络的安全理解为：通过采用各种技术和管理措施，使网络系统正常运行，从而确保网络数据的可用性、可控性、完整性、保密性和不可抵赖性。

- 可用性：可被授权实体访问并按需求使用的特性。即当需要时能否存取所需的信息。例如，网络环境下拒绝服务、破坏网络和有关系统的正常运行等都属于对可用性的攻击。
- 可控性：对信息的传播及内容具有控制能力。
- 完整性：数据未经授权不能进行改变的特性，即信息在存储或传输过程中保持不被修改、不被破坏和丢失的特性。
- 保密性：信息不泄露给非授权用户、实体或过程，或供其利用的特性。
- 不可抵赖性：不可抵赖性也称为不可否认性，是指通信的双方在通信过程中，对于自己所发送或接收的消息不可抵赖。

所以，建立网络安全保护措施的目的是确保经过网络传输和交换的数据不会发生增加、修改、丢失和泄露等。

网络安全从其本质上来讲就是网络上的信息安全。从广义来说，凡是涉及网络上信息的保密性、完整性、可用性、真实性和可控性的相关技术和理论都是网络安全的研究领域。

10.1.2 网络安全的基本体系

网络安全的基本体系由物理安全、信息安全和安全管理三部分组成。

1. 物理安全

保证计算机信息系统各种设备的物理安全是整个网络系统安全的前提。物理安全是保护计算机网络设备、设施以及其他媒体免遭地震、水灾、火灾等环境事故以及人为操作失误或错误及各种计算机犯罪行为导致的破坏过程。

它主要包括三个方面的内容：

（1）环境安全：对系统所在环境的安全保护，如区域保护和灾难保护。

（2）设备安全：包括设备的防盗、防毁、防电磁信息辐射泄露、防止线路截获、抗电磁干扰及电源保护等。

（3）媒体安全：包括媒体数据的安全及媒体本身的安全。

2. 信息安全

信息安全主要涉及应用系统信息传输的安全、信息存储的安全、对信息内容的审计以及鉴别与授权、用户访问控制等。本质上，网络的安全性就是指系统和信息的安全，一般的系统攻击能使系统无法正常工作，但不一定导致数据泄密，而信息的安全与否直接关系到数据的泄密。考虑到应用系统信息的密级程度，对这些信息资源的保护是网络安全的

重点。

(1) 信息传输安全

① 数据传输加密技术。对传输中的数据流加密，以防止未经授权的用户通过通信线路截取网络上的数据。加密可在通信的三个不同层次进行，按实现加密的通信层次可分为链路加密、结点加密、端到端加密。一般常用链路加密和端到端加密这两种方式。

② 数据完整性鉴别技术。对动态传送的信息，许多协议确保信息完整性的方法是收错重传、丢弃后续包，但黑客的攻击可以改变信息包内部的内容，所以应采取有效的措施来进行完整性控制，具体实现足加密和校验。

③ 抗否认技术。确保用户不能否认自己所做的行为，同时提供公证的手段来解决可能出现的争议，包括对源和目的地双方的证明，一般使用数字签名，它是采用一定的数据交换协议，使得通信双方能够满足两个条件：接收方能够鉴别发送方所宣称的身份，发送方以后不能否认发送过数据这一事实。鉴于为保障数据传输的安全，需采用数据传输加密技术、数据完整性鉴别技术及抗否认技术。为节省投资、简化系统配置、便于管理、使用方便，有必要选取集成的安全保密技术措施及设备。

(2) 数据存储安全

在计算机信息系统中存储的信息主要包括纯粹的数据信息和各种功能文件信息两大类。对数据信息的安全保护，以数据库的保护最为典型。而对功能文件的保护，终端安全很重要。

(3) 信息内容审计

所有网络活动应该有记录，这种记录主要是针对用户的。信息审计系统能实时对进出内部网络的信息进行内容审计，以防止或追查可能的泄密行为。凡属涉密网络，按照国家有关法律、法规要求，建议安装使用信息审计系统。

(4) 用户访问控制

鉴别是访问控制的重要手段，是对网络中的主体进行验证的过程，通常有三种方法验证主体身份：一是只有该主体了解的秘密，如口令、密钥等；二是主体携带的物品，如智能卡和令牌卡等；三是只有该主体具有的独一无二的特征或能力，如指纹、声音、视网膜或签字等。

3. 安全管理

面对网络安全保密的脆弱性，除了在网络设计上增加安全服务功能，还应加强网络的安全管理，因为许多不安全因素恰恰反映在组织管理和人员录用等方面，这是网络安全必须考虑的基本问题，从统计数字来看，70%以上的网络攻击行为来自企业内部。

网络系统的安全管理主要基于以下三个原则：一是多人负责原则；二是任期有限原则；三是职责分离原则。

信息系统的安全管理部门应根据管理原则和该系统处理数据的保密性，制定相应的管理制度或采用相应的规范。具体工作是：

(1) 根据工作的重要程度，确定该系统的安全等级；

(2) 根据确定的安全等级，确定安全管理的范围；

(3) 制定相应的机房出入管理制度。

(4) 制定严格的操作规程。

(5) 制定完备的系统维护制度。

(6) 制定应急措施。

10.2 常规加密和认证技术

10.2.1 密码学的基本概念

数据加密是将要保护的信息变成伪装信息，使未授权者不能理解它的真正含义，只有合法接收者才能从中识别出真实信息。所谓伪装就是对信息进行一组可逆的数学变换。伪装前的信息称为明文（plaintext），伪装后的信息称为密文（ciphertext），伪装的过程即把明文转换为密文的过程称为加密（encryption）。加密是在加密密钥（key）的控制下进行。用于对数据加密的一组数学变换称为加密算法。发信者将明文数据加密成密文，然后将密文数据送入数据通信网络或存入计算机文件。授权的收信者接收到密文后，施行与加密变换相逆的变换，去掉密文的伪装信息恢复出明文，这一过程称为解密（decryption）。解密是在解密密钥的控制下进行。用于解密的一组数学变换称为解密算法。因为数据以密文的形式存储在计算机文件中，或在数据通信网络中传输，因此即使数据被未授权者非法窃取，或因系统故障和操作人员误操作而造成数据泄露，未授权者也不能理解它的真正含义，从而达到数据保密的目的。同样，未授权者也不能伪造合理的密文，因而不能篡改数据，从而达到确保数据真实性的目的。

研究密码技术的学科称为密码学，包括密码编码学和密码分析学。密码编码学意在对信息进行编码，实现信息隐藏；密码分析学是研究分析破译密码的学问，意在得到密文所对应的明文或得到密钥。

通常一个密码系统由以下五个部分组成：

(1) 明文空间 M，它是全体明文的集合；

(2) 密文空间 C，它是全体密文的集合；

(3) 密钥空间 K，它是全体密钥的集合。其中每个密钥 K 均由加密密钥 K_e 和解密密钥 K_d 组成，即 $K=<K_e, K_d>$；

(4) 加密算法 E，它是一簇由 M 到 C 的加密变换，每一特定的加密密钥 K_e 确定一特定的加密算法；

(5) 解密算法 D，它是一簇由 C 到 M 的解密变换，每一特定的解密密钥 K_d 确定一特定的解密算法。

对于每一确定的密钥 $K=<K_e, K_d>$，加密算法将确定一个具体的加密变换，解密算法将确定一个具体的解密算法，而且解密变换是加密变换的逆过程。对于明文空间 M 中的每一个明文 M，加密算法在加密密钥 K_e 的控制下将明文 M 加密成密文 C，$C=E(M, K_e)$；而解密算法在解密密钥 K_d 的控制下从密文 C 中解出同一明文 M，$M=D(C, K_d)=D(E(M, K_e), K_d)$。

一个密码通信系统的基本模型如图 10-1 所示。

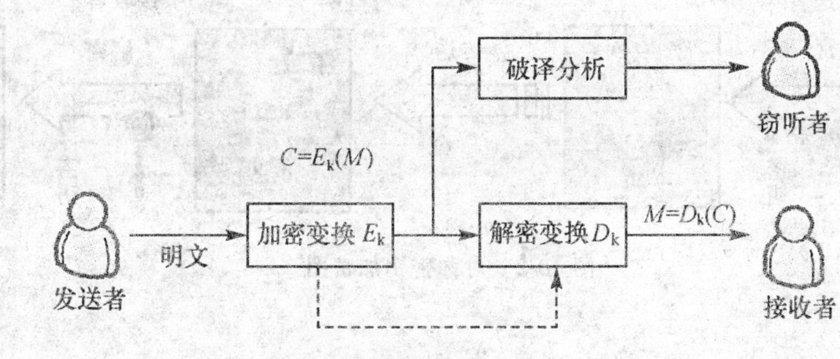

图 10-1 密码通信的系统模型

密码学是信息安全的核心。要保证信息的保密性使用密码对其加密是最有效的办法。要保证信息的完整性使用密码技术实施数字签名，进行身份认证，对信息进行完整性校验是当前实际可行的办法。保障信息系统和信息为授权者所用，利用密码进行系统登录管理，存取授权管理是有效的办法。保证信息系统的可控性也可以有效的利用密码和密钥管理来实施。数据加密作为一项基本技术是所有通信安全的基石，数据加密过程是由各种各样的加密算法来具体实施，它以很小的代价提供很大的安全保护。密码技术是信息网络安全最有效的技术之一，在很多情况下，数据加密是保证信息机密性的唯一方法。

如果按照收发双方密钥是否相同来分类，可以将这些加密系统分为对称密钥密码系统（传统密码系统）和非对称密钥密码系统（公钥密码系统）。

10.2.2 对称密钥密码系统

在对称密钥密码系统中，收信方和发信方使用相同的密钥，并且该密钥必须保密。发送方用该密钥对待发报文进行加密，然后将报文传送至接收方，接收方再用相同的密钥对收到的报文进行解密。这一过程可以表现为如下数学形式，发送方使用的加密函数 encrypt 有两个参数：密钥 K 和待加密报文 M，加密后的报文为 E。

$$E = \text{encrypt}\ (K,\ M)$$

接收方使用的解密函数 decrypt 把这一过程逆过来，就产生了原来的报文：

$$M = \text{decrypt}\ (K,\ E)$$

数学上，decrypt 和 encrypt 互为逆函数。

对称密钥加密系统如图 10-2 所示。

在众多的对称密钥密码系统中影响最大的是 DES 密码算法，该算法加密时把明文以 64 位为单位分成块，而后密钥把每一块明文转化为同样 64 位长度的密文块。

对称密钥密码系统具有加解密速度快、安全强度高等优点，如果用每微秒可进行一次 DES 加密的机器来破译密码需要 2000 年。所以，对称密钥密码系统在军事、外交及商业应用中使用越来越普遍。但其密钥必须通过安全的途径传送，因此，其密钥管理成为系统安全的重要因素。

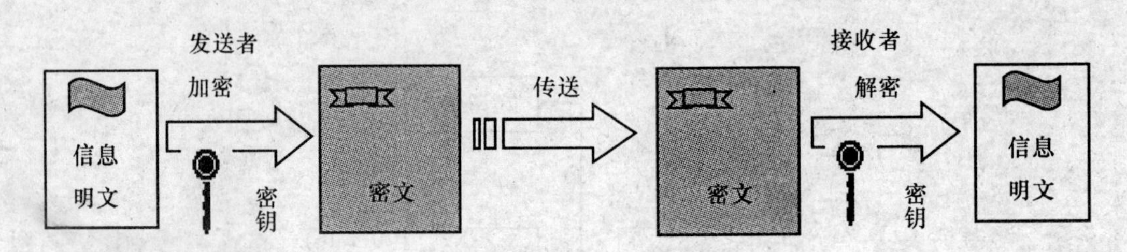

图 10-2　对称密钥加密图

10.2.3　非对称密钥密码系统

在非对称密钥密码系统中，它给每个用户分配两把密钥：一个称私有密钥，是保密的；一个称公共密钥，是众所周知的。该方法的加密函数必须具有如下数学特性：用公共密钥加密的报文除了使用相应的私有密钥外很难解密；同样，用私有密钥加密的报文除了使用相应的公共密钥外也很难解密；同时，几乎不可能从加密密钥推导解密密钥，反之亦然。这种用两把密钥加密和解密的方法可以表示成如下数学形式，假设 M 表示一条报文，pub-ul 表示用户 L 的公共密钥，prv-ul 表示用户 L 的私有密钥，那么有

$$E = \text{encrypt}(\text{pub-ul}, M)$$

收到 E 后，只有用 prv-ul 才能解密。

$$M = \text{decrypt}(\text{prv-ul}, E)$$

这种方法是安全的，因为加密和解密的函数具有单向性质。也就是说，仅知道了公共密钥并不能伪造由相应私有密钥加密过的报文。可以证明，公共密钥加密法能够保证保密性。只要发送方使用接收方的公共密钥来加密待发报文，就只有接收方能够读懂该报文，因为要解密必须要知道接收方的私有密钥。因此，这个方案可确保数据的保密性，因为只有接收方能解密报文。非对称密钥加密系统如图 10-3 所示。

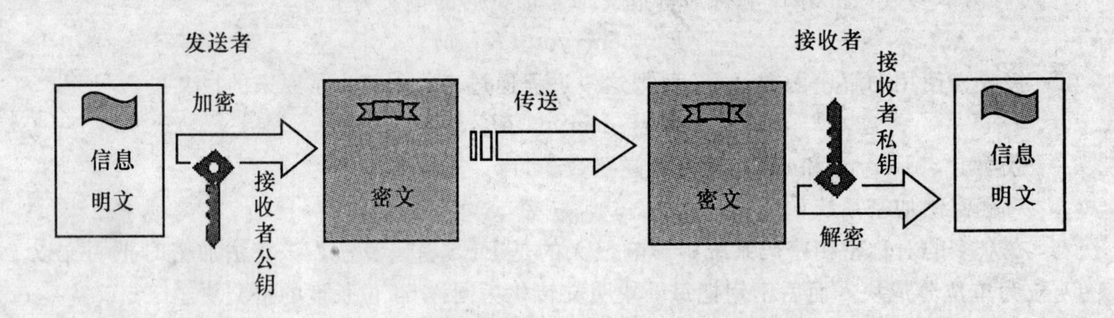

图 10-3　公钥加密图

在公共密钥密码中，最有影响的公共密钥密码算法是 RSA，它能抵抗到目前为止已知的所有密码攻击。公密钥密码的优点是可以适应网络的开放性要求，且密钥管理问题也

较为简单，尤其可方便地实现数字签名和验证。但其算法计算复杂度高，加密数据的速率较低，大量数据加密时，对称密钥加密算法的速度比公共密钥密码算法快100～1 000倍。尽管如此，随着现代电子技术和密码技术的发展，公共密钥密码算法是一种很有前途的网络安全加密体制。公共密钥密码算法常用来对少量关键数据进行加密，或者用于数字签名。RSA的密钥长度从40～2 048位不等，密钥越长，加密效果越好。

在实际应用中通常将传统密码和公共密钥密码结合在一起使用实现最佳性能，即加/解密时采用对称密钥密码，密钥传送则采用公共密钥密码。比如：利用DES来加密信息，而采用RSA来传递会话密钥，这样可以大大提高处理速度。这样既解决了密钥管理的困难，又解决了加/解密速度慢的问题。

10.2.4　认证技术

1. 消息认证

消息认证码（MAC）并不是密码，而是校验和（通常是32位）的一种特殊形式，它是通过使用一个密钥并结合一个特定认证方案而生成的，并且附加在一条消息后。消息摘要是使用单向散列函数生成的，紧密联系的数字签名是使用非对称密钥对生成并进行验证的。与这两者相比，预期的接收方需要对密钥有访问权，以便验证代码。发送方通过某一算法（一般也是一种哈希摘要算法）将某一明文和密钥转换成某一固定长度的密文（该密文即是包含密钥信息的哈希摘要），并将该密文同明文一起发送，拥有相同密钥的接收者按照同样的算法能够将该明文转换成同样的密文。对于接收者来说，当接收到的明文和密文匹配时，可以认为该消息从特定的发送者发出，实现了对发送方的认证。

对于消息认证码有以下几点需要说明：

(1) 收发双方有相同的密钥，且该密钥是保密的。

(2) 一般来说，该方法和数字签名认证相比，计算量小，但是安全性差。因为数字签名除了哈希摘要过程，还有数据加密过程，而消息认证码只有一个哈希摘要过程。二者相比，哈希摘要算法的安全性比一般的加密算法要差。

(3) 该种认证方法只能保证第三方不能伪造和篡改数据。

2. 身份认证

身份认证过程指的是当用户试图访问资源的时候，系统确定用户的身份是否真实的过程。认证对所有需要安全的服务来说是至关重要的，因为认证是访问控制执行的前提，是判断用户是否有权访问信息的先决条件，同时也为日后追究责任提供不可抵赖的证据。通常可以根据以下5种信息进行认证：

① 用户所知道的。如密码认证过程PAP（Password Authentication Procedure）。当用户和服务器建立连接后，服务器根据用户输入的ID和密码决定是满足用户请求，还是中断请求，或是再提供一次机会给用户重新输入。

② 用户所拥有的。常见的有基于智能卡的认证系统，智能卡即是用户所拥有的标志。用该身份卡系统可以判断用户ID，从而知道用户是否合法。

③ 用户本身的特征。这指的是用户的一些生物学上的属性，如指纹和虹膜特征等。因为模仿这些特征比较难，并且不能转让，所以，根据这些信息就可以识别用户。

④ 根据特定地点（或特定时间）。Bellcore 的 S/KEY 一次一密系统所用到的认证方法可以作为一个例子。用户登录的时候，用自己的密码 s 和一个难计算的单项哈希函数 f，计算出 $P_0=f^N(s)$ 作为第一次的密钥，以后第 i 次的密钥为 $P_i=f^{N-i}(s)$。这个密钥跟特定时间有关，也跟用户的认证次数 i 有关。

⑤ 通过信任第三方。典型的为 Kerberos 认证，信任的第三方包括认证服务器 AS 和票据分发服务器 TGS，每一个与 AS 共享一个用户密钥。由 AS 对用户进行认证并颁发访问 TGS 票据。用户拿到票据后，就可以到服务器进行认证。

认证在一个安全系统中起着至关重要的作用，认证技术决定了系统的安全程度。通常可以从以下几个方面来评价一个认证系统：

① 可行性。从用户的观点来看，认证方法应该提高用户访问应用的效率，减少多余的交互认证过程，提供一次性认证。另外，所有用户可访问的资源应该提供友好的界面给用户访问。

② 认证强度。认证强度取决于采用的算法的复杂度以及密钥的长度，采用越复杂的算法，越长的密钥，就越能提高系统的认证强度，提高系统的安全性。

③ 认证粒度。身份认证只决定是否允许用户进入服务应用。之后如何用户访问的内容，以及控制的粒度也是认证系统的重要标志。有些认证系统仅限于判断用户是否具有合法身份，有些则按权限等级划分成几个密级，严格控制用户按照自己所属的密级访问。

④ 认证数据正确。消息的接受者能够验证消息的合法性、真实性和完整性，而消息的发送者对所发的消息不可抵赖。除了合法的消息发送者以外，任何其他人不能伪造合法的消息。当通信双方（或多方）发生争执时，由公正、权威的第三方解决纠纷。

⑤ 不同协议间的适应性。认证系统应该对所有协议的应用进行有效的身份识别，除了 HTTP，E-mail 访问也是企业内部所要求的一个安全控制，其中包括认证 SMTP、POP 或者 IMAP。这些也应该包含在认证系统中。

在入网认证中使用最广泛的身份认证是利用“用户所知道的”信息进行认证。用户的入网认证可分成三个步骤：

① 用户名的识别与验证。即根据用户输入的用户名与保存在服务器上的数据库中的用户名进行比较，确定是否存在该用户的信息，如果存在，则取出与该用户有关的信息用于下一步的检验。

② 用户口令的识别与验证。即利用口令认证技术确定用户输入的口令是否正确。

③ 用户账号的缺省限制检查。即根据用户的相关信息，确定该用户账号是否可用以及能够进行哪些操作、访问哪些资源等用户的权限。

这三道检验关卡中只要有一道未通过，该用户就不能进入该网络。

3. 数字签名

在传统密码中，通信双方用的密钥是一样的。因此，收信方可以伪造、修改密文，发信方也可以否认和抵赖他发过该密文，如果因此而引起纠纷，就无法裁决。

在数字签名技术出现之前，曾经出现过一种“数字化签名”技术，简单地说就是在手

写板上签名，然后将图像传输到电子文档中，这种“数字化签名”可以被剪切，然后粘贴到任意文档上，这样非法复制变得非常容易，所以这种签名的方式是不安全的。

数字签名技术与数字化签名技术是两种截然不同的安全技术，数字签名与用户的姓名和手写签名形式毫无关系，它实际使用了信息发送者的私有密钥变换所需传输的信息。对于不同的文档信息，发送者的数字签名并不相同，没有私有密钥，任何人都无法完成非法复制。利用公开密钥加密方法可以用于验证报文发送方，这种技术称为数字签名。要在一条报文上签名，发送方只要使用其私有密钥加密即可。接收方使用相反的过程解密。由于只有发送方才拥有用于加密的密钥，因此接收方知道报文的发送者。

数字签名可以解决否认、伪造、篡改及冒充等问题，是通信双方在网上交换信息时用公共密钥密码防止伪造和欺骗的一种身份认证，也即：发送者事后不能否认发送的报文签名、接收者能够核实发送者发送的报文签名、接收者不能伪造发送者的报文签名、接收者不能对发送者的报文进行部分篡改、网络中的某一用户不能冒充另一用户作为发送者或接收者。数字签名的应用范围十分广泛，凡是需要对用户的身份进行判断的情况都可以使用数字签名，比如加密信件、商务信函、订货购买系统、远程金融交易和自动模式处理等。

公共密钥系统是怎样提供数字签名的呢？发送方使用私有密钥加密报文来进行签名，接收方查阅发送方公共密钥，并使用它来解密，从而对签名进行验证。因为只有发送方才知道自己的私有密钥，因此只有发送方才能加密那些可由公共密钥解密的报文。

10.3 防火墙技术概述

目前保护网络安全最主要的手段之一是构筑防火墙，防火墙在计算机界是指一种逻辑装置，用来保护内部网络不受外界的侵害，是近年来日趋成熟的保护计算机网络安全的重要措施。它是一种隔离控制技术，是在某个企业的内部网络和不安全的外部网络之间设置屏障，阻止对内部信息资源的非法访问。

防火墙在内部网与外部网连接的边界构造了一个保护层，并强制所有的连接都必须经过此保护层，在此进行检查和过滤。只有被授权的通信才能通过此检查点，不符合安全策略的数据包或访问请求都会被拦截，从而有效保护网络安全，保障企业利益不受威胁。

10.3.1 防火墙的定义及分类

1. 防火墙的定义

防火墙的本义是指古代构筑和使用木制结构房屋的时候，为防止火灾的发生和蔓延，人们将坚固的石块堆砌在房屋周围作为屏障，这种防护构筑物就被称之为“防火墙”。其实与防火墙一起起作用的就是“门”。如果没有门，各房间的人如何沟通呢，这些房间的人又如何进出呢？当火灾发生时，这些人又如何逃离现场呢？这个门就相当于计算机网络防火墙中的“安全策略”。

防火墙是设置在两个或多个网络之间的安全阻隔，用于保证本地网络资源的安全，通常是包含软件部分和硬件部分的一个系统或多个系统的组合。内部网络被认为是安全和可信赖的，而外部网络（通常是 Internet）被认为是不安全和不可信赖的。防火墙的作用是通过允许、拒绝或重新定向经过防火墙的数据流，防止不希望的、未经授权的通信进出被保护的内部网络，并对进、出内部网络的服务和访问进行审计和控制，本身具有较强的抗攻击能力，并且只有授权的管理员方可对防火墙进行管理，通过边界控制来强化内部网络的安全。防火墙在网络中的位置通常如图 10-4 所示。

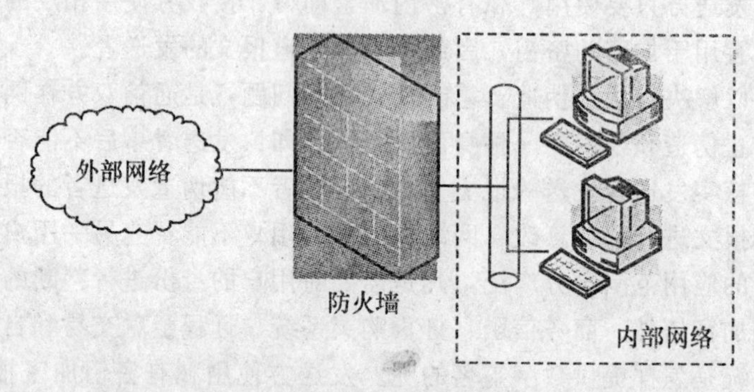

图 10-4　防火墙在网络中的位置

如果没有防火墙，则整个内部网络的安全性完全依赖于每个主机，因此，所有的主机都必须达到一致的高度安全水平，也就是说，网络的安全水平是由最低的那个安全水平的主机决定的，这就是所谓的“木桶原理”，木桶能装多少水由最低的地方决定。网络越大，对主机进行管理使它们达到统一的安全级别水平就越不容易。

防火墙隔离了内部网络和外部网络，它被设计为只运行专用的访问控制软件的设备，而没有其他的服务，因此也就意味着相对少一些缺陷和安全漏洞。此外，防火墙也改进了登录和监测功能，从而可以进行专用的管理。如果采用了防火墙，内部网络中的主机将不再直接暴露给来自 Internet 的攻击。因此，对整个内部网络的主机的安全管理就变成了防火墙的安全管理，这样就使安全管理变得更为方便，易于控制，也会使内部网络更加安全。

防火墙一般安放在被保护网络的边界，必须做到以下几点，才能使防火墙起到安全防护的作用：

（1）所有进出被保护网络的通信都必须通过防火墙；

（2）所有通过防火墙的通信必须经过安全策略的过滤或者防火墙的授权；

（3）防火墙本身是不可侵入的。

总之，防火墙是在被保护网络和非信任网络之间进行访问控制的一个或一组访问控制部件。它是一种逻辑隔离部件，而不是物理隔离部件，它所遵循的原则是，在保证网络畅通的情况下，尽可能地保证内部网络的安全。防火墙是在已经制定好的安全策略下进行访问控制，所以一般情况下它是一种静态安全部件，但随着防火墙技术的发展，防火墙或通过与 IDS（入侵检测系统）进行联动，或自身集成 IDS 功能，将能够根据实际的情况进行动态的策略调整。

2. 防火墙的分类

了解什么是防火墙之后，可以对当前市场上的防火墙进行一下分类。目前防火墙产品非常之多，划分的标准也比较纷杂，主要是以防火墙软硬件形式和防火墙采用的技术为参照物进行划分。

(1) 按防火墙的软硬件形式分类

按防火墙的软、硬件形式进行分类，防火墙可以分为硬件防火墙、软件防火墙和嵌入式防火墙。

① 基于硬件的防火墙，是一个已经预装有软件的硬件设备。基于硬件的防火墙又可分为家庭办公型和企业型两种款式。防火墙在外观上与平常我们所见到的集线器和交换机类似，只是只有少数几个接口，分别用于连接内、外部网络，那是由防火墙的基本作用决定的。

② 基于软件的防火墙，是能够安装在操作系统和硬件平台上的防火墙软件包。如果用户的服务器装有企业级操作系统，购买基于软件的防火墙则是合理的选择。如果用户是一家小企业，并且想把防火墙与应用服务器（如网站服务器）结合起来，配备一个基于软件的防火墙不失为明智之举。

国内外还有许多网络安全软件厂商开发出面向家庭用户的基于纯软件的防火墙，俗称"个人防火墙"。之所以说它是"个人防火墙"，是因为它是安装在主机中，只对一台主机进行防护，而不是保护整个网络。

③ 嵌入式防火墙，就是内嵌于路由器或交换机的防火墙。嵌入式防火墙是某些路由器的标准配置。用户也可以购买防火墙模块，安装到已有的路由器或交换机中。嵌入式防火墙也被称为检查点防火墙。由于互联网使用的协议多种多样，所以不是所有的网络服务都能得到嵌入式防火墙的有效处理。嵌入式防火墙工作于IP层，无法保护网络免受病毒、蠕虫和特洛伊木马程序等来自应用层的威胁。就本质而言，嵌入式防火墙常常处于无监控状态，它在传递信息包时并不考虑以前的连接状态。

(2) 按防火墙采用的技术分类

防火墙技术可根据防范的方式和侧重点的不同分为包过滤型防火墙、应用层网关和代理服务型防火墙三种类型。

① 包过滤（Packet Filtering）型防火墙。包过滤型防火墙工作在OSI网络参考模型的网络层和传输层，它根据数据包头源地址、目的地址、端口号和协议类型等标志确定是否允许数据包通过。只有满足过滤条件的数据包才被转发到相应的目的地，其余数据包则被从数据流中丢弃。

包过滤方式是一种通用、廉价和有效的安全手段。之所以通用，是因为它不是针对各个具体的网络服务采取特殊的处理方式，适用于所有网络服务；之所以廉价，是因为大多数路由器都提供数据包过滤功能，所以这类防火墙多数是由路由器集成的；之所以有效，是因为它能很大程度上满足了绝大多数企业安全要求。

包过滤方式的优点是不用改动客户机和主机上的应用程序，因为它工作在网络层和传输层，与应用层无关。但其弱点也是明显的：过滤判别的依据只是网络层和传输层的有限信息，因而各种安全要求不可能充分满足；在许多过滤器中，过滤规则的数目是有限制的，且随着规则数目的增加，性能会受到很大地影响；由于缺少上下文关联信息，不能有效地过滤如 UDP、RPC 一类的协议；另外，大多数过滤器中缺少审计和报警机制，它只能依据包头信息，而不能对用户身份进行验证，很容易受到“地址欺骗型”攻击。包过滤型防火墙对安全管理人员素质要求高，建立安全规则时，必须对协议本身及其在不同应用程序中的作用有较深入的理解。

② 应用层网关防火墙。应用层网关（Application Level Gateways）防火墙是在 OSI/RM 应用层上建立协议过滤和转发功能。它针对特定的网络应用服务协议使用指定的数据过滤逻辑，并在过滤的同时，对数据包进行必要的分析、登记和统计，并形成报告提供给网络安全管理员作进一步分析。

数据包过滤和应用层网关防火墙有一个共同的特点，就是它们仅仅依靠特定的逻辑判定是否允许数据包通过。一旦满足逻辑，则防火墙内外的计算机系统建立直接联系，防火墙外部的用户便有可能直接了解防火墙内部的网络结构和运行状态，这有利于实施非法访问和攻击。

③ 代理服务型防火墙。代理服务型（Proxy Service）防火墙是针对数据包过滤和应用层网关技术存在的缺点而引入的防火墙技术，其特点是将所有跨越防火墙的网络通信链路分为两段。防火墙内外计算机系统间不能直接连接，都要通过代理服务型防火墙中转连接。外部计算机的网络链路只能到达代理服务型防火墙，从而起到了隔离防火墙内外计算机系统的作用。有些网络安全专业人员将代理服务型防火墙归于应用层网关一类。

代理服务型防火墙最突出的优点就是安全。由于它工作于最高层，所以它可以对网络中任何一层数据通信进行筛选保护，而不是像包过滤那样，只是对网络层的数据进行过滤。

另外代理服务型防火墙采取是一种代理机制，它可以为每一种应用服务建立一个专门的代理，所以内、外部网络之间的通信不是直接的，而都需先经过代理服务器审核，通过后再由代理服务器代为连接，根本没有给内、外部网络计算机任何直接会话的机会，从而避免了入侵者使用数据驱动类型的攻击方式入侵内部网。包过滤类型的防火墙则很难彻底避免这一漏洞。

有优点就有缺点，任何事物都一样。代理服务型防火墙的最大缺点就是速度相对比较慢，当用户对内外部网络网关的吞吐量要求比较高时，代理服务型防火墙就会成为内外部网络之间的瓶颈。由于防火墙需要为不同的网络服务建立专门的代理服务，在自己的代理程序为内、外部网络用户建立连接时需要时间，所以给系统性能带来了一些负面影响，但通常不会太明显。

10.3.2 防火墙体系结构

防火墙的经典体系结构主要有三种形式：双重宿主主机体系结构、被屏蔽主机体系结构和被屏蔽子网体系结构。在介绍防火墙的体系结构之前，先介绍防火墙体系结构中几个常见的术语。

堡垒主机：是指可能直接面对外部用户攻击的主机系统，在防火墙体系结构中，特指那些处于内部网络的边缘，并且暴露于外部网络用户面前的主机系统。一般来说，堡垒主

机上提供的服务越少越好，因为每增加一种服务就增加了被攻击的可能性。

双重宿主主机：是指通过不同网络接口连入多个网络的主机系统，又称为多穴主机系统。一般来说，双重宿主主机是实现多个网络之间互连的关键设备，如网桥是在数据链路层实现互连的双重宿主主机，路由器是在网络层实现互连的双重宿主主机，应用层网关是在应用层实现互连。

周边网络：是指在内部网络、外部网络之间增加的一个网络，一般来说，对外提供服务的各种服务器都可以放在这个网络里。周边网络也被称为非武装区域（DeMilitarized Zone，DMZ）。周边网络的存在，使得外边用户访问服务器时不需要进入内部网络，而内部网络用户对服务器维护工作导致的信息传递也不会泄露至外部网络；同时，周边网络与外部网络或内部网络之间存在着数据包过滤，这样为外部用户的攻击设置了多重障碍，确保了内部网络的安全。

1. 双重宿主主机体系结构

防火墙的双重宿主主机体系结构是指以一台双重宿主主机作为防火墙系统的主体，执行分离外部网络与内部网络的任务。一个典型的双重宿主主机体系结构如图 10-5 所示。

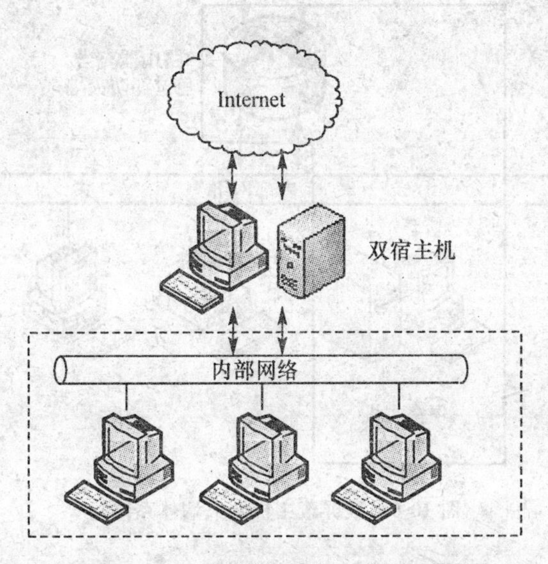

图 10-5　双重宿主主机防火墙体系结构

在基于双重宿主主机体系结构的防火墙中，带有内部网络和外部网络接口主机系统构成了防火墙的主体，该台双重宿主主机具备了成为内部网络和外部网络之间路由器的条件，但是在内部网络与外部网络之间进行数据包转发的进程是被禁止运行的。为了达到防火墙的基本效果，在双重宿主主机体系结构中，任何路由功能是禁止的，甚至数据包过滤技术也是不允许在双重宿主主机上实现的。双重宿主主机唯一可以采用的防火墙技术就是应用层代理，内部网络用户可以通过客户端代理软件以代理方式访问外部网络资源，或者直接登录至双重宿主主机成为一个用户，再利用该主机访问外部资源。

双重宿主主机体系结构防火墙的优点是：网络结构比较简单，由于内、外网络之间没有直接的数据交互而较为安全；内部用户账号的存在可以保证对外部资源进行有效控制；由于应用层代理机制的采用，可以方便地形成应用层的数据与信息过滤。其缺点是：用户访问外部资源较为复杂，如果用户需要登录到主机上才能访问外部资源，则主机的资源消耗较大；用户机制存在安全隐患，并且内部用户无法借助于该体系结构访问新的服务或者特殊服务；一旦外部用户入侵了双重宿主主机，则导致内部网络处于不安全状态。

2. 被屏蔽主机体系结构

被屏蔽主机体系结构是指通过一个单独的路由器和内部网络上的堡垒主机共同构成防火墙，主要通过数据包过滤实现内部、外部网络的隔离和对内网的保护。一个典型的被屏蔽主机体系结构如图 10-6 所示。

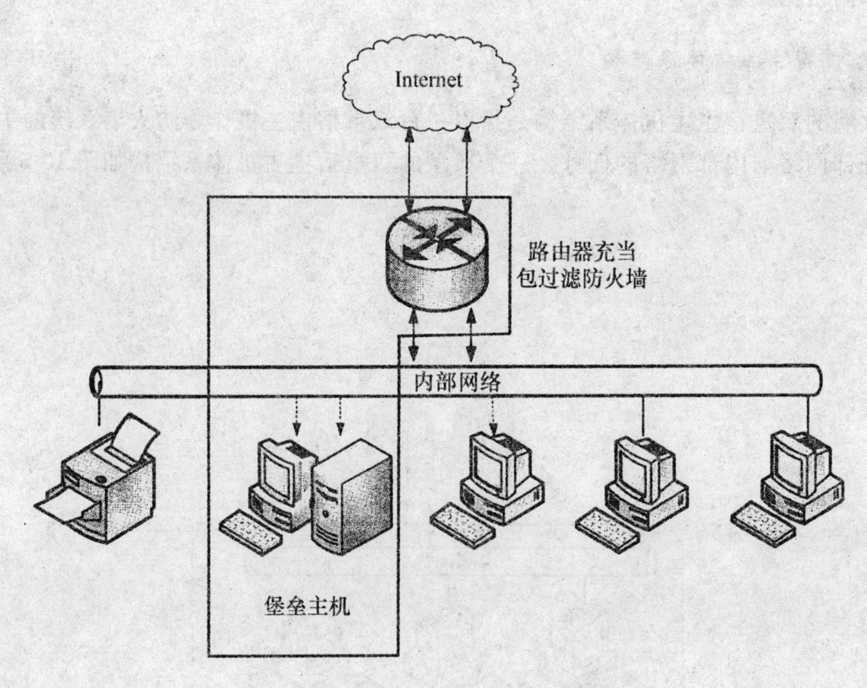

图 10-6　被屏蔽主机防火墙体系结构

在被屏蔽主机体系结构中，有两道屏障：一道是屏蔽路由器，另一道是堡垒主机。

屏蔽路由器位于网络的最边缘，负责与外网实施连接，并且参与外网的路由计算。屏蔽路由器不提供任何服务，仅提供路由和数据包过滤功能，因此屏蔽路由器本身较为安全，被攻击的可能性较小。由于屏蔽路由器的存在，使得堡垒主机不再是直接与外网互连的双重宿主主机，增加了系统的安全性。

堡垒主机存放在内部网络中，是内部网络中唯一可以连接到外部网络的主机，也是外部用户访问内部网络资源必须经过的主机设备。在经典的被屏蔽主机体系结构中，堡垒主机也通过数据包过滤功能实现对内部网络的防护，并且该堡垒主机仅仅允许通过特定的服务器连接。主机也可以不提供数据包过滤功能，而是提供代理功能，内部用户只能通过应用层代理访问外部网络，而堡垒主机就成为外部用户唯一可以访问的内部主机。

被屏蔽主机体系结构的优点在于：

(1) 被屏蔽主机体系结构比双重宿主主机体系结构具有更高的安全特性。由于屏蔽路由器在堡垒主机之外提供数据包过滤功能，使得堡垒主机要比双重宿主主机相对安全，存在漏洞的可能性较小，被攻击的可能性也较小；同时，堡垒主机的数据包过滤功能限制外部用户只能访问内部特定主机上的特定服务，或者只能访问堡垒主机上的特定服务，在提供服务的同时仍然保证了内部网络的安全。

(2) 内部网络用户访问外部网络较为方便、灵活，在被屏蔽路由器和堡垒主机不允许内部用户直接访问外部网络，则用户通过堡垒主机提供的代理服务访问外部资源。在实际应用中，可以将两种方式综合运用，访问不同的服务采用不同的方式。例如，内部用户访问 WWW，可以采用堡垒主机的应用层代理，而一些新的服务可以直接访问。

(3) 由于堡垒主机和屏蔽路由器同时存在，使得堡垒主机可以从部分安全事务中解脱出来，从而可以以更高的效率提供数据包过滤或代理服务。

被屏蔽主机体系结构的缺点在于：

(1) 在被屏蔽主机体系结构中，外部用户在被允许的情况下可以访问内部网络，这样存在一定安全隐患；

(2) 与双重宿主主机体系一样，一旦用户入侵堡垒主机，就会导致内部网络处于不安全状态；

(3) 路由器和堡垒主机的过滤规则配置较为复杂，较容易形成错误和漏洞。

3. 被屏蔽子网体系结构

在防火墙的双重宿主主机体系结构和被屏蔽子网体系结构中，主机都是最主要的安全缺陷，一旦主机被入侵，则整个网络都处于入侵者的威胁之中，为解决这种安全隐患，出现了屏蔽子网体系结构。

被屏蔽子网体系结构将防火墙的概念扩充至一个由两台路由器包围起来的特殊网络——周边网络，并且将容易受到攻击的堡垒主机都置于这个周边网络中。一个经典型的被屏蔽子网体系结构如图 10-7 所示。

被屏蔽子网体系结构的防火墙比较复杂，主要由四个部件组成：周边网络、外部路由器、内部路由器以及堡垒主机。

(1) 周边网络

周边网络是位于非安全、不可信的外部网络与安全、可信的内部网络之间的一个附加网络。周边网络与外部网络、周边网络与内部网络之间都是通过屏蔽路由器实现逻辑隔离的，因此，外部用户必须穿越两道屏蔽路由器才能访问内部网络。一般情况下，外部用户不能访问内部网络，仅能够访问周边网络中的资源，由于内部用户间通信的数据包不会通过屏蔽路由器传递至周边网络，外部用户即使入侵了周边网络中的堡垒主机，也无法监听到内部网络的信息。

(2) 外部路由器

外部路由器的主要作用在于保护周边网络和内部网络，是屏蔽子网体系结构的第一道屏障。在其上设置了对周边网络和内部网络进行访问的过滤规则，该规则主要针对外网用户。例如，限制外网用户仅能访问周边网络而不能访问内部网络，或者仅能内部网络的部

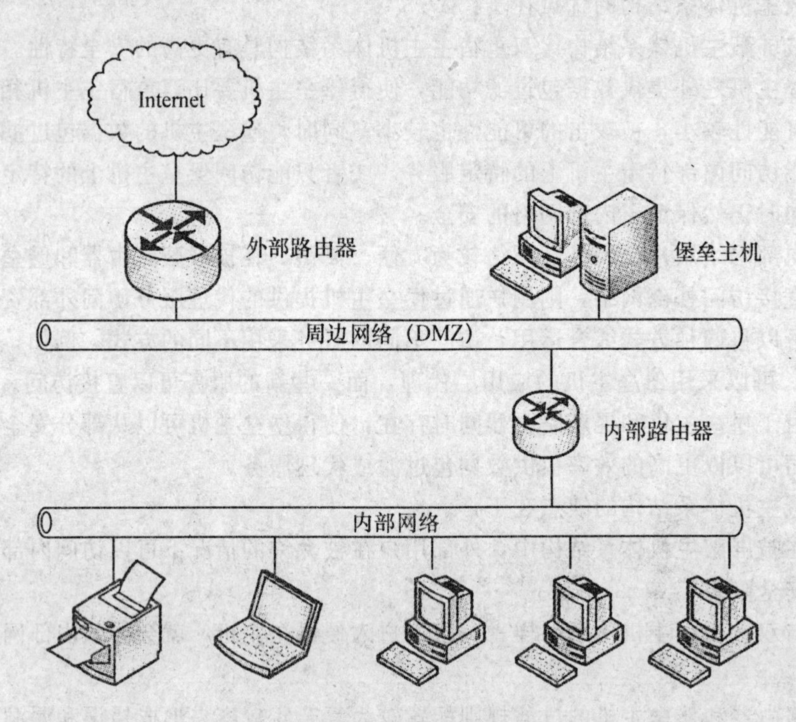

图 10-7 被屏蔽子网防火墙体系结构

分主机。外部路由器基本上对周边网络发出的数据包不进行过滤，因为周边网络发送的数据包都来自于堡垒主机或由内部路由器过滤后的内部主机数据包。外部路由器上应该复制内部服务器上的规则，以避免内部路由器失效的负面影响。

（3）内部路由器

内部路由器用于隔离周边网络和内部网络，是屏蔽子网体系结构的第二道屏障。在其上设置了针对内部用户的访问过滤规则，对内部用户访问周边网络和外部网络进行限制。例如，部分内部网络用户只能访问周边网络而不能访问外边网络等。内部路由器复制了外部路由器的内网过滤规则，以防止外部路由器的过滤功能失效的严重后果。内部路由器还要限制周边网络的堡垒主机和内部网络之间的访问，以减轻在堡垒主机被入侵后可能影响的内部主机数量和服务的数量。

（4）堡垒主机

在被屏蔽子网体系结构中，堡垒主机位于周边网络，可以向外部用户提供 WWW，FTP 等服务，接受来自外部网络用户的服务资源访问请求。同时堡垒主机也可以向内部网络用户提供 DNS、电子邮件、WWW 代理、FTP 代理等多种服务，提供内部网络用户访问外部资源的接口。

与双重宿主主机体系结构和被屏蔽子网体系结构相比较，被屏蔽子网体系结构具有明显的优越性，这些优越性体现在如下几个方面：

（1）由外部路由器和内部路由器构成了双层防护体系，入侵者难以突破；

（2）外部用户访问服务资源时无需进入内部网络，在保证服务的情况下提高了内部网

络安全性；

（3）外部路由器和内部路由器上的过滤规则复制避免了路由器失效产生的安全隐患；

（4）堡垒主机由外部路由器的过滤规则和本机安全机制共同防护，用户只能访问堡垒主机提供的服务；

（5）即使入侵者通过堡垒主机提供服务中的缺陷控制了堡垒主机，由于内部防火墙将内部网络和周边网络隔离，入侵者无法通过监听周边网络获取内部网络信息。

被屏蔽子网体系结构的缺点在于：

（1）构建被屏蔽子网体系结构的成本较高；

（2）被屏蔽子网体系结构的配置较为复杂，容易出现配置错误导致的安全隐患。

4. 其他体系结构

除了经典的三种体系结构之外，防火墙还存在着多种经典结构的变化形式，这些变化形式主要是针对被屏蔽子网体系结构的扩展，在不同的网络环境和不同的安全需求下的运用。这些体系结构的变化包括以下内容：

- 合并内部和外部路由器；
- 合并堡垒主机和外部路由器；
- 合并堡垒主机和内部路由器；
- 多台内部路由器；
- 多台外部路由器；
- 多个周边网络。

10.4 常见的防火墙产品

防火墙技术发展很快，但是现在标准尚不健全，导致各大防火墙产品供应商生产的防火墙产品兼容性差，给不同厂商的防火墙产品带来了一定的困难，为了解决这个问题，目前推出了两个标准。一个是RSA数据安全公司和一些防火墙的主要生产厂商，如Sun Microsystems公司、CheckPoint公司、TIS公司等，提出了Secure/WAN标准。它使在IP层上由支持数据加密技术的不同厂家生产的防火墙和TCP/IP协议具有互操作性，从而解决了建立虚拟专用网的一个主要障碍。另一个是美国国家计算机安全协会成立的防火墙开发商联盟制订的防火墙测试标准。此标准使得加入此联盟的防火墙厂商能够按统一的标准生产。

目前防火墙市场上的产品可谓是琳琅满目，国外知名产品有CheckPoint Firewall、Cisco PIX、Juniper-NetScreen等，国内知名的有天融信网络卫士防火墙、东软网眼防火墙、联想网御防火墙、天网防火墙等。另外还有一些面向个人用户的防火墙产品，如瑞星防火墙、金山网镖、McAfee Personal Firewall、Norton Internet Security等。本节对思科公司的PIX硬件防火墙、天网个人防火墙和瑞星个人防火墙的特色和使用方法进行简单介绍，从而帮助读者对防火墙产品有一个概要了解。

10.4.1 PIX防火墙

思科系统公司（Cisco Systems，Inc.）成立于1984年12月，是全球领先的互联网解决方案提供者。Cisco Secure PIX 防火墙系列是业界领先的产品之一，具有很好的安全性、可靠性，特别以突出的性能而著称。

Cisco PIX 系列防火墙目前主要有5种型号：PIX Firewall 501、506、515、525和535，从为家庭办公配备的501型低端产品到为企业、服务提供商配备的525、535型高端产品，Cisco PIX 系列防火墙一应俱全，其各型号产品外观如图10-8所示。

（a）PIX Fireware 501

（b）PIX Fireware 506

（c）PIX Fireware 515

（d）PIX Fireware 525

（e）PIX Fireware 535

图10-8 Cisco PIX 系列防火墙外观

Cisco 的 PIX Firewall 系列防火墙领先于业界其他同类产品。

1. PIX Firewall 主要特点

(1) 适应性安全算法（Adaptive Security Algorithm）

适应性安全算法（ASA）是一种状态安全方法。每个向内传输的包都将按照适应性安全算法和内存中的连接状态信息进行检查。业界人士都认为，这种默认安全方法要比无状态的包屏蔽方法更安全。

ASA 无需配置每个内置系统和应用就能实现单向（从内到外）连接。ASA 一直处于操作状态，监控返回的包，目的是保证这些包的有效性。为减少 TCP 序列号袭击的风险，它总是主动对 TCP 序列号做随机处理。

(2) 多个接口和安全等级（Multiple Interfaces and Security Levels）

所有 PIX Firewall 都至少有两个接口，默认状态下它们被称为外部接口和内部接口，安全等级分别为0和100。较低的优先级说明接口受到的保护较少。一般情况下，外部接口与公共互联网相连，内部专用接口则与专用网相连，并且可以防止公共访问。

许多 PIX Firewall 都能提供8个接口，以便生成一个或多个周边网络（DMZ），这些区域也成为堡垒网络。DMZ 的安全性高于外部接口，但低于内部接口。周边网络的安全等级从0到100。一般情况下，用户需要访问的邮件和 Web 服务器都被置于 DMZ 中的公

共互联网上，以便提供某种保护，但不至于破坏内部网络上的资源。

(3) 切入型代理

切入型代理是 PIX Firewall 的独特特性，能够基于用户对向内或外部连接进行验证。与在 OSI 模型的第七层对每个包进行分析（属于时间和处理密集型功能）的代理服务器不同，PIX Firewall 首先查询认证服务器，当连接获得批准后建立数据流。之后，所有流量都将在双方之间直接、快速的流动。借助这个特性可以对每个用户 ID 实施安全政策。在连接建立之前，可以借助用户 ID 和密码进行验证。它支持认证和授权，用户 ID 和密码可以通过最初的 HTTP、Telnet 或 FTP 连接输入。

与检查 IP 地址的方法相比，切入型代理能够对连接实施更详细的管理。在提供向内认证时，需要相应的控制外部用户使用的用户 ID 和密码。

(4) 防范多种攻击

PIX Firewall 具有多种防攻击能力。包括单播反向路径发送、Flood Guard、Frag Guard 和虚拟重组、DNS 控制、ActiveX 阻挡、Java 过滤和 URL 过滤等。

(5) 支持多媒体应用

PIX Firewall 无需对客户机进行重新配置，就能支持多种多媒体应用，不存在性能瓶颈。PIX Firewall 支持的特殊多媒体应用包括：Real Audio、Streamworks、CU-SeeMe、IP Phone、IRC、Vxtreme 和 VDO Live。

(6) 与 IDS 集成

PIX Firewall 可以与 Cisco 入侵检测系统互操作。PIX Firewall 将检查 IDS 签名，并将其作为系统日志信息发送给系统日志服务器。

(7) PIX Firewall 故障恢复

借助 PIX 故障恢复特性，用户可以用一条专用故障恢复线缆连接两个相同的 PIX Firewall 设备，以便实现完全冗余的防火墙解决方案。

(8) 使用系统日志服务器

PIX Firewall 将日志消息发送到任何现有系统日志服务器，并提供系统日志服务器。供 Windows NT 系统使用 Windows NT 系统日志服务器可以提供有时间标记的系统日志消息，接收替代端口上的消息，还可以在不能收到消息时挡住 PIX Firewall 流量。当 Windows NT 记录磁盘已满，或者服务器出现故障时，用户还可以让 Windows NT 系统日志服务器终止 PIX Firewall 连接。

(9) PIX Device Manager (PDM)

Cisco PIX Device Manager 是基于浏览器的配置工具，用户无需深入了解 PIX Firewall 命令行界面（CLI）就能从图形用户界面（GUI）建立、设置和监控 PIX Firewall。PDM 从 Windows NT、Windows95、Windows2000 或 Solaris Web 浏览器提供管理界面。PDM 只允许内部网络内的某些客户机系统访问 HTML 接口（根据源地址），其密码受到保护。

2. PIX Firewall 基本配置

下面以 PIX Firewall 525 为例介绍 PIX Firewall 的基本配置方法。在进行配置之前，首先需要了解 PIX 防火墙提供的 4 种管理访问模式：

（1）非特权模式：PIX 防火墙开机自检后，就是处于这种模式，系统提示符为“pix-firewall> ”。

（2）特权模式：输入 enable 进入特权模式，可以改变当前配置，系统提示符为“pix-firewall #”。

（3）配置模式：输入 configure terminal 进入此模式，绝大部分的系统配置都在这里进行，系统提示符为“pixfirewall（config）#”。

（4）监视模式：PIX 防火墙在开机或重启过程中，按住 Escape 键或发送一个“Break”字符，进入监视模式，可以更新操作系统映象和口令恢复，系统提示符为“monitor>”。

配置 PIX 防火墙有 6 个基本命令在配置 PIX 时是必须的：nameif，interface，ip address，nat，global，route。

（1）配置防火墙接口的名字，并指定安全级别（nameif）

Pix525（config）#nameif ethernet0 outside security0

Pix525（config）#nameif ethernet1 inside security100

Pix525（config）#nameif dmz security50

在缺省配置中，以太网 0 被命名为外部接口（outside），安全级别是 0；以太网 1 被命名为内部接口（inside），安全级别是 100。其他接口安全级别取值范围为 1～99，数字越大安全级别越高。若添加新的接口，可以输入命令：

Pix525（config）#nameif pix/intf3 security40（安全级别任取）

（2）配置以太网接口参数（interface）

Pix525（config）#interface ethernet0 auto

auto 选项表明接口为系统自适应网卡类型

Pix525（config）#interface ethernet1 100full

100full 选项表示接口以 100Mbit/s 以太网全双工通信方式工作

Pix525（config）#interface ethernet1 100full shutdown

shutdown 选项表示关闭这个接口，若启用接口去掉 shutdown

（3）配置内外网卡的 IP 地址（ip address）

Pix525（config）#ip address outside 202.114.38.42 255.255.255.0

Pix525（config）#ip address inside 192.168.101.1 255.255.255.0

上述例子中 PIX 525 防火墙在外网的 IP 地址是 202.114.38.42，内网 IP 地址是 192.168.101.1。

（4）指定要进行转换的内部地址（NAT）

网络地址翻译（NAT）作用是将内网的私有 IP 转换为外网的公有 IP。NAT 命令总是与 global 命令一起使用，这是因为 NAT 命令可以指定一台主机或一段范围的主机访问外网，访问外网时需要利用 global 所指定的地址池进行对外访问。

nat 命令语法：nat（if_name）nat_id local_ip [netmark]

其中（if_name）表示内网接口名字，如 inside。nat_id 用来标识全局地址池，使它与其相应的 global 命令相匹配，local_ip 表示内网被分配的 IP 地址。如 0.0.0.0 表示内网所有主机可以对外访问。[netmark] 表示内网 IP 地址的子网掩码。

Pix525 (config) # nat (inside) 1 0 0

表示启用nat，内网的所有主机都可以访问外网，用0可以代表0.0.0.0

Pix525 (config) # nat (inside) 1 172.16.5.0 255.255.0.0

表示只有172.16.5.0这个网段内的主机可以访问外网。

(5) 指定外部地址范围 (global)

global命令把内网的IP地址翻译成外网的IP地址或一段地址范围。

global命令语法：global (if_name) nat_id ip_address-ip_address [netmark global_mask]

其中 (if_name) 表示外网接口名字，例如，outside。nat_id用来标识全局地址池，使它与其相应的nat命令相匹配。ip_address-ip_address表示翻译后的单个IP地址或一段IP地址范围。[netmark global_mask] 表示全局IP地址的网络掩码。

Pix525 (config) # global (outside) 1 202.114.38.43-202.114.38.52

表示内网的主机通过PIX防火墙要访问外网时，PIX防火墙将使用202.114.38.43 - 202.114.38.52这段IP地址池为要访问外网的主机分配一个全局IP地址。

Pix525 (config) # global (outside) 1 202.114.38.43

表示内网要访问外网时，PIX防火墙将为访问外网的所有主机统一使用202.114.38.43这个单一IP地址。

Pix525 (config) # no global (outside) 1 202.114.38.43

表示删除这个全局表项。

(6) 设置指向内网和外网的静态路由 (route)

route命令配置语法：route (if_name) ip netmask gateway_ip [metric]

其中 (if_name) 表示接口名字，例如，inside，outside。ip、netmask分别代表IP地址和子网掩码。gateway_ip表示网关路由器的ip地址。[metric] 表示到gateway_ip的跳数，通常缺省是1。

Pix525 (config) # route outside 0 0 202.114.38.1 1

表示一条指向边界路由器 (ip地址202.114.38.1) 的缺省路由。

Pix525 (config) # route inside 10.1.1.0 255.255.255.0 192.168.101.2 1

Pix525 (config) # route inside 10.2.0.0 255.255.0.0 192.168.101.2 1

如果内部网络只有一个网段，设置一条缺省路由即可；如果内部存在多个网络，需要配置一条以上的静态路由。

(7) 配置fixup协议

fixup命令作用是启用、禁止、改变一个服务或协议通过PIX防火墙，由fixup命令指定的端口是PIX防火墙要侦听的服务，请参见下面例子。

Pix525 (config) # fixup protocol ftp 21 启用ftp协议，并指定ftp的端口号为21

Pix525 (config) # fixup protocol http 80

Pix525 (config) # fixup protocol http 1080 为http协议指定80和1080两个端口

Pix525 (config) # no fixup protocol smtp 25 禁用smtp协议

以上介绍的只是Cisco PIX Firewall的基本配置命令，要更好地利用防火墙进行网络安全管理，还需要对PIX防火墙进行高级配置，由于篇幅有限，高级配置方法在此不作介绍，用户可参照 PIX Firewall 用户手册。

10.4.2　天网防火墙

天网防火墙个人版 SkyNet FireWall（以下简称为天网防火墙）是由广州众达天网技术有限公司研发制作给个人计算机使用的网络安全程序工具。广州众达天网技术有限公司自 1999 年推出天网防火墙个人版 V1.0 后，连续推出了 V1.01、V2.0、V2.5.0、V2.7.7 等更新版本，到目前为止，天网安全阵线网站及各大授权下载站点已经接受超过四千万次天网防火墙个人版的下载请求。天网防火墙个人版是“中国国家安全部”、“中国公安部”、“中国国家保密局”及“中国国家信息安全测评认证中心”信息安全产品最新检验标准认证通过，并可使用于中国政府机构和军事机关及对外发行销售的个人版防火墙软件。

1. 天网防火墙主要特点

天网防火墙是个人电脑使用的网络安全程序，根据管理者设定的安全规则把守网络，提供强大的访问控制和信息过滤等功能，帮助用户抵挡网络入侵和攻击，防止信息泄露。天网防火墙把网络分为本地网和互联网，可针对来自不同网络的信息，设置不同的安全方案，适合于任何方式上网的用户。

天网个人防火墙提供多种预先设置的安全级别，同时也支持用户自定义应用程序的安全规则与系统的安全策略，支持应用程序通信控制，同时具备自动识别功能，但有些应用程序无法自动识别，用户需要在程序第一次访问网络时配置防火墙规则。此外，它还提供防止特洛伊木马和入侵检测功能，可以通过厂商的安全数据库自动查找系统的漏洞。

最新版本的天网防火墙个人版可在天网安全阵线网站（http：//www.sky.net.cn）上下载。在用户的个人计算机上安装好天网防火墙个人版并运行之后，天网防火墙个人版会自动缩为系统托盘内的一个小图标，单击该图标可打开天网防火墙个人版控制面板，如图 10-9 所示。

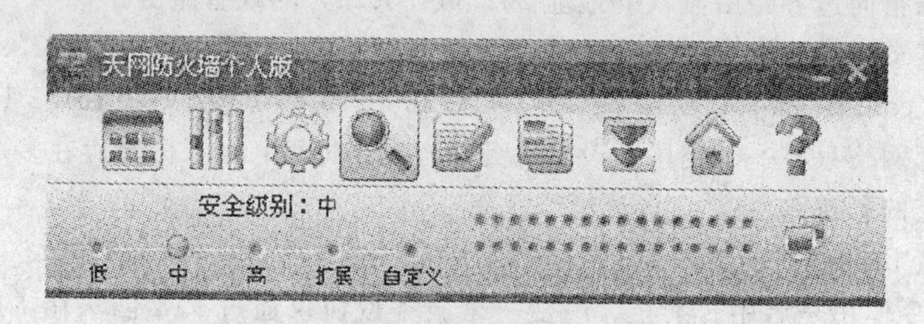

图 10-9　天网防火墙个人版控制面板

天网防火墙个人版的预设安全级别分为低、中、高、扩展四个等级，默认的安全等级为中级，用户可以根据自己的实际情况进行调整。其中各等级的安全设置说明如下：

(1) 低：所有应用程序初次访问网络时都将被询问，已经被认可的程序则按照设置的相应规则运作。计算机将完全信任局域网，允许局域网内部的机器访问自己提供的各种服务（文件、打印机共享服务），但禁止互联网上的机器访问这些服务。适用于在局域网中

提供服务的用户。

(2) 中：所有应用程序初次访问网络时都将被询问，已经被认可的程序则按照设置的相应规则运作。禁止访问系统级别的服务（如 HTTP，FTP 等）。局域网内部的机器只允许访问文件、打印机共享服务。使用动态规则管理，允许授权运行的程序开放的端口服务，比如网络游戏或者视频语音电话软件提供的服务等等。

对于普通的个人上网用户，建议使用“中”级安全规则，它可以在不影响正常使用网络的情况下，最大限度地保护用户的机器不受到网络攻击。

(3) 高：所有应用程序初次访问网络时都将被询问，已经被认可的程序则按照设置的相应规则运作。禁止局域网内部和互联网的机器访问自己提供的网络共享服务（文件、打印机共享服务），局域网和互联网上的机器将无法看到本机器。除了已经被认可的程序打开的端口，系统会屏蔽掉向外部开放的所有端口。这个级别也是最严密的安全级别。

(4) 扩展：基于“中”安全级别再配合一系列专门针对木马和间谍程序的扩展规则，可以防止木马和间谍程序打开 TCP 或 UDP 端口监听甚至开放未许可的服务。天网防火墙将根据最新的安全动态对规则库进行升级。适用于需要频繁试用各种新的网络软件和服务、又需要对木马程序进行足够限制的用户。

(5) 自定义：如果用户了解各种网络协议，可以自己设置规则。需要说明的是，设置规则不正确会导致无法访问网络。

2. 天网防火墙的系统设置

在天网防火墙的控制面板中点击“系统设置”按钮，即可展开防火墙系统设置面板，如图 10-10 所示。

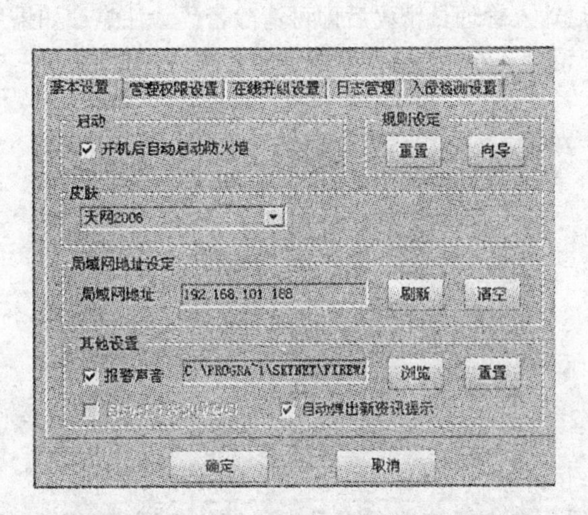

图 10-10　天网个人版防火墙系统设置界面

在“基本设置”选项卡页面，可以对防火墙的一些基本设置进行修改和配置。

启动设置：选中“开机后自动启动防火墙”，天网个人防火墙将在操作系统启动的时候自动启动，否则天网防火墙需要手工启动。

皮肤：天网防火墙提供了天网 2006、深色优雅和经典风格 3 种皮肤让用户选择，选择后点击“确定”即可生效。

防火墙自定义规则重置：点击该按钮，将弹出如图 10-11 所示询问窗口，请用户确认是否重置规则。如果确定，天网防火墙将会把防火墙的安全规则全部恢复为初始设置，原先对安全规则所作的任何添加和修改将会全部被清除。

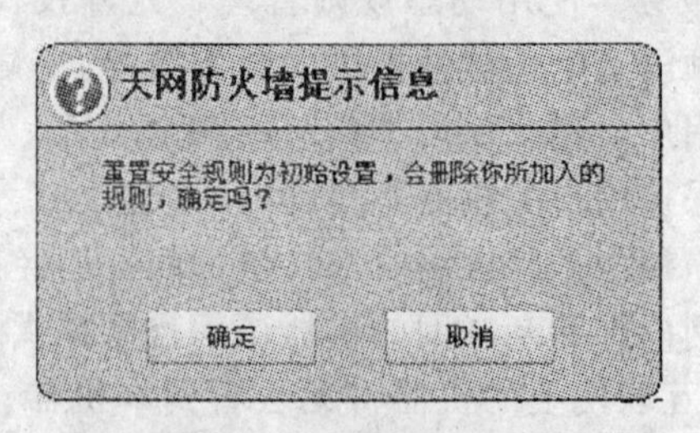

图 10-11　重置安全规则

防火墙设置向导：为了便于用户合理的设置防火墙，天网防火墙个人版专门为用户设计了防火墙设置向导，用户可以根据该向导的提示一步一步完成天网防火墙的合理设置。

局域网地址设置：显示用户在局域网内的地址。防火墙将会以这个地址来区分局域网内部或者是 Internet 的 IP 来源。

在“管理权限设置”选项卡中，允许用户设置管理员密码保护防火墙的安全设置，如图 10-12所示。用户可以设置管理员密码，防止未授权用户随意改动设置，退出防火墙等。初次安装防火墙的时候没有设置密码。此时点击“设置密码”，在输入框中设置好管理员密码，确认后密码生效。用户可选择在允许某应用程序访问网络时，需要或者不需要输入密码。点击“清除密码”按钮，然后输入管理员密码后即可清除密码。注意：如果用户连续三次输入错误密码，系统将暂停用户请求 3 分钟，以保障密码安全。

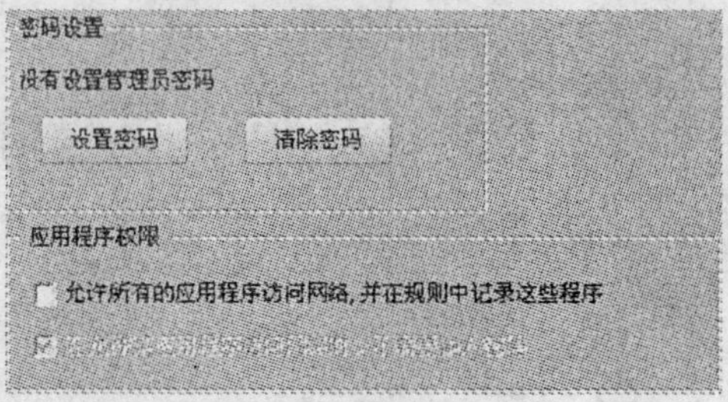

密码设置
没有设置管理员密码
设置密码　清除密码
应用程序权限
允许所有的应用程序访问网络，并在规则中记录这些程序

图 10-12　管理权限设置

应用程序权限设置：选中了该选项之后，所有的应用程序对网络的访问都默认设置为不拦截。这适合某些特殊情况下，不需要对所有访问网络的应用程序都作审核的时候。

在线升级提示设置：用户可根据需要选择有新版本提示的频度。为了更好地保障系统安全，防火墙需要及时升级程序文件，因此，建议用户把在线升级设置为“有新的升级包就提示”。

日志管理：用户可根据需要设置是否自动保存日志、日志保存路径、日志大小和提示。试用版用户只能使用默认保存路径和默认的日志大小。

入侵检测设置：用户可以在此进行入侵检测的相关设置，如图 10-13 所示。

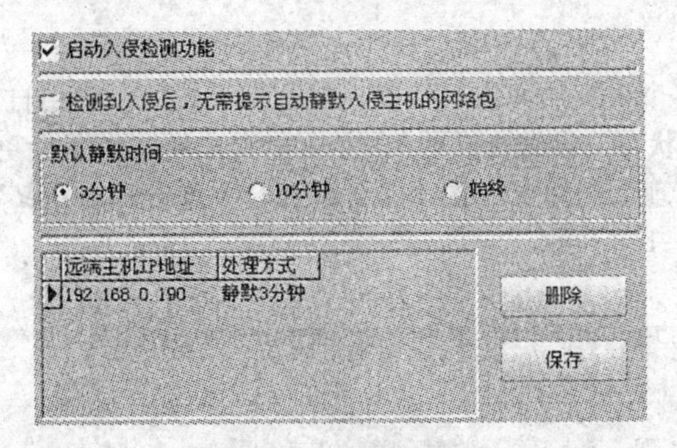

图 10-13　入侵检测设置

选中“启动入侵检测功能”，在防火墙启动时入侵检测开始工作，不选则关闭入侵检测功能。当开启入侵检测时，检测到可疑的数据包时防火墙会弹出如图 10-14 所示入侵检测提示窗口。

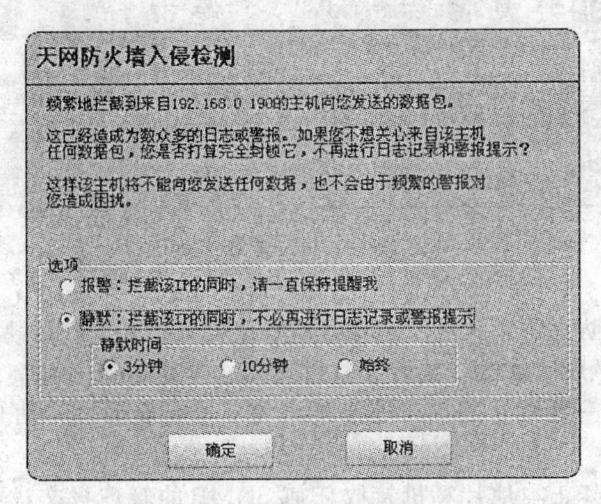

图 10-14　入侵检测信息提示

在图 10-14 所示界面中，如果选中“报警：拦截该 IP 的同时，请一直保持提醒我”，点击“确定”后，会在入侵检测的 IP 列表里面保存。拦截这个 IP 的日志则继续记录。如果选中“静默：拦截该 IP 的同时，不必再进行日志记录或警报提示”，用户可设定静默时间：3 分钟、10 分钟、始终。点击“确定”后，会在入侵检测的 IP 列表里面保存。在设定时间内拦截这个 IP 的日志则不会记录。当达到设定的静默时间后入侵检测将自动从入侵检测的 IP 列表里面删除此条 IP 信息。

如果在图 10-13 所示界面选中“检测到入侵后，无需提示自动静默入侵主机的网络包”，当防火墙检测到入侵时则不会在弹出入侵检测提示窗口，它将按照用户设置的默认静默时间，禁止此 IP，并记录在入侵检测的 IP 列表里。

在入侵检测的 IP 列表里用户可以执行查看远端主机 IP、删除已经禁止的 IP 等操作，点击“保存”按钮后设置生效。

3. IP规则设置

IP规则是针对整个系统的网络层数据包监控而设置的。利用自定义IP规则，用户可针对个人不同的网络状态，设置自己的IP安全规则，使防御手段更周到、更实用。用户可以点击“IP规则管理”图标或者在“安全级别”中点击“自定义”安全级别进入IP规则设置界面，如图10-15所示。

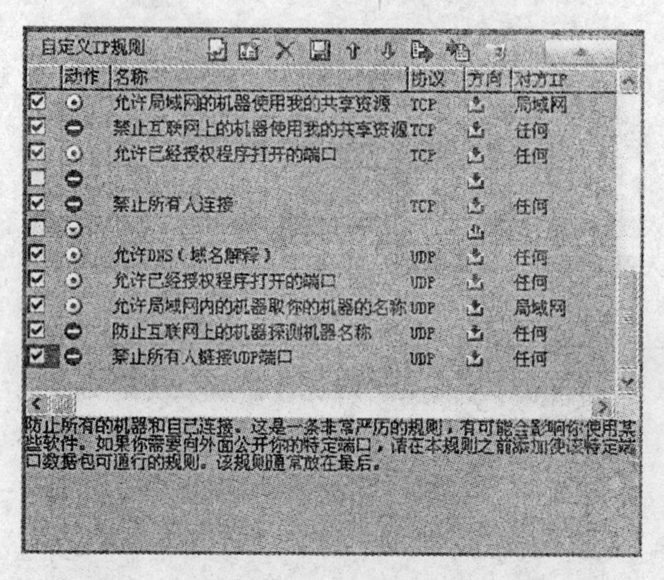

图10-15　自定义IP规则

实际上“天网防火墙个人版”本身已经默认设置了相当好的缺省规则，一般用户并不需要做任何IP规则修改，就可以直接使用。但是对于一些高级用户而言，天网防火墙自身提供的一些默认规则可能不能满足要求，此时用户可以自行定义和添加新的IP规则。

假如用户想要禁止本地计算机接收任何SNMP的管理报文，可以通过如下步骤实现：

(1) 单击“自定义IP规则”工具栏中的“增加规则”按钮（第一个按钮），将弹出一个用于定义新增IP规则的对话框，如图10-16所示；

(2) 在“规则名称”和“说明”中任意填写自定义规则的名称以及相关的描述，便于查找和阅读；

(3) 在“数据包方向”选择“接收”，表示该规则是针对进入的数据包有效；

(4) “对方的IP地址”用于选择数据包从哪里来或是去哪里，其中“任何地址”表示数据包从任何地方来都适合本规则，“局域网网络地址”是指数据包来自同一个局域网，“指定地址”允许用户输入一个特定的IP地址，“指定的网络地址”可以输入一个网络号和子网掩码，指定一个子网；

(5) 由于SNMP是基于UDP协议的，因此“数据包协议类型”选择“UDP”；

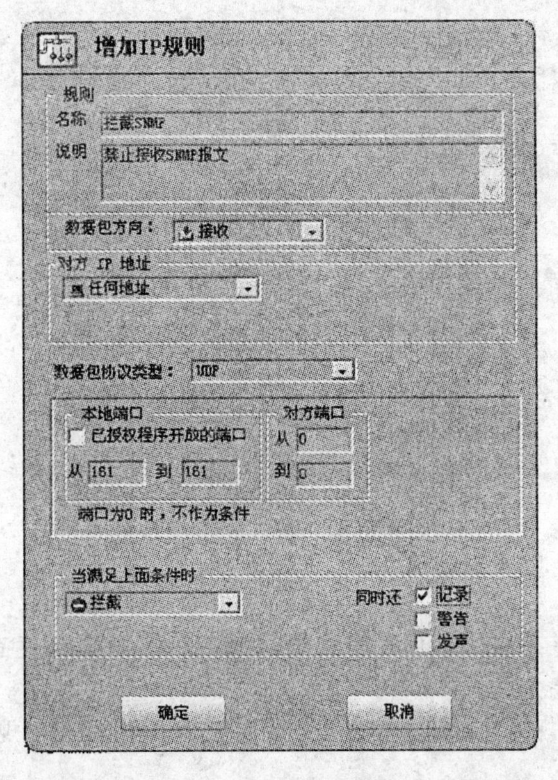

图 10-16　增加 IP 规则

(6) 由于 SNMP 在本地机器上使用的是 UDP 161 端口，因此在“本地端口”中填写的端口号为 161；

(7) 在“当满足上面条件时”域中选择“拦截”，表示让指定的数据包无法进入当前用户的机器；

(8) 点击“确认”按钮，将指定的规则添加到 IP 规则列表中去。

该条规则生效后，网络中的管理站发给该计算机的 SNMP 报文都会被天网防火墙拦截，管理站也就无法对该计算机通过 SNMP 协议进行远程网络管理。

4. 应用程序规则管理

天网防火墙个人版具有对应用程序数据传输封包进行底层分析拦截功能，它可以控制应用程序发送和接收数据传输包的类型、通信端口，并且决定拦截还是通过，这是目前其他很多软件防火墙不具备的功能。

在天网防火墙个人版运行的情况下，任何应用程序只要有通信传输数据包发送和接收动作，都会被天网防火墙个人版先截获分析，并弹出窗口，询问用户是通过还是禁止，如图 10-17 所示。

这时用户可以根据需要来决定是否允许应用程序访问网络。如果不选中“以后按照这次的操作进行”，那么天网防火墙个人版在以后会继续截获该应用程序的数据包，并且弹出警告窗口。如果选中“以后按照这次的操作进行”选项，该应用程序

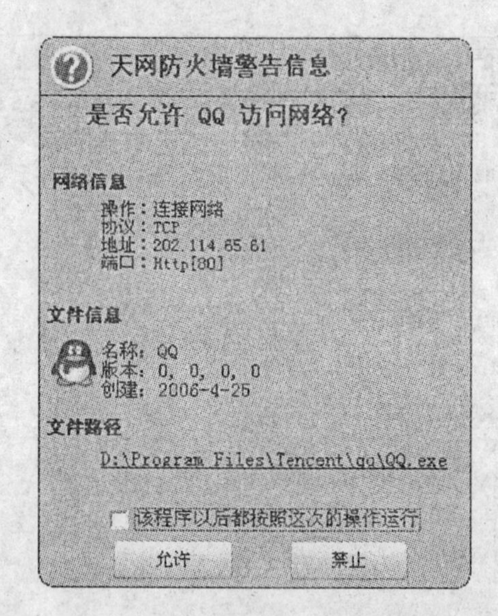

图 10-17　拦截应用程序访问网络

将自加入到应用程序列表中，用户可以通过应用程序规则管理面板来设置更为详尽的数据传输封包过滤方式。

单击“应用程序规则”图标，可打开如图 10-18 所示应用程序规则面板。

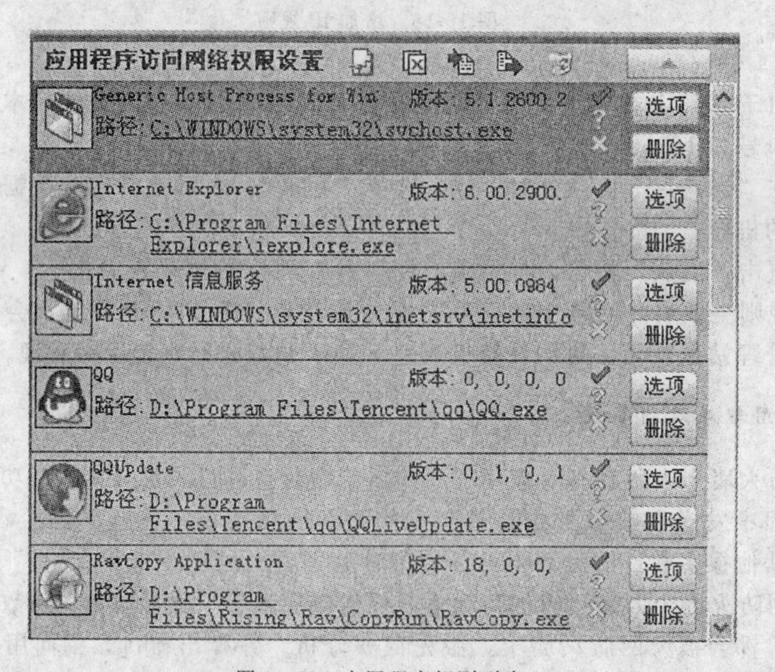

图 10-18　应用程序规则列表

在该面板中列出了所有的应用程序的名称、版本、路径等信息。在列表的右边为该规则访问权限选项，选择“√”表示一直允许该应用程序访问网络，选择“?”表示该应用

程序每次访问网络时会询问是否让该应用程序访问网络，选择“×”表示一直禁止该应用程序访问网络。用户也可以点击“选项”按钮激活应用程序规则高级设置页面，如图 10-19所示。

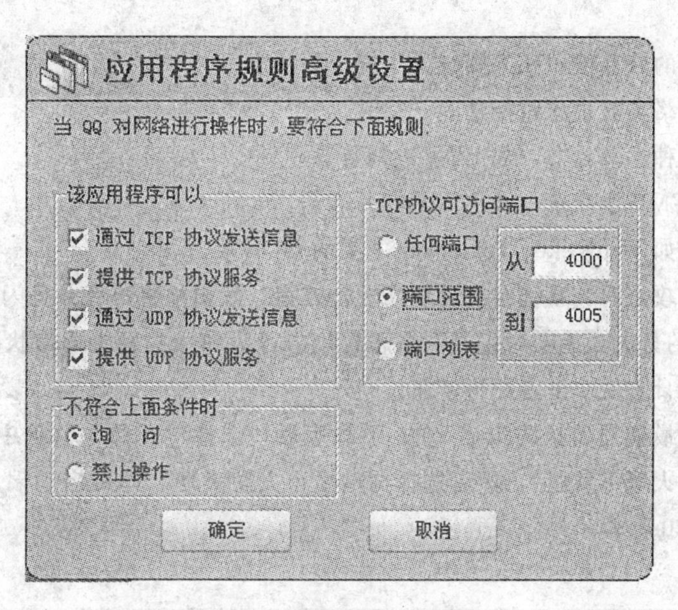

图 10-19　应用程序规则高级设置

在应用程序规则高级设置中，用户可以设定应用程序禁止使用 TCP 或者 UDP 协议传输，以及设置端口过滤，让应用程序只能通过几个固定通信端口或者一个通信端口范围接收和发送数据。当符合上面条件时，天网防火墙可以询问用户是否拦截和直接禁止应用程序访问网络。

对应用程序发送数据包的监控，可以使用户了解系统目前有哪些程序正在进行通信，如现在有一些共享或试用软件会在执行的时候从预先设定好的服务器取一些广告，还有一些恶意的程序会把个人隐私信息发送出去，用户可使用天网防火墙个人版禁止这些未经允许的程序进行数据通信操作。

限于篇幅原因，天网防火墙中的一些高级功能，如网络访问实时监控、日志查看和分析等，在此不作介绍，用户可以自行参看相关的帮助文档和使用手册。

10.4.3　瑞星防火墙

瑞星个人防火墙为用户的计算机提供全面的保护，有效地监控任何网络连接。通过过滤不安全的服务，防火墙可以极大地提高网络安全，同时减小主机被攻击的风险，使系统具有抵御外来非法入侵的能力，防止计算机和数据遭到破坏。瑞星个人防火墙的功能和特色包括以下方面：

(1) 支持任何形式的网络接入方式。如以太网卡/Proxy 方式、拨号上网、Cable Mo-

dem 接入、ADSL 接入、Irad 接入等。

(2) 不影响网络通信的速度，也不会干扰其他运行中的程序。

(3) 方便灵活的规则设置功能可使您任意设置可信的网络连接，同时把不可信的网络连接拒之门外。

(4) 保证您的计算机和私人资料处于安全的状态。

(5) 提供网络实时过滤监控功能。

(6) 防御各种木马攻击，如 BO、冰河等。

(7) 防御 ICMP 洪水攻击及 ICMP 碎片攻击。

(8) 防御诸如 WinNuke、IpHacker 之类的 OOB 攻击。

(9) 在受到攻击时，系统会自动切断攻击连接，发出报警声音并且闪烁图标提示。

(10) 详细的日志功能实时记录网络恶意攻击行为和一些网络通信状况；若受到攻击时，可通过查看日志使攻击者原形毕露。

用户安装好最新的瑞星防火墙 2006 下载版后，选择“开始”菜单中的“所有程序”→“瑞星个人防火墙下载版”，然后选择“瑞星个人防火墙”即可启动瑞星个人防火墙主程序，如图 10-20 所示。

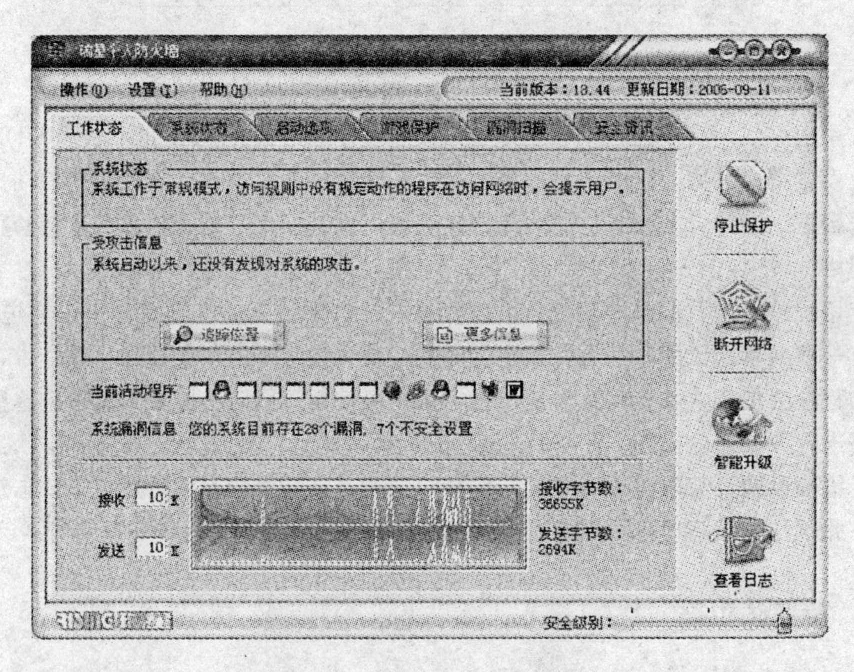

图 10-20 瑞星个人防火墙主界面

在主界面的右侧，包括“启动/停止保护”、“连接/断开网络”、“智能升级”、“查看日志”四个操作按钮，其功能如表 10-1 所示。

表 10-1　　操作按钮功能列表

操作按钮图标	功　能
停止保护	● 停止防火墙的保护功能，执行此功能后，计算机将不再受瑞星防火墙的保护； ● 已处于停止保护状态时，此按钮将变为“启用保护”，点击将重新启用防火墙的保护功能； ● 也可以通过菜单项“操作” ｜ “停止保护”来执行此功能
断开网络	● 将计算机完全与网络断开，就如同拔掉网线或是禁用网卡一样，其他人都不能访问此计算机，但是此计算机也不能再访问网络，这是在遇到频繁攻击时最为有效的应对方法； ● 已经断开网络后，此项将变为“连接网络”，点击将恢复网络连接； ● 也可以通过菜单项“操作”→“断开网络”来执行此功能；
智能升级	● 启动智能升级程序对防火墙进行升级更新； ● 也可以通过菜单项“操作”→“智能升级”来执行此功能
查看日志	● 启动日志显示程序 ● 也可能通过“操作”→“显示日志”来执行此功能

在主界面中选择菜单项“设置”→“详细设置”，打开如图 10-21 所示对话框，可对系统选项、防火墙过滤规则和网站访问规则进行设置。瑞星防火墙的规则设置包括以下 6 个方面：

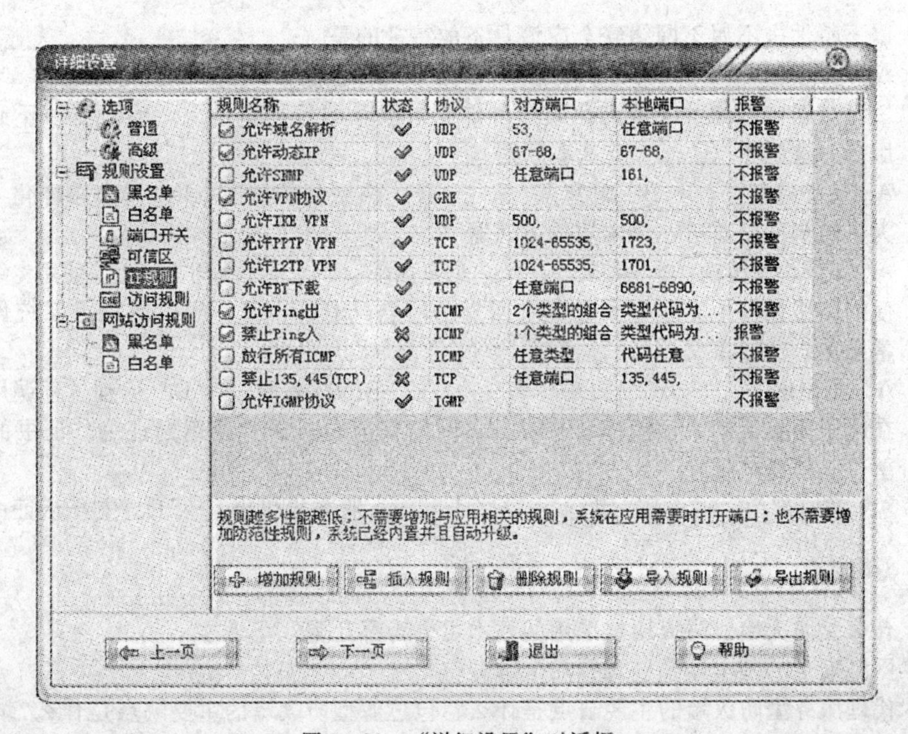

图 10-21　“详细设置”对话框

(1) 黑名单：在黑名单中的计算机禁止与本机通信；
(2) 白名单：在白名单中的计算机对本地具有完全的访问权限；
(3) 端口开关：允许或禁止端口中的通信，可简单开关本机与远程的端口；
(4) 可信区：通过可信区的设置，可以把局域网和互联网区分对待；
(5) IP 规则：在 IP 层过滤的规则；
(6) 访问规则：本机中访问网络的程序的过滤规则。

规则的查看、增加、删除和修改方法与天网防火墙类似，在此不再赘述。

本章小结

本章简要介绍与计算机网络安全相关的内容。首先列举了一系列网络与信息安全的问题，计算机系统安全等级的划分以及针对网络与信息安全所采取的策略及措施；在对常规加密和认证技术进行讨论后针对日益泛滥的病毒和木马攻击，较详细地介绍了与防火墙相关的内容，包括防火墙的基本概念、防火墙的体系结构和类型等。为了满足用户实际应用的需要，本章最后介绍了国外著名的 Cisco PIX 硬件防火墙产品和两种个人软件防火墙产品的使用方法。

练习题

一、单选题

1. 以下特性中不属于网络安全应该具备的特征的是（　　）。
   A. 机密性　　B. 完整性　　C. 可查性　　D. 抗抵赖性
2. 一个数据包过滤系统被设计成允许你要求服务的数据包进入，而过滤掉不必要的服务。这属于（　　）基本原则。
   A. 最小特权　　B. 阻塞点　　C. 失效保护状态　　D. 防御多样化
3. 为了防御网络监听，最常用的方法是（　　）。
   A. 采用物理传输（非网络）　　B. 信息加密　　C. 无线网　　D. 使用专线传输
4. 使网络服务器中充斥着大量要求回复的信息，消耗带宽，导致网络或系统停止正常服务，这属于（　　）漏洞
   A. 拒绝服务　　B. 文件共享　　C. BIND 漏洞　　D. 远程过程调用
5. 在电子商务活动中，消费者与银行之间的资金转移通常要用到证书。证书的发放单位一般是（　　）。
   A. 政府部门　　B. 银行　　C. Internet 服务提供者　　D. 安全认证中心

二、简答题

1. 什么是防火墙？防火墙按采用的技术可分为哪几类？
2. 网络安全的基本体系包含哪几个部分？
3. 代理服务型防火墙的主要缺点是什么？包过滤型防火墙的主要缺点是什么？
4. 什么是堡垒主机？什么是非武装区域？通常应把哪些服务器放置在 DMZ 区？
5. 天网个人防火墙预设了哪几种安全级别？各有何特点？

第 11 章　常用服务器的安装与配置

网络上各种各样的服务器是实现网络互连和资源共享的基础。随着计算机网络技术的进步，Internet 互联网为我们提供越来越丰富多样的信息服务，极大地方便了用户的各种上网需求。本章将简要介绍常见的网络服务以及网络服务器的安装和配置，包括 WWW 服务器、FTP 服务器、DNS 服务器、DHCP 服务器、邮件服务器以及宽带路由器等，了解这些网络服务器对于管理网络资源是非常必要的。

本章学习重点

- 了解 WWW 服务，掌握 IIS 和 Apache Web 服务器的安装和基本配置；
- 了解 FTP 服务，掌握 Serv-U FTP 服务器的安装和基本配置；
- 了解 SMTP 邮件服务，掌握 IMail 邮件服务器的安装和配置；
- 了解 DNS 服务，掌握 Windows Server 2003 下 DNS 服务器的安装和配置；
- 了解 DHCP 服务，掌握 Windows Server 2003 下 DHCP 服务器的安装和配置；
- 了解路由器的功能，掌握 TP-Link 宽带路由器的安装和配置。

11.1　WWW 服务器的安装与配置

WWW 是 World Wide Web（环球信息网）的缩写，也可简称为 Web。WWW 服务器允许支持 WWW 协议和 HTTP 协议的客户机访问服务器获取各种超媒体资源，包括文本、图像、声音和视频等，是实现资源共享和网络扩展的最好选择。下面介绍两个常见的 WWW 服务器的安装和配置。

11.1.1　IIS 的安装与配置

1. IIS 简介

IIS（Internet 信息服务器）是微软公司出品的网络服务器，它支持的协议有 HTTP（超文本传输协议），FTP（文件传输协议）以及 SMTP（简单邮件传输协议），通过使用 CGI（通用网关接口）和 ISAPI（因特网服务应用程序接口），IIS 的功能可以得到高度的扩展。

IIS 支持 VBscript，Jscript 等脚本语言，也支持 CGI 和 WinCGI，及 ISAPI 扩展。借助这些技术，网站开发人员可以开发出动态的，内容丰富多彩的可在 IIS 上运行的 Web 站点。

作为微软公司力推的网络服务器产品，IIS 在网站服务器市场取得了很大的成功，占据了第二大的市场份额，现在网络上很多网站都使用 IIS 作为它们的网络服务器。

2. 安装和配置 IIS

IIS 服务器一般运行在 Windows NT Server 系列操作系统上，它和 Window NT Server 集成在一起，因而能够充分利用 Windows NT Server 和 NTFS（NT 的文件系统）内置的安全特性，建立强大，灵活而安全的 Web 站点。下面以 Windows Server 2003 系统平台为例，介绍 IIS 的安装和配置。

IIS 在 Windows XP 系统上也可以安装但是并不推荐，相应的安装方法可以参考微软网站上提供的帮助文档。

（1）IIS 的安装

①在“开始菜单”中打开“控制面板”，选择“添加/删除程序”，在弹出的对话框左边点击“添加/删除 Windows 组件”，在 Windows 组件向导对话框中选中“应用程序服务器”（注意在早期版本的操作系统中应该选择“Internet 信息服务（IIS)”），如图 11-1 所示。

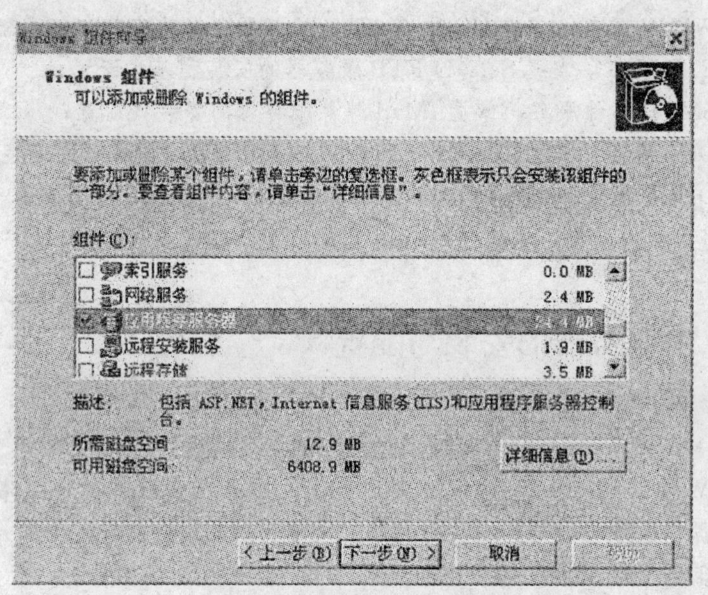

图 11-1　Windows 组件向导

②点击“详细信息”按钮，在弹出的对话框中选中“Internet 信息服务（IIS)”，如图 11-2 所示。点击“确定”后，按照向导指示，完成对 IIS 的安装。

在安装完成后，可以访问 IIS 默认安装的一个网站，在浏览器中输入地址 http：//localhost/。此时将出现一个提示页面，说明 IIS 已经成功安装。

（2）配置 IIS

①打开 IIS 管理器。在“开始菜单”中选择“管理工具”，在“管理工具”菜单中选择“Internet 信息服务（IIS）管理器”，或者直接在“开始菜单”中选择“运行”，在“打开”输入框中输入“inetmgr”，打开 IIS 管理器。

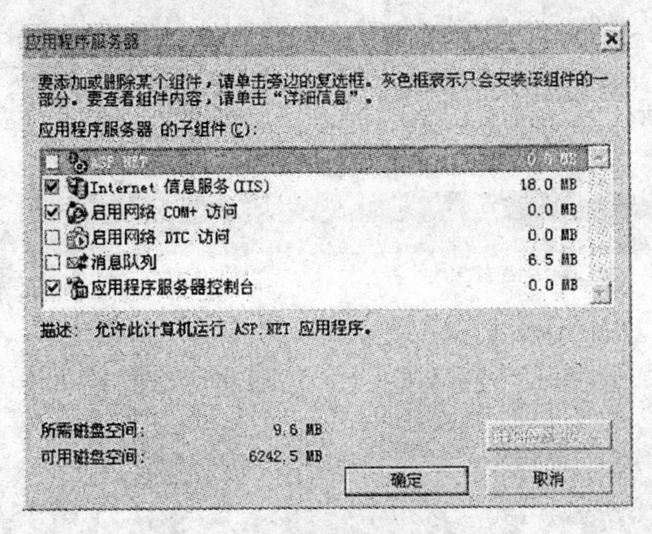

图 11-2　选择应用服务器组件

②添加和设置网站。右键点击"网站"图标，选择"新建"→"网站"，开始网站新建向导。

输入网站描述信息后，点击"下一步"进入网站的 IP 和端口配置向导。客户机的连接请求都通过 TCP 连接到网站服务器的监听端口，默认情况下 Internet 信息服务一般工作在 80 端口上，如果指定了其他端口，用户需要在网站地址后面加上端口号才能访问网站，这里最好保持默认。网站的 IP 地址默认值是"全部未分配"，表示 Internet 信息服务绑定在本机的所有 IP 上，最好保持不变，也可以指定本地主机的某一个主机 IP，如图 11-3 所示。

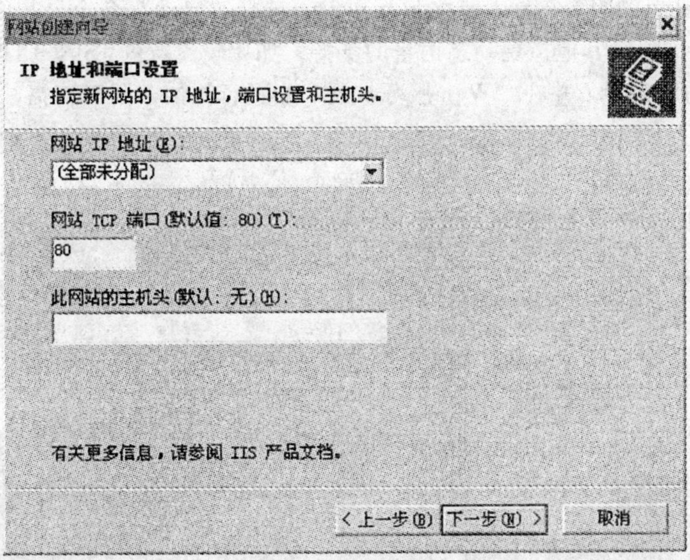

网站创建向导
IP 地址和端口设置
指定新网站的 IP 地址，端口设置和主机头。
网站 IP 地址(E):
(全部未分配)
网站 TCP 端口(默认值：80)(T):
80
此网站的主机头(默认：无)(H):
有关更多信息，请参阅 IIS 产品文档。
< 上一步(B)　下一步(N) >　取消

图 11-3　填写新建网站端口和 IP

点击"下一步"，配置网站的主目录，在输入框中输入网站内容文件所在的本地目录。

点击“下一步”，进行网站的访问权限设置，选中“读取”和“运行脚本”权限，这两个权限允许用户对网页和其他文件资源进行访问，如果网站使用了 CGI 或者 ISAPI 扩展，还需要将“执行”权限选上，如图 11-4 所示。点击“下一步”，完成网站的添加。

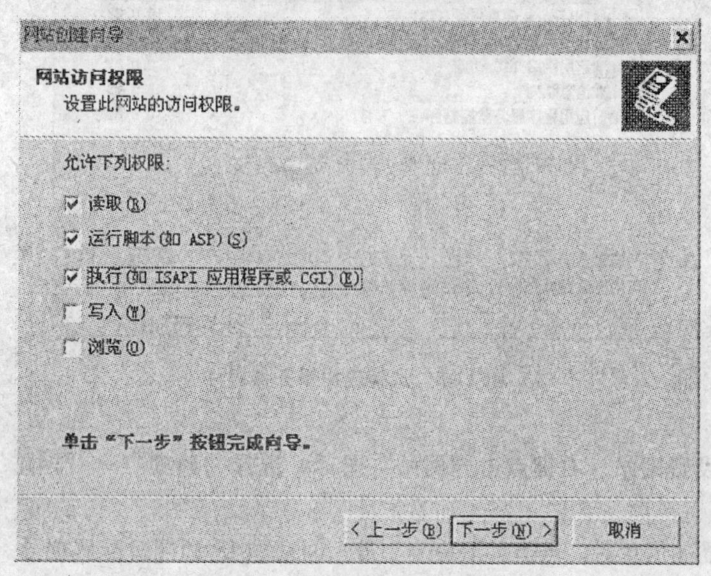

图 11-4　设置网站访问权限

③开启对服务扩展的支持。IIS 服务默认情况下为了安全方面的考虑，没有开启对诸如 ASP、CGI、ISAPI 等应用扩展的支持，如果网页是用 ASP 等脚本语言编写的，或者有包含了 CGI 或者 ISAPI 程序，则需要开启对这些服务扩展的支持。点击“Web 服务扩展”，选中需要开启的服务扩展，点击鼠标右键，选择“启动”命令，如图 11-5 所示。如果需要在 IIS 中添加对其他扩展动态语言的支持，如比较流行的 JSP，PHP 等，需要在系统中安装相应的解释器，并在“Web 服务扩展”中进行添加，限于篇幅，这里不再介绍。

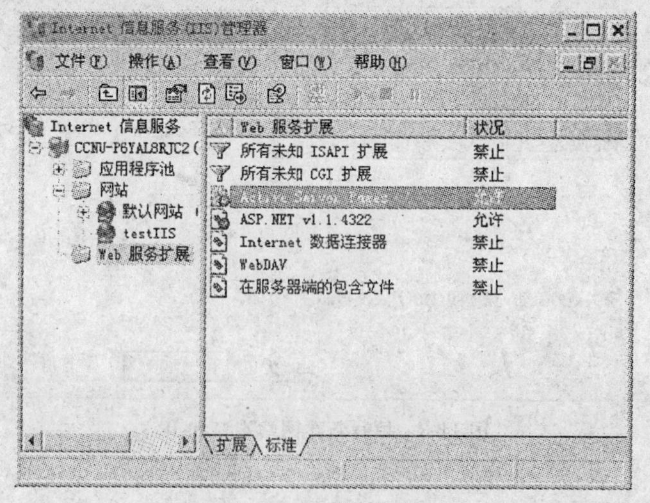

图 11-5　IIS 管理器窗口

④网站的其他设置。右键点击需要配置的网站，选择“属性”命令，打开网站的属性配置页。

在这里可以对网站的主目录、端口、IP 地址，网络带宽，默认文档等进行设置，比较重要和常见的几个设置是允许网站对父目录的支持和选择网站默认页。

很多的脚本语言（如 ASP）在确定文件路径的时候使用了相对路径的概念，允许当前运行的脚本访问上层目录，IIS 为提高安全性，默认设置禁止使用父路径，如果脚本网站脚本中使用了父目录，则应打开对父目录支持。点击“主目录”选项卡，“配置”按钮设置，在弹出的对话框中选择“选项”选项卡，勾选上“启用父路径”，如图 11-6 所示。

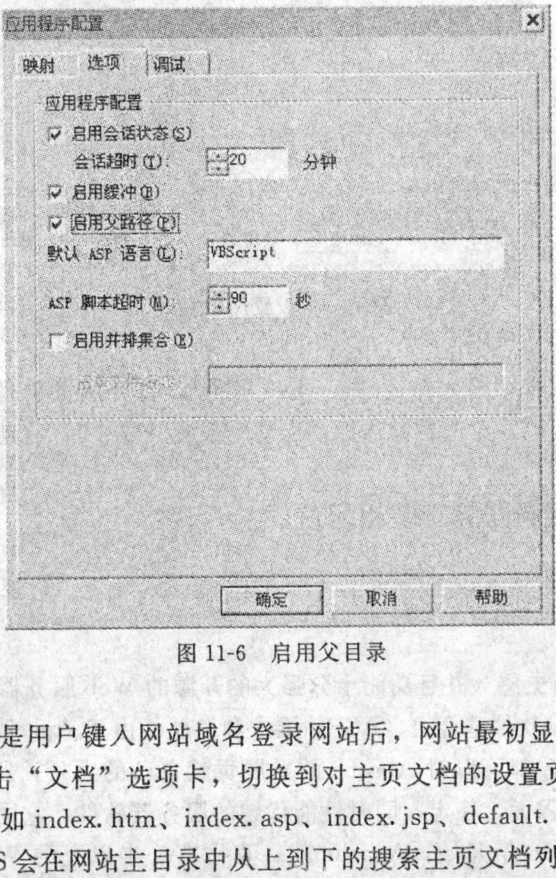

图 11-6　启用父目录

网站的默认页面是用户键入网站域名登录网站后，网站最初显示给用户的页面。在“属性”对话框中单击“文档”选项卡，切换到对主页文档的设置页面。IIS 列举了一些常见的主页文件名，如 index. htm、index. asp、index. jsp、default. htm、default. asp 等，用户登录的时候，IIS 会在网站主目录中从上到下的搜索主页文档列表列出的文件，并显示搜索到的第一个主页文档。要设置网站主页，点击“添加”按钮，将主页文档名字添加进列表，或者选中列表中的页面名，取消对应的主页。如图 11-7 所示。

⑤停止和启动网站。要关闭或者打开网站时，右键点击想要关闭或者打开的网站图标，选择相应的命令即可。

（3）启动和停止 IIS 服务

①使用命令启动或者停止 IIS 服务。在“开始”菜单中点击“运行”，在“运行”输入框中输入命令“iisreset/start”，则启动所有的 IIS 服务；输入“iisreset/restart”则重启所有的 IIS 服务；输入“iisreset/stop”则停止所有的 IIS 服务。

②使用服务管理器。打开“开始”菜单，选择“管理工具”，在下层菜单中选择“服

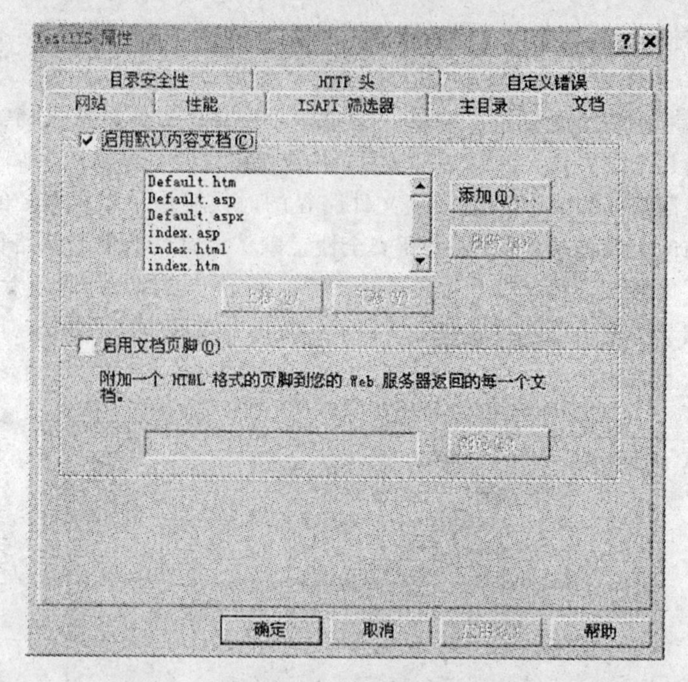

图 11-7　设置网站主页

务”，或者在“运行”框中输入命令“services. msc”，打开服务管理器。选中 IIS 管理服务“IIS Admin Service”，点击右键选择“启动”或者“停止”，启动或者关闭 IIS 服务。

11.1.2　Apache 服务器的安装和配置

1. Apache 简介

Apache 是一个历史悠久并且功能十分强大的开源的 Web 服务器，作为一个子项目由自由软件组织 Apache 软件基金会（ASF）维护和发展。由于 Apache 是开源运动的产物，全世界的优秀软件人才都可以对 Apache 的发展贡献自己的力量，所以 Apache 发展非常的迅速，是一款功能强大，稳定，同时性能优越的服务器软件。它同时也是目前世界上最流行的服务器，从 1996 年开始，Apache 就一直占有一半以上的 Wed 服务器市场份额，在 2005 年 11 月的时候，Apache 的市场份额更是令人惊讶的超过了 70%。

Apache 一般工作在 UNIX 或者 Linux 系统下，也有支持 Windows 系统的版本，但是推荐安装在 Windows NT 系列系统下。下面以 Windows Server 2003 系统平台为例，介绍怎样进行 Apache 的安装和配置。

2. 下载和安装 Apache

Apache 基金会的主页是http：//www. apache. org/，需要最新版本的 Apache 可以登录 Apache 基金会的 Web 服务器子项目下载页面http：//httpd. apache. org/download. cgi，任意选择一个镜像服务器下载 Windows 下的安装文件 apache _ XXX-win32-x86-no _

ssl. msi，其中 XXX 为对应的 Apache 版本号。

Apache 的安装比较简单，双击安装文件开始 Apache 的安装，安装程序会要求输入以下内容，如图 11-8 所示。

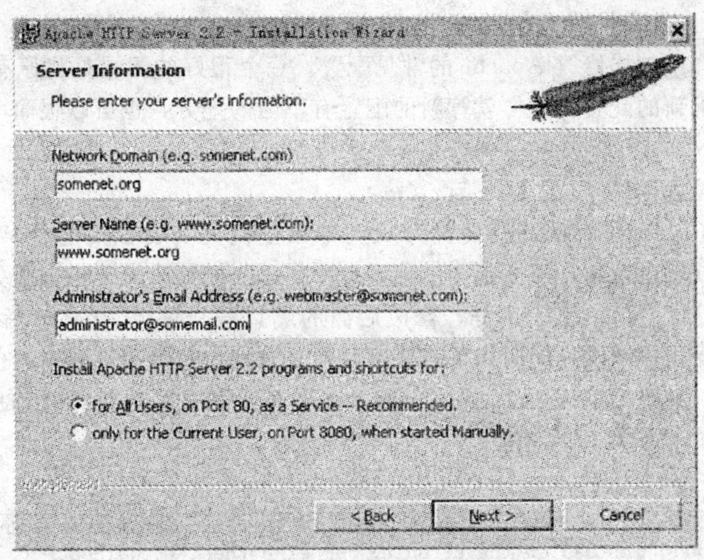

图 11-8 Apache 服务器信息设置

(1) 网站域名：在网络域名输入框中写入服务器的域名，若服务器的域名为 www. somenet. org，那么在这里输入 somenet. net。

(2) 服务器的名字：输入服务器完整的域名，如 www. somenet. org。

(3) 服务器管理员的 E-mail 地址：输入管理员的 E-mail 地址，默认情况下这个地址将在错误信息中显示。

(4) 为安装该程序：推荐选择第一个选项，将 Apache 安装为系统服务并且在端口 80 上服务，注意如果主机上已经安装了其他 Web 服务器，如 IIS 等，并且也在 80 端口监听，那么需要在服务器安装完成以后修改 Apache 的监听端口，或者停掉已有的 Web 服务器。

(5) 安装类型：选择 Typical，这个安装方式将安装除了源码以外的所有组件，Custom 方式将允许管理员选择需要安装的组件。

其余的步骤都使用默认值即可，Apache 将默认安装在 C：\Program Files\Apache Software Foundation\Apache2. 2 下。点击“next”，完成 Apache 的安装。

完成 Apache 的安装后，在浏览器地址栏中输入 http：//localhost/，如果出现了 Apache 的提示页面，表明安装成功。

3. 配置 Apache

Apache 安装完成以后，会在系统服务中注册一个名为 Apache2 的服务，预设为随系统启动而启动。

Apache 的所有配置信息保存在配置文件 httpd. conf 中，它位于 INSTALL_

DIRECTORY \ conf 下，其中 INSTALL _ DIRECTORY \ 是 Apache 的安装目录，默认的 Apache 安装目录是“C:\Program Files\Apache Software Foundation\Apache2. 2\”。这个配置文件中包括了网站文档目录、网站域名、IP 和端口等的配置信息。管理员可以根据自己主机的实际情况，修改服务器的配置，使得服务器更好的运行在特定的主机环境下。

下面简单介绍怎样修改 Apache 的常见配置。一个很好的习惯是将原有的配置语句注释掉，同时写上新的配置，这样就算新的配置有不当的地方，也可以很简单的还原为原来的配置。

(1) 端口设置

默认情况下，Apache 的端口设置为 80，如果主机上安装了其他的 Web 服务器，如 IIS 等，也在 80 端口监听，那么就会出现端口冲突，需要修改某个一个服务器的端口。在 httpd. conf 中寻找 “Listen:” 字样，修改后面的端口号，重启 Apache 后，Apache 将在新的端口处接受用户请求。同时如果需要网站在多个端口监听用户请求，也可以在这里写下多个端口号。如图 11-9 所示，Apache 将在服务器主机的所有网络接口的 8080、8082、8083、8084 端口监听用户的请求。

```
# Listen: Allows you to bind Apache to specific IP addresses and/or
# ports, instead of the default. See also the <VirtualHost>
# directive.
#
# Change this to Listen on specific IP addresses as shown below to
# prevent Apache from glomming onto all bound IP addresses (0.0.0.0)
#
#Listen 12.34.56.78:80
#Listen 80    #这行被注释掉了
#Listen 8080
#Listen 8082
#Listen 8083
#Listen 8084
```

图 11-9　Apache 服务器监听端口设置

(2) 设置服务器域名

如果没有申请自己的域名或者需要修改自己的域名，在 httpd. conf 配置文件中寻找 ServerName，将对应的服务器域名修改为服务器主机的 IP 地址或者主机的域名，后面跟上服务器的端口。如图 11-10 所示。

```
# ServerName gives the name and port that the server uses to identify itself.
# This can often be determined automatically, but we recommend you specify
# it explicitly to prevent problems during startup.
#
# If your host doesn't have a registered DNS name, enter its IP address here.
#
#ServerName www.somenet.org:80  #注释掉的行
ServerName 127.0.0.1:80
```

图 11-10　Apache 服务器 IP 设置

（3）设置网站文档主目录

默认情况下，Apache 将网站的主目录设置为 INSTALL _ DIRECTORY\htdocs，如果你的网站文件存放在其他目录，可以修改配置文件中的“DocumentRoot”选项。例如，网站文件存放在 E:\ webFiles \ 下，则修改网站主目录如图 11-11 所示。

```
# DocumentRoot: The directory out of which you will serve your
# documents. By default, all requests are taken from this directory, but
# symbolic links and aliases may be used to point to other locations.
#
#注释掉的行
#DocumentRoot "C:/Program Files/Apache Software Foundation/Apache2.2/htdocs"
DocumentRoot "E:/webFiles"
```

图 11-11　文档主目录设置

需要注意的是在配置文件中指定路径时候，需要使用斜杠（“/”）来区分目录层次，而不是 Windows 系统中使用的反斜杠（“\”）。这是因为 Apache 是在 Unix 系统下开发出来的，而在 Unix 下，作为目录层次分隔符的是“/”。

（4）目录默认首页

当用户请求一个网站地址时候，默认显示给用户的页面（首页）由 DirectoryIndex 给出。所以管理员要修改网站的主页的时候只需要修改 DirectoryIndex 对应的值即可。

设定首页的语法是：DirectoryIndex 首页列表。

例如，DirectoryIndex index. htm，设定 index. htm 为首页。

管理员还可以指定多个页面，形成列表，Apache 会自动地将目录中文件名与列表中文件名进行匹配，将找到的第一个文件作为首页文件返回给用户。

例如，DirectoryIndex index. htm index. jsp Default. php

还有一个比较简单的方法是利用内容协商来指定首页文件，而不用指定冗长的首页列表。内容协商指的是网站的同一资源有多个表现形式的时候，例如，一个网站可以有多个不同语言的首页，选择哪个资源提供给用户由服务器来完成。

例如，DirectoryIndex index Default。表示目录下的以 index 和 Default 为文件名的所有文件，如 index. jsp、default. jsp、default. php 都是候选的首页文件。

（5）目录访问权限

Apache 提供了网页目录权限设置，用户只能在配置的允许权限内浏览网站页面。下面简单介绍 Apache 提供的常见的几个权限设置命令。

① Options 命令。这个命令规定了目录的访问特性，命令语法是：Options 选项列表。

它提供了几个权限选项：

允许目录浏览（Indexes），允许 SSI（Includes），允许符号链接跟随（Follow SymLinks）允许带验证的符号链接（SymLinks if Owner Match），允许 CGI 扩展接口（ExecCGI），允许多重浏览（Multi Views）以及 All 和 None。

目录浏览（Indexes）选项启用后，当在目录中找不到 DirectoryIndex 列表中指定的文件时，服务器显示当前目录的文件列表，出于安全考虑，这个选项一般不用选择。

Includes 选项使服务器启动 SSI 支持，SSI（Server Side Include）是服务器端包含的意思，是一种类似于 Asp 的网页制作技术，限于篇幅，这里不做介绍，这个选项一般不用选择。

FollowSymLinks 选项允许符号链接跟随，用户可以使用链接访问不在本目录下的文件，这个一般需要选上。

SymLinksifOwnerMatch 选项是带验证的符号链接跟随，在用户点击链接后，只有在链接的目标文件或目录与当前的目录属于同一用户时，才开启该链接。服务器会先调用 lstat（）对申请的链接路径做验证，而且结果不会缓存，所以每个请求都会做一次验证，带来极大的服务器负荷，所以出于性能方面的考虑，一般不选择该选项。

ExecCGI 选项允许用户执行 CGI 程序，如果网页中需要包含 CGI 程序扩展，就要把这个选项选上。

MultiViews 这个选项一般用在多语言站点，它是服务器内容协商的一种实现方式。它允许多重内容被浏览。例如，用户请求文件 somedir/fileXXX，但是目录中并无该文件，如果 somedir 的 Options 命令选择了这个选项的话，服务器将在 somedir 下搜索文件名字为 fileXXX. * 的文件，并从中选择一个文件传给用户。这个选项一般不用选上。

All 选项表示将除了 MultiViews 之外的所有选项都选上，如果需要选择 MultiViews，需要独立的指出来。

None 选项表示所有的选项都不选。

② AllowOverride 命令。这个命令的作用是指定哪些命令可以放在 .htaccess 文件中，即指定目录访问的权限。Apache 允许管理员将目录的权限设置命令以和 httpd.conf 相同的语法写在同一目录下的配置文件中，通常起名做 .htaccess，服务器在处理客户请求的时候会查看文件中的命令，并修改在 httpd.conf 中已定义了的相同的命令，然后回应用户的请求。

AllowOverride 命令的几个选项是：All、None、Options、FileInfo、AuthConfig、Limit。如命令：AllowOverride AuthConfig Options 表示允许使用认证命令和选项命令。

③ Order、Allow 和 Deny 命令。这三个命令必须配合起来使用，使得 Apache 可以按照客户主机地址或者主机名来控制他们对目录的访问权限。

Order 命令指定 Apache 检查控制次序的规则，注意检查的顺序是先检查第二个命令。如命令：Order Allow，Deny，表示先按 Deny 命令指定的匹配规则检查，如果匹配则拒绝请求，不匹配再按 Allow 命令指定的匹配规则进行检查，如果匹配则接受请求，否则拒绝请求。还要注意在 Order 命令中 deny 和 allow 命令之间只能以一个“,”隔开，不能插入其他任何符号。具体的结果如表 11-1 所示。

表 11-1　　规则顺序对匹配的影响

命令顺序 / 是否匹配	Allow，Deny	Deny，Allow
只匹配 Allow	请求允许	请求允许
只匹配 Deny	请求拒绝	请求拒绝
都不匹配	默认采用第二条规则：拒绝	默认采用第二条规则：允许
都匹配	最后的匹配为准：拒绝	最后的匹配为准：允许

Allow 和 Deny 的命令格式为：Allow/Deny from 地址列表。地址列表中可以包含多个地址，以空格隔开。地址的表示可以使用 IP 或者域名的形式，也可以使用部分 IP 或者部分域名。

例如，Allow from 192.168.2.100 192.168.2.101 example.com，表示允许来自 IP 地址为 192.168.2.100，192.168.2.101，以及来自域名 example.com 的连接请求。

下面给出一个配置实例，如图 11-12 所示。

```
<Directory "E:/WebFiles">
        Options   FollowSymLinks MultiViews
        AllowOverride None
        Order allow，deny
        Deny from 12.34.56 example.com
        Allow from all
</Directory>
```

图 11-12　目录权限设置

在上例中，对目录“E：/WebFiles”设置了如下权限：允许符号链接跟随(FollowSymLinks)、允许启用内容协商（MultiViews)、不参考 .htaccess 文件中的命令、接受除了 IP 地址为 12.34.56.XXX，或者域名为 example.com 以外的所有请求。

Apache 的配置是非常复杂的，一般情况下，Apache 的默认配置已经可以很好地工作。如果管理员需要进行一些适合服务器主机硬件的配置，如线程多少，允许最大客户数等；或者在 Windows 系统下支持更多的动态语言，如 JSP、ASP 等，可以参考 Apache 项目主页提供的帮助文档。

11.2　Serv-U FTP 服务器的安装和配置

11.2.1　Serv-U 简介

Serv-U 是一个广泛运用的 FTP 服务器端软件，支持 Windows 2000 Server、Windows 2000 professional、Windows Server 2003、Windows XP 等 Windows 系列操作系统。可以设定多个 FTP 服务器、限定登录用户的权限、登录主目录及空间大小等，功能非常完备。下面以 Windows Server 2003 系统平台为例，介绍 Serv-U 的安装和常用配置。

11.2.2　Serv-U FTP 服务器引擎的安装

Serv-U 的官方网站是http：//www.serv-u.com，需要 Serv-U 安装程序可以到网站下载最新版本，下载下来的 Serv-U 都是企业版的，具有 30 天的试用期，过后它将自动转为个人版，如果需要不同的功能版本，如标准版、专业版、企业版等，用户需要向 Serv-U 购买相应的注册 ID。

双击 Serv-U 的安装文件，开始 Serv-U 安装，安装程序会询问安装位置和是否创建快捷方式等，选择默认设置完成程序安装。

11.2.3 创建 Serv-U 服务器

安装程序结束以后，主机上只是安装了 Serv-U FTP 引擎，它支持多个虚拟 FTP 服务器，在 Serv-U 中，虚拟服务器称为“域”。要实现 FTP 服务，还需要在 Serv-U 引擎中创建虚拟 FTP 服务器。

(1) 单击“开始菜单”，打开“所有程序”列表，从中选择“Serv-U”目录下的“Serv-U Administrator”，打开 Serv-U 设置向导，进行服务器的基本设置。

(2) 在向导的引导下输入虚拟服务器的地址以及域名，确认将 FTP 作为一个系统服务，这样 Serv-U 将随着系统的启动而打开。

(3) 单击“Next”，设置 FTP 服务器是否接受匿名登录，允许匿名登录，任何的用户都将通过一个 anonymous 账户并以自己的邮件地址为密码登录服务器。

(4) 单击“Next”，设置匿名主目录，即供匿名用户登录的目录。再单击“Next”，设置是否将匿名用户限制在设定的主目录中，匿名用户将不能访问这个目录以外的资源，如果不限制的话，用户可以访问到主目录所在整个磁盘分区的内容。出于安全和保密等原因，一般选择“Yes”。

(5) 单击“Next”，向导将询问是否创建普通用户，选择“Yes”，向导将要求输入新创建用户的名字以及密码；用户主目录；是否限制用户活动范围为其主目录；用户权限等配置。其中，一般选择限制用户活动范围为其主目录；用户权限一般选择“No privilege”，表明是普通用户，也可以选择其他权限设置如“Group Administrator”等，表明该用户是具有相应权限的管理员。

(6) 单击“Next”，单击“Finish”完成设置，在左边的树形面板中单击“Domains”并展开新建的虚拟服务器，可以看到服务器的相应基本设置。如图 11-13 所示，服务器的 IP 为 192.168.1.3，域名为 ftp.example.org，并且允许匿名用户登录，用户只需要在浏览器或者任何 ftp 客户端工具中输入 ftp：//192.168.1.3 或者 ftp：//ftp.example.org 即可以匿名账户登录服务器。

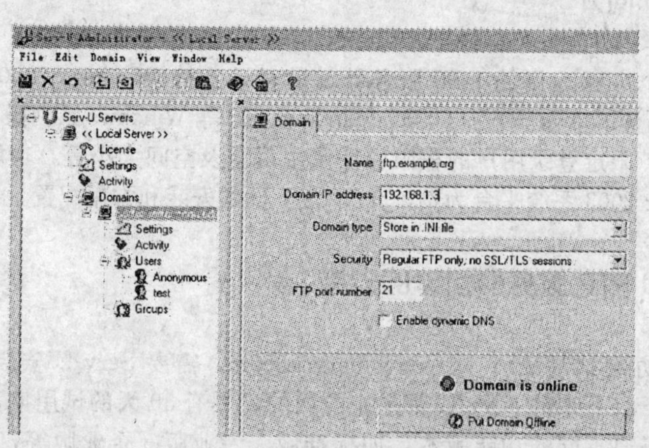

图 11-13 服务器管理面板

11.2.4 Serv-U FTP 服务器常见设置

1. 启动和停止 FTP 服务

打开“Serv-U Administrator”，单击左边控制面板中的服务器，可以看到右边的面板上出现了“FTP 服务器”当前运行状态显示，是否设置 FTP 服务为系统服务复选框，以及一个启动/停止服务器按钮，单击该按钮即可关闭或者开启 FTP 服务。管理员还可以在这里设置管理员密码。

2. Serv-U FTP 引擎属性设置

这里的设置是针对服务器的设置，将影响所有的虚拟服务器。单击“Settings”按钮，打开服务器属性设置页。在“General”选项卡可以设置最大服务器允许的最大上传速度和下载速度、允许的最大连接用户数目以及一些安全方面设置，如是否删除用户为完成上传的部分文件等。在“Advanced”Tab 页可以设施是否应用 SSL、Socket 缓冲区大小、上传下载权限设置等，建议保留默认设置。设置了各项以后，注意单击“Apply”按钮保存设置，如图 11-14 所示。

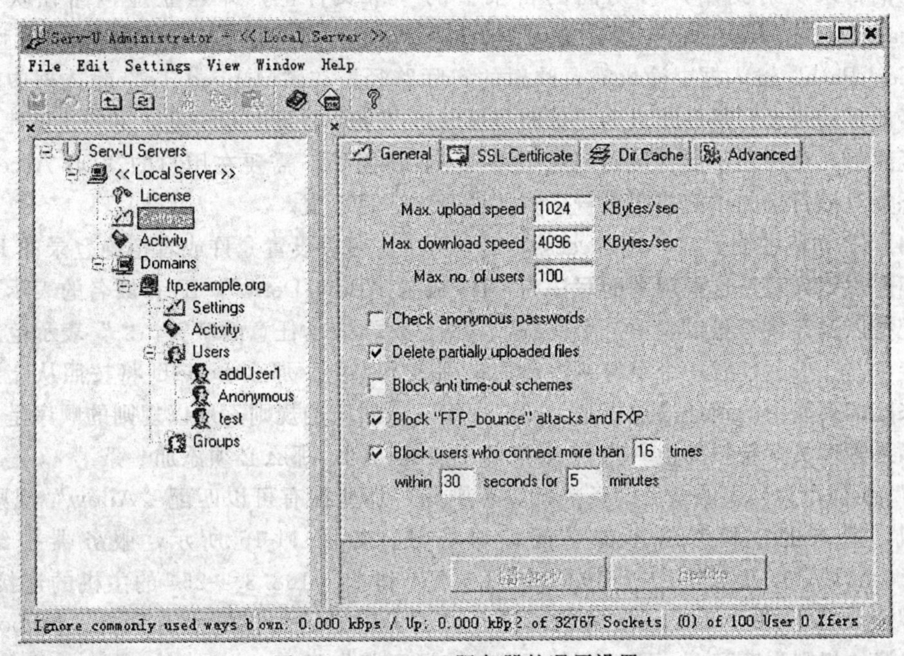

图 11-14　Serv-U 服务器的通用设置

3. 服务器活动状态查看

单击“Activity”按钮，打开服务器活动查看页。单击“Users”Tab 页，可以查看服务器上当前登录的用户的相关信息，包括其 IP，当前访问的文件夹，当前活动，以及最近使用命令等。注意选中“Auto reload”复选框，这样服务器会自动更新信息。选中列表中的用户，单击右键，选择“Kill User”命令可以将用户从服务器中踢出并禁止该 IP 甚至 IP 所在网段访问等。单击“Blocked IPs” Tab 页，可以查看当前本禁止访问服务器的 IP 列表，列表中的 IP 对应的计算机域名，以及离解禁所需时间。管理员可以单击右键以解禁选中的 IP 或者添加需要禁止的 IP。单击“Session Log” Tab 页，可以查看服务器日志，包括一些服务器会话信息和错误信息等。

4. 域属性设置

单击 Serv-U 管理器中树形面板的 Domains 图标，可以看到当前已经添加的域列表。双击选中的域图标，展开相应的虚拟服务器，在管理器右边的配置面板中可以对服务器的参数进行设置。

(1) IP 和域名。单击域图标，可以设置该虚拟服务器对应的 IP 和域名以及端口号等。

(2) 用户数和密码安全。单击“Settings”图标，在“General” Tab 页中，可以设置该域服务器允许登录的最大用户数，用户密码安全设置等；

(3) 设置虚拟路径。Serv-U 对用户的资源访问范围有比较严格的限制，用户的最大活动范围为一个磁盘分区空间，如果管理员希望提供给用户更大的活动空间，需要将其他盘符下的目录映射到用户可访问的目录下的一个文件上，即建立虚拟路径映射。在“Virtual Paths” Tab 页中，点击“Virtual Paths”下的“Add”按钮。在弹出的“Physical Path”输入框中输入需要映射的实际路径；在“Mapped To”输入框中输入虚拟路径的存放目录；然后输入为虚拟路径所起的名字。需要注意的是，尽管这里建立了一个路径映射，用户还不能直接访问这个路径下面的资源，需要在用户的“Dir Access”属性中添加对该目录的访问权限设置，具体设置方法见下文。

(4) IP 访问控制。在“IP Access” Tab 页中，可以设置允许或者拒绝登录的 IP 或者域名匹配规则列表，这里规则的写法为“IP/域名 Allow/Deny”，IP 和域名的表示可以使用通配符以及连接符号以表示一个范围，其中“*”表示任意的字符，“-”表示范围之间的连接，“?”表示任意一个字符。注意如果列表不为空，那么 Serv-U 将按照从上到下的顺序来匹配列表中的地址描述规则，并应用第一条匹配的规则，所以规则的顺序是很重要的。如果管理员只希望禁止一些 IP 对应的主机的访问，那么必须添加一条“*.*.*.* Allow”规则作为列表的最后一条规则，否则除了那些拥有可以匹配“Allow”规则的 IP 的主机，所有的主机都将不能访问该服务域。如图 11-15 所示，服务器拒绝来至 yahoo.com 域，以及来自 IP 为 192.168.2.1-254 和 192.168.3.1-254 的主机的连接请求。注意尽管来自 mail.yahoo.com 的访问是允许的，但是因为拒绝所有来自“yahoo.com”域的连接的规则先匹配上，所以这条规则将永远不起作用。

(5) 设置服务器消息。单击“Settings”图标中的“Messages” Tab 页，可以设置服务器的一些提示性信息，如各种服务器相应消息，欢迎信息(“Sign on message file”) 等。其中服务器相应消息是对用户命令的反馈，欢迎信息是发送给用户的第一条信息，甚至先于用户登录。

(6) 域活动状态查看。单击“Activity (活动状态)”图标，可以查看当前登录该域虚

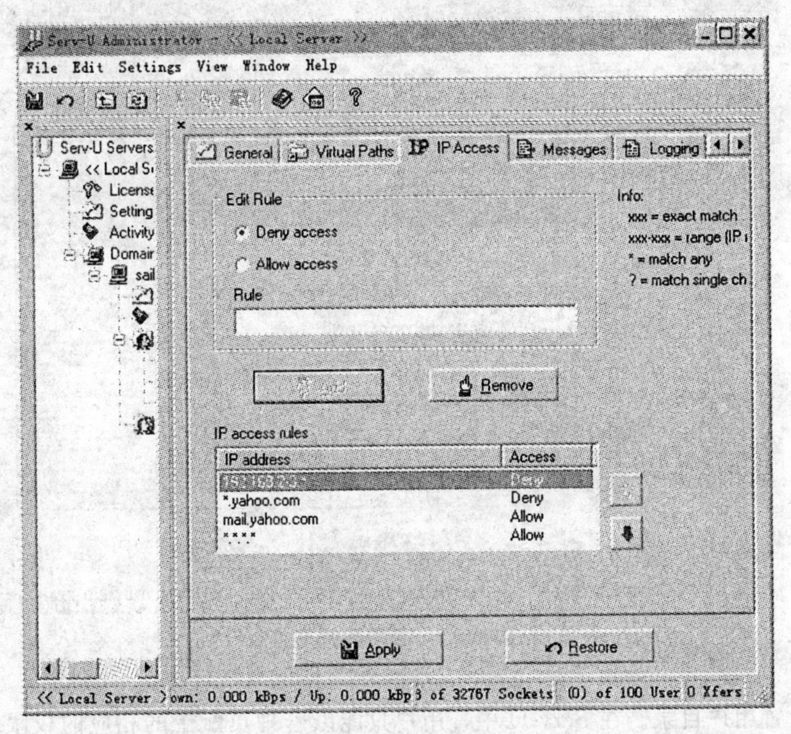

图 11-15　IP 访问控制

拟服务器的用户相关信息，包括用户账户，IP 以及域名，当前活动，上一个执行的命令，以及何种 Ftp 客户端等，注意选中“Auto reload”复选框以自动更新。在“Domain Log”Tab 页中可以查看当前域的服务器日志，其中包括了用户访问日志信息。

5. 添加用户

(1) 添加新用户。右键单击“Users”图标，选择“New Users”命令，开始添加用户向导。按照向导指示输入用户名和密码，设置用户的主目录并设置是否限制用户只具有主目录访问权限，单击“Finish”完成新用户的添加，注意如果限制了用户活动范围为其主目录，用户只能访问其主目录及主目录下的子目录。如果对用户不限制活动范围，那么用户能够访问的顶层目录为主目录所在的磁盘。如用户的主目录设置为“E:\testFTP”，那么设置了主目录限制后用户的根目录为“E:\testFTP”，而没有设置的时候，用户的主目录为“E:\”。除了使用虚拟路径，用户不能访问其他的磁盘。

(2) 账户和通用设置。在用户列表中单击要设置其属性的用户，打开用户权限配置页面。单击“Account”Tab 页，可以设置用户名以及用户的主目录、用户所属组、用户权限等；在“General”Tab 页中，可以对用户的上传下载速度限制，同一 IP 登录数目等进行设置。其中登录数目限制是一个比较有用的设置，防止用户使用过多的线程下载给服务器带来沉重的负担。如图 11-16 所示，限制用户的上传下载速度、向用户隐藏有隐藏属性的文件、同时限制用户的线程数不超过 4 个。

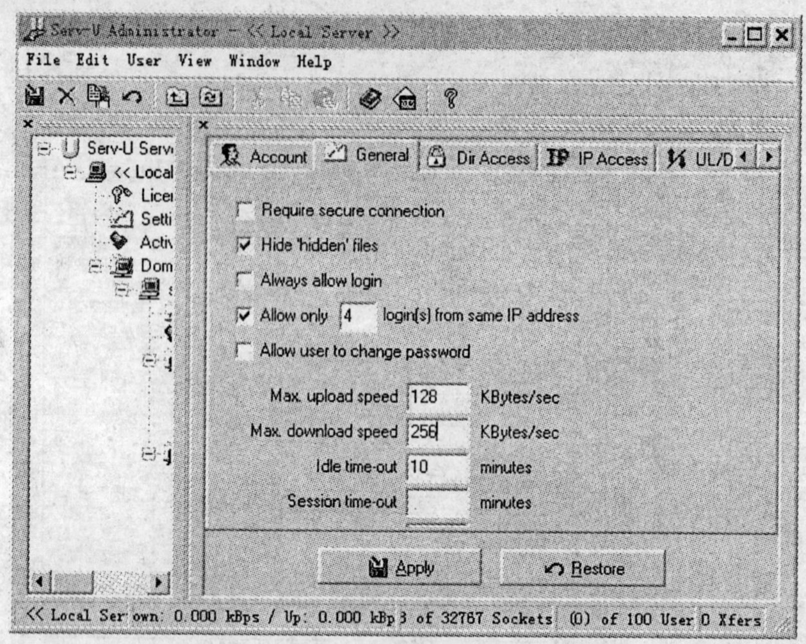

图 11-16　设置用户属性

（3）设置用户目录。在 Serv-U 中，用户只能以管理员赋予的相应的权限访问列表中的目录，不能访问不在列表中的目录。管理员可以在“Dir Access” Tab 页中设置用户的对服务器上的目录访问权限。选中列表中的文件路径，再选中右边的访问权限复选框，即可将相应的目录的访问权限赋予组内用户，访问权限说明如表 11-2 所示。

表 11-2　访问权限说明

类别	权限	对应含义
Files	Read	对文件进行“读取”操作，即可进行复制、下载
	Write	对文件有上传的权限
	Append	对文件有“写”和“添加”权限
	Delete	可以删除文件
	Execute	可以在服务器上执行该文件
Directories	List	对文件和目录的查看权限
	Create	创建目录的权限
	Remove	删除目录的权限
Sub-Directories	Inherit	该目录的权限设置对整个目录树都起作用

设置了访问权限以后，可以在目录列表的“Access”列中看到访问权限的设置情况。管理员还可以添加用户可访问目录，单击“Add”按钮添加目录，然后对新添加的目录进行权限限制。需要注意的是添加的目录必须要和用户主目录在同一个盘符下面，不然用户

将无法访问。目录权限设置如图 11-17 所示。

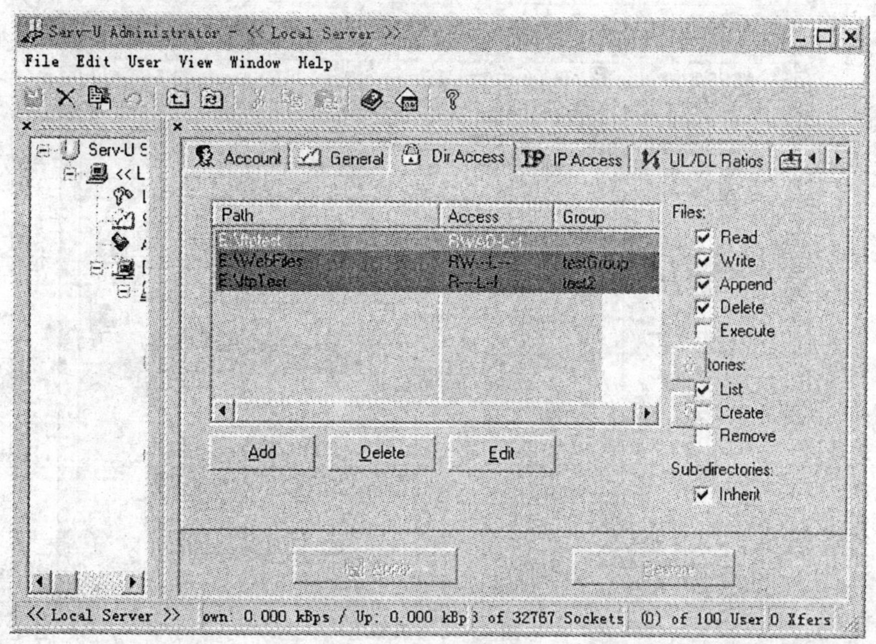

图 11-17　用户目录访问权限设置

（4）IP 访问控制。用户的 IP 访问控制和域的 IP 访问控制是一样的，具体设置方法参见域的 IP 访问控制设置。

6. 创建和向用户添加组

（1）创建组。“组”（group）是预先建立好的确定了访问属性和权限限制的目录集合，它的好处是可以在添加用户的时候将对相同资源的同样设置应用到多个用户上，去掉了重复设置的麻烦。右键单击域下边的“Groups”，选择“New Group”命令，输入新建组的名字再单击“Finish”按钮即添加了一个新的组。

（2）组的属性设置。单击新创建的组图标，在右边的配置页面中单击“Dir Access” Tab 页，单击“Add”按钮添加该组的可访问资源，即向组内添加目标目录，然后为目录设置存取权限，设置方法同设置用户目录的访问权限一样，需要注意如果添加的目录和用户的主目录不在一个盘符下，用户只能借助虚拟路径来进行访问，添加虚拟路径的方法参考域属性设置。点击“IP Access” Tab 页，可以设置对组内资源的 IP 访问控制，具体设置方法和域的 IP 访问控制相同。

（3）在用户属性中添加组（group）。选中要加入组的用户，在右边配置面板中单击选中“Account” Tab 页，点击“Groups”输入框后的选择按钮，在弹出的选择框中选中要添加的组，可用 Ctrl 键或 Shift 键来同时选中多个组，组名之间中会自动以逗号进行分隔，如图 11-18 所示。添加了组以后，可以在用户的“Dir Access” Tab 页中查看新添加的组所包含的目录和相应访问权限。

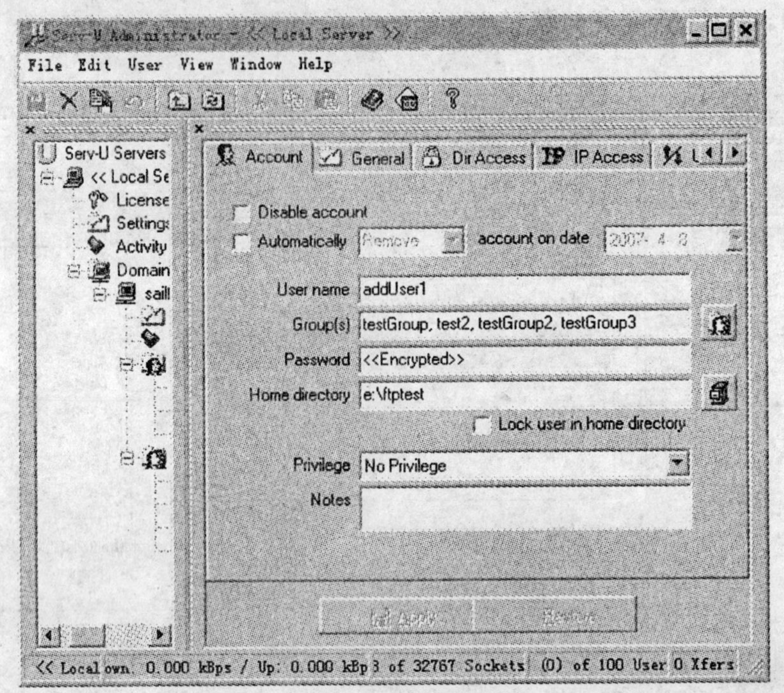

图 11-18　添加组

11.3　安装和配置 IMail 邮件服务器

11.3.1　IMail 邮件服务器简介

IMail 是一个高性能的，基于标准的 SMTP、POP3、IMAP4、LDAP 等协议的邮件服务器；同时 IMail 是一个稳定、安全、易于管理、低成本、有着强大技术支持的邮件服务器；它也是最广为使用的邮件服务器，在全世界有上千万的用户使用。其主要功能包括：多域名支持，远程管理，支持 Web 邮件，支持邮件列表（mailing lists）和提供防垃圾邮件等。

下面以 Windows Server 2003 系统平台为例介绍如何安装 IMail 邮件服务器和对 IMail 的一些常见的配置。

11.3.2　安装 IMail 邮件服务器

IMail 是由 Ipswitch 公司开发的邮件服务器软件，需要最新的版本可以到http：//www. ipswitch. com 去下载。IMail 有三个不同的版本，分别是 Imail Server，Imail Server Plus 以及 Imail Server Premium 版，其中 IMail Server 是基本配置版本，不含高级的反垃圾和防病毒措施，其他两个版本提供了一些增强的辅助功能，如即时通信和增强的防垃圾邮件功能等。这里我们选择 IMail Server 版，当前最新的版本是 IMail Server 2006。

1. Imail 系统要求

对于硬件方面最低配置要求，IMail 要求主机要有 Intel 奔腾 4 主频 1G 或者同等处理能力的处理器，512 MB 的物理内存以及一个配置了静态 IP 地址的主机。

IMail 2006 要求操作系统是 Windows Server 2000 或者 Windows Server 2003，并且系统上预先安装了 Microsoft .NET Framework 2.0 或更高版本，以及 IIS 5.0 或更高版本。由于 IMail 提供的是基于 Web 的服务器管理端和用户端，IIS 服务器上至少需要有一个网站。

另外，邮件服务器要工作起来还需要在单位的 DNS 服务器中有一个邮件服务器域名的 MX（邮件转发）记录，并且有一个可以提供反向查找的 PTR 记录，具体设置步骤请参考本书“DNS 服务器的安装与配置”小节。

2. 安装 IMail 服务器

（1）以管理员身份登录系统，双击安装文件 IMail.exe，开始安装过程。安装程序会首先检查必须的辅助软件是否已经安装，如果有未安装的辅助软件，安装程序会提示管理员现安装辅助程序并退出。

（2）输入产品的激活码，并点击“Next”。如果没有的话，IMail 提供了 30 天的试用期，可以直接点击“Next”。

（3）在同意 IMail 的授权协议，选择了 IMail 的安装位置后，需要选择一个安装在主机上的网站的名称，它将作为默认的网站在里面安装 IMail 邮件服务器的 Web 管理端和客户端程序，单击“Next”。

（4）进入选择 IIS 用户类型的向导页面，可选择“IIS 默认用户”，或者使用“匿名 Internet 用户”，这里选择“IIS 默认用户”。单击“Next”，选择“Yes”，允许安装程序重启 IIS 服务，以避免在安装过程中需要重启。

（5）单击“Next”，输入 IMail 邮件服务器所在主机的域名，注意输入的域名必须能够被 DNS 解析，即该域名在 DNS 中有记录。

（6）单击“Next”，进入存放用户账户信息的数据库设置选项页，这里可以选择“Windows NT user Database”、“IMail User Database”、“External Database”以及“Active Directory Database”。使用“Windows NT user Database”，IMail 将为系统上每个用户创建一个邮件账户，用户的添加和修改只能使用操作系统的用户管理器，而 IMail 管理器不能删除用户账户。使用“Windows NT user Database”，IMail 将使用自带的数据库存储和管理用户账户信息，并通过 IMail 管理器进行管理；使用“External Database (ODBC compliant)”，IMail 将使用一个支持 ODBC 接口的外部数据库来存储和管理用户账户信息；如果使用“Active Directory Database”，IMail 将把用户账户信息存储在 Active Directory 数据库中。注意如果把数据库设置为 Active Directory 数据库，并且在前面 IIS 用户选择了使用“匿名 Internet 用户”，那么需要在 Active Directory 服务器中启用该用户的“log on locally”和“log as batch”策略。这里为了便于 IMail 用户管理，选择 IMail 的内置数据库“IMail User Database”，点击“Next”。

（7）点击“Next”，选择安装 SSL 证书，管理员也可以在安装了 IMail 服务器以后再进行配置。

（8）点击“Next”，IMail 安装了多个服务，这里选择需要由 IMail 默认启动的服务，为了收发邮件，至少需要选择“IMail SMTP Server”，“IMail Queue Manager Service”，以及“IMail POP3 Server”三项服务。如图 11-19 所示。

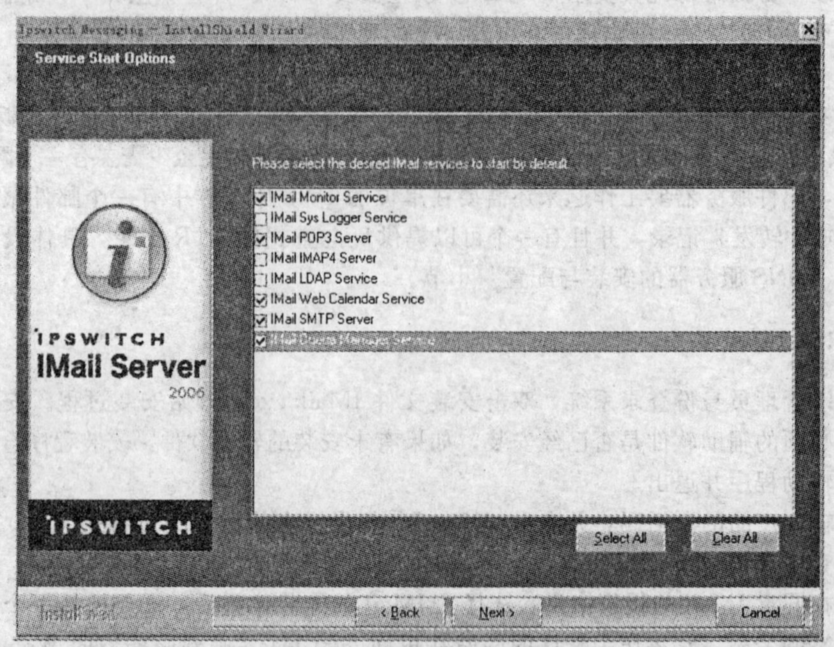

图 11-19　选择默认启动服务

（9）点击“Next”，选择开始菜单名。再点击“Next”，开始 IMail 的安装，在安装完成以后，安装程序会要求输入 IMail 管理员的账户信息。在输入管理员账户信息后，安装程序会询问是否添加用户，点击“Yes”添加用户，点击“No”完成用户添加进入下一步。

（10）安装程序会询问是否登录管理端，选上复选框，将立刻进入 IMail 邮件服务器的 Web 管理界面。点击“确定”，完成 IMail 的安装。

11.3.3　配置 IMail 邮件服务器

IMail 安装完成后，安装程序会在“程序”菜单中添加一个目录，并在安装时选择的网站下面添加两个虚拟目录“IAdmin”和“IClient”，分别指向“INSTALL_DIR\WebDir”目录下的“IAdmin”和“IClient”文件夹，其中“INSTALL_DIR”是 IMail 的安装目录。IMail 提供基于 Web 的远程管理，如 IMail 所在的网站名为“http://www.example.org:8088”，在浏览器地址栏中输入“http://www.example.org:8088/IAdmin”，就打开了 IMail 管理端的登录页，而“http://www.example.org:8088/IClient”则进入了客户端登录页。IMail 提供了相当友好的管理界面，管理员可以按照页面上的提示做相应的修改设置。下面介绍 IMail 的一些常用管理和配置。

1. 设置邮件服务器域属性

点击菜单栏中的“Domain”，在下拉菜单中选择“Domain Properties”命令。在打开

的域属性设置页面里面，可以设置当前的邮件服务器的邮件和邮箱的相关设置，包括默认邮箱大小，邮件大小限制，邮箱中邮件数目限制，用户数目限制等。IMail 默认都设置为 0，表示没有限制，管理员可以根据实际情况决定相应的设置。

2. 添加虚拟邮件服务器

如果一个单位有多个域名需要邮件服务器，IMail 支持在一台主机上建立多个不同域名的邮件服务器，新添加的虚拟邮件服务器可以和原始安装的邮件服务器有相同的 IP，也可以有自己独立的 IP（需要所在的主机绑定多个 IP 地址），添加过程如下。

（1）在管理页面的菜单栏上点击“Home”Tab 按钮，进入管理首页，点击页面上的“Manage Domains”链接，进入域名管理页面。

（2）在域名管理页面中可以看到在初始安装时候的安装上的一个域名记录，点击“Adding”按钮，进入“新域名设置”页面，输入虚拟邮件服务器的域名，在“TCP/IP Address”下拉列表中选择虚拟邮件服务器的 IP 地址，如果虚拟邮件服务器没有自己的 IP，则在列表中选择“Virtual”。

（3）输入虚拟邮件服务器的顶层目录，新的邮件服务器的用户数据和邮件列表数据等都将存储在这里。进行默认邮箱大小、最大邮件大小等邮件服务器属性设置。

（4）点击“save”按钮完成新的虚拟邮件服务器的添加。如图 11-20 所示。

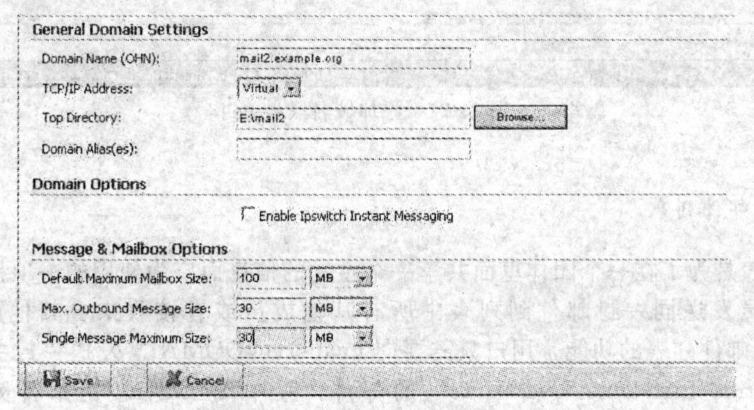

图 11-20　服务器常规属性设置

（5）虚拟邮件服务器的 DNS 设置，添加了虚拟邮件服务器以后，还需要向 DNS 服务器中添加相应的虚拟服务器的 MX 邮件转发记录、反向查找记录以及主机 DNS 记录。添加了 DNS 记录以后，新建的虚拟邮件服务器就可以像一个独立的邮件服务器一样使用了。

3. 防垃圾邮件设置

经常可以看到自己的邮箱里面塞满了各种各样的广告、宣传资料甚至带病毒的垃圾邮件。SMTP 协议具有开放性的特点，它只管邮件的发送和接收，没有的防垃圾邮件功能。IMail Server 提供了统计过滤、内容过滤、黑名单、HTML 特征检测等基本的反垃圾邮件功能，管理员可以根据实际情况设置各种邮件过滤方式。

以添加 URL 域名黑名单为例，点击菜单栏上的“Anti Spam”按钮，打开垃圾过滤管理页面。点击“URL Domain Black List”链接，打开 URL 黑名单列表设置页面。在打开设置选项页面中，将“Use”下拉框选中“Current Domain”，“Scan”下拉框选中“Html and Plain Text”，在“Action”下拉菜单中选择对垃圾邮件采取的动作，可以对垃圾邮件采取删除、加 X-header 或者转发到指定地址等操作，如果是转发操作，可以指定为该邮件添加的前缀，这里选择“Delete”选项，表示将对发送到当前域名的邮件的 html 内容以及文本内容进行检查，若有列入黑名单的 URL 地址被发现，那么该邮件被判定为垃圾邮件。点击“Edit URL Entries”按钮，在文本输入框中输入需要过滤的 URL 黑名单域名，如图 11-21 所示，点击“save”保存黑名单，包含有到这些域名的链接的邮件都将被服务器视为垃圾邮件并对其采取选定的行动。

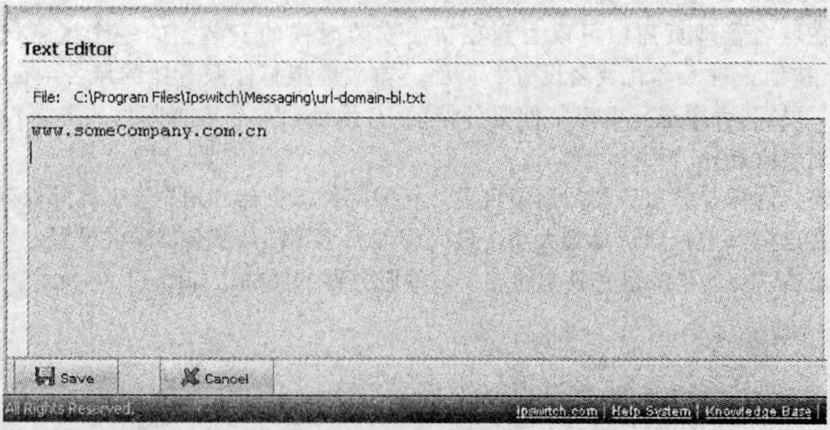

图 11-21　添加域名黑名单

4. 建立邮件列表

邮件列表是为了在一个团体里面共享一个主题的信息而广为使用的一项技术，邮件列表允许其成员发送同一封邮件到列表中所有其他成员或者接收来自其他成员的邮件。IMail 提供了邮件列表的功能，用户只需要向 imailsrv@DOMAIN 发送一封主题为空，内容为“subscribe ListName UserName”的邮件，其中 DOMAIN 为邮件列表的域名，ListName 为列表名，UserName 为用户名字，即可得到邮件列表的回复邮件，加入该列表。添加设置邮件列表步骤如下：

（1）点击菜单栏上的“Domain”按钮，选中“List Administration”命令，在打开的页面中单击“Add...”按钮，进入对应的邮件服务器新建邮件列表的设置页面。

（2）在“Allowed Posters:”下拉框中，可选的选项有“Anyone”表示任何人都可以向列表发邮件；“Subscribers”表示只有列表上的用户才能够向列表发送邮件；“Moderators”表示只有邮件列表所有者才能向列表发送邮件。这里一般选中“Subscribers”。

（3）在“List Name”后的输入框中输入列表名字，注意中间不能有空格；在“Mail List Name”输入框中输入邮件列表的主题，在“List Owners Email Address”输入框中输入邮件列表的拥有者的邮件地址，在“Local List Admin (User ID)”输入框中输入邮件列表管理员的账户，邮件列表管理员拥有设置邮件列表属性，添加/删除邮件列表成员

等权限，一般设置为和邮件拥有者一样的账户。注意不要选上“Disallow Subscription”复选框，表示允许外界用户注册到邮件列表里面来。配置结果如图 11-22 所示。

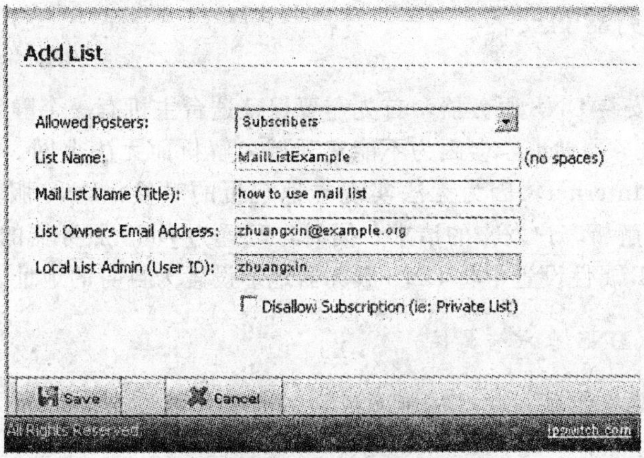

图 11-22　添加邮件列表

(4) 以邮件列表管理员的身份登录管理端，点击“Domain”按钮，选择“List Administration”命令，进入属于该管理员的邮件列表管理页，这里可以编辑邮件列表的相关文件、进行安全设置等。如要添加或者删除用户，点击相应邮件列表，在左边的窗口中点击“List Users”将进入用户列表管理页面，选中用户前面的复选框并点击“Delete”，将删除对应的用户。点击“Add...”按钮，可以向邮件列表中添加新的用户。点击左边窗口中的“Advanced 按钮”，将进入邮件列表高级选项设置页，管理员可以设置邮件列表里面邮件的大小限制，附加邮件名前缀以及需转发邮件的邮件头和邮件尾等。其中较常用的有设置邮件尾，一般用于给出邮件列表的相关信息，提醒用户如何的退出邮件列表等。

11.4　DNS 服务器的安装和配置

在互联网的通信中，通信主机之间需要知道对方的位置，人们采用 IP 地址来唯一标识网络上的主机。IP 地址是 32 位的二进制数值，很不便于人记忆，于是人们引入了域名系统。域名系统为每个服务器都分配一个独一无二的层次结构的字符串，这便是域名。域名便于人们理解和记忆，如 www. yahoo. com 表示了 Yahoo 网站服务器的地址。人们使用域名来上网，但是计算机在网络上通信使用的是数字地址，必须有一套机制，能够将域名解析为 IP 地址。

DNS（Domain Name Service）服务就是负责网络上主机域名和 IP 之间解析的服务，接受用户发来的包含域名的请求，返回相对应的主机 IP 地址。DNS 服务器其实是一个具有层次结构的分布式数据库，其中的内容则是从域名到各种数据类型（如 IP 地址）的映射，接收到用户的解析请求后，本地域名服务器首先在本地查找该域名的区域资源记录，如果没有，则该域名服务器代表客户机把域名解析请求发往自己的上层域名服务器，由上层域名服务器进一步进行解析操作，并将查询结果返回给本地域名服务器。

安装了DNS服务的主机可以用做单位的DNS服务器，本单位的客户机的DNS查询都可以由它来完成。下面以Windows Server 2003为例介绍安装和配置DNS服务。

11.4.1 DNS服务器的安装

在一台主机上安装DNS服务器，首先需要保证这台主机有一个静态IP地址，否则客户机不知道DNS服务器地址，会因为不能实现域名解析而无法上网。还需要保证这台主机能够正常连接到Internet，因为无法实现本地解析的时候，DNS服务器需要向其他的DNS服务器查询以解析客户发来的请求。同时，配置为DNS服务器的主机的TCP/IP设置中应该在TCP/IP属性设置中将DNS服务器地址设置为自身的地址。

1. 设置主机的DNS客户端属性

(1) 打开“开始”菜单，在“控制面板”中选中“网络连接”，然后右键单击“本地连接”，选择“属性”。

(2) 在“本地连接属性”页中选中“Internet协议（TCP/IP)”，然后单击“属性”。

(3) 单击“常规”选项卡，选中“使用下面的IP地址”，然后在相应的框中键入DNS服务器的IP地址、子网掩码和默认网关地址。

注意，运行Windows Server 2003的DNS服务器必须将DNS服务器指定为其本身。所以这里在“首选DNS服务器”中填入本机的IP地址。

(4) 单击“高级”，然后单击“DNS”选项卡，选中“附加主要的和连接特定的DNS后缀”、“附加主DNS后缀的父后缀”复选框和“在DNS中注册此连接的地址”复选框，如图11-23所示。

(5) 点击“确认”，保存所做的修改。

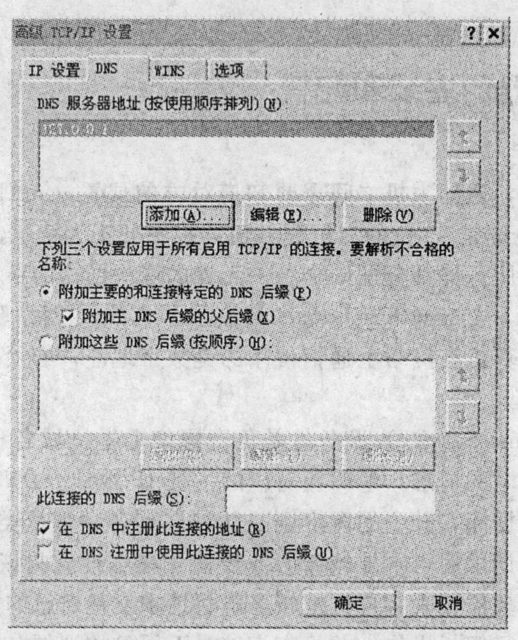

图11-23 设置主机DNS客户端属性

2. 安装DNS服务器

(1) 打开“开始”菜单，在“控制面板”中选择“添加或删除程序”。

(2) 在打开的“添加或删除程序”对话框中点击“添加或删除Windows组件”。

(3) 在组件列表中，单击“网络服务”，可以看到图标是灰色显示的，表明该组件不是完全安装，然后单击“详细信息”，选中“域名系统（DNS)”。

(4) 单击“下一步”，将Windows Server 2003安装光盘插入光驱，根据向导的提示完成DNS服务的安装。

11.4.2 管理和配置DNS服务器

安装好了DNS服务以后，主机还不能作为DNS服务器向客户机提供服务。DNS服务还需要进行一些配置，如为其创建查找区域，配置转发器等，才能正常的工作起来。

1. 管理DNS服务

要改变DNS服务的运行状态，可在“开始”菜单中选择“管理工具”，再点击“服务”，或者在“运行”对话框中输入“services. msc”并点击“确定”。在打开的服务管理器窗口中，右键选中“DNS Server”，然后选择相应的“启动”/“停止”/“重启”等命令。

在“管理工具”里面选中“DNS”，这样就打开了DNS管理单元，右键点击想要启动或停止的DNS服务器图标，选择“所有任务”，也可以启动、停止或重启DNS服务。

2. 配置DNS服务器

(1) 在DNS管理单元中右键点击需要配置的DNS服务器，选择“配置DNS服务器”，打开DNS配置向导。

(2) 点击“下一步”进入“选择配置操作”向导页，各个选项下有比较明确的说明。默认情况下适合小型网络使用的“创建正向查找区域”单选框处于选中状态，管理员可以根据自己网络的大小进行相应的选择，本书在这里保持默认，如图11-24所示。

(3) 点击“下一步”进入“主服务器位置”向导页，如果当前配置的DNS服务器是自己网络中的第一个DNS服务器，则应保持“这台服务器维护该区域”的选中状态。该DNS服务器将作为主DNS服务器使用。

(4) 单击“下一步”，进入区域名称向导页，输入DNS服务器所负责管理的域名区域，这里可以输入自己单位的申请到的域名，如example. org。

(5) 单击“下一步”，进入区域文件向导页，向导已经填写了区域文件的文件名，保持默认值不变。

(6) 单击“下一步”，进入“动态更新”向导页，这里指定DNS服务器以何种方式进行所管理区域的注册信息更新。“不允许动态更新”选项需要管理员手动的输入和更新域名注册信息，给管理员带来一定的工作负担，而且更新的及时性受到限制；“允许非安全和安全动态更新”选项允许系统自动地在DNS中注册和更新信息，在实际应用中比较有

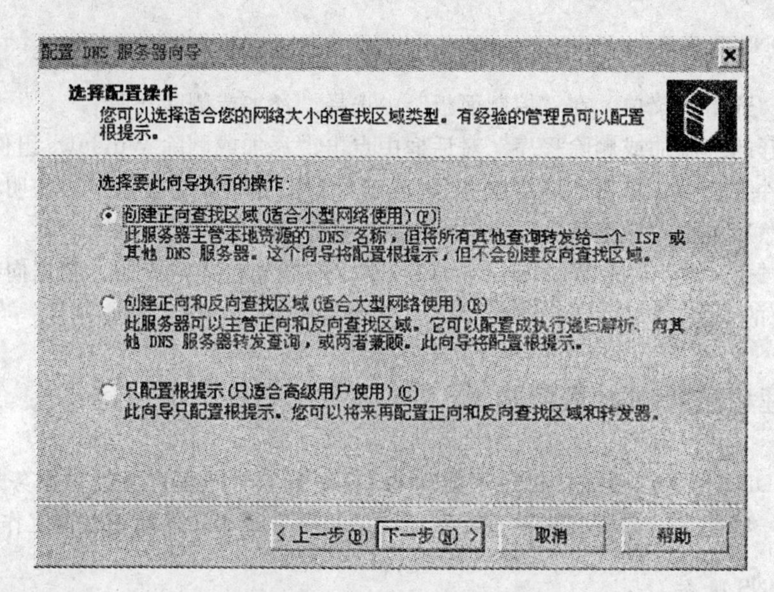

图 11-24　创建正向查找区域

用，因此选择允许动态更新。

(7) 单击“下一步”，进入转发器向导页，转发器的作用是当本地 DNS 服务器没有客户查询的资源记录，服务器将把这个无法答复的查询转交给指定了 IP 地址的上级 DNS 服务器处理。如果配置的 DNS 服务器需要解析 Internet 上的域名，那么这里应该提供一个上级 DNS 服务器的 IP 地址，如 ISP 提供的 DNS 服务器地址等。如图 11-25 所示。

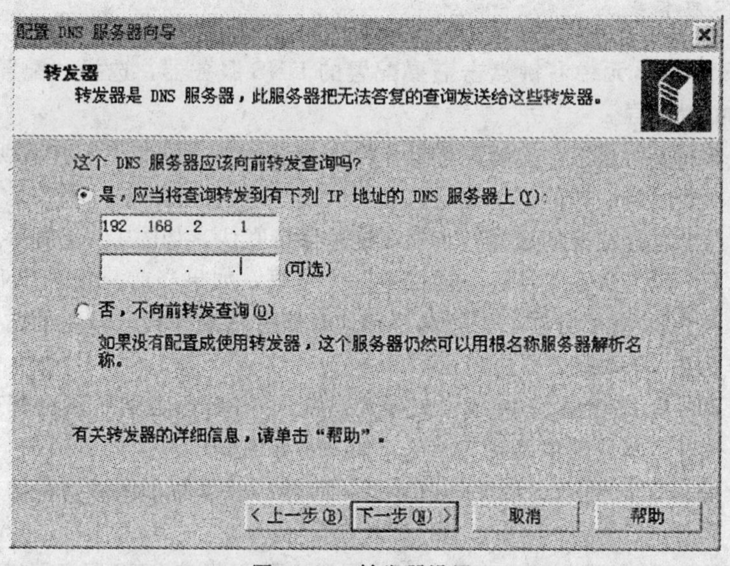

图 11-25　转发器设置

(8) 单击“下一步”，确认各项信息是否正确填写，点击“完成”按钮完成配置。

3. 配置转发器

转发器的作用是当本地 DNS 服务器无法在其区域中找到请求的资源记录，服务器将把请求发送给另一台 DNS 服务器，以进一步尝试解析。右键点击“服务器”图标，选择“属性”，在打开的“服务器属性”对话框中，选择“转发器”，添加转发的 DNS 服务器的 IP 地址。

4. 添加新的主机记录和邮件转发记录

在配置 DNS 服务器的时候创建了 DNS 的正向查找区域，还需要在其基础上创建指向不同主机的域名才能向用户提供域名解析服务。例如，单位的 Internet 服务器的域名是 www.example.org，需要在负责该区域的 DNS 服务器的正向查找区域中添加该 Internet 服务器的资源记录，用户才能找到这个网站。

(1) 展开选中的 DNS 服务器的“正向查找区域”目录，用鼠标右键单击需要添加主机记录的正向查找区域，选择菜单中的“新建主机”命令，在“新建主机”对话框中输入主机的域名，如果留空，则为父域名，然后输入主机的 IP 地址。如图 11-26 所示。

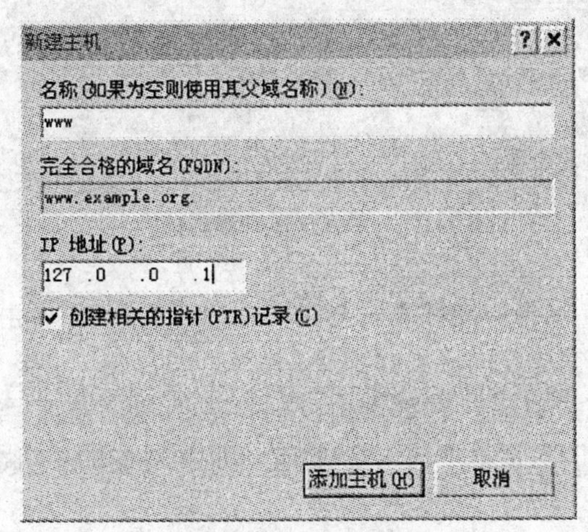

图 11-26　添加主机记录

(2) 注意如果服务器需要反向解析，最好选上“创建相关的指针（PTR）记录”，以方便反向查找，点击“添加主机”将新的资源记录添加到服务器中。

(3) 如果单位有邮件服务器，同时希望邮件服务器能够在 Internet 提供服务器，那么需要为邮件服务器所在的主机添加一个邮件转发记录。邮件单击“正向查找区域”，选择“新建邮件交换器（MX）”命令，在弹出的“新建资源记录”对话框中，输入邮件服务器的域名以及相应的 IP 地址，单击“确定”完成邮件交换记录的添加。

5. 添加反向查找区域和新建指针

反向查找记录把计算机的 IP 地址映射到对主机的域名，它并不是必要的，但是一些特定的程序中有这种需求，比如 IIS 日志记录中记录的是主机名字而不是 IP 地址，就需要一个能够由IP得到主机域名的查询机制。要添加反向查找区域，首先需要创建反向区域。

(1) 点击“反向查找区域”图标，选择“新建区域”命令，启动新建区域向导。

(2) 单击“下一步”，在“区域类型”向导页中，选择“主要区域”选项。

(3) 单击“下一步”，进入“反向查找区域名称”向导页，在“网络ID”输入框中输入反向搜索区域的网络标识，即需要反向查找的网络号，向导会自动的在“反向查找区域名称”输入框中输入对应反向查找区域名称，如图11-27所示。

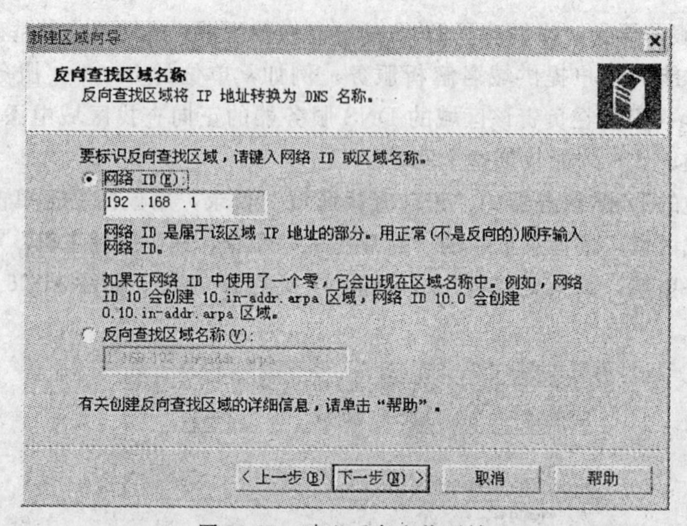

图11-27　建立反向查找区域

(4) 单击“下一步”，选择“允许非安全和安全动态更新”，单击“下一步”，在向导页中单击“完成”按钮，完成反向区域的添加。

(5) 反向区域添加完成以后，右键点击反向区域图标，选择“新建指针（PTR)”，在弹出的“新建资源记录”对话框中输入主机IP地址和对应的主机名，单击“确定”完成反相查找指针的添加。

11.5　DHCP协议的安装和配置

11.5.1　DHCP简介

在IP通信中，IP地址是计算机通信的基础，它在网络上必须是唯一的，否则引起网络冲突。对于拥有许多台计算机的大型网络来说，给每台计算机拥有一个静态的IP地址有时候是不必要的，而且带来很多管理上的问题。比如一个公司的有上百台电脑，一方面，一些暂时没有上网需求的电脑浪费了IP地址资源；另一方面，如果有新的电脑需要分配一个IP地址，管理员很难知道哪些IP地址还没有被占用。

DHCP 协议是动态主机配置协议的缩写，它提供了一种动态地为主机分配 IP 地址和配置参数的机制。这个协议主要用于大型网络环境和配置比较困难的地方，DHCP 服务器能够动态地为网络中的其他主机提供 IP 地址、子网掩码、默认网关和 DNS 服务器地址等配置信息，而不用管理员手动的去修改和配置，大大减少了配置和管理的复杂性，能够使管理员集中地管理网络上的 IP 地址和其他相关配置的详细信息。DHCP 使用了一种租约的机制，客户机向服务器发送租用 IP 配置信息的请求，服务器将一个 IP 及相应配置信息以租约的形式返回给客户机，租期到期后服务器将把租用 IP 地址返回到地址池中，进行再分配，如果客户机需要继续上网，需要向服务器续订租约。

DHCP（动态主机配置协议）是 Windows 2000 Server 和 Windows Server 2003 系统内置的服务组件之一。下面以 Windows Server 2003 为例，讲解如何配置 DHCP 服务器。

11.5.2　安装 DHCP 服务

要配置 DHCP 服务首先要安装上它，默认情况下，DHCP 作为 Windows Server 的一个组件并未被安装。安装 DHCP 服务之前需要注意 DHCP 服务所在的主机需要能够和网络中的每台需要上网的主机连接，并且服务器拥有一个静态的 IP 地址，这样客户机才能找到 DHCP 服务器并获得自己的 IP 地址。

(1) 首先将系统安装光盘插入光驱，打开“开始菜单”，选择“控制面板”，选择“添加或删除程序”目录。

(2) 在“添加或删除程序”对话框中，单击“添加/删除 Windows 组件”。

(3) 在“Windows 组件向导”对话框中，单击组件列表中的“网络服务”，然后单击“详细信息”按钮。选中“动态主机配置协议（DHCP)”，点击“确定”。

(4) 单击“下一步”，启动安装程序，安装程序将随后完成 DHCP 服务的安装，并在系统中添加一个 DHCP 服务。

11.5.3　授权 DHCP 服务器

在 Windows Server 2003 中，一个 DHCP 服务器必须按得到它所在 Active Directory 域的授权以后才能在所在的网络中担当起 DHCP 服务器的角色。管理员需要以 Enterprise Administrators 组成员身份的账户登录到 DHCP 所在的服务器，并对 DHCP 服务器进行授权。

(1) 打开“开始”菜单，选择“管理工具”然后选择“DHCP”命令，打开 DHCP 管理单元。

(2) 选中需要授权的服务器，可以看到图标上的箭头是红色的，说明该服务器还未授权。右键单击服务器图标，选择“授权”命令。

(3) 隔几秒钟，点击窗口中的“刷新”按钮，或者右键点击服务器图标选择“刷新”命令，可以看到服务器图标上箭头变为绿色，表明该服务器已被授权。

11.5.4 配置DHCP服务

安装好 DHCP 服务器并启动后，必须创建一个作用域，作用域即可供网络中的 DHCP 客户机使用的 IP 地址的范围。如果在同一网络中建立了多个 DHCP 服务器，应该注意他们的作用域不要相互重叠，否则多个 DHCP 之间并不知道 IP 地址的分配情况，可能将一些已被其他 DHCP 服务器分配出去的 IP 地址再次分配出去，容易带来管理上的混乱。

1. 新建作用域

(1) 打开“开始菜单”，选择“管理工具”，然后选择“DHCP”命令，打开“DHCP 控制台”窗口。

(2) 右键单击要创建新 DHCP 作用域的“DHCP 服务器”，然后选择“新建作用域”命令，打开“新建作用域向导”。

(3) 单击“下一步”，然后输入该作用域的名字及描述信息。名字可以是任意的，但是最好具有一定的描述性。

(4) 单击“下一步”，进入 IP 地址范围向导页，这里需要输入可供该作用域对外租用的地址范围。这些地址必须有效并且当前并未使用。例如，分别输入公司分配到的起始 IP 地址 192.168.0.1 和终止 IP 地址 192.168.0.255，如图 11-28 所示。然后填入相应的子网掩码。

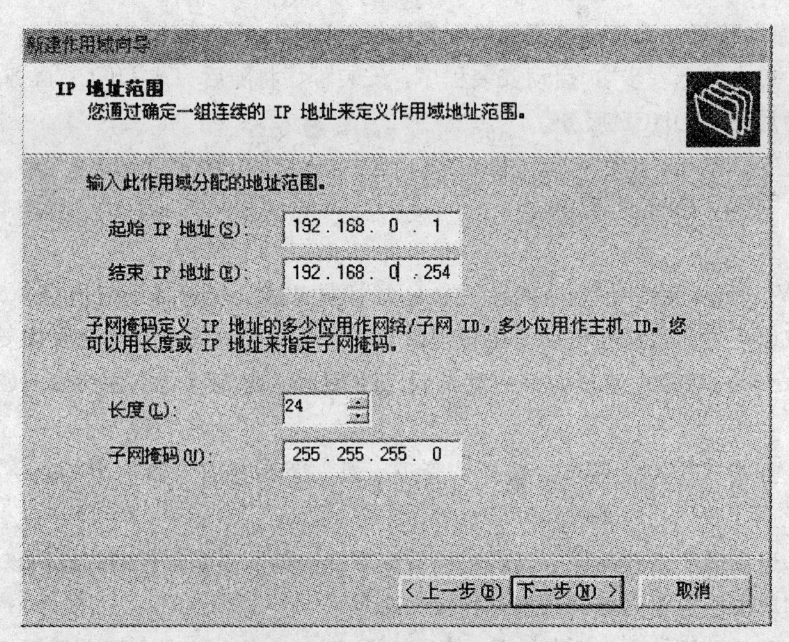

图 11-28 新建作用域 IP 地址范围

（5）单击“下一步”，进入添加排除向导页，输入需要排除在输入的IP地址范围外的IP地址，比如静态分配给DNS服务器，Web服务器，域控制器等服务器的IP地址，或者成段的不属于输入IP地址范围的IP地址。如图11-29所示。

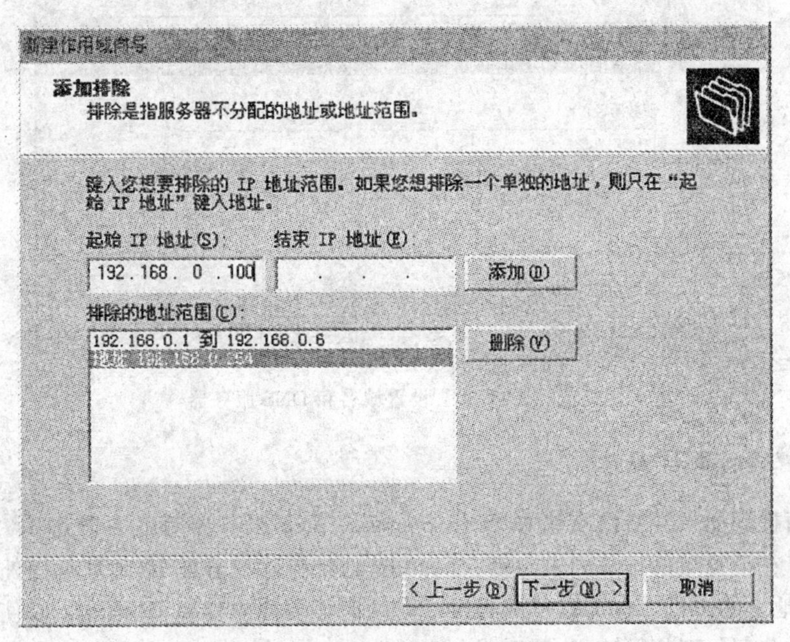

图11-29 添加排除IP地址

（6）单击“下一步”，进入租约期限设置向导页，输入作用域的IP地址的租约期限。租约期限规定了客户端可持有租用的IP地址而不用续订租约的时间长短。对于局域网用户，一般设置较长的租约比较合适。

（7）单击“下一步”，然后选择“是，我想现在配置这些选项”，向导将执行一些常见的DHCP扩展配置，如网关和DNS服务器地址。

（8）单击“下一步”，进入默认路由器配置向导页，输入默认路由器或者网关的IP地址，从此作用域获得IP地址的客户机的路由器都将使用此IP地址。在输入框中输入路由器或者网关IP，单击“添加”以将默认网关地址添加到列表中。

（9）单击“下一步”，进入DNS配置向导页，在“父域”框中输入单位的域名，可以在“服务器名”输入框中输入DNS服务器名，然后点击“解析”，确认DHCP服务器可以连接DNS服务器并获取其地址；如果需要使用网络上提供的DNS服务器，如ISP提供的DNS服务器，也可以输入它们的名字，或者IP地址。单击“添加”，将DNS服务器IP地址添加到DNS服务器列表中，如图11-30所示。

（10）单击“下一步”，如果单位中使用了WINS服务器，则按照相同的步骤添加服务器名称和IP地址。

（11）单击“下一步”，选择“是，我想现在激活此作用域”，以激活该作用域并允许客户端从该作用域获得租用，点击“下一步”，完成新作用域的添加。

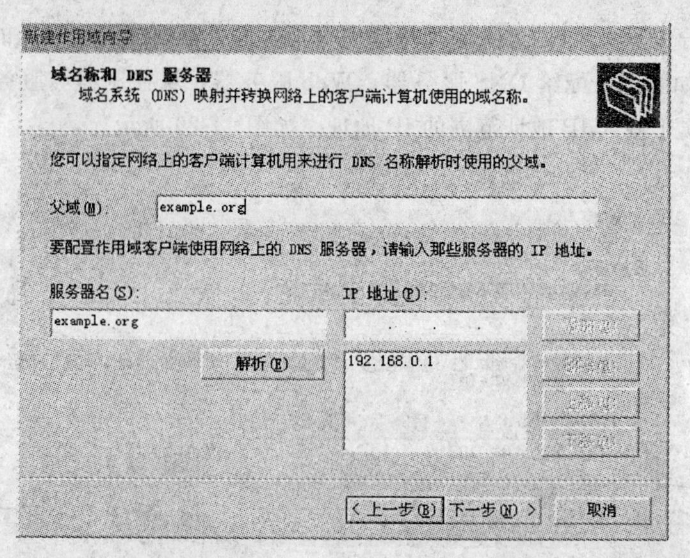

图 11-30　设置域名和 DNS 服务器

2. 建立保留 IP 地址

前面提到如果网络内有诸如 DNS Server、Web 服务器等需要静态 IP 地址的服务器时，可以在设置域的排除列表中将它们的 IP 地址排除在分配 IP 地址范围外。网络中需要固定 IP 地址的主机，也可以使用 DHCP，这时需要建立保留 IP 地址，以使服务器特定的主机总是分配得到相同的 IP 地址。

(1) 打开“开始”菜单，选择“管理工具”，选择“DHCP”命令以启动 DHCP 控制台。

(2) 选择 DHCP 服务器，展开它的作用域，右键点击“保留”图标，选择“新建保留”命令。

(3) 在弹出的新建保留对话框中输入需要保留的 IP 地址和需要为之保留 IP 目的主机的 MAC 地址，其中目的主机 MAC 地址可以在目的主机命令行下运行“ipconfig/all”得到。保留名称可是任意填写，但最好具有一定的提示作用。如图 11-31 所示。

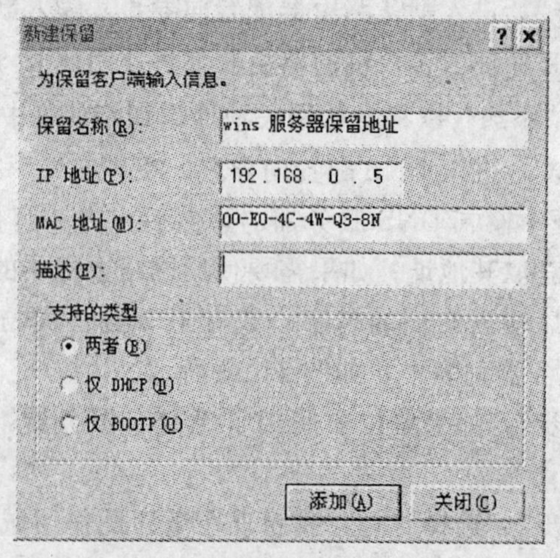

图 11-31　新建保留地址

（4）点击“添加”按钮，新建的保留 IP 就添加到了保留 IP 地址列表中去了。点击“关闭”关闭添加保留窗口。管理员可以在“地址租约”中查看新建立的保留 IP 地址。

3. 更改和添加作用域选项

DHCP 服务器除了为 DHCP 客户机提供 IP 地址外，还可以帮助客户机设置 DNS 服务器、WINS 服务器、路由器、默认网关、域服务器等相关配置。在客户机向 DHCP 服务器发出租约请求或者续订租约请求时候，DHCP 服务器将自动设置客户机的 TCP/IP 环境。

DHCP 服务器提供了许多的配置选项类型，但最常用的都在作用域配置向导里面进行了设置，如果要添加或者修改新的设置，可以在作用域的“作用域选项”中进行设置。

（1）打开“DHCP 控制台”，展开 DHCP 服务器的相应作用域。

（2）右击“作用域选项”图标，选择“配置选项”命令，打开“作用域选项”对话框。

（3）可以看到配置可用选项列表中有很多可以配置的选项，在新建作用域向导中已经配置了的配置选项复选框前面有一个钩。如果需要修改或者添加一个配置，首先要选上该配置项目前的复选框，以时间服务器为例，选中时间服务器前的复选框，然后在“服务器名”输入框中输入时间服务器的名字，点击“解析”以确定 DHCP 服务器可以连接到时间服务器以获取其 IP，如果知道时间服务器的 IP 地址也可以直接填写它的 IP 地址，点击“添加”按钮将服务器的 IP 地址加入列表，如图 11-32 所示。

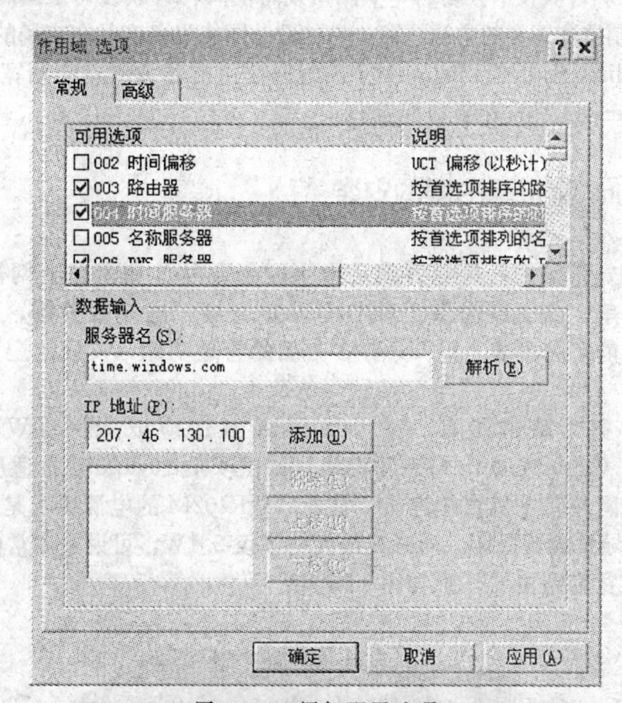

图 11-32　添加配置选项

（4）单击“应用”按钮保存当前修改，单击“确定”按钮结束修改。管理员可以在“作用域选项”窗口中查看所做的配置选项修改。

11.6 宽带路由器的配置

11.6.1 路由器简介

路由器产生于20世纪80年代，它的最主要的功能是实现数据在不同网络之间的转发，从而达到网络互联的目的，一般用于一个单位网络和单位外的网络之间的连接。路由器数据转发的实现机制是在路由器中保存一个路由表，收到网络上传来的数据包后，路由器检查包头的目的IP信息，并在路由表中查找对应的出口接口，将数据包转发出去。

除了数据转发功能，现在的路由器随着技术的发展还具有隔离广播、网络流量监控、网络负载均衡调整、硬件防火墙等功能，所以在实际中路由器得到了很广泛的应用。

随着宽带业务的发展，ADSL、VDSL、FTTH，FTTC、Cable Modem 等各种宽带接入方式越来越普及，于是出现了多个宽带用户共享宽带上网的需求。宽带路由器的出现以较低的投入解决了宽带用户日益增强的宽带上网需求。宽带路由器一般具备1个WAN口和多个LAN接口，可自动检测或由手工设定宽带运营商的接入类型，可接受ADSL、VDSL、Cable Modem、小区宽带等宽带接入，具备PPPoE虚拟拨号或DHCP客户端功能，具备一定的防火墙功能，完全能够满足家庭和小型企业单位上网需求。

TP-link是深圳普联技术公司的一个网络设备品牌，普联公司是国内一家从事网络与通信终端设备研发、制造和销售的主流厂商，它的部分网络设备产品在市场的占有率位列第一。

下面以TP-link公司的TP-link402M型宽带路由器为例，介绍宽带路由器在操作平台Windows2003 Server下的安装和配置。

11.6.2 TP-Link 宽带路由器的安装

TL-R402M宽带路由器是专为满足中小型企业办公和家庭上网需要而设计的，其性能优良、管理简单。路由器提供了对DHCP服务器、虚拟服务器、DMZ主机、防火墙、上网权限管理、静态路由表、UPnP等多方面的管理功能，友好的全中文配置界面使得配置简单易用。

TL-R402M宽带路由器有一个10/100M自适应以太网（WAN）接口，可通过xDSL、以太网、CableMedom与外网相接，提供4个10/100M自适应以太网（LAN）接口，与内部局域网或者主机直接连接。注意TP-R402M的电源要求是9V～50Hz 0.8A，不匹配的电源可能导致设备损坏。同时其最大功率仅3.1W，可说是非常低能耗的一款产品。

TP-R402M宽带路由器外观如图11-33所示。

图11-33 TP-Link 宽带路由器实物外观

1. 系统需求

用户需要有一个宽带接入，可以是 xDSL、Modem、Cable Modem 或者以太网接入，如果是 xDSL 或者 Modem 接入的话还需要有个带 RJ-45 连接器的调制解调器。

2. 硬件连接

(1) 用一根网线将局域网内的交换机或者集线器和路由器的任意一个 LAN 口连接起来，也可以将主机网卡和路由器通过网线直接连接起来。

(2) 将路由器的 WAN 口和通向外网的 xDSL、Cable Modem 或以太网连接起来。如图 11-34 所示。

(3) 使用产品自带的电源适配器接上路由器的电源，路由器将自行启动，指示灯 M2 将闪烁表示系统正常，如果 M2 常亮或不亮则表示系统有问题。正常接上以后，路由器的 LAN 口和 WAN 口的指示灯都会常亮或者闪烁，分别表示正常接通和正在传输数据。

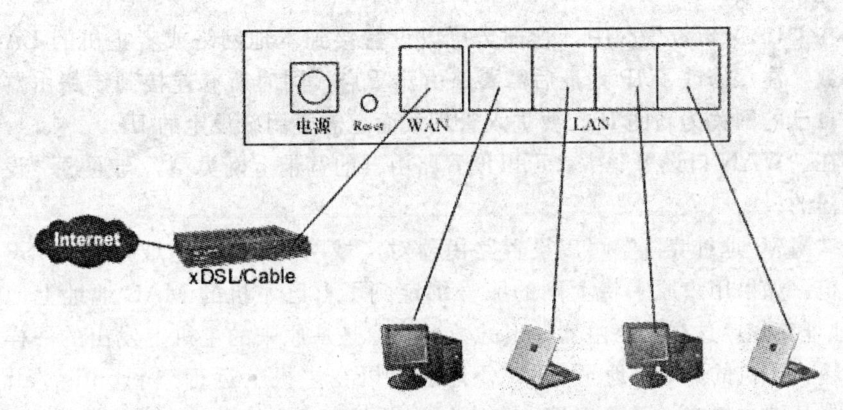

图 11-34　TP-Link 宽带路由器连接示意图

11.6.3　TL-R402M 宽带路由器的网络配置

连接好路由器以后，还需要对路由器和主机进行正确的配置才能上网。

首先需要配置主机的本地连接属性。打开“开始”菜单，选中“控制面板”，在“控制面板”菜单中右键点击“本地连接”，选择“属性”命令。在打开的对话窗口中，右键单击“本地连接”图标，选择“属性”。在弹出的对话框的“常规”Tab 页中，选中“Internet 协议（TCP/IP）”并左键双击，在“使用下面的 IP 地址”输入框中配置主机的 IP 为“192.168.1.XXX”（XXX 范围从 2 到 254），子网掩码“255.255.255.0”，默认网关为“192.168.1.1”，同时 DNS 保持不变，点击“确定”保存配置。

在浏览器中输入地址 192.168.1.1，在弹出的登录对话框中输入管理员账号和密码，其原始配置均为“admin”。浏览器将自动弹出设置向导页面，如果没有弹出，可以在页面左边点击“设置向导”链接。点击下一步，输入原有的入网方式，如果是拨号上网，向导将要求用户输入账号和密码；如果是静态 IP 地址，向导需要用户输入原有宽带接入的

IP 和网关，以及 DNS 等信息，如果不清楚，可向 ISP 查询；如果是动态 IP 地址获取，用户不需要填写任何内容。点击下一步即可完成向导，多个用户就可以使用同一个宽带账户上网了。

11.6.4 TL-R402M 宽带路由器的其他配置

管理用户进入管理页面后，左侧菜单栏中一共有 8 个菜单，单击某个菜单即可进行相应的功能设置。

(1) 单击“运行状态”菜单，可以查看当前路由器的工作状态，包括当前的 WAN 口和 LAN 的网络配置和当前 WAN 口的数据流量信息。

(2) 点击“设置向导”，即可打开设置向导页面，对路由器的 WAN 口的网络配置进行修改。

(3) 点击“网络参数”菜单，共有“LAN 口设置”、“WAN 口设置”和“MAC 地址克隆”几个子项。

①在“LAN 口设置”中，管理员可以设置接到本地网络或者主机的 LAN 口的基本网络参数，注意修改了 IP 地址后需要路由器重启，同时所有连接到该路由器的主机都需要修改自己的网关为新的 IP，要进入管理页面也需要用新设定的 IP。

②在“WAN 口设置”中，可以设置路由器的宽带上网类型，与通过“设置向导”设置是一样的。

③“MAC 地址克隆”可以设置路由器对广域网的 MAC 地址，有的 ISP 对 MAC 进行了绑定，如果用户原来将上网的账号绑定到了自己主机的 MAC 地址上，就需要进行 MAC 地址克隆，这样从路由器发出的数据就像是从原来的主机上发出的一样，管理员可以手动输入主机的 MAC 地址，MAC 地址可以在主机上运行“ipconfig /all”命令来获得，或者从该主机来登录管理端，点击“当前管理 PC 的 MAC 地址”后的“克隆 MAC 地址”按钮，主机的 MAC 将自动输入到 MAC 地址输入框中，如图 11-35 所示。

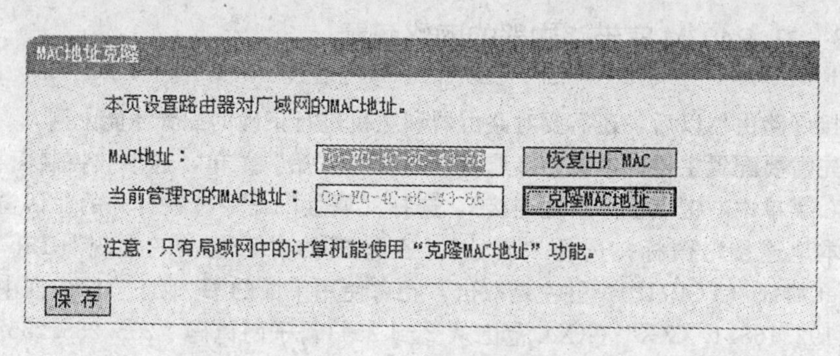

图 11-35 MAC 地址克隆

(4) 点击“DHCP 服务器”，管理员可以对路由器内置的 DHCP 服务器进行管理。“DHCP 服务器”下一共有三个子项。

①点击“DHCP 服务”，可以设置是否开启 DHCP 服务器、分配的 IP 地址范围、地

址租约时间以及配置给客户机的网关、域名、DNS 服务器等信息，如图 11-36 所示。

②点击“客户端列表”，可以查看当前已经分配了 IP 的主机信息列表，包括主机名，所分配 IP 以及租约到期时间等。

③点击“静态地址分配”，可以将局域网中需要静态分配 IP 的主机的 MAC 地址和所分配的 IP 之间进行绑定，所绑定的 IP 地址将保留，并只分配给拥有这些 MAC 地址的主机，这个通常在局域网中有需要固定 IP 地址的服务器如 DNS 服务器、WEB 服务器等的时候比较有用。

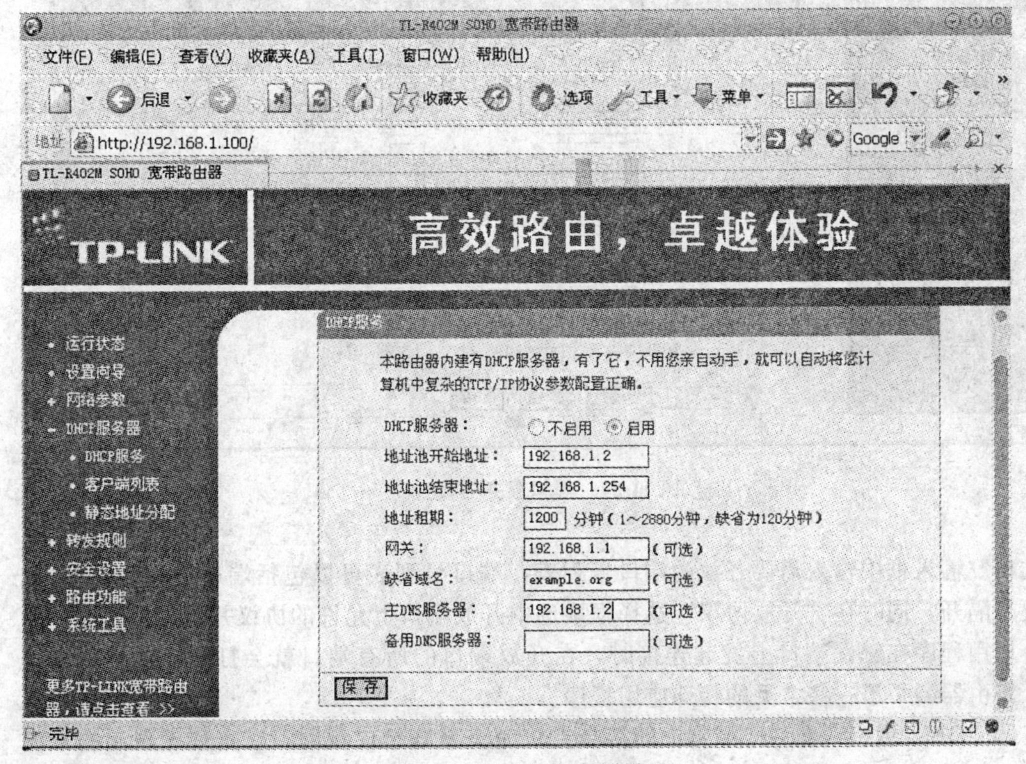

图 11-36　DHCP 服务器设置

(5) 一些连接可能需要绕过路由器的 NAT 机制或者防火墙规则，在“转发规则”菜单中管理员可以做相应的设置。

①如果局域网中有允许广域网访问的服务器，而内置的防火墙又不允许这样的连接，可以通过设置虚拟服务器映射表来解决这个矛盾。点击“虚拟服务器”，输入需要转接的服务端口号，服务器 IP 以及所使用的协议，并勾选上“启用”复选框，规则生效以后广域网对局域网内该服务的访问都将转发到对应主机去，如局域网中有一个 Web 服务器，其 IP 为 192.168.1.56，一个 SMTP 服务器，其 IP 为 192.168.1.66，则虚拟服务器映射表需作如图 11-37 所示指定。

②某些需要多条连接的应用程序，如网络游戏、视频会议、网络电话等无法在 NAT 路由器下工作，“特殊应用程序”允许这些应用程序在 NAT 路由器下工作。在“触发端口”中输入此类应用程序首先发起连接的端口，在“触发协议”中选取传输协议，在“开

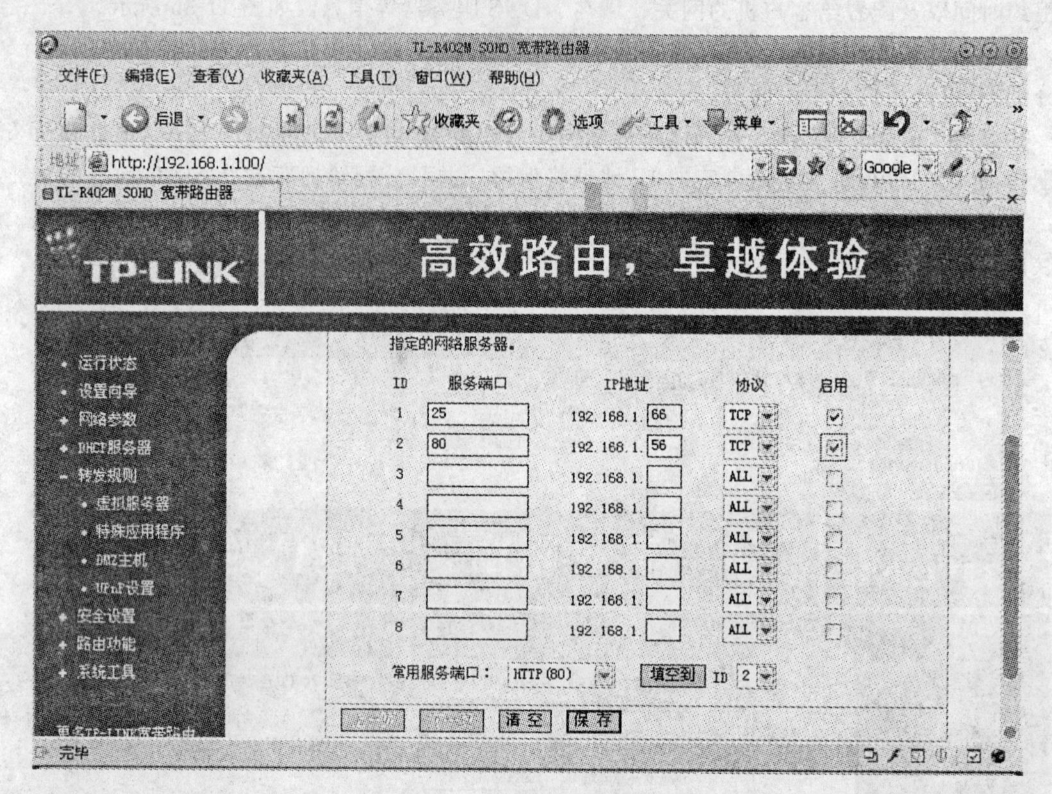

图 11-37　虚拟服务器设置

放端口”输入框中输入需要开放的端口号列表，端口号列表可以包括端口号和端口范围，以逗号隔开，同时在“开放协议”选择框中选中开放端口上允许的协议并启用该规则。当一个应用程序在触发端口上发起连接时，在开放端口的所有端口就会打开，以备后续连接。路由器列举了一些常见的特殊应用程序。

③“DMZ 主机”允许局域网中的某台主机完全暴露给广域网，以实现无限制的双向通信，管理员只需要指定该主机的 IP 地址即可。

④“UPnp 设置”允许局域网中的主机进行特定的端口转换，使得外网的主机在需要的时候可以访问内网主机的资源，从而使得受限于防火墙 NAT 的那些应用程序能够得到正常使用。管理员可以在“UPnp 设置”页面内设置是否启用 UPnp，并可查看使用了端口转换的应用程序的相应描述。

(6)“安全设置”可对路由器内置的防火墙的各种功能进行管理和设置。

①在“防火墙设置”页中可以设置是否启用防火墙及防火墙的各种功能，如是否启用地址过滤、域名过滤以及设置默认过滤规则等。

②如果开启了 IP 地址过滤功能，管理员可以在“IP 地址过滤功能”设置页面中添加过滤规则，允许或者阻止内网和设定的广域网 IP 之间的连接。过滤规则包括局域网 IP 地址以及端口，广域网的 IP 地址和端口以及要阻止的协议类型和是否允许连接等信息，其中 IP 和端口可以是单个的 IP 地址或端口也可以是一个地址范围或一个端口范围，如果 IP 地址或者端口留空，表示所有的 IP 地址或者端口。如图 11-38 所示，表示禁止所有的广

域网 IP 到所有局域网计算机的 1024 和 1025 端口的连接。

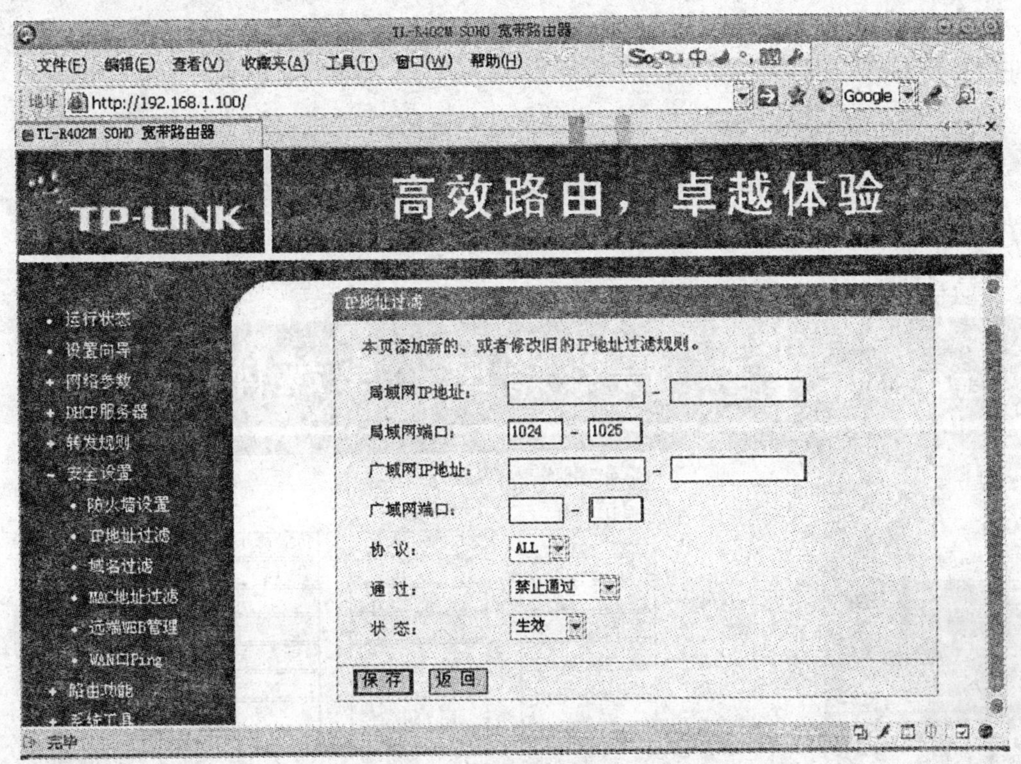

图 11-38　防火墙 IP 过滤设置

③“域名过滤”设置和显示路由器中设置的域名过滤列表，局域网主机和过滤列表所列域中的主机之间将无法建立连接。如果激活了“域名过滤”功能，点击“添加新条目”按钮，输入需要过滤的域名，点击“保存”按钮即可使域名过滤生效。

④“MAC 地址过滤”可以控制局域网中的计算机访问网络，如果激活了“MAC 地址过滤”功能，只需要在 MAC 地址列表中输入目标主机的 MAC 地址，即可禁止该主机上网。

⑤“远程 Web 管理”允许管理员远程登录管理端对路由器进行管理，在“远程 Web 管理”页面中可以设置执行远程管理的主机的 IP 地址以及端口，注意如果在“转发规则”管理页中指定了 Web 虚拟服务器，那么远端 Web 管理的端口不能为 80，否则存在端口冲突。

⑥“WAN 口 ping”可以设置是否禁止 WAN 的 ICMP ping 请求包，如果选择了忽略 Ping 请求，那么广域网的计算机将不能 ping 到路由器。

(7)“路由功能”菜单下只有一个子项即“静态路由表”，最多可以制定 8 条静态路由转发规则。如果一个单位有多台路由器，它们下面的主机有互访需求，同时网络拓扑比较固定，那么最好将它们之间的路由设置为静态路由，这样不需要用到 DNS 解析。在静态路由列表中输入目的 IP 地址或者网络号，子网掩码以及网关地址，其中网关地址表示路由的下一跳地址，它必须和当前路由器的 WAN 口或者 LAN 口处于同一网段内。比如，当前路由器 R1 的 LAN 口下挂着 192.168.1.0 网段以及另一个路由器 R2 的 WAN 口，其 IP 为 192.168.1.10，同时 R2 的 LAN 口下有一个网段为 192.168.2.0，那么 192.168.1.0 网段内的主机要访问 192.168.2.0 网段内的主机就需要在 R1 的静态路由表中加一个条目。如图 11-39 所示。

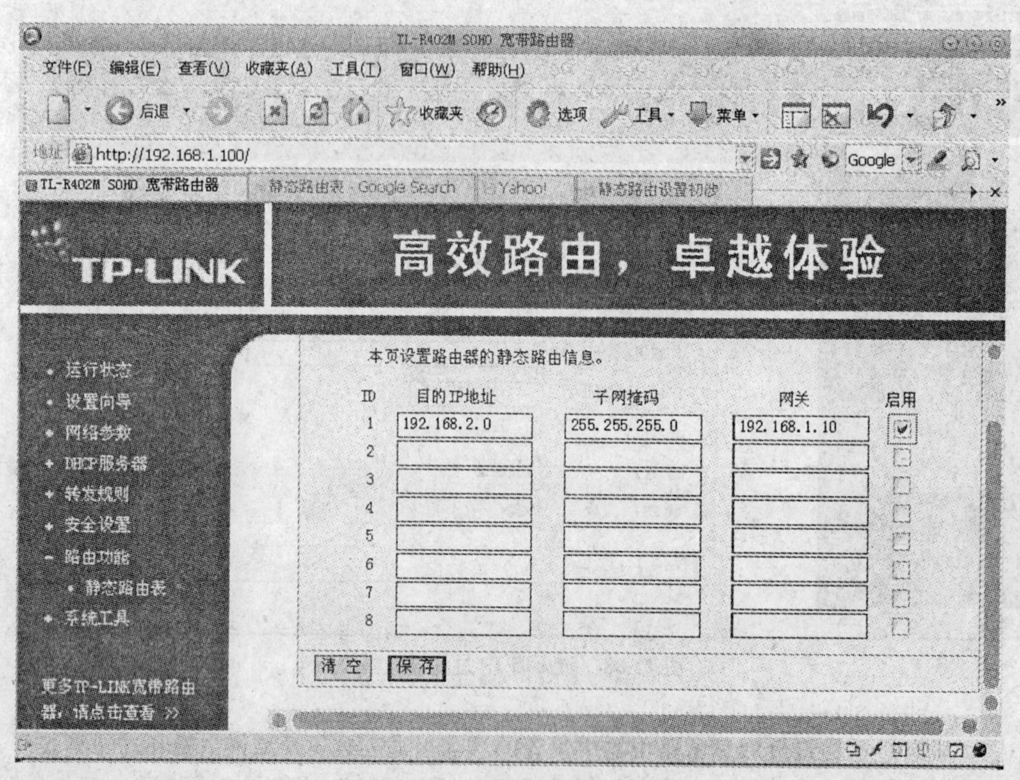

图 11-39 设置静态路由表

（8）在“系统工具”菜单中，有“软件升级”、“回复出场设置”、“重启路由器”、“修改登录口令”几个设置子项。“软件升级”可以升级路由器的软件，需要用户登录普联公司网站下载更高版本的软件并在本地主机上运行一个 TFTP 服务器，升级程序将登录服务器获取该升级软件，并进行软件的升级更新。“恢复出厂设置”将把路由器所有的设置恢复到出厂默认状态。“重启路由器”允许管理员对路由器进行重启。“修改登录口令”允许管理员修改账户名和密码。“系统日志”允许管理员查看路由器的日志。

本章小结

本章介绍了常见的网络服务和应用，包括 WWW 服务、FTP 服务、邮件服务、DNS 服务、DHCP 服务以及路由器等的技术背景、基础知识，和相应软/硬件服务器的安装和配置。其中 WWW 服务器、FTP 服务器、邮件服务器以及宽带路由器的安装配置是本章的学习重点。通过本章的学习，应对网络中常见的网络服务和相应的服务器有所了解，能够对本章介绍的常见的各种网络服务器进行一些简单的配置。

练　习　题

一、单项选择题

1. HTTP 协议通信的默认端口是（　　）。

A. 21　　B. 25　　C. 80　　D. 53

2. 启动 IIS 服务的命令为（　　）。

A. “iisreset/start”　　B. “iisreset/restart”

C. “msconfig/start”　　D. “ipconfig”

3. Apache 服务器在 8080 号端口进行监听的命令为（　　）。

A. “Listen 8080”　　B. “Listen At 8080”

C. “Listen：8080”　　D. “Listen 8080；”

4. 在 Apache 服务器中设置拒绝所有来至 hacker. org 同时允许所有其他访问的命令是（　　）。

A. “Allow from all
Deny from hacker. org”

B. “Allow from all
Deny from hacker. org”

C. “Order allow，deny
Allow from all
Deny from hacker. org”

D. “Order deny，allow
Allow from all
Deny from hacker. org”

5. 如果使用 IMail 自带的数据库，应该在安装的时候选择（　　）。

A. “Windows NT user Database”　　B. “IMail User Database”

C. “External Database”　　D. “Active Directory Database”

二、设计题

1. 安装 IIS 服务器，并添加一个网站，其文档目录为 D:\TEST，设置其访问属性为“读取”和“执行”，启动对父目录支持，同时打开网站对 ASP 的支持。

2. 在本机上安装 Apache 服务器，将网站的主目录设置为 C:\TEST，修改网站监听端口为 8082，同时打开对目录浏览，链接跟随的支持，修改默认首页文件为 test. html，同时禁止来自域名yahoo. com 的访问。

3. 安装 Serv-U 服务器，在域中添加一个组 test，设置一个访问目录为 D:\TEST，设置其访问权限为可读取和上传文件，可以浏览目录和创建子目录。添加用户 TEST，其主目录 D:\TEST2，将其加入 test 组，同时限制该用户活动范围为其主目录，通过在域中添加一个位于目录 D:\TEST2 下的名为 test 的指向 D：\ TEST 虚拟路径赋予该用户对 D:\TEST 目录的访问权限。

4. 安装 IMail 邮件服务器，设置默认的邮箱大小为 100M，同时最大邮件大小限制为 10M，最大邮件数限制为 100 封，创建一个邮件列表 listA，允许邮件列表订阅用户向列表中发邮件。

第 12 章 实　训

计算机网络是一门实践性较强的技术，课堂教学应该与实践环节紧密结合。在学习了计算机网络相关理论后，有必要进行一些实际的实验和训练，以加深对计算机网络知识的理解，并增强读者的实践动手能力。本书为读者准备了 6 个网络相关实训，以方便读者在设备允许的条件下进行相应的实验操作训练。

实训一　制作网线实验

【实验目的】

(1) 了解双绞线的组成和分类，认识双绞线的外观及内在排列顺序；
(2) 掌握使用双绞线作为传输介质的网络连接方法，学会制作两种类型的接头；
(3) 学会使用测线仪来判断网线的连通性。

【实验内容】

(1) 了解制作网线所需的原材料和工具；
(2) 制作直连线或交叉线；
(3) 测试所制作网线的连通性。

【实验原理】

1. 双绞线组成及分类

网络中使用的双绞线由 4 对铜导线组成，每对线包含两根互相绝缘的导线，且按一定的规则绞合成螺旋状，如图 12-1 (a) 所示。它既可以用于传输模拟信号，也可以用于传输数字信号。

双绞线容易受到外部高频电磁波的干扰，而线路本身也会产生一定的噪声，如果用作数据通信网络的传输介质，每隔一定距离就要使用一台中继器或放大器。因此通常只用作建筑物内的局部网络通信介质。双绞线分为非屏蔽双绞线（UTP）和屏蔽双绞线（STP）两大类，屏蔽双绞线内有一层金属隔离膜，在数据传输时可减少电磁干扰，稳定性较高。而非屏蔽双绞线内没有这层金属膜，所以稳定性较差，但它的优点是价格便宜。

计算机网络常用的双绞线有三类、五类、超五类和六类四种，其中三类线主要用于 10Mbps 的传输速率环境；五类线在 100m 的距离内可以支持 100Mbps 的快速以太网、155Mbps 的 ATM 等；超五类和六类线则可用于传输速率高达 1 000Mbps 的千兆以太网。

2. 双绞线线序标准

在制作网线时，要用到 RJ-45 接头，俗称“水晶头”的连接头，如图 12-1（b）所示。RJ45 水晶头由金属片和塑料构成，特别需要注意的是引脚序号。当金属片面对我们的时候从左至右引脚序号是 1～8。根据 EIA/TIA 接线标准，RJ-45 接口制作有两种排序标准：EIA/TIA 568B 标准和 EIA/TIA 568A 标准，具体线序如表 12-1 所示。

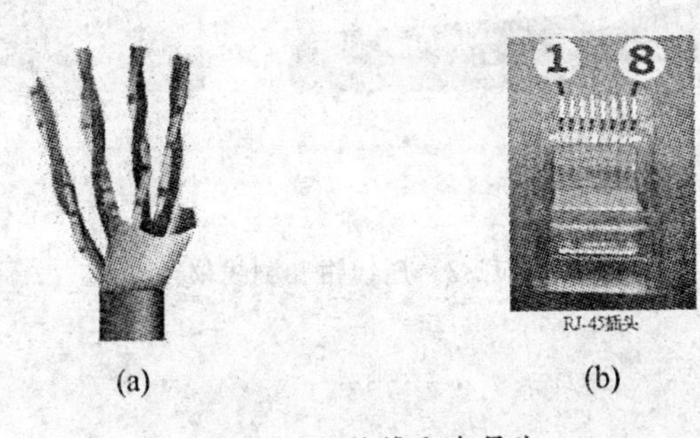

(a) (b)

图 12-1 双绞线和水晶头

表 12-1 双绞线的线序标准

标准	1	2	3	4	5	6	7	8
T568A	绿白	绿	橙白	蓝	蓝白	橙	棕白	棕
T568B	橙白	橙	绿白	蓝	蓝白	绿	棕白	棕

3. 双绞线线序分类

双绞线一般有三种线序：直通（straight-through）线，交叉（cross-over）线和全反（rolled）线。

（1）直通线：直通线一般用来连接两个不同性质的接口。例如通常情况下，主机与集线器 Hub、集线器的级联口与普通口、交换机与路由器端口之间用直通线。

直通线的做法就是使两端的线序相同，要么两头都是 T568A 标准，要么两头都是 T568B 标准。

（2）交叉线：交叉线一般用来连接两个性质相同的端口。例如通常情况下，主机之间、集线器相同类型端口之间、交换机之间以及路由器之间都使用交叉线进行连接。交叉线的做法就是两端采用不同的线序，一头做成 T568A，另一头做成 T568B 就行了。

（3）全反线：全反线不用于以太网的连接，主要用于主机的串口和路由器（或交换机）的 console 口连接，以进行初始配置路由器或交换机。有时也称为 console 线。全反线的做法就是一端的顺序是 1～8，另一端则是 8～1 的顺序。

【实验环境与设备】

每组实验设备为：一根五类双绞线，两个 RJ-45 水晶头（可备用多个），一把压线钳（如图 12-2(a) 所示），一台测线仪（如图 12-2(b) 所示）。

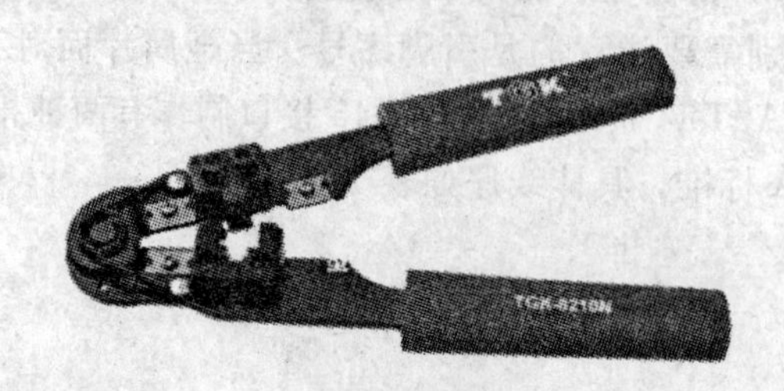

(a)

(b)

图 12-2　压线钳和测线仪

【实验步骤】

(1) 按照实验要求，确定实验环境中需要制作的网线的类型和需要使用的线序。

(2) 利用压线钳的剪线刀口剪裁出计划需要使用到的双绞线长度。

(3) 用压线钳将网线两端的表皮剥去后，将 4 个线对的 8 条细导线逐一解开、理顺、扯直，按前面介绍的线序为网线排序。剥线时将线头放入剥线专用的刀口，稍微用力握紧压线钳慢慢旋转，让刀口划开双绞线的保护胶皮即可。把线缆扯直的方法也十分简单，利用双手抓着线缆然后向两个相反方向用力，并上下扯一下即可。

(4) 线缆依次排列好并理顺压直之后，应该细心检查一遍线序，然后利压线钳的剪线刀口把线缆顶部裁剪整齐。

(5) 将整理好后的网线插入水晶头，需要注意的是要将水晶头有塑料弹簧片的一面向下，有针脚的一方向上，使有针脚的一端指向远离自己的方向，有方型孔的一端对着自己。此时，最左边的是第 1 脚，最右边的是第 8 脚，其余依次顺序排列。插入的时候需要注意缓缓地用力把 8 条线缆同时沿 RJ-45 头内的 8 个线槽插入，一直插到线槽的顶端。

(6) 将网线插入水晶头后，将水晶头放入钳子的压线槽中，合拢钳子，将其压紧。压线的过程中要用力握紧线钳，若力气不够的话，可以使用双手一起压，这样压线的过程使得水晶头凸出在外面的针脚全部压入水晶头内，受力之后听到轻微的“啪”一声即可。

(7) 网线制作好后，需要用测线仪测试是否连通。测试的方法是将制作好的网线的两端插入测线仪的接口，打开测线仪的电源后观察指示灯是否按一定的规律点亮，如果做的是直通线，则两边 8 条线对应的灯应按 1～8 顺序点亮；如果做的是交叉线，则一侧同样是依次由 1～8 点亮，而另外一侧则会根据 3、6、1、4、5、2、7、8 这样的顺序点亮。若有哪个灯不亮，则此条线制作失败，可以尝试用压线钳再压一下水晶头，若还是不行，则需要检查后，剪掉可能有故障一端的水晶头重新制作。

【思考题】

(1) 为什么通常情况下连接同种类型接口采用交叉线，而连接不同类型的接口采用直通线？

(2) 为什么如果做的是交叉线，测线仪一侧依次由1～8点亮，而另外一侧则会根据3、6、1、4、5、2、7、8这样的顺序点亮？

实训二　组建简单局域网并设置共享实验

【实验目的】

(1) 了解集线器的工作原理；

(2) 掌握利用集线器组建简单局域网的方法；

(3) 学会设置文件共享和网络驱动器的映射方法，并学会访问共享文件夹的方法；

(4) 学会如何设置共享打印机，并使用网上共享打印机来打印文件。

【实验内容】

(1) 观察集线器的外观和结构；

(2) 将两台主机连接为一个简单局域网，并测试其连通性；

(3) 设置文件共享，并访问共享文件。

(4) 设置打印机共享，并利用共享打印机打印文件。

【实验原理】

1. 集线器工作原理

集线器的英文名称是“HUB”，英文“HUB”是“中心”的意思，集线器的主要功能是对接收到的信号进行再生整形放大，以扩大网络的传输距离，同时把所有结点集中在以它为中心的结点上。它工作于OSI参考模型第二层，即“数据链路层”。

集线器是中继器的一种，其区别仅在于集线器能够提供更多的端口服务，所以集线器又叫多口中继器。集线器主要以优化网络布线结构，简化网络管理为目标而设计的。集线器是对网络进行集中管理的最小单元，像树的主干一样，它是各分支的汇集点。以集线器为结点中心的优点是：当网络系统中某条线路或某结点出现故障时，不会影响网上其他结点的正常工作，这就是集线器刚推出时与传统的总线网络的最大的区别和优点，因为它提供了多通道通信，大大提高了网络通信速度。

在总线型或环型网络中只存在一个物理信号传输通道，都是通过一条传输介质来传输的，这样就存在各结点争抢信道的矛盾，传输效率较低。引入集线器这一网络集线设备后，每一个站是用它自己专用的传输介质连接到集线器的，各结点间不再只有一个传输通道，各结点发回来的信号通过集线器集中，集线器再把信号整形、放大后发送到所有结点上，这样至少在上行通道上不再出现碰撞现象。但基于集线器的网络仍然是一个共享介质的局域网，这里的“共享”其实就是集线器内部总线，所以当上行通道与下行通道同时发送数据时仍然会存在信号碰撞现象。当集线器从其内部端口检测到碰撞时，产生碰撞强化信号（Jam）向集线器所连接的目标端口进行传送，这时所有数据都将不能发送成功，形成网络拥塞。

2. 局域网共享原理

在局域网里，计算机要查找彼此并不是通过 IP 进行的，而是通过网卡 MAC 地址进行查找，MAC 地址是一组在生产时就固化的唯一标识号，根据协议规范，当一台计算机要查找另一台计算机时，它必须把目标计算机的 IP 通过 ARP 协议（地址解析协议）在物理网络中广播出去。当某计算机接收到“广播信息”后，会返回一条信息，当源计算机收到有效回应时，它就得知了目标计算机的 MAC 地址并把结果保存在系统的地址缓冲池里，下次传输数据时就不需要再次发送广播了，这个地址缓冲池会定时刷新重建，以免造成数据冗余现象。

实际上，共享协议规定局域网内的每台启用了文件及打印机共享服务的计算机在启动的时候必须主动向所处网段广播自己的 IP 和对应的 MAC 地址，然后由某台计算机（通常是局域网内某个工作组里第一台启动的计算机）承担接收并保存这些数据的角色，这台计算机就被称为“浏览主控服务器”，它是工作组里极为重要的计算机，负责维护本工作组中的浏览列表及指定其他工作组的主控服务器列表，为本工作组的其他计算机和其他来访本工作组的计算机提供浏览服务。这就是用户能在网上邻居看到其他计算机的来由，它实际上是一个浏览列表，用户可以使用“nbtstat-r”来查看在浏览主控服务器上声明了自己的 NetBIOS 名称列表。

浏览列表记录了整个局域网内开启的计算机的资源描述，当用户要访问另一台计算机的共享资源时，系统实际上是通过发送广播查询浏览主控服务器，然后由浏览主控服务器提供的浏览列表来“发现”目标计算机的共享资源的。

但是仅知道彼此的地址还不够，计算机之间必须建立一条连接的数据链路才能正常工作，这就需要另一个基本协议来进行了。NetBIOS（网络基本输入输出系统）协议是 IBM 开发的用于给局域网提供网络以及其他特殊功能的命令集，大部分局域网都必须在这种协议的基础上进行工作，NetBIOS 相当于 Internet 上的 TCP/IP 协议。而后推出的 NetBEUI 协议（NetBIOS 用户扩展接口协议）则是对前者进行了功能扩充，局域网也可直接通过 TCP/IP 协议进行连接。

Windows 系统对于局域网内计算机的身份和权限验证是在一个被称为“IPC”（命名管道）的组件技术上实现的，它实质上是 Windows 为了方便管理员从远方登录管理计算机而设置的，在局域网里它也负责文件的共享和传输，所以它是 Windows 局域网不可或缺的基础组件。默认情况下，局域网之间的共享服务通过来宾账户“Guest”的身份进行，这个账户在 Windows 系统里权限最少，为方便阻止来访者越权访问提供了基础，同时它也是资源共享能正常进行的最小要求，任何一台要提供局域网共享服务的计算机都必须开放来宾账户。除了使用IPC作为身份验证，系统还使用SMB（Server Message Block）协议用来做文件共享，这个协议与共享存在很大联系。

3. Ping命令简介

Ping是个使用频率极高的实用程序，用于确定本地主机是否能与另一台主机交换（发送与接收）数据。根据返回的信息，可以推断TCP/IP参数是否设置得正确以及运行是否正常。Ping命令最简单的格式是：Ping IP，如：Ping 192.168.1.2，除此之外，Ping命令还有一些常用参数选项：

Ping IP-t：连续对IP地址执行Ping命令，直到被用户以Ctrl+C中断。

Ping IP-l 2000：指定Ping命令中的数据长度为2 000字节，而不是缺省的32字节。

Ping IP-n：执行特定次数（n次）的Ping命令。

【实验环境与设备】

每组实验设备为：两台以上的PC机（其上运行Windows系列操作系统）及网线，一台集线器，一台打印机及其连线。

实验拓扑图如图12-3所示。

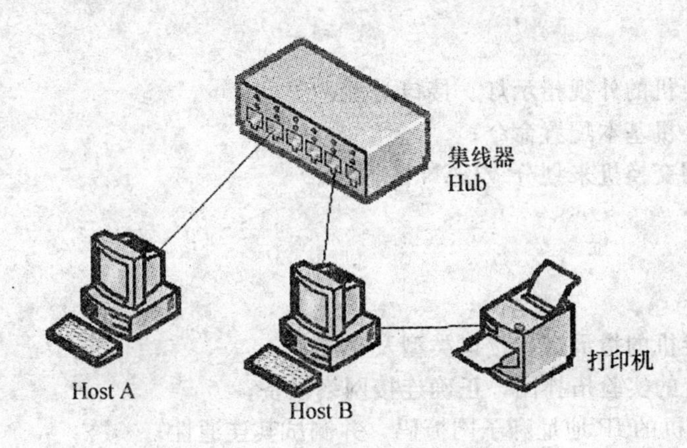

图12-3 简单局域网组建拓扑图

IP地址设置如下：

Host A IP=192.168.1.1/24　　　　Host B IP=192.168.1.2/24

【实验步骤】

(1) 观察集线器外观，了解接口类型和指示灯所代表含义。

(2) 按照实验拓扑图连接集线器、PC机和打印机，打开集线器和打印机电源。

(3) 按照实验环境与设备中的要求分别配置两台PC机的IP地址和子网掩码。

(4) 利用Ping命令测试两台主机的连通性，两台主机应能互相Ping通。

(5) 在Host A主机上设置一个共享文件夹，取名为share。

(6) 通过 Host B 的网上邻居将 Host A 主机共享文件夹 share 下的文件复制到 Host B。

(7) 在 Host B 上将 Host A 的共享文件夹 share 映射为网络驱动器，然后通过“我的电脑”访问该网络驱动器。

(8) 在 Host B 上安装打印机的驱动程序，并打印测试页。

(9) 将 Host B 上的打印机设置为共享打印机。

(10) 在 Host A 上通过“添加打印机”操作将 Host B 的共享打印机添加进来。

(11) 在 Host A 上打印任意文件。

【思考题】

(1) 禁用主机 A 上的“Guest”用户，再通过主机 B 来访问主机 A 上的共享目录，结果会如何？

(2) 为什么主机 A 上不需要安装打印机的驱动程序就可以打印文件？

实训三　虚拟局域网（VLAN）的配置实验

【实验目的】

(1) 了解交换机的外观指示灯、接口类型；

(2) 掌握交换机基本配置命令；

(3) 掌握利用交换机来划分 VLAN 的方法。

【实验内容】

(1) 了解交换机的指示灯、接口类型及功能；

(2) 按照指定的实验拓扑图，正确连接网络设备；

(3) 配置 PC 机的 IP 地址和子网掩码，并测试其连通性；

(4) 在交换机上按照端口划分 VLAN；

(5) 交换机常用配置命令练习。

【实验原理】

1. 交换机工作原理

交换机和集线器在外形上非常相似，而且都遵循 IEEE802.3 及其扩展标准，介质存取方式也均为 CSMA/CD，但是它们之间在工作原理上还是有着根本的区别。简单地说，由交换机构建的网络称之为交换式网络，每个端口都能独享带宽，所有端口都能够同时进行通信，并且能够在全双工模式下提供双倍的传输速率。而集线器构建的网络称之为共享式网络，在同一时刻只能有两个端口（接收数据的端口和发送数据的端口）进行通信，所

有的端口分享固有的带宽。

理解交换机的工作原理其实最根本的是要理解“共享”（share）和“交换”（switch）这两个概念。集线器是采用共享方式进行数据传输的，而交换机则是采用“交换”方式进行数据传输的。可以把“共享”和“交换”理解成公路，“共享”方式就是来回车辆共用一个车道的单车道公路，而“交换”方式则是来回车辆各用一个车道的双车道公路。

当交换机从某一结点收到一个以太网帧后，将立即在其内存中的地址表（端口号——MAC地址）进行查找，以确认该目的MAC的网卡连接在哪一个结点上，然后将该帧转发至该结点。如果在地址表中没有找到该MAC地址，也就是说，该目的MAC地址是首次出现，交换机就将数据包广播到所有结点。拥有该MAC地址的网卡在接收到该广播帧后，将立即作出应答，从而使交换机将其结点的“MAC地址”添加到MAC地址表中。

交换技术的发展，也加快了新的交换技术（VLAN）的应用速度。通过将企业网络划分为虚拟网络VLAN网段，可以强化网络管理和网络安全，控制不必要的数据广播。在共享网络中，一个物理的网段就是一个广播域。而在交换网络中，广播域可以是由一组任意选定的第二层网络地址（MAC地址）组成的虚拟网段。这样，网络中工作组的划分可以突破共享网络中的地理位置限制，而完全根据管理功能来划分。这种基于工作流的分组模式，大大提高了网络规划和重组的管理功能。在同一个VLAN中的工作站，不论它们实际与哪个交换机连接，它们之间的通讯就好像在独立的交换机上一样。同一个VLAN中的广播只有VLAN中的成员才能听到，而不会传输到其他的VLAN中去，这样可以很好的控制不必要的广播风暴的产生。同时，若没有路由，不同VLAN之间不能相互通讯，这样增加了企业网络中不同部门之间的安全性。网络管理员可以通过配置VLAN之间的路由来全面管理企业内部不同管理单元之间的信息互访。交换机是根据用户工作站的MAC地址来划分VLAN的。所以，用户可以自由地在企业网络中移动办公，不论他在何处接入交换网络，都可以与VLAN内其他用户自如通信。

目前VLAN的划分主要有以下几种方法：基于端口划分、基于MAC地址划分、基于网络层协议划分、根据IP组播划分、按策略划分以及按用户定义、非用户授权划分VLAN。本实验最常用的基于端口来划分VLAN。

2. 相关命令（由于篇幅原因，有些命令只写出部分参数）

(1) 切换至系统视图

格式：**system-view**

功能：system-view 命令用来使用户从用户视图进入系统视图。有些配置命令必须在系统视图下才能使用。

(2) 从当前视图退回到较低级别视图

格式：**quit**

功能：quit 命令用来使用户从当前视图退回到较低级别视图，如果当前视图是用户视图，则退出系统。视图分为三个级别，由低到高分别为：用户视图、系统视图、VLAN视图、以太网端口视图等。

(3) 进入以太网端口视图

格式：**interface** { interface_type interface_num | interface_name }

功能：用来进入以太网端口视图。用户要配置以太网端口的相关参数，必须先使用该命令进入以太网端口视图。

interface_type：端口类型，取值为 Ethernet；interface_num：端口号，采用槽位编号/端口编号的格式。对于 S2116-SI、S2126-SI 以太网交换机，槽号取值范围为 0、1，槽号取 0 表示交换机提供的百兆以太网端口，端口号取值范围为 1～16（S2116-SI）或 1～24（S2126-SI）；槽号取 1 表示交换机扩展模板提供的以太网端口，端口号只能取 1。interface_name：端口名，表示方法为 interface_name＝interface_type interface_num。

（4）显示端口配置信息

格式：**display interface** [interface_type | interface_type interface_num | interface_name]

功能：用来显示端口的配置信息。在显示端口信息时，如果不指定端口类型和端口号，则显示交换机上所有的端口信息；如果仅指定端口类型，则显示该类型端口的所有端口信息；如果同时指定端口类型和端口号，则显示指定的端口信息。

（5）开启/关闭设备 VLAN 特性

格式：**vlan** { enable | disable }

功能：vlan enable 命令用来开启设备 VLAN 特性，vlan disable 命令用来关闭设备 VLAN 特性。

（6）进入 VLAN 视图

格式：**vlan** vlan_id

功能：vlan 命令用来进入 VLAN 视图，如果指定的 VLAN 不存在，则该命令先完成 VLAN 的创建，然后再进入该 VLAN 的视图。

vlan_id：指定要进入的或要创建并进入的 VLAN 的 VLAN ID，其取值范围为1～4094。

（7）删除 VLAN

格式：**undo vlan** { vlan_id [to vlan_id] | all }

功能：undo vlan 命令用来删除 VLAN。需要注意的是：缺省 VLAN 不能删除。all：删除所有 VLAN。

（8）向 VLAN 中添加/删除端口

格式：**port** interface_list

undo port interface_list

功能：port 命令用于向 VLAN 中添加一个或一组端口，undo port 命令用来从 VLAN 中删除一个或一组端口。

interface_list：需要添加到某个 VLAN 中或从某个 VLAN 中删除的以太网端口列表，表示方式为 interface_list＝ { { interface_type interface_num | interface_name } [to { interface_type interface_num | interface_name }] } & 〈1-10〉。其中 interface_type 为端口类型，interface_num 为端口号，interface_name 为端口名。关键字 to 之后的端口号要大于或等于 to 之前的端口号。命令中 & 〈1-10〉表示前面的参数最多可以重复输入 10 次。需要注意的是，Trunk 和 Hybrid 端口只能通过以太网端口视图下的 port 和 undo port 命令加入 VLAN 或从 VLAN 中删除，而不能通过本命令实现。

（9）VLAN 描述

格式：**description** string

undo description

功能：description 命令用来给当前 VLAN 一个描述，undo description 命令用来恢复指定 VLAN 的描述字符串为缺省描述。

string：当前 VLAN 的描述字符串，长度范围为 1～32 字符。VLAN 缺省描述字符串为该 VLAN 的 VLAN ID，例如"VLAN 0001"。

(10) 显示 VLAN 相关信息

格式：**display vlan** [vlan_id | all | static | dynamic]

功能：display vlan 命令用来显示 VLAN 的相关信息。如果指定 vlan_id 或 all，则显示指定或所有 VLAN 的相关信息，包括：VLAN ID、VLAN 类型（动态还是静态）、VLAN 的描述信息以及 VLAN 包含的端口等。如果不指定参数，则显示 VLAN 特性是否开启及系统已创建的所有 VLAN 列表。如果选用 static 或 dynamic 参数，则显示 VLAN 特性是否开启及系统静态或动态创建的 VLAN 列表。

vlan_id：显示指定 VLAN 的相关信息。all：显示所有 VLAN 的相关信息。static：显示系统静态创建的 VLAN。dynamic：显示系统动态创建的 VLAN。

(11) 命令行在线帮助

对于不熟悉命令的用户，系统提供以下几种在线帮助：

- 完全帮助——在任一视图下，键入"?"可以获取该视图下所有的命令及简单描述。
- 部分帮助——键入一命令，后接以空格分隔的"?"，若该位置存在关键字，则列出全部可选的关键字及其简单描述。
- 部分帮助——键入一字符串，其后紧接"?"，则列出以该字符串开头的所有命令。
- 部分帮助——键入一命令，后紧接带"?"的字符串，则列出以该字符串开头的所有关键字。

【实验环境与设备】

每组实验设备为：Quidway 21 系列交换机一台，PC 机四台（Windows 操作系统/超级终端软件），网线四根，Console 口配置电缆线一根。

实验拓扑图如图 12-4 所示。

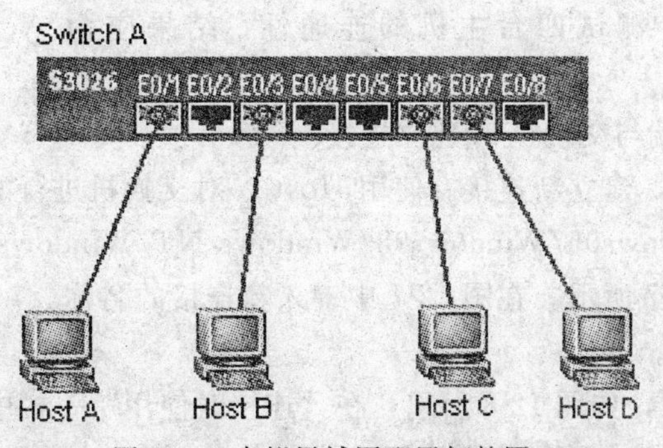

图 12-4　虚拟局域网配置拓扑图

IP 地址设置如下：

Host A IP=192.168.1.1/24　　Host B IP=192.168.1.2/24

Host C IP=192.168.1.3/24　　Host D IP=192.168.1.4/24

【实验步骤】

（1）认识交换机前面板各指示灯含义、后面板各接口类型（图 12-5 和图 12-6 为 Quidway S2126-SI 外观图）。

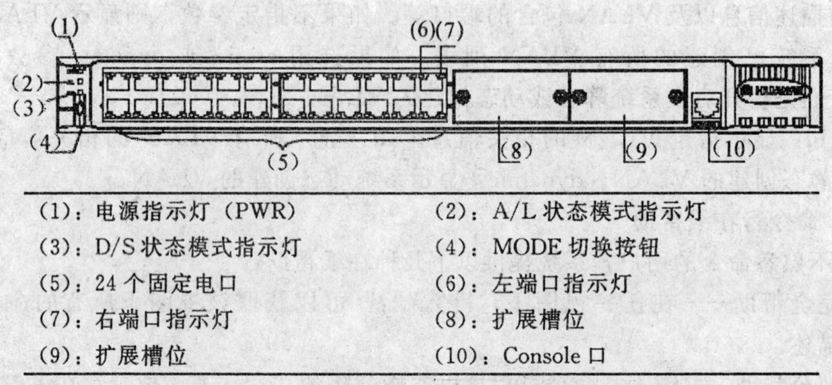

(1)：电源指示灯（PWR）	(2)：A/L 状态模式指示灯
(3)：D/S 状态模式指示灯	(4)：MODE 切换按钮
(5)：24 个固定电口	(6)：左端口指示灯
(7)：右端口指示灯	(8)：扩展槽位
(9)：扩展槽位	(10)：Console 口

图 12-5　Quidway S2126-SI 交换机前面板图

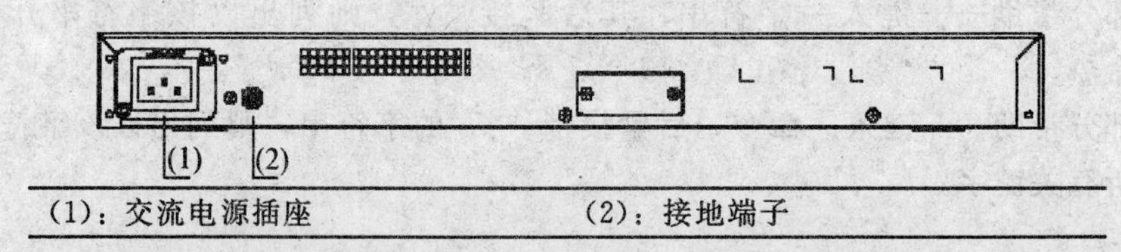

(1)：交流电源插座	(2)：接地端子

图 12-6　Quidway S2126-SI 交换机后面板图

（2）按照实验拓扑图连接交换机和 PC 机，其中 Host A 除了通过网线与交换机普通端口相连以外，其串口还与交换机 A 的 console 口通过配置口电缆线连接，用来配置交换机。注意连接时的接口类型、线缆类型，尽量避免带电插拔电缆。

（3）分别设置四台主机的 IP 地址和子网掩码。

（4）用 Ping 命令测试四台主机的连通性，结果应为 A、B、C、D 互相都可以 Ping 通。

（5）通过超级终端与交换机 A 建立连接。

① 打开配置终端，建立新连接。使用 Host A 对交换机进行配置，需要在其上运行终端仿真程序（如 Windows95/Windows98/Windows NT/Windows 2000 的超级终端），建立新的连接，如图 12-7 所示。在图 12-7 中键入新连接的名称。

② 设置终端参数。

- 选择连接端口，如图 12-8 所示，在“连接时使用”一栏中选择连接的串口（注意选择的串口应该与配置电缆实际连接的串口一致）。

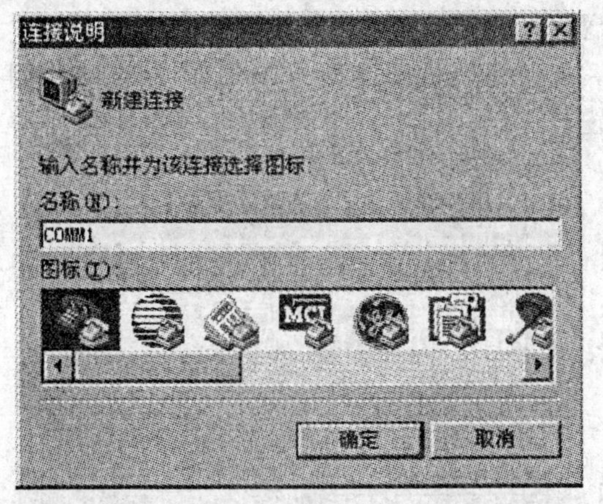

图 12-7　新建连接

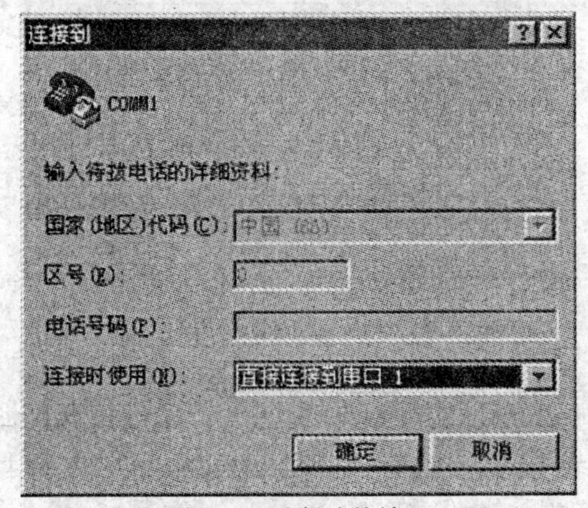

图 12-8　选择连接端口

- 设置串口参数。在串口的属性对话框中设置波特率为 9 600，数据位为 8，奇偶校验为无，停止位为 1，流量控制为无，如图 12-9 所示。

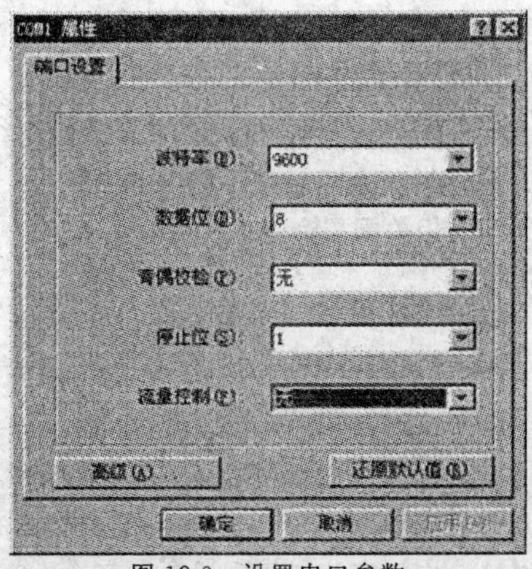

图 12-9　设置串口参数

- 配置超级终端属性。在超级终端中选择“属性/设置”项，打开如图 12-10 所示的属性设置窗口，选择终端仿真类型为 VT100 或自动检测，点击“确定”按钮，返回超级终端窗口。

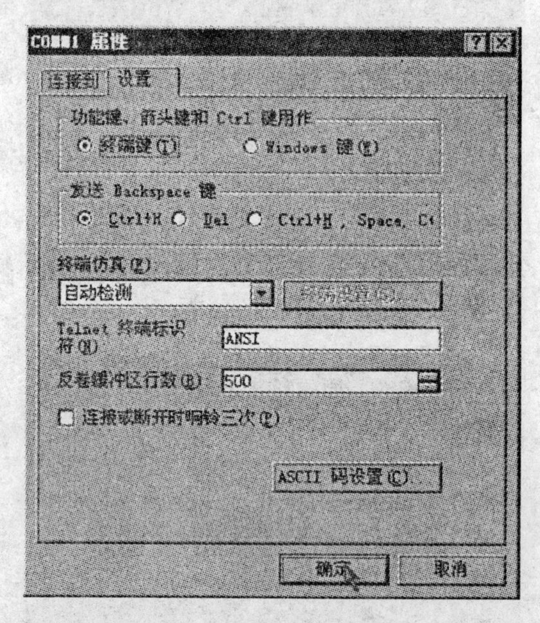

图 12-10　设置终端类型

(6) 通过 Host A 的超级终端界面，对交换机 A 进行配置，将 Host A (port e0/1) 和 Host B (port e0/3) 划在 Vlan 2 内，而将 Host (port e0/6) 和 Host D (port e0/7) 划在 Vlan 3 中：

```
〈Quidway〉system-view
[Quidway] vlan 2
[Quidway-vlan 2] port ethernet 0/1
[Quidway-vlan 2] port e0/3
[Quidway-vlan 2] vlan 3
[Quidway-vlan 3] port e0/6 to e0/7
```

(7) 再次用 Ping 命令测试主机 A、B、C、D 的连通性，结果应为 A、B 可以互相 Ping 通，C、D 可以互相 Ping 通，其余组合都不能 Ping 通。

(8) 练习交换机端口及其他相关配置命令。

【思考题】

(1) 没有被手动划分在任何 VLAN 中的端口默认在哪个 VLAN?

(2) 如果有四台主机分别通过两台交换机相连，假如 Host A 和 Host B 连在交换机 A 上，而 Host C 和 Host D 连在交换机 B 上，交换机 A 与交换机 B 相连，如果要将 Host A 和 Host C 划在同一个 VLAN 中，应该如何配置两台交换机？

实训四 路由基本配置实验

【实验目的】

(1) 认识路由器外观指示灯、接口类型；
(2) 了解路由器的基本配置方法和相关的配置命令；
(3) 掌握用路由器连接两个子网的配置方法；
(4) 掌握路由器中提供的网络连通性测试命令。

【实验内容】

(1) 了解路由器的指示灯、接口类型及功能；
(2) 按照指定的实验拓扑图，正确连接网络设备；
(3) 配置PC机的IP地址、子网掩码和网关；
(4) 配置路由器以太网口的IP地址和子网掩码；
(5) 测试网络连通性；
(6) 路由器常用配置命令练习。

【实验原理】

1. 相关理论

路由器工作在OSI模型中的第三层，即网络层。路由器利用网络层定义的“逻辑”上的网络地址（即IP地址）来区别不同的网络，实现网络的互连和隔离，保持各个网络的独立性。路由器不转发广播消息，而把广播消息限制在各自的网络内部。发送到其他网络的数据先被送到路由器，再由路由器转发出去。

IP路由器只转发目的地址不在同一个子网的IP分组，把其余的部分挡在网内（包括广播），从而保持各个网络具有相对的独立性，这样可以组成具有许多网络（子网）互连的大型的网络。由于是在网络层的互连，路由器可方便地连接不同类型的网络，只要网络层运行的是IP协议，通过路由器就可互连起来。

网络中的设备用它们的网络地址（TCP/IP网络中为IP地址）互相通信。IP地址是与硬件地址无关的“逻辑”地址。路由器只根据IP地址来转发数据。IP地址的结构有两部分：一部分定义网络号，另一部分定义网络内的主机号。目前，在Internet网络中采用子网掩码来确定IP地址中网络地址和主机地址。子网掩码与IP地址一样也是32bit，并且两者是一一对应的，并规定，子网掩码中数字为“1”所对应的IP地址中的部分为网络号，为“0”所对应的则为主机号。网络号和主机号合起来，才构成一个完整的IP地址。同一个网络中的主机IP地址，其网络号必须是相同的，这个网络称为IP子网。

通信只能在具有相同网络号的 IP 地址之间进行，要与其他 IP 子网的主机进行通信，则必须经过同一网络上的某个路由器或网关（gateway）出去。不同网络号的 IP 地址不能直接通信，即使它们接在一起，也不能通信。

2. 相关命令（由于篇幅原因，有些命令只写出部分参数）

（1）切换终端命令行语言模式

格式：**language**

功能：用来切换终端命令行显示的语言模式。缺省情况下，命令行接口的语言模式为英文。为方便国内用户，命令行不但支持英文模式，还支持中文模式。

（2）显示系统基本信息

格式：**display base-information**

功能：本命令将显示系统基本信息，包括版本信息、当前配置信息、接口信息、内存信息、接口流量信息等

（3）显示系统当前日期和时钟

格式：**display clock**

功能：用户可以通过查看系统日期和时钟，发现如果系统时间有误，可通过 clock 命令调整。

（4）显示路由器的名称

格式：**display sysname**

功能：用来显示路由器的名称，配置路由器名称可通过命令 sysname。

（5）显示系统软件版本信息

格式：**display version**

功能：不同版本的软件有不同的功能，通过查看版本信息可以获知软件所支持的功能特性。

（6）设置路由器名称

格式：**sysname** name（name 为路由器的名称，取值范围为 1～20 个字符）

功能：用来配置或者修改路由器的名字，该名字会显示在视图的提示符中。缺省情况下，路由器的名称为“Router”。

（7）重启路由器

格式：**reboot**

功能：功能与路由器断电后再上电效果相同，但在对路由器远程维护时，不需用户到路由器所在地重启路由器，而直接在远地即可重启路由器。Reboot 后可带参数，参数具体格式和含义可参照命令手册。

（8）进入相应接口视图

格式：**interface** type number [. sub-number]（type 为接口类型；number 为接口编号；sub-number 为子接口编号）

功能：用来进入相应接口视图或创建逻辑接口和子接口。如 interface ethernet 0，接口名中接口类型可以简写，如 Ethernet 0 可以简写为 e0。

（9）显示接口当前的运行状态和相关信息

格式：**display interfaces** type number [. sub-number]

功能：本命令能显示的信息包括：接口的物理状态和协议状态、接口的物理特性（同异步、DTE/DCE、时钟选择、外接电缆等）、接口的 IP 地址、接口的链路层协议以及链路层协议运行状态和统计信息等、接口的输入输出报文统计信息等。

（10）配置/删除接口的 IP 地址

格式：**ip address** ip-address { mask | mask-length } [**sub**]

undo ip address ip-address { mask | mask-length } [**sub**]

（ip-address 为接口 IP 地址；mask 为相应的子网掩码，均为点分十进制格式；mask-length 为相应的子网掩码的长度；**sub** 表示该地址为接口的从 IP 地址）

功能：ip address 命令用来配置接口的 IP 地址，undo ip address 命令用来删除接口的 IP 地址。缺省情况下，接口无 IP 地址。

（11）关闭/启用接口

格式：**shutdown**

undo shutdown

功能：shutdown 命令用来关闭一个接口，undo shutdown 命令用于启用一个接口，在某些特殊情况下，如修改接口的工作参数时，改动不能立即生效，需要关闭和重启接口后，才能生效。

（12）测试网络连通性

格式：**ping** [**ip**] [**-a** ip-address] [**-c** count] [**-d**] [**-i** TTL] [**-n**] [**-p** pattern] [**-q**] [**-R**] [**-r**] [**-t** timeout] [**-s** packetsize] [**-v**] [**-o**] [**-f**] { ip-address | host }

功能：可以用 ping 命令测试网络连接是否出现故障或网络线路质量等。其输出信息包括：目的地对每个 ECHO-REQUEST 报文的响应情况，如果在超时时间内没有收到响应报文，则输出“Request time out.”，否则显示响应报文的字节数、报文序号、TTL 和响应时间等。最后的统计信息，包括发送报文个数、接收到响应报文个数、未响应报文数百分比以及响应时间的最小、最大和平均值。若网络传输速度较慢，可以适当加大等待响应报文的超时时间。各参数具体含义参见命令手册。

【实验环境与设备】

每组实验设备为：Quidway 26 系列路由器一台，以太网交换机两台，PC 机四台（Windows 操作系统/超级终端软件），网线六根，Console 口配置电缆线一根（可选）。

实验拓扑图如图 12-11 所示。

IP 地址设置如下：

Router A 的 E0=192.168.1.1/24　E1=192.168.2.1/24

Host A IP=192.168.1.2/24　网关=192.168.1.1

Host B IP=192.168.1.3/24　网关=192.168.1.1

Host C IP=192.168.2.2/24　网关=192.168.2.1

Host D IP=192.168.2.3/24　网关=192.168.2.1

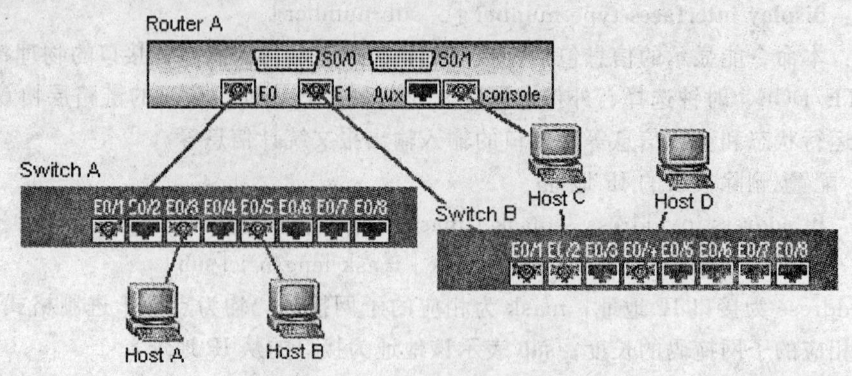

图 12-11　路由基本配置实验拓扑图

【实验步骤】

（1）认识路由器前面板各指示灯含义、后面板各接口类型（图 12-12 和图 12-13 为 Quidway R2611 外观图）。

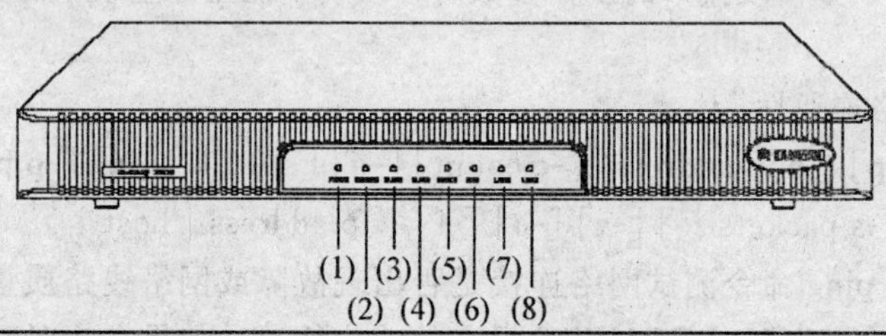

（1）电源指示灯（POWER）	（2）系统指示灯（SYSTEM）
（3）插槽 0 指示灯（SLOT0）	（4）插槽 1 指示灯（SLOT1）
（5）插槽 2 指示灯（SLOT2）	（6）固定广域网口指示灯（WAN）
（7）固定以太网口 0 指示灯（LAN0）	（8）固定以太网口 1 指示灯（LAN1）

图 12-2　Quidway R2611 前面板图

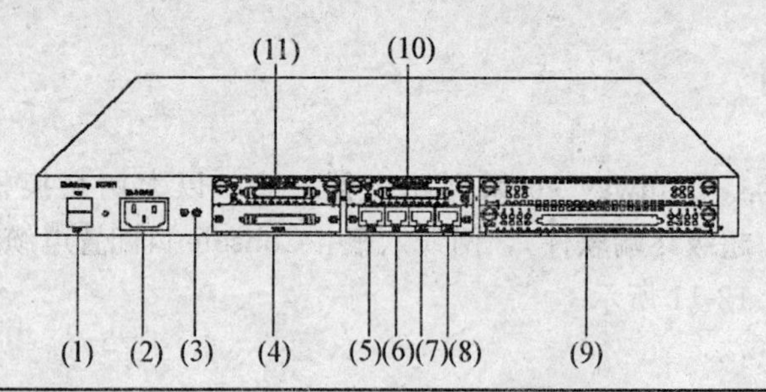

（1）电源开关	（2）电源插座
（3）接地端子	（4）固定广域网接口（WAN）
（5）配置口（CON）	（6）备份口（AUX）
（7）固定以太网口 0（LAN0）	（8）固定以太网口 1（LAN1）
（9）MIM 插槽 0	（10）SIC 插槽 1
（11）SIC 插槽 2	

图 12-13　Quidway R2611 后面板图

(2) 按照实验拓扑图连接路由器、交换机和PC机，其中Host C的串口与路由器A的console口通过配置口电缆线连接，如图12-14所示。注意连接时的接口类型、线缆类型，尽量避免带电插拔电缆。

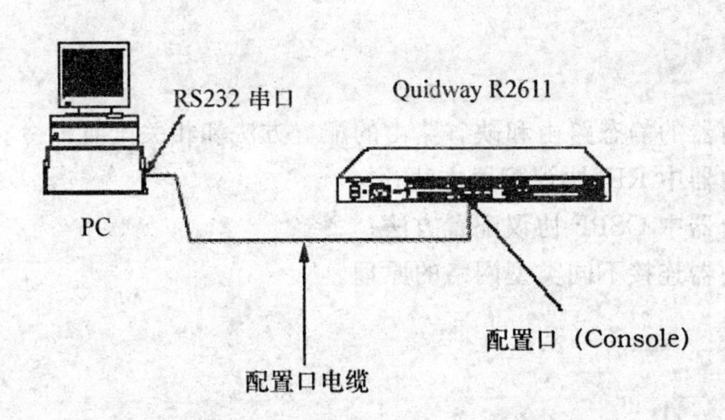

图12-14 通过Console口进行本地配置路由器

(3) 分别设置四台主机的IP地址、子网掩码和网关。

(4) 用Ping命令测试四台主机的连通性，结果应为A、B互相可以Ping通，C、D互相可以Ping通，其余组合之间均不能Ping通。

(5) 通过超级终端与路由器A建立连接。

(6) 启动路由器，在刚设置好的Host C的超级终端软件界面上键入回车，将出现用户登录提示符“Username:”和“password:”。输入正确的用户名和密码后进入路由器系统视图，即可通过输入相关命令开始配置路由器。(如果不是第一次配置路由器，也可通过telnet方式在任意一台连通路由器的PC机上进行远程配置)

(7) 配置路由器A的ethernet 0和ethernet 1以太网接口的IP地址和子网掩码。

```
[Quidway] interface ethernet0
[Quidway-Ethernet0] ip address 192.168.1.1 255.255.255.0
[Quidway-Ethernet0] interface ethernet1
[Quidway-Ethernet1] ip address 192.168.2.1 255.255.255.0
```

(8) 再测试四台主机的网络连通性，此时两两主机之间应均可以Ping通。

(9) 对路由器A进行基本配置命令练习(命令参见“实验原理”中的“相关命令”)。

【思考题】

(1) 如果不配置四台主机的网关，这四台主机是否可以互相通信？为什么？

(2) 如果将路由器的ethernet 0接口和ethernet 1接口的IP地址互换，会出现什么情况？为什么？

(3) 请总结在实验的配置过程中遇到的问题及其解决方法。

实训五　网络互连实验

【实验目的】

(1) 了解路由器的静态路由和缺省路由的配置方法和相关配置命令；
(2) 掌握路由器中 RIP 协议配置方法；
(3) 掌握路由器中 OSPF 协议配置方法；
(4) 理解路由器连接不同类型网络的原理。

【实验内容】

(1) 进一步掌握路由器的各接口类型及功能；
(2) 按照指定的实验拓扑图，正确连接网络设备；
(3) 配置 PC 机的 IP 地址、子网掩码和网关；
(4) 配置路由器端口的 IP 地址和子网掩码；
(5) 配置静态路由；
(6) 配置缺省路由；
(7) 配置 RIP 动态路由；
(8) 配置 OSPF 动态路由。

【实验原理】

1. 相关理论

典型的路由选择方式有两种：静态路由和动态路由。

静态路由是在路由器中设置的固定的路由表。除非网络管理员干预，否则静态路由不会发生变化。由于静态路由不能对网络的改变做出反映，一般用于网络规模不大、拓扑结构固定的网络中。静态路由的优点是简单、高效、可靠。在所有的路由中，静态路由优先级最高。当动态路由与静态路由发生冲突时，以静态路由为准。

动态路由是网络中的路由器之间相互通信，传递路由信息，利用收到的路由信息更新路由器表的过程。它能实时地适应网络结构的变化。如果路由更新信息表明发生了网络变化，路由选择软件就会重新计算路由，并发出新的路由更新信息。这些信息通过各个网络，引起各路由器重新启动其路由算法，并更新各自的路由表以动态地反映网络拓扑变化。动态路由适用于网络规模大、网络拓扑复杂的网络。当然，各种动态路由协议会不同程度地占用网络带宽和 CPU 资源。

静态路由和动态路由有各自的特点和适用范围，因此在网络中动态路由通常作为静态路由的补充。当一个分组在路由器中进行寻径时，路由器首先查找静态路由，如果查到则

根据相应的静态路由转发分组；否则再查找动态路由。

根据是否在一个自治域内部使用，动态路由协议分为内部网关协议（IGP）和外部网关协议（EGP）。这里的自治域指一个具有统一管理机构、统一路由策略的网络。自治域内部采用的路由选择协议称为内部网关协议，常用的有RIP、OSPF；外部网关协议主要用于多个自治域之间的路由选择，常用的是BGP和BGP-4。具体协议介绍可参见网络教材。

2. 相关命令（由于篇幅原因，有些命令只写出部分参数）

(1) 配置/删除静态路由

格式：**ip route-static** ip-address { mask | masklen } { interface-type interface-number | nexthop-address }　(ip-address 和 mask 为目的IP地址和掩码；interface-type 与 interface-number 为接口类型与发送接口号；nexthop-address 为该路由的下一跳IP地址)

undo ip route-static {**all** | ip-address { mask | masklen } [interface-type interface-number | nexthop-address]}

功能：ip route-static 命令用来配置静态路由，undo ip route-static 命令用来删除静态路由。缺省情况下，无静态路由。

(2) 配置/删除缺省路由

格式：**ip route-static** 0.0.0.0 { 0.0.0.0 | 0 } { interface-type interface-number | nexthop-address}

undo ip route-static 0.0.0.0 {0.0.0.0 | 0} [interface-type interface-number | nexthop-address]

功能：配置/删除静态路由的命令中参数 ip-address 和 mask 都为0的路由就是缺省路由，当从路由表中没有找到路由时，就根据此路由进行转发。

(3) 查看路由表

格式：**display ip routing-table** [ip-address] (ip-address 表示显示具体地址的路由表摘要信息)

功能：用来显示路由表摘要信息。当路由表太大，而用户仅希望显示确定的几条路由的摘要信息时可以使用本命令，将指定路由的摘要信息显示出来。根据该命令输出信息，可以帮助用户确认指定的路由是否存在或其具体状态是否正确。

(4) 启动/关闭 RIP

格式：**rip**

undo rip

功能：rip 命令用来启动 RIP 协议，且进入 RIP 视图。undo rip 命令用来关闭 RIP 协议。缺省情况下，RIP 协议为关闭状态。必须先启动 RIP，进入 RIP 视图后，才能配置与 RIP 协议相关的各种参数。

(5) 在指定接口使能 RIP

格式：**network** { network-number | **all**} (network-number 为网络地址，这个指定的网络地址只能为按自然网段划分的且与路由器直接连接的网络地址，不能包括子网信息；all 表示在所有接口上使能 RIP)

undo network { network-number | **all** }

功能：network 命令用来在指定的与路由器直连的网络上使能 RIP。undo network 命令用来在指定网络上关闭 RIP。在使用 rip 命令启动 RIP 协议后，RIP 路由进程缺省在所有的接口禁用，为了在某一接口上使能 RIP 路由，必须使用 network 命令。

（6）指定 RIP 版本

格式：**rip version** { **1** | **2** [**broadcast** | **multicast**] }（1 为 RIP-1；2 为 RIP-2；broadcast 指定 RIP-2 报文的发送方式为广播方式；multicast 指定 RIP-2 报文的发送方式为组播方式）

功能：用来指定接口运行 RIP 的版本号。缺省情况下，接口版本为 RIP-1；在指定接口版本为 RIP-2 时，默认是组播方式。

（7）查看 RIP 运行状态及配置信息

格式：**display rip**

功能：用来显示 RIP 当前运行状态及配置信息。根据该命令的输出信息，用户可以确认配置是否正确和进行 RIP 故障诊断。

（8）配置路由器的 ID 号

格式：**router id** router-id（router-id 为路由器 ID 号，是一个 32 比特的无符号整数，用点分十进制表示）

功能：用来配置运行 OSPF 协议的路由器 ID 号。路由器的 ID 是一台路由器在自治系统中唯一标识，通常与该路由器某个接口的 IP 地址一致。若路由器所有接口上都未配置 IP 地址，则必须在 OSPF 视图下配置路由器 ID 号，否则 OSPF 将无法运行。需要注意的是：修改后的路由器 ID 号要在路由器重新启动后才能生效。

（9）启动/关闭 OSPF

格式：**ospf** [**enable**]

　　　undo ospf enable

功能：ospf enable 命令用来启动 OSPF 或进入 OSPF 视图，undo ospf enable 命令用来关闭 OSPF。缺省情况下，路由器关闭 OSPF。

（10）指定接口所在的区域

功能：**ospf enable area** area-id（area-id 为该接口所属区域的区域号，可为一个整数或是一个 IP 地址）

功能：用来指定运行 OSPF 协议接口所在区域，从而使接口发送和接收 OSPF 报文，缺省情况下，接口缺省未被配置为属于某个区域。要在某一个接口上运行 OSPF 协议，必须首先指定该接口属于一个区域。为使 OSPF 正常工作，属于一个特定区域所有路由器端口的 area-id 必须一致。

【实验环境与设备】

1. 静态路由实验

每组实验设备为：Quidway 26 系列路由器两台，PC 机四台，网线四根，串口电缆线

一根，console 口配置电缆线一根（可选）。

实验拓扑图如图 12-15 所示。

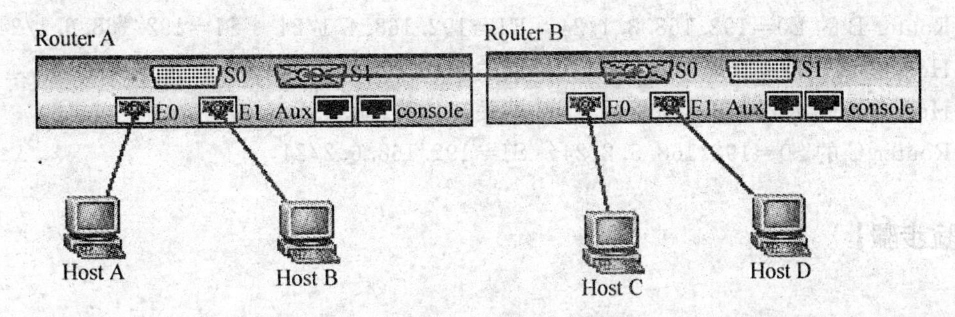

图 12-15 静态路由配置实验拓扑图

IP 地址设置如下：

Router A 的 E0=192.168.1.1/24　E1=192.168.2.1/24　S1=192.168.5.1/24

Host A IP=192.168.1.2/24　网关=192.168.1.1

Host B IP=192.168.2.2/24　网关=192.168.2.1

Router B 的 E0=192.168.3.1/24　E1=192.168.4.1/24　S0=192.168.5.2/24

Host C IP=192.168.3.2/24　网关=192.168.3.1

Host D IP=192.168.4.2/24　网关=192.168.4.1

2. 动态路由实验

每组实验设备为：Quidway 26 系列路由器 3 台，PC 机 4 台，网线 4 根，串口电缆线 2 根，Console 口配置电缆线 1 根（可选）。

实验拓扑图如图 12-16 所示。

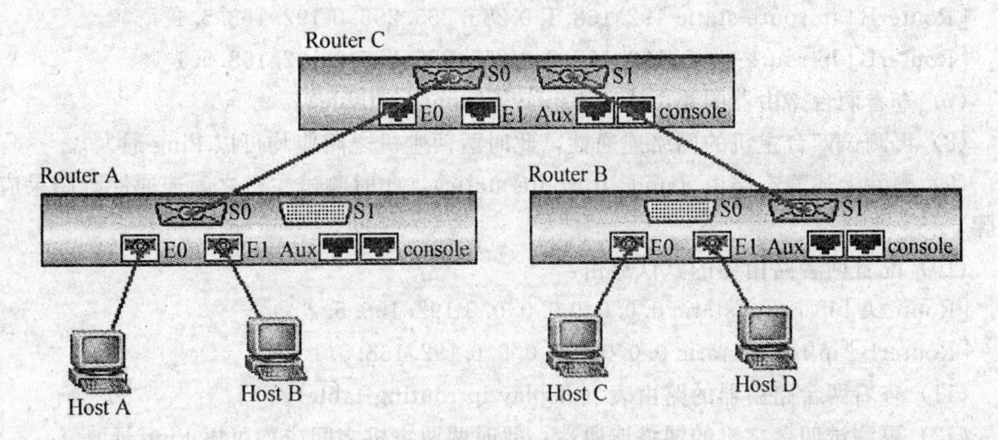

图 12-16 动态路由配置实验拓扑图

IP 地址设置如下：

Router A 的 E0=192.168.1.1/24　E1=192.168.2.1/24　S0=192.168.5.1/24
Host A IP=192.168.1.2/24　网关=192.168.1.1
Host B IP=192.168.2.2/24　网关=192.168.2.1
Router B 的 E0=192.168.3.1/24　E1=192.168.4.1/24　S1=192.168.6.1/24
Host C IP=192.168.3.2/24　网关=192.168.3.1
Host D IP=192.168.4.2/24　网关=192.168.4.1
Router C 的 S0=192.168.5.2/24　S1=192.168.6.2/24

【实验步骤】

1. 静态路由

(1) 按照静态路由配置实验拓扑图（如图 12-15 所示）连接路由器和 PC 机，注意连接时的接口类型、线缆类型，尽量避免带电插拔电缆。

(2) 分别设置四台主机的 IP 地址、子网掩码和网关。

(3) 通过超级终端或 Telnet 方式分别设置路由器 A 的 E0、E1 和 S1 端口的 IP 地址和子网掩码。配置方法可参照上一实验，如果使用 Console 口配置，多台路由器可共用 1 根 Console 口配置电缆（利用同一台主机配置，只需更换路由器配置口的电缆即可）。

(4) 设置路由器 B 的 E0、E1 和 S0 端口的 IP 地址和子网掩码。

(5) 用 Ping 命令测试四台主机的连通性，结果应为 A、B 互相可以 Ping 通，C、D 互相可以 Ping 通，其余组合之间均不能 Ping 通。

(6) 配置两台路由器的静态路由：

```
[RouterA] ip route-static 192.168.3.0 255.255.255.0 192.168.5.2
[RouterA] ip route-static 192.168.4.0 255.255.255.0 192.168.5.2

[RouterB] ip route-static 192.168.1.0 255.255.255.0 192.168.5.1
[RouterB] ip route-static 192.168.2.0 255.255.255.0 192.168.5.1
```

(7) 查看两台路由器的路由表（display ip routing-table）。

(8) 再测试四台主机的网络连通性，此时两两主机之间应均可以 Ping 通。

(9) 删除上述静态路由（undo ip route-static），此时测试主机之间连通性，结果应同步骤 5。

(10) 配置两台路由器的默认路由：

```
[RouterA] ip route-static 0.0.0.0 0.0.0.0 192.168.5.2
[RouterB] ip route-static 0.0.0.0 0.0.0.0 192.168.5.1
```

(11) 查看两台路由器的路由表（display ip routing-table）。

(12) 再测试四台主机的网络连通性，此时两两主机之间应均可以 Ping 通。

2. 动态路由

(1) 按照动态路由配置实验拓扑图（如图 12-16 所示）连接路由器和 PC 机，注意连

接时的接口类型、线缆类型，尽量避免带电插拔电缆。

（2）分别设置四台主机的IP地址、子网掩码和网关。（若静态路由实验中已设置好，可跳过此步骤）

（3）分别设置路由器A（E0、E1和S0）、路由器B（E0、E1和S1）以及路由器C（S0、S1）端口的IP地址和子网掩码。

（4）查看各路由器的初始路由表（display ip routing-table），若有静态路由，删除所有静态路由。

（5）用Ping命令测试四台主机的连通性，结果应为A、B互相可以Ping通，C、D互相可以Ping通，其余组合之间均不能Ping通。

（6）在三台路由器各端口启动RIP路由协议：

[RouterA] rip

[RouterA] network all

[RouterB] rip

[RouterB] network all

[RouterC] rip

[RouterC] network all

（7）查看三台路由器的路由表（display ip routing-table）。

（8）再测试四台主机的网络连通性，此时两两主机之间应均可以Ping通。

（9）将三台路由器的RIP协议版本改为RIP 2组播方式（rip version 2 multicast）。

（10）对三台路由器进行RIP高级配置：禁用主机路由、使能路由聚合、配置水平分割、配置RIP协议的优先级、配置RIP定时器（具体命令可参照路由器操作手册）。

（11）查看配置好的RIP信息（display rip）。

（12）对三台路由器取消RIP协议功能（undo rip）。

（13）设置每台路由器的ID号，并启动OSPF协议。

[RouterA] router id 192.168.5.1

[RouterA] ospf enable

……（其他路由器配置同上）

（14）引入直联路由。

[RouterA-ospf] import-route direct

……

（15）设置每台路由器端口的区域。

[RouterA] interface serial 0

[RouterA-Serial0] ospf enable area 0

……

（16）查看三台路由器的路由表。

（17）测试四台主机之间的连通性，此时两两主机之间应均可以Ping通。

【思考题】

（1）为什么配置缺省路由后，四台主机也可以互相Ping通？

(2) 如果要为图 12-16 的各台路由器配置静态路由，应如何配置，才能使四台主机之间互相连通？

(3) RIP v1 版本和 RIP v2 版本有什么区别？如果在各台路由器中配置不同的 RIP 版本，是否可以达到相同的效果？为什么？

实训六 Web 服务器和 FTP 服务器的配置实验

【实验目的】

(1) 掌握 IIS 中 Web 服务器的配置方法；
(2) 掌握 IIS 中 FTP 服务器的配置方法。

【实验内容】

(1) 安装 IIS 6.0；
(2) 配置 IIS Web 服务器站点及虚拟目录；
(3) 访问 Web 服务器的网页；
(4) 配置 IIS FTP 服务器；
(5) 利用 FTP 服务器上传下载文件。

【实验原理】

IIS 是 Internet Information Server 的缩写，它是微软公司主推的服务器，最新的版本是 Windows2003 里面包含的 IIS 6.0。IIS 与 Window NT Server 完全集成在一起，因而用户能够利用 Windows NT Server 和 NTFS（NT File System，NT 的文件系统）内置的安全特性，建立强大、灵活而安全的 Web 站点和 FTP 站点。

IIS 支持 HTTP、FTP 以及 SMTP 协议，通过使用 CGI 和 ISAPI，IIS 可以得到高度的扩展。IIS 支持与语言无关的脚本编写和组件，通过 IIS，开发人员就可以开发新一代动态的，富有魅力的 Web 站点。IIS 不需要开发人员学习新的脚本语言或者编译应用程序，IIS 完全支持 VBscript，Jscript 开发软件以及 Java，它也支持 CGI 和 WinCGI，以及 ISAPI 扩展和过滤器。IIS 使用 ISAPI 可以扩展服务器功能，而使用 ISAPI 过滤器可以预先处理和事后处理储存在 IIS 上的数据。用于 32 位 Windows 应用程序的 Internet 扩展可以把 FTP，SMTP 和 HTTP 协议置于容易使用且任务集中的界面中，这些界面将 Internet 应用程序的使用大大简化，IIS 也支持 MIME（Multipurpose Internet Mail Extensions，多用于 Internet 邮件扩展)，它可以为 Internet 应用程序的访问提供一个简单的注册项。

IIS 的设计目的是建立一套集成的服务器服务，用以支持 HTTP，FTP 和 SMTP，它能够提供快速且可扩展的 Internet 服务器。IIS 兼容性很高，同时系统资源的消耗也很少，

IIS的安装、管理和配置都相当简单，这是因为IIS与Windows NT Server网络操作系统紧密地集成在一起，另外，IIS还使用与Windows NT Server相同的SAM（Security Accounts Manager，安全性账号管理器）。

关于IIS 6.0的使用方法在第11章中有详细介绍，本实验的做法可参照第11章相关章节。

【实验环境与设备】

每组实验设备为：联网的多台PC机，其中一台上安装有Windows NT Server以上版本操作系统，提供Windows安装源文件。

【实验步骤】

(1) 在安装有Windows NT Server以上版本操作系统的一台主机上通过“添加/删除程序”安装IIS 6.0。

(2) 利用Microsoft FrontPage或其他编辑器生成一个简单的页面index.htm。

(3) 在IIS默认站点下新建一个虚拟目录test，目标目录指向上述页面所在的目录。

(4) 配置虚拟目录test的相关属性，如默认文档、安全性等。

(5) 先在本机的IE浏览器中输入index.htm所在的URL，看是否能够浏览到该页。

(6) 在其他主机上通过输入由上述主机的IP地址组成的URL，看是否能够浏览到服务器上的网页。

(7) 配置IIS的默认FTP站点，使其指向一个有文件的文件夹，并设置相关属性，如读写权限、登录方式等。

(8) 在另外几台主机IE地址栏中输入上述FTP服务器的URL，进行文件的上传和下载。

【思考题】

(1) 如何配置IIS，可以不需要在URL中指明要浏览的文件名，就可以直接访问到该文件?

(2) 如何配置IIS，可以在输入虚拟目录所在的URL后浏览到该目录下的所有文件?

(3) 如何配置IIS，使访问FTP服务器的用户必须输入用户名和密码才访问服务器上的文件?

参考文献

[1] Andrew S. Tanenbaum. 计算机网络 [M]. 4版. 潘爱民译. 北京：清华大学出版社，2004.
[2] 谢希仁. 计算机网络 [M]. 4版. 北京：电子工业出版社，2003.
[3] Douglas E. Comer. 用TCP/IP进行网际互连：第一卷 [M]. 4版. 林瑶，蒋慧，杜蔚轩，等译. 北京：电子工业出版社，2001.
[4] 吴功宜. 计算机网络 [M]. 北京：清华大学出版社，2003.
[5] 吴功宜，吴英. 计算机网络应用技术教程 [M]. 北京：清华大学出版社，2002.
[6] 鲁士文. 计算机网络协议和实现技术 [M]. 北京：清华大学出版社，2000.
[7] 杨喜权，樊秀梅，张志峰. 计算机网络与通信 [M]. 成都：电子科技大学出版社，2004.

图书在版编目(CIP)数据

计算机网络/崔建群,吴黎兵主编.—武汉:武汉大学出版社,2007.12
高等院校计算机技术系列教材
ISBN 978-7-307-05776-0

Ⅰ.计…　Ⅱ.①崔…　②吴…　Ⅲ.计算机网络—高等学校—教材
Ⅳ.TP393

中国版本图书馆 CIP 数据核字(2007)第 130458 号

责任编辑:谢文涛　　　责任校对:王　建　　　版式设计:詹锦玲

出版发行:**武汉大学出版社**　(430072　武昌　珞珈山)
(电子邮件:wdp4@whu.edu.cn 网址:www.wdp.whu.edu.cn)
印刷:湖北金海印务公司
开本:787×1092　1/16　印张:24　字数:576 千字　插页:1
版次:2007 年 12 月第 1 版　　2007 年 12 月第 1 次印刷
ISBN 978-7-307-05776-0/TP·268　　定价:36.00 元

高等院校计算机技术系列教材

书目

计算机基础教程

C语言程序设计

汇编语言程序设计

计算机网络

微机原理与接口技术

操作系统（Windows版）

互联网使用技术与网页制作

Java语言程序设计

计算机网络管理与安全技术